JN247247

Spencer R. Weart

The Rise of Nuclear Fear

核の恐怖全史

核イメージは現実政治にいかなる影響を与えたか

スペンサー・R・ワート

山本昭宏＝訳

人文書院

核の恐怖全史　目次

核の恐怖全史

はじめに

核の歴史に関する研究を始めたとき、イメージがそれほど重要な要素だとは思ってもみなかった。しかし、それは間違いだったようだ。ある人間が核兵器や原子力発電について考える際、その人の脳裏には、様ざまなイメージが入り込んでいる。放射線によって生まれたモンスター、ユートピアのような原子力都市、異様な光線装置などのイメージである。これらのイメージは、社会的な力と心理的な力とに結びつくことで、奇妙で強力な影響を歴史に与えてきた。イメージが歴史に作用するというのは、遠い過去の話ではない。イメージはいまこそ力を増しているのだと言える。

では、どうすれば、人びとの頭のなかにある色鮮やかなイメージと、歴史的な出来事に影響を及ぼす判断とを関連付けて記述できるのだろう？　本書では、かつて実験によって証明され、いまでは常識的になった考え方を基本に据えたいと思う。その考え方とは次のようなものだ。人間の思考は、バラバラの事物の連関からなっている。たとえば犬は、缶切りの音を聴くだけで、キッチンに駆け寄ってきて、よだれを出しさえする。このとき、缶切りの音と犬の行動はそれぞれ異なるものだが、一つの連関のなかにあると言える。このような連想のメカニズムは、明確な認識から、とてもそう呼べないような「なんとなくの理解」に至るまで、すべての思考の基盤となっている。これまで行われてきた多様な実験によれば、私たちは目で見るものについて、あらかじめ何らかの観念を抱いたり、前もって心のなかで映像を描いたりしている。そうでなければ、現実世界の膨大で曖昧な情報のなかから、明確な像を取り出して理解することは困難なのだ。つまり、いかなる単純なイメージであっても、連想の網の目のなかで他の様ざまなイメージと結びつけられているのである。このような連想の網の目は、「パブロフの犬」のように、反復を通して形成されるだけでなく、一度きりのトラウマ体験によっても形成される。そのプロセスは、生得的で自動的で、ほとんど瞬間的でさえある。特に恐怖や嫌悪といった直感的な感情は、その人の精神形成にとって極めて重要な要素となる。そして、私たちの脳は、いつも正確なわけではないにせよ、ある状況にすばやく効果的に反応するように設計されている。

ただし、脳は、直接体験と想像上の体験をほとんど区別できない。たとえば、映画を通して経験したフィクションと、現実とを混同してしまうこともある。したがって、多くの物事は、公的なイメージのなかで、他の物事と結び付けられているのだ。そのイメージの総体のなかには、言葉にならない感情や、様ざまな思い込みまでもが含まれている。時として、考え抜かれたアイデアは、もつれを解きほぐしてくれる（本書もそれができていることを望んでいるのだが）。その結果として、最終的にとるべきアプローチが決まるのだ。

イメージの歴史は重要である。たとえば、ジグザグの二本の線でよく知られた鉤十字を書いたとする。そのデザインは、一九二五年のヒンドゥーの学者にとっては、彼がかつて見た寺院に彫られていたシンボルを思い出させる。その形が、宗教的な感情を呼び起こすのだ。また、一九三五年のナチの若者たちにとっては、鉤十字は行進や国家の威信を連想させる。あるいは、一九四五年のユダヤ人にとっては、同じシンプルなデザインが大量死の悪夢を呼び覚ますだろう。この例が示すように、長い年月を経た伝統（ヒンドゥー教）、活動家による意識操作（ナチ）、歴史上の事件（ユダヤ人）といった個別の要素を通じて、あるいはそれらすべてが入り混じりながら、心理的イメージは織りなされていく。

本書では、核エネルギーに関する過去の歴史や社会的背景に関する記述は必要な程度にとどめておきたい。なぜなら、そのような歴史的事実はすでに他の多くの本で分析されてきたからだ。その代わり、本書では、心理とイメージに焦点を絞る。それらはほとんど理解されていないように思われる。人びとの心理とイメージにどのような力が作用しているのか、それを理解しようという試みにとって、核のイメージは特に難しい問題なのだ。

私たちのなかに埋め込まれたイメージは、一般に思われているよりも、歴史に大きな作用を及ぼしている。それを明らかにすることが、本書の課題である。もちろん、私たちの思考が様ざまな外圧に反射的に反応してしまうと主張するために、本書を書いたのではない。そうではなくて、イメージの力を指摘する本書が、プロパガンダや意図的な心理操作に気付き、それに抗う能力を鍛えることに寄与できればと望んでいる。

このテーマについて、私は一九八七年に本を書き上げ、翌年に『核の恐怖——イメージの歴史（*Nuclear Fear: A History of Images*）』として出版した。その増補版に当たる本書は、旧版とは以下の三点で異なっている。まず、二〇年以上が経過し、歴史的経過のなかで人びととの意識が変わったこと。次に、歴史学、社会心理学、精神医学の学問的発展が、人びととイメージの関係に新たな光をあてたこと。これらの知見によって、旧版で展開した私の主張は（それは間違ってはいなかった）より深められることになった。第三に、旧版は読みやすいとはいえず、やや分量も多かった。文章を減らして、読者を増やすのである！　一九八八年以前の事項に関する詳細な説明や、学術的な註は旧版のまま残してある。

旧版で言及した以外の、以下の人びとや機関に感謝の意を表したい。ボー・ジェイコブズと広島平和研究所、米国物理学協会、物理学史センター、ニールス・ボーア図書館・アーカイブズ。そしてアン・ビスコンティ、ポール・ボイヤー、ジョン・カナディ、マイケル・エドワーズ、ポール・フォアマン、アラン・ミシェルに。

第1章　放射線を帯びた希望

核エネルギーへの畏怖と希望

かつて、人類は隠された知を追い求めた。文明の進歩を望んだのである。誰もがそうであるように、過去の人類も、醜いものや狂気の兆しがあるとそれを厳格に律した。人類は根気強く、科学だけでなく錬金術も身に着けた。そして、不思議な賢者の石についていて思いをめぐらせ続けた結果、とうとう物理学の最も驚異的な秘密を明らかにした。原子の内部に潜む莫大なエネルギーを解放したのだ。人類は世界を変え得るその巨大な力を畏怖した。しかし、同時に、化石燃料の枯渇とともに崩壊する運命にある文明を、そのエネルギーが救ってくれるだろうという希望も抱いた。光り輝く原子力発電所を中心に据えた、平和で繁栄した都市に、白い塔がそびえ立つ――そのような未来予想図を頭に描いたのである。

ここまでの話は歴史的事実だ。ここからはフィクションを交えて物語を続けてみよう。人類は、原子光線を出す円筒状の機器を用い、放射線の驚くべき効果を発見することに歓びを見出していった。それはガンや他の病気を治すことさえできた。しかし、その同じ放射線が、人を蝕むこともわかった。ガンを生み、遺伝子を破壊し、次世代に及ぶ被害をもたらすことが明らかになったのである。

さらに、人類は、自国が敵国の脅威の下にあるとき、放射線の破壊的な力を有効に使えないだろうかと考えるようになった。もし最強の武器を作ることができたら、誰もあえて戦争を起こそうとは思わない。そして一人の科学者が地下の奥深くにある研究所にこもり、異様な生物や原子力兵器で武装したロボットを作ろうとした。

そこに、恋人の女性が登場する。科学者は知識と力の探求に必死で、彼女にほとんど時間を割けなかったが、それでも彼女は研究所に足を運んだ。彼女が仕事場に入ったちょうどそのとき、彼は生物を不死身にする光線について研究しているところだった。彼女が近づいてくると、彼は装置を彼女に向け、ある実験を提案した。それを聞いた彼女は恐怖に飛び上り、逃げ出そうとする。そのとき、過度な負担がかかっていた彼の脳内で、怒りが爆発した。彼は、皆が自分を見捨て、一人ぼっちにしてきたと叫んだ。そして、ロボットによじ登って、地上に乗り出していった。しかし、ロボットが現れると、おびえた権力者たちは彼を攻撃しはじめ、ロボットの武器が自動的に起動してしまう。空に向かって巨大な雲がキノコ状に盛り上がり、放射線が地球から生命を奪った。灰に覆われた世界のなかで、ロボットは黒く焦げ、その形を変えていた。

逃げ込んでいた地下のシェルターから、女が出てきた。ボロボロになったロボットに手をやると、貝のようにロボットが開き、男が這い出てきた。彼の狂気は消え去っていた。そして二人は手をつなぐ。旧来のものは灰と化し、その灰のなかから新世界が立ち上がる。叡智ある新たな人種が生まれるのだ――。

この物語は、無数にある同様の物語のなかから興味深い要素を取り出し、私なりに再構成したものだ。この物語は矛盾したアイデアを繋ぎ合わせたものだが、あえて奇妙な方法で、簡潔にまとめてみた。さらに、話をわかりやすくするために、もっともらしいイメージを使用した。原子力の都市、力を宿す光線、奇異な生物、荒廃した大地、これらはどれも起こりうるもので、ある程度は*すでに起こった*ことでもある。こうしたイメージは、もっともらしく、しかも印象的であるがゆえに、核エネルギーの歴史に関わる政治的・経済的・軍事的決定をなした人びとに、いくらかの影響を行使した可能性は大いにあると考えられる。

興味深いと同時に、心をかき乱しさえするのは、こうした物語の主題が、すでに二〇世紀初頭に出揃っているということだ。二〇世紀の初頭といえば、原子から如何にして実際にエネルギーを解放するのかが解明される、数十年前である。つまり、前述の物語に表れるイメージは、現実の原爆や原発の経験から生まれたのではなかった。どこか別のところから生まれたのだ。

伝説は重大な真実を隠すと言うが、それは核物理をテーマにする本書にはあてはまらない。想像上の物語もまた、重要な歴史的出来事として捉えねばならない。想像上の物語が持つ力は、人類の歴史や社会構造、心理学が持つ力と同じものなのだ。本書で私は、核エネルギーの歴史とイメージとの相互作用のなかに見られるさまざまな出来事を探究していく。最初の四章では、核分裂の発見以前の時期を扱う。バラ色の未来や、破壊された惑星、生物を変異させる光線、怪物などのイメージが、私たちの歴史に驚異的な影響力を行使した様相に焦点を当てていく。

元素転換(トランスミューテーション)の発見

核エネルギーの秘密を解き明かしたのは、科学と錬金術の両方を学んだ男だった。その男は、このエネルギーが人類を楽園か破滅かのいずれかに導くだろうと力説した。彼の名はフレデリック・ソディ。ちょうど二〇世紀になろうとする頃、彼は若く、明晰で野心に溢れ、喧嘩っ早く、そして孤独だった。当時の写真は、表情が硬く、まだ何者でもなかった頃の彼の姿を捉えている。彼はまるでリングにあがるボクサー、それも礼儀正しいボクサーのようだった。モントリオールで化学を教えていた彼が有名になるチャンスは、アーネスト・ラザフォードとの出会いによって訪れた。三〇歳のラザフォードは、心優しくて人に好かれ、洗練された教授で、すべてにおいてソディと正反対だった。この正反対の二人の男たちは、互いの科学の才能を共有することになる。そして、それと同時に、放射線の謎を解くという野心をも共有した。

一八九六年に発見されたとき、放射線はほとんど関心を呼ばなかった。トリウムやウラニウムのような鉱物が、目に見えない微弱な光線を発しているようだという、単なる好奇心があっただけだった。マリー・キュリーは、ウラニウムからのかすかな光と比べて、突き刺すような鋭い光を持つラジウムを発見した。世界の物理学者の精鋭が一九〇〇年にパリの国際会議に集った際、マリーと夫のピエールは真珠のように輝くラジウムの化合物が入った小瓶を誇らしげに展示したのだった。これを機に、新聞は放射線に関心を払い始めた。ソディとラザフォードも、同じだった。

一九〇一年の終わりごろ、ソディとラザフォードの二人は、放射線が物質内部における根本的な変化の兆しであることを発見した。放射線の波長は、原子が異なる性質を持つ別種の原子へ変化する際の前兆だった。

ソディは、「これを発見した瞬間、単なる喜び以上の何かに圧倒された。それは上手くいえないが、まさに天にも昇る気持ちだった」と回想している。ソディが「ラザフォード、元素転換（トランスミューテーション）だ！」と口走ると、ラザフォードは言い返した。「お願いだから元素転換（トランスミューテーション）などと言うな。錬金術師のように、頭がおかしいと思われてしまうぞ。」新たな科学が生まれる瞬間には喜びが伴うが、同時に不安もかきたてられるということをよく示す挿話であろう[1]。

ソディを興奮させ、ラザフォードを躊躇させた「元素転換（トランスミューテーション）」とは何を意味していたのだろうか？　ほとんどの人びとにとって、この言葉から連想されるものは、金を精製しようとするペテン師か奇人だった。しかし、実際のところ、この「転換」という概念は、多くの領域をカバーし、古くから連綿と連なる思想の樹形図の中心要素だった。それは、ほとんどすべての奇妙なイメージを説明する手がかりを与えてくれるものなのだ。さらに、この概念は、核エネルギーの物語のなかにも表れることになる。

最初は、ソディもラザフォードも、なぜ原子の転換が重要なのかを全く説明できなかった。しかし、一九〇二年に彼らはある理由を見つけ出した。それが、エネルギーだった。ソディとラザフォードが、そして一方ではパリのピエール・キュリーが、放射線がエネルギーを持つことを証明した。それは、これまで明らかにされたどのようなものよりも、膨大なエネルギーだった。一九〇三年五月、ソディは早速、この発見を公表した。イギリスの教養ある紳士淑女に読まれていた雑誌のなかで、彼は次のように述べている。放射線は、無尽蔵なエネルギーの存在を示唆している。今後は、物質は単なる動かない物体ではなく、エネルギーの貯蔵庫として把握されなければならない。一年後、ラジウムについてオーストラリアで講演をするために乗った蒸気船での長い旅路の途中、彼はより綿密な計算を行った。そのときに彼が考えたのは、聴衆が忘れないような具体的で印象的な例だった。小瓶に入るほどの量のウラニウムが、ロンドンからシドニーまでの往復の遠洋定期船を運転するのに十分なエネルギーを有している。それが、ソディの計算の結果をわかりやすく示す例だった。

しかし、ソディの胸中には、このような平凡な思いつき以上のものがあった。彼はアメリカの雑誌に次のように書いている。もし原子の内部にあるエネルギーを取り出すことができたら、「ヤゴからトンボへの変化と同様、私たちの未来は過去から形を変えるだろう」。一九〇八年、彼は広く読まれた著書『ラジウムとは何か』のなかで自身の考えを要約している。「物質を転換させることができる人類は、額に汗を流すことなく、パンを得ることができるだろう。そして人類は、砂漠や北極を、そして世界中をエデンの園に変えるだろう。」彼はそう断言した。(2)

再興されたエデンの園、さなぎから飛び立つトンボ、こうした途方もないイメージをソディはどこから得たのだろうか。このような表現は、放射線に関する当時の数少ない知識からは出てこない。むしろ、核エネルギーが発見される以前から孤独な化学者たちが練り上げてきたイメージである。

二〇世紀のはじめ、科学は物質的な豊かさをもたらすだけでなく、人類を隣人愛や叡智へと導くだろうという考えが広まり始めていた。その考えを最も熱心に信じたのは、他ならぬ科学者自身だった。たとえば、著名なフランスの化学者に、マルセラン・ベルテロがいる。彼は広く読まれた著作のなかで、二〇〇〇年までに、地球は黄金時代を迎え、人類はより親切でより幸福になるだろうと述べた。そして、無制限のエネルギー源を開発するのは、自分のような科学者の仕事だと論じた。ソディの様ざまな発言も、このベルテロのような言説の延長線上にある。一八九三年には、夏季限定ではあるが、完全な街の模型が、実際に建てられた。ホワイト・シティ（理想都市）と呼ばれたシカゴ万博の開催場である。そこは、広大な並木道ときらめく噴水を持つ理想郷で、夜になると新しい電球の下でまばゆく光っていた。その動力源となる鉄製の発電機もまた、石膏像に囲まれて輝いていた。

科学がもたらす未来への熱狂は、火星にも投影された。当時、火星を望遠鏡で観測すると、クモの巣のような線が見えると主張する天文学者たちがいた。フランスの天文学者、カミーユ・フラマリオンは、一八九二年に、そのクモの巣のような線はおそらく運河だろうと述べている。そして、その運河が古代人の大規模な事業ではないかと推測したのである。また、ボストンの天文学者パーシバル・ローウェルは、火星の進化は地球よりも進んだ段階にあると論じていた。それゆえ、彼は次のように主張した。曰く、数世代後の地球は、火星のように干上がってしまう。地球の未来は火星を見ればわかる。火星には戦争をした跡が見られる――。ほとんどの天文学者がそのアイデアを冷笑したにも関わらず、人びとは火星人技術者の存在を半ば信じていた。

もちろん、フラマリオンもローウェルも、彼らの脳内にのみ存在する未来文明のイメージを、単に投影しただけだった。こう述べるのは、あらゆるイメージの歴史の核となる、あるメカニズムの存在を強調したいからだ。すでに頭のなかで展開されたアイデアは、人びとがいま目にしている像のなか、そっと忍び込む傾向があるのだ。

未来というぼんやりとしたスクリーンに投影されたホワイト・シティのイメージは、地球規模で広まり、二〇世紀初頭までに大人気になった。そしてそれは、核エネルギーと結びつく最初のシンボルになった。現代文明はエネルギーの上に成立する。石炭と電気は、目に見える形で国を変形させた。その変化は、前後のどの時代にも見られない速度で進行していた。そうした科学技術による社会の変化が、新たな核エネルギーに関するイメージを後押ししていた。子どもの頃、ソディは、煙の出る石油ランプの下で読書をし、重い足取りの馬の背中に乗って旅をした。それらは古代ローマの時代から大して変わらない技術だった。しかし、彼がラザフォードの研究に加わるときまでには、電車が、電灯で光る街路を音を立てて走っていたのだ。

しかし、問題は多かった。健康を害するまで暗闇で働く炭鉱労働者のかがんだ背中の上で、産業は前進していた。石炭の煙によって都市は窒息しようとしていた。しかし、それでも多くの人びとは、伝統的な田舎暮らしを、無知な人びとがおり、重労働が付きまとい、栄養失調に悩まされる生活だと見なしていた。そして、それよりは都市のスラムの煤塵や結核のほうがマシだと思っていたのである。進歩的な考えを持つ人は、文明は自分自身をより高めていくと主張するが、それにはそれなりの理由があった。科学者に制御されたエネルギーが、人間の代わりになってくれるというのが、その理由だった。

しかし、専門家たちは、化石燃料には限りがあり、いずれは枯渇するに違いないと警告していた。ソディもまた、同様の主張を次のように繰り返している。「世界のエネルギー需要は、これまで通り増加し続けるだろう、その一方で、化石燃料の埋蔵量は減り続ける」と。科学者のなかには、石炭が枯渇する前に、人類は他のエネルギー源を見つけるだろうと請合う者もいた。その一つに太陽光がある。太陽光による文明が、ホワイト・シティを生みだすと述べる者もいた。あるいは、太陽光はどこにでもふりそそぐのだから、田舎も繁栄可能であり、都市は見離されると述べる者もいた。しかしソディは、太陽光が文明に貢献するのは時期尚早だと見積もっていた（実際、当時太陽光発電に投資した人びとは、皆一様に失望することになった）。ソディは、いずれ化石燃料の供給が減るのは避けられないとした上で、そうなると人びとが予測している以上に早く、世界は貧困に沈むだろうと警鐘を鳴らしたのである。しかし、もし原子のなかからエネルギーを取り出せるとしたら？　そうだとしたら人類の未来は無限に広がるではないか。[3]

ソディを初めとする科学者たちが、講演や著作、新聞でのインタビューなどで語ったように、より良い未来を目指す理由は、有り余るほどあった。科学者たちの活動の動機になっていたのは、彼ら自身の職業と研究への誇りだった。さらに、人びとが科学者たちの信念に寄り添う場合には、科学者たちは研究所や学生たちのための資金を得られた。興味深いのは、この科学者たちの信念が、ジャーナリストたちによってどのように報じられたのか、という点である。

新聞や雑誌は、科学一般を報じていたが、特に熱心に称揚されたのは、原子科学だった。ソディとラザフォードによる元素転換（トランスミューテーション）の発見以降、新聞から公開講座にいたるあらゆるメディアが、科学者は文明を革新的に変える道具を手にしたと説明していた。ラジウムは、光り輝く都市を生み、新しい金属を生み、想像できるあらゆることを可能にしてくれるかもしれない。かつては一流雑誌が「一瓶のウランで大洋をわたる蒸気船を動かすことができるだろう」と論じていたが、そのような展望は、一九二〇年代までには、世界中の子どもたちが知っている退屈な常套句になったのである。

ジャーナリストがラジウムについて饒舌になった明白な理由は、人びとの関心を引き付けるセンセーショナルな物語を作るのに、ラジウムが最適だったからだ。また、二〇世紀が進むにつれて、科学の話題は、新聞の日曜版だけでなく、多くの一面記事に掲載されるようになっていた。その流れは、一九二〇年代に増大していたマスコミにある課題を提起することとなった。それは、著名な科学者の見解から最も印象的な言葉だけを切り取るのはもう限界にきているということだった。あるいは似非科学者たちによるセンセーショナルな主張を支持したり、ラジウムなどの話題を完全に無視したりすることもできなくなっていた。優秀なジャーナリストが、価値のあるものとないものを選別する必要が出てきたのである。

折しも、科学についての厳密な訓練を受けた新たな書き手として科学ジャーナリストが登場していた。彼らは氾濫する科学関連の情報を選別するという課題に挑戦するために立ち上がった。ジャーナリストの若者たち（しかし女性は一人もいなかった）は、信頼するに足る指導的科学者のグループや、重要人物の取材に時間を費やした。科学ジャーナリストたちは、自分たち自身を科学の進歩の推進者だと見なし、科学的なものの見方を広める大使だと自負していた。そうであるがゆえに、彼らは初めて特別な位置を占めるジャーナリストになり得たのである。ただし、科学的な挑戦をし続けるためには、そして科学ジャーナリズムを維持するためには、社会の協力が必要だった。そのため、人びとは科学を褒め称えるように教え込まれることになった。

そのような科学ジャーナリストの長老的存在に、ワルデマー・ケンプフェルトがいた。『ニューヨーク・タイムズ』の科学担当になった一九二七年、ケンプフェルトにはすでに二五年のキャリアがあり、ラジウムのような物質について魅力的な記事を書いていた。長年にわたるキャリアのなかで、彼はまるで自分が取材をしてきた有名な教授たちのような存在になっていた。逞しくて優秀であり、魅力的かつ尊大でもあった。科学者の友人らに賛同していたケンプフェルトは、彼らが社会に素晴らしい利益をもたらしており、より素晴らしい奇跡を期待できると記事に書いた。月へのロケット、下ごしらえの済んだ食事、また、「広い庭を持つ町、そしてさらに明るい人生観」が実現すると述べたのだ。一九三四年には次のように書いている。「恐らく未来では、町の郵便局よりも小さい一件の建物が、全米のために十分な核エネルギーを保有することが可能となるだろう。元素転換（トランスミューテーション）さえコントロールできれば、新しい産業界では黄金はただの廃棄物となり、屋根建材としての価値しかなくなるかもしれない。[4]」

錬金術、そして黙示録との関わり

黄金というイメージはどこから来たのだろうか。原子物理学を、ホワイト・シティという理想郷と関連づけたのが社会的な力だったのは明らかだが、それは同時にもっと大きな力をも動かしていた。「転換」という概念は、古代のイメージが核の神話への道を歩む手助けとなった。

物理学者やマスコミは、原子科学者と、黄金を作りだそうとした中世の錬金術師を好んで比較した。一九三〇年代には、冷静なことで知られるラザフォードまでもが、『新たな錬金術（*The Newer Alchemy*）』と題した原子物理学についての本を発表した。「錬金術師の一番の難問は解決した」というのは常套句になっていた。しかし現実には、錬金術師が目指したのは全く違う種類の「転換」であって、未解決のままだったのである。[5]

約二千年にわたって、エジプトから中国にいたるまで、人類は化学物質と金属とを炉の中で混ぜることに、莫大な労力を費やしてきた。それは多彩な展示品、よくわからないグロテスクな塊、悪臭、きらめく水晶などを生み出した。そのような根気強い研究が日夜行われるなか、化学物質の変化は、たいへん重要なものを指し示しているという確信が抱かれるようになった。事実、炉のなかの不明瞭な「転換」に、彼らは自身の心の奥底を見出していた。錬金術は、秘められた内的風景への扉を開いたのだった。[6]

賢者たちは、自分たちが物質とともに働いているのではなく、精神とともに働いているのだと理解していた。賢者たちは弟子たちに、単に黄金を生み出すための物理的変化のみに熱中してはならないと戒めていた。錬金術士たちの最終目標であり、「転換」の秘密である賢者の石は、精神的なものだった。「転換」を達成することは、魂の完成をも意味した。それは純鉛から輝く恩寵への変化に他ならない。

個人ではなくて集団の精神が完璧になるときに真の錬金術が可能になると言う者もいた。つまり「転換」とは西洋の伝説のなかで「黄金の時代」として叙述されてきたような平和で豊かな世界をも意味していたのである。そのような世界は、たとえばエデンの園のように、過去には存在したかもしれない。しかし、中東とヨーロッパの伝統では、黄金時代は未来にも待ち受けているものだった。人びとは、正義の王国をもたらす者として、ユダヤ教のメシアを、イスラム教のマハディ〔神に導かれた者〕を待望した。また、キリスト教の歴史においては、繰り返し起こる大衆運動が、ミレニアムの到来を宣言してきた。ソディたちが、元素転換（トランスミューテーション）が新たなエデン——つまりヤゴがトンボになるような革新的な社会の変化――を意味するかもしれないと述べたとき、彼らは数世紀続いてきた神話を、再構築していたのである。

錬金術師たちにとっては当然でも、ソディには必ずしも明瞭に意識されていなかったのは、元素転換（トランスミューテーション）が死を含んでいるということだった。錬金術師たちは、物質が黄金へと変化する際、その物質は坩堝のなかで文字通り死ななければならないと説いてきた。このプロセスは、科学的に言うと、物質を崩壊させることを意味していた。それは精神のメタファーでもあった。人は、混沌とした暗闇へと自己を滅却することで、自己に巣食う思考パターンを壊すことがある。それは神聖な炉の中で自身を清めることであり、精神の平安と魂の再生を得ることでもある。このような宗教神話と同じ構造を、元素転換（トランスミューテーション）は持っていたのである。最終的に元素転換（トランスミューテーション）は、死とそれを超える何か、という人類の最も大きなテーマの象徴となった。これは核の神話のなかで、破滅を生き延び、新たな生をはじめた人間、という形で象徴されている。そうした人間像については、のちに再び触れることになるだろう[7]。

死への旅路という個人的体験は、時に宇宙規模にまで広がっていく。どの時代の人びとも、どこに住む人びとも、世界が崩壊へ、戦争状態へと堕ちて行きつつあると悲観しつつ、他方では混沌のなかから世界は再生するに違いないと信じてきた。民族学者が記録したように、世界の破滅の物語は世界中に存在する。キリスト教文化において、無数の牧師が次のように説教してきた。千年王国の黄金時代、その輝く神の国を生きるには、人類はハルマゲドンという業火と惨事をくぐり抜けなければならない、と。

錬金術師たちは、「転換」が精神的にも世俗的にも無限の危険を持っていると信じていた。だからこそ、彼らは、誤用を防ぐため、秘密のシンボルの組み合わせの中に、化学製法を隠したのだった。簡単に言うと、ソディの時代の遥か以前から、元素転換（トランスミューテーション）のアイデアは、秘められた膨大な力や、宇宙の変化、黙示録的危険ともつれあっていたのだ。

最後の偉大な錬金術師は、アイザック・ニュートンだった。彼は物理学の分野で様ざまな発見をしたが、それ以上の年月をオカルトの探求に捧げてきた。賢者の石を作るのに失敗した後、そのアイデアは次々に解放され、それぞれが勝手な道を歩み始めた。一九世紀までには、完璧なホワイト・シティというイメージは、錬金術師の暗いイメージから離れつつあった。同様に、世界の終焉、及び精神の転換にまつわる概念、そして錬金術師自身のイメージに関する典型的なイメージも、それまでのものとは別の方向へ向かっていた。

　しかし、あらゆるアイデアは書物のなかに残される。たとえば、研究室で古文書を読み漁り、錬金術に関して数巻に及ぶ歴史書を書いたベルテロのような化学者は、元素転換（トランスミューテーション）のシンボルの組み合わせの全体像を理解していた。それをソディが読んだのは、一九〇〇年前後だった。大学講師として化学の歴史を教えるために錬金術についての文献を読むなかで、彼は錬金術の想像力に魅了されるようになった。自分たちは元素転換（トランスミューテーション）を発見したのだとラザフォードに語った一九〇一年のその時から、ソディは古い強力なシンボルについて論じるようになった。彼は、当時広く読まれた著作のなかで、長らく明らかにされてこなかった進化の源泉、創造と滅亡との宇宙的な循環について示唆している。彼はそれを、エネルギー供給に関する近代的な問いに結びつけ、さらにラジウムにも結びつけたのである。

　二〇世紀初頭の段階では、核エネルギーに関する乏しい事実の集合体は、科学者やその賛同者らが抱いたアイデアの上に重ねられた、ぼんやりとしたイメージでしかなかった。その後、核エネルギーは、次第により重要な何かを意味するようになっていくのである。

第2章　放射線を帯びた恐怖

「最終兵器」をめぐる議論

未来は、輝かしいホワイト・シティを実現するのだろうか？　それとも灰の砂漠になるのだろうか？　問いを言い換えてみよう。核の神話のなかの人類は、善きものなのか、悪しきものなのか？　これらの問いの根底には、より大きな問題が存在している。それは、二〇世紀を通して、教養のある人びとが熱意を持って取り組み続けた問題だった。その問題は「ほんとうに科学は文明を正しい方向に導くと信じてよいのだろうか？」というものである。その議論の土台には、互いに相違する意見が横たわっていた。科学技術に基づいた社会における専門的権威の役割について、意見が割れていたのである。これらの議論がこの章の主題であり、本書全体のある程度を占める主題でもある。

人びとは、徐々にではあるが、技術が持つ威信そのものを問題だと見なすようになった。人びとが技術に疑いを抱いたのは、ある明確な関心事があったからである。それは、明確な危機の一つ、新しい科学兵器だった。核エネルギーは、戦争をより恐ろしいものにするのだろうか？　ここにおいて、放射線に関する議論は、様ざまな根源的なイメージを呼び起こし、それらを繋げていった。

核エネルギーと兵器とを結びつける手掛かりを最初に公表したのは、サー・ウィリアム・クルックスであった。彼は、顎と口に立派な白いヒゲをたくわえた科学者で、イギリスではよく知られた人物だった。一九〇三年初頭、彼は核エネルギーに関する驚異的なイメージを考え出した。エネルギー量の解説を求められたとき、物理学の教師は、そのエネルギーで何か重いものを持ち上げることができるという喩えを使うわけだが、核エネルギーを説明する際にクルックスが選んだ例は、イギリス海軍を持ち上げるというものだった。ラジウム一グラムのなかに閉じ込められているエネルギーで、全艦隊を数千フィートの空中に釣り上げることができる――クルックスはそのように推計したのである。[1]

クルックスによる予測は、一気に広まった。新聞記者がクルックスの科学的言説から見出しを作るには、海軍を持ち上げるという話はうってつけだった。記事には、空中に浮かぶ戦艦の一群を描いた挿絵が添えられていた。そして、読者たちはそのイメージの潜在的な意味をすばやく捉えた。ボストンを通過中だったソディは、ラザフォードに次のような手紙を書いている。「一グラムのラジウムが「空高く、英国海軍を吹き飛ばすことができる」というクルックスの見解を誰もが口にしている。」このように、科学者、報道機関、そして世間が一緒になって、ある新しい考えを巧妙に作り上げていった。[2]

科学者たちが兵器を発明するというのは、決して新しい事態ではなかった。クルックス自身が英国陸軍省の爆発物委員会に所属していた。当時の人びとの思考の典型を示す噂がある。一八九二年に話題になったその噂は、トーマス・エジソンが、遠方から都市を全滅させ得る電気装置を作っている、というものだった。この噂話を受けて、新聞の風刺画は「最後の審判をもたらす機械（ドゥームズデイ・マシーン）」のボタンを押してイングランドを破壊する偉大な発明家を描いた。その後、核エネルギーを明白に兵器として使用可能なものにした最初の科学者は、ソディだった。ソディが一九〇三年に発表したアイデアは、即座に常套句となった。ラジウムミサイルという発想は、新聞の日曜版やSFに面白みを加えたのである。[3]

一九一三年、人びとの不安をよりかき立てる核兵器の物語『解放された世界』が、H・G・ウェルズによって生み出された。ウェルズは当時、少なくとも科学志向の若者の間では、最も影響力のある作家の一人だった。『解放された世界』は、ウェルズの作品の中でも最も悪評が高かった作品の一つではあるが、同時に非常に印象深い作品でもある。この作品は、ソディの著作から直接影響を受けており、明らかに彼に捧げられたものだった。ウェルズは、一九五〇年代を舞台に世界大戦を描いているが、そこでは、飛行士が原子爆弾（これは彼が発案した言葉だ）を投下して都市全体を消滅させるという挿話がある。作品のなかでは、巨大な火柱が猛威をふるい、発光する放射性の霧が風下に流され、巻き込むものすべてを殺し、焼き尽くした。文明がほとんど絶滅したあとで、生存者たちはある教訓を得る。世界政府を立ち上げるのである。この世界政府は、人格の優れたエリートであるテクノクラートによって統制され、素晴らしい社会を生んでいった。物語の終わりでは、人びとは原子力を動力とした空飛ぶ車で自由に旅行し、砂漠や極北の荒廃した土地に原子力で成り立つ田園都市を築き、自由と自由恋愛を享受するというユートピアが描かれる。ウェルズは、科学と核エネルギーについての断片的なイメージを巧妙に接合したのである。それによって、原子エネルギーによる最終戦争とユートピアに関する、最初の本格的物語を創りあげたのだった。[4]

『解放された世界』は、ウェルズ自身にとって、特別な意味を持つ物語だった。彼は当初、社会を破壊するというアイデアに魅力を感じていた。媚びへつらう従業員のような立場にあった彼は、科学による教育を通じて自分自身を救ったという経歴を持っていた。さらにウェルズは、社会は再編成されるべきだと考えていた。自分のような科学志向の人間が責任ある地位につくことで、人類はさらに進歩すると考えたのだった。

ウェルズの本が出版されたのは、現実の戦争のなかで科学が喫緊の課題になった時代だった。毒ガス研究やその種の研究がもたらす帰結について、誰もがすぐさま理解することができた。第一次大戦後、科学者たちは、国が研究により多くの資金援助をすべきであり、そうしなければ、次の戦争に負けるかもしれないと主張するようになっていた。そのような考えは、多くの陳腐な読み物のなかに、極端なかたちで登場することになる。フィクションにおける世界の破滅の原因が、変わったのである。一九一四年以前の物語では、世界の破滅の三分の二が自然的な要因によるものだった。これに対し、一九一四年以後では、世界の破滅をもたらすものは人工的な要因だという物語が、全体の三分の二を占めた。それらのうち、四分の三は科学兵器による世界大戦であった。思想家たちもまた、世界の終わりに関する幻想を重く受け止めていた。ウィンストン・チャーチルは、すでに人類は文明を粉砕する道具を手に入れたと述べていた。また、ジークムント・フロイトは、科学は人類に最後の一人までも殺し尽くす力を与えたと書き残している。[5]

次の戦争で文明が破壊されつくされるとすれば、その原因はいったい何なのだろう？　誰もが思い浮かべた恐怖は、空からの爆撃であった。遠い将来の原子爆弾よりも、すでに手元にある兵器による破滅を恐れたのである。当時軍事について最も強い影響力を持っていたのは、イタリアの軍事理論家、ジュリオ・ドゥーエ将軍だった。彼は次のように主張した。勝利するのは、数週間以内に素早く激しい空爆作戦を行った側だと。一九三二年、スタンリー・ボールドウィン首相は、おびえた下院に対してこう話している。「唯一の防衛は攻撃にある。つまり、もし自分自身を守りたければ、敵よりもすばやく、より多くの女性や子どもを殺さねばならない」と。[6]

近年の核兵器をめぐる議論の源流は、一九三〇年代にあると言える。たとえば、「抑止力」に関する議論がある。国家は、敵国に戦争の勃発を恐れさせるために、爆撃機や毒ガスを開発すべきであるという考え方だ。すでに一九二〇年代以降に書かれたSFのなかで、原子爆弾の「抑止力」と同じ考え方が登場する。同様の発想は、原子爆弾を描いた物語にも、冷徹な戦略思考にも登場する。それは、「ノックアウト・ブロー」と呼ばれた核兵器による猛烈な先制攻撃のことだ。これを次世代の核戦略家たちは「ファースト・ストライク」と呼んだ。核兵器は、開戦のその日に、一方が他方の軍事力を一撃で無力化することを可能にしたのである。ただし、このような大規模な爆撃力は、先制攻撃を受けるかもしれないという素朴な恐怖心を生み、かえって相手の攻撃を誘発する危険な挑発にもなり得るものだった。したがって、国家間で軍縮交渉を進め、爆撃能力に対する国際的な査察組織の設立が望まれた。最も賑わったのは、「民間防衛」に関する議論だった。皆にガスマスクと防空壕を提供すれば、敵はその効果を疑って攻撃開始を思いとどまるだろうと述べる者もいれば、空襲に対してはどのような防御も無駄だと主張する者もいた。ここで重要なのは、戦争はあまりに大規模になり、恐ろしくなりすぎて、具体的に考慮するのが困難になっていたということである。ドゥーエ将軍は、政治的指導者に戦争を起こさせないようにするため、市民たちが行動を起こすだろうと予測していた。また、爆撃が開始されるや否や、すぐさま都市に白旗が上り、その旗が狂ったようにはためくだろうと述べた。[7]

近代兵器の恐怖が平和の時代をもたらすという発想自体は、新しいものではなかった。特に、核兵器ができるだろうという予測は、恐怖と同様に希望をも引き起こした。あるジャーナリストは、一九二一年に次のように述べている。「私たちが原子の秘密を解明したとき、すべての国家は自らすすんで武器を捨て、陸海軍を撤廃するだろう。」科学と技術が善きものだという信念はゆるぎなく、それゆえ、破壊の脅威でさえ平和の誓いのように聞こえたのかもしれない。[8]

世界の終わりの想像力

原子の秘密は、宇宙規模の可能性を開くと思われていた。核兵器についての考えが市民を最初に騒がせてから数週間のうちに、核エネルギーはより一層大きな脅威と結び付けられた。世界の終わりという脅威である。

一九〇三年五月、ソディが最初に核エネルギーについての考察を公にしたとき、彼はこう付け加えた。「この地球は、私たちが知っている何よりも強力な爆薬が詰め込まれた倉庫のようなものだ。私たちは地球を再びカオスへと戻してしまう起爆装置を持っているのだ」。これは全く新しい考えだった。科学は世界を意図的に破壊する能力を与えたのかもしれないというのだから。この考えについて、ラザフォードの同僚は次のような記事を書いている。ある日、ラザフォードはふざけて、「原子崩壊による爆発が始まると、地球の全体がヘリウムかそれと同様のガスに変わってしまう」と述べたのだと。ラザフォードはのちに、そのような惨事は起こるはずもないと指摘した。数十億年以上、放射性原子は、考えられる限りのあらゆる反応を無作為に試し続けてきたようなものだ。だから、もし地球を構成する原子が不安定な状態にあるのだとすれば、ずっと以前に崩壊していただろう。それでもなお、「馬鹿な研究者たちが宇宙を吹き飛ばしてしまうかもしれない」という軽いジョークは、驚くほど簡単に人びとの意識に滑り込んでいった。その理由の一つは、宇宙が吹き飛ぶというイメージが、科学技術の将来に対する不安の高まりを反映していたからだろう。[9]

一九世紀初頭、世界の終末という発想が古代の神話や宗教の文脈から切り離され、その代わりに科学と結びつき始めた。その第一歩は、一八〇五年、フランスの小説家グランヴィルの空想小説『最後の人間（*The Last Man*）』だった。

この著者はキリスト教の伝統である「審判の日」に言及していたが、著作の大半の部分では、人類が自然に衰え、孤独な結末を迎える様子が描かれていた。実は、著者のグランヴィル自身が、絶望的に孤独な結末を迎えた人間だった。この本を書き終えた後のある冬の夜、彼は入水自殺したのである。しかし、彼の不幸の象徴である『最後の人間』という作品は、その後数十年に及び、数多くの詩や絵画、物語に影響を与えた。彼自身は死んだが、彼の発想は生き続けたのである。それらのなかで最も重要な作品は、一八二六年に出版されたメアリー・シェリーによる同名の小説『最後の人間』だろう。伝記によると、彼女もまた自らの孤独を作品に結晶させる動機を持っていた。彼女は母親なしで育っただけでなく、この小説を書く前には、夫と親友の悲劇的な死を経験していたのである[10]。

他方で、未来社会が崩壊するという、最後の審判をめぐる伝統的な発想もまた、宗教的な文脈から切り離され、科学との結びつきを強めていた。もし科学技術が、疫病や飢饉のような自然の危険を駆逐しているなら、それは同時に、因習的社会関係をくつがえすことにもなる。多くの人びとは、急激な社会の変化に危機感を抱き始めていた。文明はここまで進歩したのだという一九世紀後半の自負心に対立するかのように、数人の著名な作家たちは、暴動や戦争が文明を滅ぼすだろうと予測していた。遠慮なくものを言う著述家たちは、自分は社会から疎外されていると感じていた。しかしいかなる理由があったにせよ、作家たちは最新の科学技術によってもたらされる破滅のイメージを鮮やかに示していたのである。

ただし、ソディが述べた原子による悪夢は、本質的な一点において、これらすべての破滅的な状況とは異なっていた。資源の枯渇や暴動への気運は、個人の力の及ぶ範囲を越えて勢いを増していくものだが、核エネルギーは一人の人間の不注意または悪意によって、災難をもたらすかもしれないのだから。

危険な力を手にした人間に注目すること自体は、決して新しいものではない。危険を手にした人間という典型の起源は、魔術師や魔法使いといった中世の伝説を経て、有史以前のシャーマンにまで遡ることができる。そのような人間は、魔女のように、疫病や悪魔や他の邪悪なものを解き放つかもしれないし、一部の異端科学者が実際にしたように、単に異端的な思想を普及させるだけかもしれない。人びとが常に恐れたのは、傲慢な人間が、邪悪な思想や魔術的な行動を通して、隣人や共同体を穢すことだった。
このような恐れは、想像の世界だけでなく、現実の人びとの人生のなかにも、確かに見出すことができる。最も悪名高い人物は、悪魔のような力を操れると誇らしげに主張した一六世紀の放蕩者、ヨハン・ファウスト博士であった。当時の敬虔な聖職者たちは、ファウストの経歴を黒魔術師の伝説と結びつけた小冊子のなかで「多発する理論家に注意！　彼らは伝統的なキリスト教権威を否定する懐疑論者だ!!」と警告していた。一九世紀を通して、ファウストの物語は増殖していった。下働きのライターから、ナサニエル・ホーソーンのような高名な作家にいたるまで、物語の語り手たちは、魔女や魔法使いの古い物語を新しく作り変えていった。そこで造形されたのは、とてつもない疑似科学的な力と不道徳とを結合し、自分自身と周囲の人びとを危険に晒すような人物像だった。
そのような著述家たちは個人的に世界の終りを望んでいるのだと言う者もいたが、そうだとしても、世界を終わらせることが可能だとはとても思えなかった。しかし、社会の将来像に不安の影を落とす科学技術が、状況を変え始めた。人びとの脅威の対象は、周辺に悪影響を及ぼす魔術師から、全世界を脅かす技術者や専門家へと移り変わっていった。その変化の兆しは、一八一七年にメアリー・シェリーが出版した『フランケンシュタイン』に見出すことができる。自らが造った怪物に、自分の花嫁を造れと迫られた科学者は、土壇場で思いとどまる。もし二人の人造人間が結ばれれば、「悪魔の種族」が生まれてしまう。彼らは地球を汚し、そして、人類を皆殺しにすることもありうるのではないか？　そう恐怖したのである。[11]
危険な科学者・発明者という新しく生まれたステレオタイプは、伝説上の錬金術師や魔法使いの秘密道具、ガラス器具類で囲まれた薄暗い実験室などといった表面的な特徴と結び付いただけでなく、より本質的な特徴とも繋がった。危険な科学者・発明者という新たなステレオタイプの特徴は、次のようなものである。禁断の秘密を追い求める伝統的な世捨て人のように、彼（決して彼女ではない）は日常生活からかけ離れていた。彼は女性の愛に振り回されることはない。そして、彼は生死を超越した力を手に入れる。彼は自分に信仰心のないことを誇りに思い、奇怪で非業の死を遂げる傾向があった。このような男性のステレオタイプ像が生み出されたのである。[12]

ウェルズと同様、広く読まれる著作を残したジュール・ヴェルヌは、誰よりも多く、新しいステレオタイプを様ざまに発展させた。ヴェルヌの小説は、強力な爆薬を発明した狂気の化学者が、惑星とまではいかないが、少なくとも無人島の隠れ家と化学者自身を吹き飛ばすというものだった。小説の描写はもっともらしいものだった。それもそのはずで、ヴェルヌは、どうやら実在する爆薬の発明家を基にして小説の人物を造形したようなのだ。モデルとなった人物は、ヴェルヌを名誉毀損で訴えてしまった。[13]

ソディとラザフォードが思いついた核分裂の惑星規模での連鎖反応という発想は、一人の人間が実際に全世界を破滅させるのにはどうしたらよいのかという問題に、科学的な説明を与える考え方だった。そして、世界をリードする科学者たちが、そのアイデアを伝えていった。たとえば、有名な原子の教科書は、次のように問いかけていた。爆発している星(新星)を時おり空に見つけることがあるが、それは、その星の文明が不運にも生み出した「素晴らしい知恵」である核エネルギーによって、その星が爆発した結果なのかもしれないと。一九三〇年代までには、核実験が暴走して地球を爆破するという恐れが、子どもの耳にまでも入るようになっていた。[14]

より恐ろしいのは、誰かが、故意に何らかの破壊的大変動を起こすかもしれないという可能性だった。一九世紀後半以降、爆弾を投げる無政府主義者が大損害を引き起こすという物語が増えていた。人びとは、無政府主義者たちの強力な新型爆弾と科学とを結び付けた。このようにして、科学者たちは、社会の大変動によって文明が滅びるという古い考えと関連づけて語られるようになっていったのである。冷血な教授を主人公にした小説は多い。化学の専門家である教授は、自分が発明した悪魔の装置を使って、世界を破壊するのである。一九〇八年に発表され、広く読まれたフランスの小説には、小型原子爆弾で都市を破壊する異常なテロリストが描かれている。[15]

伝説的な科学者や危険をもたらす科学者は、多少狂ったように描かれるのが通例である。特に、演劇「ウイングス・オーバー・ヨーロッパ(*Wings over Europe*)」では、説得力のある描写がなされている。この演劇は一九二八年に初演され、ニューヨークとロンドンの劇場でささやかに上演され続け、一九三〇年代には学生劇団が頻繁に再上演していた。ステージの中央を陣取るのはフランシス・ライトフットだった。彼は、才気のある若々しい科学者であるが、孤独でやや情緒不安定な人物である。ライトフットは、核エネルギーを解放する秘訣を見つけたと発表する。彼は、虚空を見つめ、かすれた声を上げて次のように述べる。自分ならば、黄金の時代を築く力（それは劇中で「生死をつかさどる神の力」と言われる）を授けることができると。その後、自分の立場を失ったライトフットは、世界は悪で満ちていると決めつけ、すべてを灰にしようと決意する。[16]

このような例はそれなりの数があるが、実際のところ大多数の著作で描かれた科学者は特に不気味だというわけではなく、むしろ、時に人類に奉仕するパスツールやマリー・キュリーのような英雄として描かれていた。そして、一九世紀から二〇世紀初期を通して、最も広く浸透したのは、科学者は単純に無害な存在だという通念だった。科学者は、善意があり、世俗から離れ、おっとりとしている、というステレオタイプだ。たとえば、一九〇八年に、ある新聞の日曜版に掲載された漫画では、「ラジウム博士」という、年をとって痩せこけて近視の、科学に関する訳の分からない独り言をボソボソ言う衒学的な男が、小さな男の子のいたずらの標的になっている。

しかし、月日がたつにつれて、科学者はシリアスに描かれるようになっていった。一九四一年の漫画『バットマン』には、また別の「ラジウム教授」が登場する。彼はたくましい天才で、放射線を使って素晴らしい研究成果を挙げたが、ふとした偶然から、自分自身を残忍で狂った「ラジウム光線人間」に変えてしまう。このような描かれ方は特別な例外だというわけではない。様ざまな力学が、科学者に関する人びとのイメージを次第に変化させた。そして、科学者が扱う放射線のイメージもまた、次第に変わっていったのである。

科学技術への愛憎

科学が戦争を悪化させつつあるという疑念、さらには科学が社会の結合を弱めつつあるという疑念を抱く者もいれば、科学は問題ではなく答えなのだと主張する者もいた。そうした多様な考え方とは別に、科学者たちは国際的なコミュニティを形成しつつあった。それは、平和的で、協調的で、そして理性に身を捧げるコミュニティだった。「宗教は人類の隣人愛を説くかもしれない」、しかし「科学はそれを実践する」とケンプフェルトは言った。[17] 一八九〇年代以降、若者向けの小説は、科学技術を背景にしたヒーローで溢れかえっていた。代表的なヒーローは、ナイジェリアの奴隷貿易を潰すために、巨大な電動三輪車に乗って活躍する「フランク・リードJr.」である。演劇「ウイングス・オーバー・ヨーロッパ」は遠い昔の話になってしまった。「フランク・リードJr.」の物語の最後には、ウェルズの流れを汲む立派な技術者たちが、原子力の秘密を学び、原子爆弾を積み込んだ軍用機で世界中の都市の上空を飛行し、「国際科学者統一連盟」の威信を体現するのである。

ほとんどの若い科学者と科学ジャーナリストたち（彼らの大部分が政治的左派だった）は、社会を再構築するための適切な方法は、科学的な訓練を受けた人びと（つまり、彼ら自身のような人びと）に重要な役割を与えることであるという点で意見を一致させていた。その好例が、生物学者であり、熱烈なマルクス主義者でもあったJ・B・S・ホールデンである。彼は大衆のために執筆することに身を捧げた人物だった。ホールデンは、自分の利益のためにしかテクノロジーを使おうとしない資本主義者たちが科学を衰弱させていると主張した。科学的思考を持つ人びとが、資本家の代わりとなって、物事を効率よく組織すべきだ。そうすれば、驚くべき早さで進歩が達成されるはずだ。そう主張するホールデンは、様ざまな驚くべき未来を約束したが、その一つが原子力による未来だった。

合理的な考えを通して科学を応用することが、黄金時代を導くと考えられていた。プラトンが言う「哲人政治」から、マルクス主義者が提唱した産業社会まで、立案者たちが様ざまに構想した「輝く都市」は、諸個人に機械の一部品のような有機的な役割を割り振ろうとした。その上で、田園のアルカディア——カップルたちが、科学技術や権力者のことなどは気にしないで、自然に溶け込み、そよ風に吹かれる草花のように寝そべっているパラダイス——が、夢見られたのである。しかし、何世紀にもわたって多くの空想家たちが想像してきたのは、そのようなパラダイスとは逆のものだった。ケンプフェルトのような書き手たちが希求したのは、調和だった。調和というのは、未開の自然と、秩序ある文明の中間状態のことである。たとえば、機械の助けを借りて手入れした庭園が並ぶ風景の中央に、豊富な電力を持つ村が築かれる、というようなイメージだ。しかし、もし自然と文明の両極端の合間で二者択一を迫られたとすれば、ケンプフェルトのような人びとは、未開の自然よりも、文明、すなわち秩序とテクノロジーを選ぶはずだ。彼は次のように書いている。「「自然に帰れ」と大声で叫ぶ者もいるだろう。しかし、科学者はその声に応じてこう答える。「研究と技術を先に進めよう」と。」[18]

もっとも、科学が時代を先導すべきだという意見に、誰もが同意していたわけではなかった。一九二〇年代から一九三〇年代初期に人気のあったドイツ人の小説家でエッセイストとしても知られる人物は、アメリカの文芸誌で、科学は美しさや神聖さといった概念とは本質的に無関係であり、そのような科学によって伝統的価値が失われたと書いている。ヒューマニストたちは、第一次世界大戦の精神的恐怖を思い起こした。毒ガスや大砲による砲撃の前では、前時代的な騎士道の美点など役に立たないのだ。また、フランス上院のある政治指導者は、産業を失墜させて大恐慌をもたらしたのは技術革新にほかならないと訴えた。さらに、著名な英国の聖職者は、社会が技術革新に適応するには、一〇年の歳月を要するだろうと述べた。[19]

科学者の社会的役割が異常に大きくなってしまったということ。それが、科学者の抱える問題だった。ほとんどの科学者は、報酬の低い教授の地位に甘んじ、あるいは産業組織の片隅に埋没していた。それでもなお、彼らの発見は文明をラディカルに変えようとしていた。したがって、彼らは、将来に対するある種の不相応な力を持っていたと言える。その力は、企業の上層部や官僚が通常持っているとみなされる権力とは、全く異なるものだった。ホールデンのような積極的発言者たちは、次のように述べていた。科学者の待遇が低い現状は、他の誰でもなく、高名な科学者やエンジニアたちの手によって修正されなければならない。それによって社会を再編成し、科学的な理想を実現すべきだ、と。聖職者、ヒューマニスト、流行作家など、かつて社会の理想的あり方を提示した人びとは、自分たちの世界が、既存の秩序の外側から脅かされていることを十分に感じることができた。新しい科学に対する危機感はとても大きく、科学者に関する悪い噂を広げようとする人びともいた。

社会と科学者の関係に作動したメカニズムは、のちに人類学者によって記述されたメカニズムによく似ていた。それは次のようなものである。多くの共同体に共通してみられることだが、秘かな魔力を使って他者を攻撃する人間は必ず非難される。糾弾された魔女や魔法使い、あるいは異端者は、近代の児童書に見られるような老いぼれた人間ではなく、口の悪い男性や女性であり、多くの場合、社会的・道徳的な逸脱者だった。それは、不相応な力を行使したと言って、「道徳的な実業家」を非難するのと同じである。そして、実際のところ、そうした攻撃によって、彼らはステレオタイプのなかに押し留められてしまう。どんな合理的な根拠が示されようとも、科学の潜在的な危険性に対する不安は、科学者が社会を脅かすかもしれないという不安と同じものとして意識されるのだ[20]。

核エネルギーは、科学についての不安を呼び起こすのに最適なものだった。科学者たちは、核エネルギーが最も神秘的で強力なパワーであると宣言していたからだ。それゆえ、核エネルギーは、人びとが科学と技術について抱くすべての不安と、特に密接に関連づけられるようになった。

原子に注目した代表的な批評家はレイモンド・B・フォスディックだった。彼はアメリカ人の弁護士で、理想主義者であった。すでに第一次世界大戦で明らかになった科学の破壊力に強い衝撃を受けていたフォスディックは、偶然、ソディに出会った。ソディはフォスディックに、科学全般の将来について、なかでも特に核兵器について警告した。そして、一九二八年、フォスディックは、広く読まれた彼の著書『新文明のなかの時代遅れの野蛮人（*The Old Savage in the New Civilization*）』のなかで繰り返し次のように強調するようになった。人類は科学技術の力の前では、未開人やマッチで遊ぶ子どものようなもので、その力にほとんど太刀打ちできない。したがって科学者たちよりも、果敢に社会を問うヒューマニストたち（つまりフォスディック自身のような人びと）により注意を払う必要があるのだ、と[21]。

フォスディックが抱えた難題は、アメリカの科学界を先導するスポークスマンで、素粒子研究で広く知られたロバート・ミリカンが解き明かしてくれた。ミリカンは整った顔と銀髪を持ち、友人のハーバート・フーヴァー大統領と並んで写真撮影をしたときには、ミリカンのほうが大統領に見えたほどだった。ミリカンの政治的見解はホールデンのマルクス主義と対極にあったが、科学が進歩の鍵であるという信念をミリカンは強固に曲げなかった。一九三〇年代の雑誌記事で、彼は批評家たちを嘲笑している。当時の批評家たちは、悪魔のような科学者が「悪童のように」原子エネルギーをいじくって、地球を粉々に吹き飛ばしてしまうと書いていたからだ。それどころか、ミリカンにとって、元素変換（トランスミューテーション）が制御可能かどうかの研究（しかもその一部は自分の研究所で研究すべきだとミリカンは考えていたのだろう）は、一〇億ドルを支払う価値があるものだった。研究の副産物が、かかった費用を補ってくれるというのが彼の見通しだった。「さらに、もし研究が実を結べば、人類の新たな世界が生まれるのだ！」[22]

もし核エネルギーに関する扇情的な主張が世間の人びとを刺激しているのであれば、ミリカンは、それらを静めるつもりでいた。彼に言わせれば、核による破滅などは無知な人間の法螺話にすぎなかった。ラザフォードの悪い冗談は、一九三〇年に入ってもなお、幅広く吹聴されていた。ラザフォードは以前よりも名を馳せ、自信を持っていた。なぜなら、彼はすべての放射線の発生源が原子そのものでなく、原子核、すなわち原子の質量の大部分にあたる電子雲に覆われた微量の核にあるということを証明したからである（したがって放射線とは、実際には「原子」エネルギーでなく「核」エネルギーを指すが、ほとんどの人びとは両者を同じ意味で使っていた）。「私たちの現在の知識をもってすれば原子力を活用できるなどと言う者がいるが、そういう者は皆、戯言を言っているのだ」とラザフォードが述べると、新聞各紙はこれに注目した。[23]

優れた物理学者であるラザフォードが懐疑を表明しても、様ざまに脚色された新聞記事は止まらなかった。ケンプフェルトは次のように指摘した。ラザフォードとミリカンは物理学の内部で知られた技術のことしか話していないし、ある日、他の方法が発明されるかもしれないではないかと。実は、ラザフォードとミリカン自身も、公衆にではなく仲間の物理学者たちに向けて話す際には、核エネルギーの解放があり得ることをほのめかしていた。しかし、他の多くの優れた物理学者たちは人前では楽観的で、驚くほどすばらしい結果をもたらす原子革命が、いつ始まってもおかしくないと話していたのである。

科学ジャーナリストや一部の公衆もまた、科学がもたらす危険性よりも、恩恵の方に注目していた。企業と政府関係者も同じく、テクノロジーの推進を約束した。これらが暗に伝えるのは、普通の人びとは、権威ある第三者と専門家が進歩を達成してくれるのを、ただ受動的に、そして根気強く待つことしかできないということだ。「表面的」な改良を重ねた様ざまな製品の広告は、先進技術を享受する将来の世界像を提示し続けた。ゼネラル・エレクトリック社のチャールズ・プロテウス・スタインメッツは、電気はとても安くなるので、電気使用量を測って支払う必要はなくなるかもしれないと述べた[24]。未来イメージのすべてを引き受けたのは、世界中のエリートたちだった。おそらく、その傾向が特に強かったのはソ連である。ソディとH・G・ウェルズの作品は、ロシア語に翻訳されて、広く読まれていた。あるロシアの作家は、核エネルギーを動力にした輝かしいソ連の未来都市を描いている。共産主義の思想家は、そういったプロパガンダの狙いについて次のように率直に述べている。それは、指導者の産業開発計画を実現するためにすすんで犠牲を払うよう、民衆を誘導するものだった、と。

とどまることを知らない科学技術の進歩は、現代社会における文化的・経済的・政治的な制度のなかに構造的に組み込まれていった。技術の進歩が豊かな生活を約束するという物語は、民主的な政治家、ファシストや共産主義的な独裁者、労働組合の指導者、広告主、そして株主向けの企業報告書の作成者にとって、なくてはならないものであった。新しい技術への批判者、人文科学系の教授で研究熱心でない少数派の人たち、聖職者と作家たちが抱く懸念は、他のいかなる社会集団にも受け入れられなかったのである。こうして、一九三〇年代後半までには、批判の波は鎮まった。邪悪な科学者は、恐ろしいフィクションのなかで生き延びるだけになった。ミリカン派の資本主義者からホールデン派のマルクス主義者まで、彼らが持つイデオロギーはただひとつだった。科学を前進させよ！

第3章　ラジウムは万能薬か？　あるいは毒か？

ラジウムへの熱狂

原子から大規模なエネルギーを解放させるという発想がなかったならば、放射線はいまも変わらず科学の善なる力を象徴するものであり続けていただろう。放射線は生体を良くも悪くも変異させ得るからだ。ピエール・キュリーは、ひとかけらのラジウムをポケットに入れていただけで、火傷をしてしまった。キュリーは、ほんの少量でネズミを殺してしまうラジウムを犯罪者が手にすれば、大きな脅威になるだろうと述べた。しかし、彼も他の科学者も、適切な処置を知っている専門家が扱うならば、巨大な恩恵をもたらすだろうと付け加えることを忘れなかった。

一九〇三年、ソディはすでに次のように述べている。当時もっとも恐ろしいとされた結核を患った者も、放射性のガスを吸引することで良くなるだろうと。物理学者たちはこのようなアイデアを証明しようと競い合った。ラジウムがある種のガンや腫瘍にとって効果的だということが証明されたが、他方では、健康な生体や別種のガン細胞にとっては有害であることもわかった。新聞は、ラジウムがあらゆる種類のガンや病気を治すだろうと述べた医者の言葉を報じた。ピエール・キュリーたちは、保養所の温泉の水質を調査し、そこに地球深くの岩から出た穏やかな放射線が含まれていることをつきとめた。では、実際のところ、放射線は人体を健康にするのだろうか？

学説が定まらないまま、空想だけが飛び交った。「老人を救うラジウム」と新聞は書き立てた。若手の科学者たちは、試験管の中で細胞とラジウムを混ぜ、奇妙な形の細胞を作り上げた。放射線は全く新しい生命を作り上げたのだろうか。ジャーナリストたちは、あらゆる物質の生命力を強めるかもしれない放射線はまさに神秘だと書いた。ソディとともに元素転換（トランスミューテーション）について研究していた化学者は、スピリチュアルな人びとから大量の手紙を受け取った。それらの手紙は、放射線は超自然的なものだと述べ、科学者たちがその神秘的な力を独占しないように警告していた。このような熱狂的な状態は、研究者たちが新たな研究成果を出すにしたがって、徐々に消えていった。しかし、一九二〇年代になってからも、ミリカンは「すべての物質がある意味では生命を持っていると考えることができる。物質は、今まさに生まれようとしているか、衰退の途上にあるかのどちらかだ」と述べていた。(1)

もちろん、たとえそれが放射線を発していても、岩が生命を持っていないのは明白な事実であり、原子核物理は不老不死の秘密など持っていない。では、このような異常な考えはどこから来たのだろうか？　ソディは私たちに迷路を抜け出す手がかりを与えてくれる。それは賢者の石だ。錬金術を可能にし、生の万能薬たる賢者の石として、ラジウムは期待されていたのである。(2)

生命に関する神話

物理的な力に関する発想は、生命に関する発想と不可分である。中国、中東、ヨーロッパの錬金術師たちは根源的な生命力に関する独自の理論を練り上げてきた。それらのオカルトは植物の成長から化学変化にいたるあらゆる変化の過程に作用していると考えられていた。熱烈な信者たちは、炉のなかで生命力を操作することによって、黄金を作り出すだけでなく、人体そのものを完全な状態に変えることを夢見ていた。つまり錬金術師とその信者たちは、精神的な再生と肉体的な不死をともに達成しようとしていたのである。

黄金を生み出すことができると錬金術師が言うのは、比喩ではなかった。彼らは、卵や子宮のような形をした閉ざされた容器を作ることで、自分たちの仕事が母胎のなかで行われる過程と対応していると信じ込もうとした。そして、人間の生命が男女の結合によって始まるように、「男性的」な化学物質を「女性的」な物質と混ぜ合わせることで、物質を転換させようとした。このような概念は、彼らのノートのなかで、裸の男女が結合するイラストとともに描かれていた。生命力が性的な力と結びついていたのは明らかであろう。

賢明な哲学者たちは化学物質の結合を、しばしば宗教的文脈のなかで、精神的転換の過程を象徴するものとみなした。はるか昔から二〇世紀にいたるまで、カトリックから仏教までの宗教は、神秘的な結合を精神的な再生のシンボルだとみなした。そのシンボルは、宇宙の創造のサイクルにまで結びついた。ソディとミリカンが放射線による物質の転換を進化と結びつけるはるか以前から、錬金術師たちは、自分たちの術で世界の破壊と再生を再現することを夢見ていたのである。

民族誌の研究によれば、あらゆる民族が自分たちの祖先に関するある神話を持っている。それは、世界の終わりを経験し生き延びるという神話である。この神話は、近代のヨーロッパでも、たとえば一八〇五年の小説『最後の人間』のような形で残存している。この小説の主人公は孤独で、他の生き残りを探すが、それは実を結ばない。一九〇一年に発表されたある小説では、「最後の男」は、汚染された地球を何年もさまよった挙句、ようやく「最後の女」を見つけ出す。二人はアダムとイブとなり、新たな人類が誕生する。男女の生命力の勝利、というわけだ。[3]

広大な生命力は、人類の文化と心理の顕著な特徴である。人類学者は、もっとも土着的な人間集団は、すべてが変わりゆく世界でなんとか生きる目的を見出そうとしてアニミズムに向かうと指摘している。心理学者のジャン・ピアジェによると、近代のヨーロッパにおいても、幼い子どもたちは、自発的に、すべての物のなかに生存本能を見出しているという。近年の研究では、人間の脳は特定の意図に沿うように進化したと推測されている。特定の意図とは、何らかの目的で他者に働きかけたり、狩猟したり、植物を探したりするような生存に関する意図である。暗闇のなかに動くものを見た時に、まず自分の生命を意識するという本能は、もしそれがライオンの影ならば自分の命を守ることになるし、草の影だとしても害はないのだ。

子どもは自分が世界の不思議に囲まれ、時には恐ろしい力にさらされていると感じる。そのような恐怖を飼いならすために、子どもはおとぎ話のヒーローのように、自分自身に魔法の力が授かっていると想像する。そして危機に打ち勝ち、後は「めでたしめでたし」となるわけだが、これこそが、賢者の石の最も原初的な形態だといえる。結局、子どもは両親の性別や誕生の神秘といった生命の源泉に深く捕らわれた存在なのだ。そうしたことに好奇心を抱くのは、生命をより良く理解するための子どもなりの方法である。しかし、幼少期に抱いたこうした考え方は、成長してからも根強く残ってしまうものだ。生命力に関するシンボルは、間違いなくあらゆる文化に存在する。そのシンボルのなかに、人びとはあらゆるものを投げ込むのである。

要するに、生命力という概念は、宇宙の秩序、生命の誕生、そして、すべてを不死にし世界の再生を可能にするような魔法のような幻想と結びついていたのだ。では、これらの結び付きは、どのようにして核エネルギーと関係するのだろうか。様ざまな要素がもつれ合っているが、そのなかでも特に強力なのは放射線だった。

光線をめぐる信仰

太古の人びとは、太陽光線と作物の成長（すなわち生命の誕生）とをごく自然に結びつけていた。光線は時として、明確に性的な形式を纏うこともあった。たとえば、太陽光線によって受胎するという民話が存在する。この種の物語は黄金の光（あるいは雨）によって妊娠したというダナエの神話のように、近代ヨーロッパまで消えずに残っているし、同様のことはシベリア、メキシコ、フィジーなどにも見いだすことができる。古代エジプト以後の西洋文化では、人びとは、光を生命のエネルギーの象徴だと見なしてきた。太陽光線は、ちょうど星から目に見えない力が降りてくるのと同様に、オカルト的な力を運んでいる、と述べる中世の哲学者もいた。光は、人びとを魅了してやまない神による啓示に近いものとして扱われることもあった。絵に描かれた聖人の光輝く黄金の輪が、まさにそれをよく示している。そもそも、光は、聖書に描かれた天地創造で中心的役割を果たしているのだ（創世記 1:3; ヨハネによる福音書 1:7-9）。錬金術師や聖職者が光を凝視すると、眩しさでくらんだ目が、宇宙のエネルギーとそのサイクルをとらえるのだ。

科学革命の時代に至って、元素転換（トランスミューテーション）や生命力、光線といったイメージのもつれは、明確な形象をもつようになった。ニュートンのような優れた思想家はそれらを理解していた。後世の科学者たちは、物理的変化の真の原因を、たとえば電気に見いだそうと格闘していた。しかし、古くからの連想を捨て去るのは難しい。一九世紀になっても、電気が無機物にエネルギーを与えることで電子的な生命が生まれると人びとは推測しており、病人たちはニセ医者に群がることになった。たとえば、山師として知られるイギリスのジェイムズ・グラハムは、彼が発明した電気ベッドを使えば、妊娠は保証付きだと述べていた。

一九世紀を通して、物理学者たちは「エネルギー」という言葉の意味を正確な用語で定義していたが、普通の人びとは同じ「エネルギー」という言葉を、「精神的エネルギー」、「性的エネルギー」などというように使い続けた。古代からの神聖な雷としてのイメージは、いまや電気機器の広告のなかで、光線のように流れ出てしまい、一方ではニセ医者たちが、老年期の無気力からくるあらゆる症状を治療できるバッテリー式の「電気ベルト」を大量に販売していた。科学者は絡まった想像力の鎖を粘り強く解こうとし続けたのだが、想像力の連関は固く結びついて容易には解きほぐれなかった。

一九一〇年まで、エネルギーに関する想像力は放射線と固く結びついていた。古代の元素転換（トランスミューテーション）の想像力は、原初の光と世界創造という二つのビジョンを有していた。さらに、医者たちは、興奮しながら、何世代もの長きにわたってラジウムが光を発しつづけていると指摘した。ラジウムの光は、宇宙の創造のときのエネルギーを保ち続けながら、変化し続けてきたというのだ。原子からの放射線が治療に適していると医者たちが報告するとき、彼らが念頭に置いていたのは、放射線が持つと考えられていた生命力にほかならない。ただし、ニュースの見出しが「性の秘密はラジウムにあり」などと騒ぎ立てることに、懐疑的な人びとも存在した。電気の存在が当たり前になると、かつては電気と結びつけられていた秘密の力は、放射線と結びついていった。電気よりも放射線のほうが、秘密の力としては最適だった。一九三五年に公開が始まった西部劇映画のシリーズでは、ジーン・オートリーが演じるカウボーイが「ラジウム蘇生部屋」で生き返るのである。(4)

肉体を変形させる力は、肉体を壊すこともできる。「死の放射線」である。このような発想と恐怖との結びつきも、長い歴史を持っている。それは、核実験や原子炉をめぐる議論の際に表面化することになるが、すでに古代の物語のなかにもはっきりと表れている。

文明がまだ発達していないところでは、単純にどこか遠くから有害な力が投げ込まれるという物語が多い。世界中のどこでも、ある土地に昔から住む人びとは、魔法の力で災厄をもたらす魔女の存在を信じていた。自然が有害な影響をもたらすと考えられることもあった。たとえば、ヨーロッパの医者のなかには、一八世紀になっても、人が病気になる原因は、星の力にあると信じている者がいた。邪悪な星からの光線が描かれた絵が残っているほどである。

放射線の影響の心理的意味は、人間の意志が目から発せられるというイメージに最も明白に表れている。力強く何かを放射している目の絵は、古代エジプトのパピルスから、近代の統合失調症患者の絵まで、あらゆるところに見出される。アイルランドやペルシャの神話では、神の目は雷を落とすことさえできた。呪いの眼差しに対する魔除けは、多くの文化のなかに共通して見られる。目が一種の輝くビームを出すという古くからの考えは、現代の人びとも口にしている。たとえば、一八九〇年代のある政治的指導者は、X線のように人を貫く視線を持っていると言われた。これらのケースでは、放射される力のイメージは危険で強い力を持つ人物と結びつけられた。そして、結局のところ、動物も人間も、威圧的な視線に直面すると、それに屈服する傾向があるのだった[5]。

たとえば、子どもによる非行や性的タブーの侵犯を大人が見とがめるとき、そのいかめしい目は脅威にもなり得る。X線の発見は、ある悩ましいジョークを生んだ。X線によって、締め切ったドア越しに覗きができる装置が発明される、そして気の早いロンドンの会社は、X線を通さない下着を売り出そうとしている、というジョークである。数十年後、心理学者は、あるX線技師の男の次のような事例を報告している。男がその仕事を選んだのは、母親の体内を見たいという隠された願望のためだというのである。対照的な事例としては、心理学を学ぶ女子学生のものがある。彼女は、X線を当てられると文字通り「見透かされる」という恐怖を感じ、失神してしまう。有害な透過（貫通）と神秘の発見というイメージが、光線のシンボルに隠れた様ざまな力のうちに加えられた。

様ざまなシンボルの集合全体は、論理に統御されているのではなく、精神のなかに開かれた状態で並んでいる。中世の狂人は、悪魔についてわめいた。しかし、二〇世紀初頭の有名なパラノイア患者たちは、電気やX線や放射線を出す装置が、不気味な感情や思考を注入してくるのだと主張した。たとえば、ラジウム管から放出された性的・精神的な光線が全世界を破滅させる、あるいはそれが世界を救う、というような妄想である。[6]

光線が精神のなかから自発的に現れ、あらゆる制約を超えて機能するという発想は、歴史をはるか昔まで遡ることができる。原始的であれ文明化されたものであれ、世界中の言い伝えに共通するこうした発想を、簡単に取り去ることはできない。一九世紀を通して、「死の光線」という想像力は広く拡散され、目に見えなくなり、匿名で騒がしいポピュラー文化の背景の一部になっていった。ラジウム線が肉体に害をなすこともあれば癒しもするという発見は、再び異なるイメージを織りなし始めていた。

放射線に関する生物学的、医学的推測は、物理的な光線兵器のアイデアと結びつけられた。たとえば新聞は、ラジウム光線が戦艦を粉砕することも可能だろうと予測していた。雑誌に載った読み物も同様だった。ジャック・ロンドンが一九〇八年に発表したのは、ある孤島をアジトにしていた天才が殺人光線で世界中の人びとを襲うという物語だった。原爆や放射線の医療応用にまつわる話とは違い、殺人光線に関する話は、科学的にはでたらめで、ラジウムの実際の性質とは何の関係もなかった。これらの物語の起源は、古代の神話にある。

ローマ人は、アルキメデスが太陽光線を集める巨大レンズで敵の艦隊を迎え撃ったという伝説を持っていた。また、哲学者が持つ集光レンズが軍隊や都市を破壊したという話が、何世紀も語り継がれていた。これらの光線兵器を近代化したのが、H・G・ウェルズだった。一八九八年に発表された小説『宇宙戦争』のなかで、火星からの侵略者は熱線で兵士を倒していく。レントゲンがX線の発見を公表するとすぐ、「死の光線」の恐怖を訴える手紙が彼の元に届くようになった。ほとんどの科学者は嘲笑したが、光線兵器は実現可能だと述べる科学者も少数ながら存在した。新聞や雑誌は彼らの発言を引用することで、何十年にもわたって、光線兵器への関心を引きつけ続けたのである。[7]

有名な『バック・ロジャース』シリーズのように、ラジオ番組やコミックを含め、一九二〇年代のアメリカの青少年たちの間では、安っぽいSF雑誌が流行していた。そこでは、光線兵器が出てこない作品はほとんどない。原子光線、あるいはラジウム光線は、物語のなかで、敵を灰にし、生物を変形させ、精神を支配する。このようなイメージは古代から連綿と受け継がれ、一九四〇年のコミック『キャプテン・マーベル』にも明白に流れ込んでいる。映画化もされたこの物語では、悪党が光線を自在に操り、それで人びとを襲うだけでなく、黄金も作り出すのだ。その悪党が口にするように、魔法のようなその力は、まさに人類がその起源から抱き続けてきた科学の夢なのだった。一九三〇年までには六本以上の映画で、また、一九三〇年からの一〇年間では少なくとも二四本以上の映画に光線兵器が登場した[8]。

これらの映画の約半分が、一九三〇年代当時最大の脅威だった爆撃機に対する防御として光線を使っていた。典型的なのが、一九四〇年のアメリカ映画『マーダー・イン・ジ・エアー（*Murder in the Air*）』だ。この映画では、敵の爆撃部隊を壊滅させる秘密計画を守るエージェントをロナルド・レーガンが演じている。この映画で、光線は「これまで見つかったなかで最も偉大な、平和のための武器」だとされている。このアイデアは実際現実的なものだとされていたようで、一九三〇年代半ばのイギリスでは、光線兵器を使った防空研究が最優先課題となり、秘密裡にトップの科学者が集められていた。イギリスの委員会は、死の光線兵器の実現は難しいと結論し、レーダーの開発へと向かった[9]。

不安を凌駕したラジウムへの期待

一九三〇年代までには、原子核からの放射線について、様ざまな見解が固まりつつあった。教養のある人びとは、放射線が雷のように人間を襲ったり、人間を生き返らせたりというような幻想を相手にしなかった。しかし、科学的に立証された研究が集積されても、そこにはなお、古代からの生命力にまつわる想像力が息づいていた。

二〇世紀の折り返し地点で、新たなX線が新たな弊害をもたらした。放射線障害である。犠牲者は体力の衰えを感じ、嘔吐と下痢に苦しみ、一時的な脱毛症状が出た。そして被曝から数カ月後、あるいは数年後に、ガンを発症した。これらと同様に、人びとを動揺させたのは、生殖器をX線に晒された男性は数週間かそれ以上にわたって生殖能力を失うというニュースだった。しかし、X線に関する人びとの関心は消えていた。なぜなら、被曝した人のほとんどすべてが、医師か技術者だったからだ。新たな治療法が発見されたとき、それを適応した結果ある程度の死者が出てしまう（特に医者自身が死ぬ）ことは、名誉ある伝統でもあった。[10]

X線の数年後にラジウムが見つかった当初から、人びとはその恩恵を受けた。ラジウムを使った医者と技術者が、放射線障害やガンを発症したにもかかわらず、それはラジウムから得られる恩恵に比べれば小さな代償だった。医師たちは、放射線を使って危険な手術なしに様ざまな腫瘍を取り除く方法を考案した。一九三〇年代を通して、毎年十万を超える人びとが、ラジウムによって病気を治した。このことからも、ラジウムがどれほどの恩恵をもたらしたかわかるだろう。他方で、医者たちは患者にX線を当て続けたり、放射性物質を患部に埋め込む実験をしたりしていた。奇妙なことに、これらの男性医師たちは、女性の性器や膣に放射性治療を施すことに特別な関心を抱いていた。X線やラジウムによる治療法を導き出したのは、婦人科における実験だったのだ。

最も不思議な元素転換（トランスミューテーション）は、一九二七年、ハーマン・マラーによって発表された。独立した、闘争心の強いマラーは、少年時代から、人類は自らの進化をコントロールすべきだという信念を持っていた。人類は、より良い社会へと絶えず進化し、種としての生物学的形態さえも改善してきた。この進化というものをコントロールすべきだとマラーは思ったのである。マラーはハエに多量のX線を当てる実験を通して、より多量のX線を当てれば、ハエの子孫により多くの突然変異を起こせることを発見した。奇妙な目の色、縮んだ羽という突然変異は、ハエの愛好家たちにとっては何ら新しいものではなかった。彼らは、親か祖父母の世代に化学物質を与えたり、彼らの体温を少し上げたりすることで、必要に応じて突然変異を起こせるのではないかと疑った。そしてそれは実際その通りだった。しかし、遺伝子を故意に変化させた最初の人物はマラーであった。彼がそれを放射線を用いて完成させたということが、特に興奮を持って受け止められた。核物理との関係を意識して、彼は自分の発見を「遺伝子の人工的元素転換（トランスミューテーション）」と呼んだ。彼は、自分の発見が人間は言うに及ばず、植物や動物の進化を導こうとする科学者たちの助けになるだろうと述べて、広い関心を引きつけることになった。[11]

すべてをもっともらしく見えさせるため、科学者たちはラジウムと進化の真の繋がりを指摘した。世界は常に自然放射線を浴びてきた。遥か遠くから宇宙線が降り注ぎ、岩のなかに存在するウラニウムや放射性物質から、あるいは、すべての生物がその骨のなかに持っている放射性の鉱物からさえも、放射線が出ている。マラーの報告を受けて、科学者たちは、自然の化学物質や他の物質の変化と同様、ラジウム放射が遺伝子を無作為に変えることで、進化にそのきっかけを与えることに気がついた。そして、B級SF雑誌の作者たちは、宇宙線を圧縮できる科学者が何百万年もの進化を数時間に縮めて、モンスターやスーパーマンを創造する物語を書いたのである。

現実においても空想においても、あらゆる場面で、期待は不安を凌駕した。放射線を使った人物のなかで最も有名なマリー・キュリーは、自分の研究が遅れるような予防措置をとることを拒み、普段から放射性物質を口や肺に取り込んでいた。彼女は、多くの人間の命を救う素晴らしいラジウムが、その一方で彼女自身の生命をじわじわ奪っているということを信じようとはしなかった。人びとはこのことについて、ほとんど分別を持たなかった。

一九二九年、ヨーロッパの薬局方は、八〇種類の薬の特許を認めた。それらの薬の有効成分は放射性物質だった。錠剤、入浴剤、塗布、吸入薬、注射、座薬などに放射性物質が使われた。チョコレートキャンディや歯磨き粉にまでも使用された。さらに、製造業者は自分たちの薬が、慢性疾患、リュウマチ、禿、そして「加齢の兆候」などを和らげると宣伝していた。あたかも放射線が真の万能薬であるかのようだった。[12] 放射性「トニック」を定期的に飲み続けたことで死者が出た後でさえ、人びとは放射線を怖がらなかった。ラジウムは特許医薬品のなかの一つにしかすぎず、その他いくつかの特許医薬品のほうがはるかに有害だとされていた。このようなインチキ薬に対して警告を発するジャーナリストたちは、有能な医者の手のなかでは、ラジウムは健康に寄与する大きな力であり続けていることに気がついた。

ラジウムには、もう一つ別の、大きな役割があった。ラジウムには、特定の化学物質を光らせる作用があったのだ。人びとは蛍光塗料に大喜びし、子どもの玩具からドアノブまであらゆるものが闇のなかで輝くようになった。ニュージャージーは産業の中心で、そこでは多くの女性が腕時計のダイヤルや口紅にラジウムが使われた製品を、そうとは知らずに愛用していた。ラジウムを食べると、ちょうどミネラルやカルシウムと同様に骨の状態を安定させる作用があるとされた。地方の歯医者は、「顎の劣化」と彼らが呼ぶ問題が流行していることに気づき始めた。一九二五年になって、ラジウムが犯人ではないかという疑いが上がった。世界中の新聞は、若者の苦痛を感傷的な物語で綴った記事「死ぬ運命にある五人の女性の事例」を掲載した。(13)

通常の読者にとって、これはただの産業時代の悲劇で、特別に驚くべきものではなかった。たとえば、石油労働者が、いたるところにあるガソリンのテトラチエル鉛の中毒になり、激痛のうちに死に至ったという話を、世界はすでに経験していた。それらと比較すれば、ラジウムの負の側面は、問題というよりは好奇心の対象だった。

一九三〇年代、核物理学の研究は以前にも増して医療の驚異と結びつくようになっていた。核物理学と医療をつないだのは、元素転換（トランスミューテーション）だった。これはいつの時代も、諸概念を結びつけるものだった。アーネスト・ローレンスのサイクロトロンのような装置は、分子に衝撃を与えることで、多くの原子を変異させ、変化した原子はしばしば放射性物質になった。一九三〇年代末までには、放射性のナトリウムやヨウ素、その他多くの元素を、物理学者が提供できるようになった。それらは、ガン治療においてラジウムに勝るといわれていた。聴衆に関心を持ってもらおうと、ある科学者は放射性ナトリウムのカクテルを作って、講演会で志願者に飲ませ、自分でも飲んでみせた。その「万能薬」を飲んだ数分後、被験者はガイガーカウンターの前で手を振った。するとガイガーカウンターは音を立て、聴衆は拍手喝采するのだった。

放射線への無条件の肯定は、どれほどのものだったのか？　それを測るために、一般雑誌の索引誌『リーダーズ・ガイド』から「放射線」や「原子力」を冠した記事の数を見てみよう。一九〇〇から四〇年までの記事で、感情的でなく、肯定と否定のバランスがとれたものは、全体の四分の三だった。「ラジウムでガンを治す」というようなタイトルの記事は、主に肯定的で楽観的な印象を呼び起こすもので、その他のものは「ラジウム汚染」のように、否定的で恐怖感さえ与えるような記事だった。一九〇〇から二〇年代中頃までの記事には、ネガティブな言葉はほんの少ししか登場しない。一九二〇年代末には、ラジウムの新たな毒性が明らかになったが、依然として肯定的記事は否定的なそれを上回り、その数は約二倍であった。一九三〇年代半ばまでには、ラジウムの危険はもはやニュースにもならないほど当たり前になり、三〇年代の終わり頃には、再び希望に満ちたタイトルが増え、不安を生むようなものはほとんど見当たらなくなる。

その後、二〇世紀のうちに、放射線が多くの市民を脅かすようになったとき、専門家たちは、放射線が見えず、感じられないもので、生殖や奇形児を本能的に連想させ、特に恐ろしいガンを引き起こし得るという理由で、人びとは放射線を恐れるのではないかと示唆した。しかし、一九三〇年代の人びとは、すでに放射線の特徴を知っていたにもかかわらず、特別な不安を見せることはなかったのである。結局のところ、X線、化学物質、ウイルスなどの他の要素もまた、不妊症や先天的欠損症やガンを引き起こすとは見なされていなかった。一九三〇年代、放射線に関する不安は他の不安とほとんど同じ程度のものだったのだ。

しかし、放射線と生命力を結びつける特別な不安もあった。それは、通常の健康問題とは切り離され、ノンフィクションの雑誌にはほとんど出てこない。表面的には自信に満ちた患者が抱える神経症の症状を一瞬の隙から見抜く心理学者のように、想像力の世界を詮索することでしか、その不安を見つけられない。そういう種類の不安だ。

第4章　秘密・全能者・怪物

禁断の秘密との接触

本書は、第4章に至って、ようやく核の神話の核心に到達しつつある。二〇世紀の前半に激増した核エネルギーに関する物語には、どの物語にも恐ろしい禁断の秘密が書き込まれていた。秘密を握った強大な権力、ロボットや怪人のようにしばしば擬人化された装置が、社会を脅かすのである。一九三〇年代までには、この種のテーマを持つ物語が、人びとの想像力に強い影響を与えるようになった。

危険な秘密は、世界中の各地域の伝統のなかで重要な役割を担ってきた。西洋文化は、アダムとイブ、プロメテウスやロトの妻、童話『青ひげ』に出てくる妻、魔法使いの弟子など、禁断の秘密や知恵に触れたことで悲嘆に沈む人物が無数に存在する。キリスト教の黙示録自体、巻物の封印が解かれる場面から始まるのである（黙示録 5:1-4）。このような伝統があったため、中世のカトリック教会は錬金術を信じようとはしなかった。錬金術師たちは自分たちの能力について繰り返し発言したが、カトリック教会はそのような錬金術師たちを神の神秘を詮索する罰当たりな連中だとみなしたのである。

近代の研究者たちも、神秘的な物語を語るのに十分な理由を持っていた。典型的だったのは、アーネスト・ラザフォードの発言だ。彼はあるラジオ番組のなかで、自らを錬金術師たちの継承者だと述べた。賢者の石を求める冒険は長く続いてきたが、自分の試みはそれらを引き継ぐものだというのだ。中世の錬金術の名人と同様、ラザフォードもまた、自分は単に黄金を求めているのではないと主張した。本当の意図は、「自然の神秘をその奥深くまで探索すること」なのだと述べた。科学ジャーナリストは、このテーマを繰り返し記事に仕立て上げた。たとえば、ウォルデマー・ケンプフェルトによる記事のタイトルは、「原子のなかに見出される究極の真実」というものだった。科学者とその賛同者たちは、自分たちの研究によって、偉大な神秘のヴェールがいままさにはがれようとしていると豪語することで、社会に対して科学研究へのさらなる支援を率直に求めることができたのである。そしてそれは上手くいった。結局、人間というものは好奇心が強く、疑問に答えてくれそうな人たちに敬意を表するものなのだ。[1]

秘密についての物語は、いつも露骨な好奇心を呼び起こしてきた。未知なるものへの恐怖は、あらゆる生物に共通する本能であり、生存に必要なものでもある。これは、幼少期に顕著に表れる。人は、幼少期に数多くの恐怖を学ぶからだ。ロバート・ミリカンは、まるで「いたずらっ子」のように境界を越えようとする科学者たちを、批評家たちが非難していると述べたが、彼はその発言によって批評家の標的になってしまった。誰もが知っているように、秘密というのは、禁じられたものだから秘密なのだ。秘密は危険であり、危険だから秘密は禁じられている。もし、そのような禁忌に背いて秘密をのぞき見すると、罰を受けることになる。西洋文化では、好奇心から人間の生殖と誕生の秘密を知った子どもが、電線に触れたような衝撃を受けるということがよくある。二〇世紀になると最も恐ろしい秘密とは、子宮と性交に関するものだと主張する心理学者も現れ始めた。

真実の発見とそれによる処罰

宇宙の秘密というテーマには、もう一つの別のテーマを持っている。秘密を手中に収めるため秘密自体を攻撃する、というテーマである。物理学者が、自分たちが抱える謎を解明するために原子を「攻撃」したり「バラバラ」にしたりにするというとき、彼ら自身は、そのパターンに入り込んでしまっている。そのような物言いは、錬金術師の「転換」に似ている。錬金術師の目的も、物質を分解して、再構成するというものだった。

錬金術師は、物質を明らかに女性性の象徴として理解していた。そもそも、物質を意味する「matter」という言葉自体が、「mater」、つまり母という言葉と同じ起源を持っている。それゆえ、物質をバラバラにするという錬金術の基本手順は、女性的なるものへの象徴的な攻撃としても理解し得る。鍬の発明以来、「母なる大地」と自然を開発するために、いかに「男」がテクノロジーを利用してきたか、という話が様ざまに語られてきた。一七世紀の科学革命の時代になると、実際の天然資源の開発と、それを記述する言語の双方が、はっきりと進化した。フランシス・ベーコンのように熱狂的な科学者は、自分たち科学者を、女性的な自然を「支配し」「脱がせ」「貫通」する男性として描いた。一九世紀までには、科学者とは研究室で自然を取り調べ、服を取り払い、科学者の要求に応えさせられる者だという言い方が一般的になった。それは、児童心理学者のメラニー・クラインが集めた近代的臨床データによく似ている。彼女は、自分の両親を襲う夢をみた子どもたちを観察し、そこに子宮の秘密への敵意と攻撃欲求とを見出した。[2]

原子力関係の科学者やジャーナリストは、習慣として、この種の素朴な比喩を使った。物理学者は、「物質の最も個人的な性質」を探り、隠された謎へと実際に分け入り、ヴェールをはぎとって内部の秘密を明らかにして、原子の構造を白日の下に晒すのだ。そのような科学者の一人として、ミリカンは「抵抗する原子を粉砕する喜び」について書き残している。[3]

一九三〇年代、そのような語りは「原子核破壊装置」、すなわち核の構造を研究するために建てられたサイクロトロンやその他の装置に焦点を当てるようになった。物理学者がこの装置をアピールするために働いたのは、もしかしたら、装置を動かすために相当な金が必要だったからかもしれない。マスコミも人びとも、輝く金属の塔、大量の男性的な力強い光線に魅了された。それは、ケンプフェルトが、原子核への「狂暴な攻撃」と呼んだものだ。

もちろん、そこにはより高尚な関連も存在した。マスコミは、原子核破壊装置が単に原子を壊すだけでなく、物質を変換するために設計されたということにも言及していた。ひとたび原子が分離すると、つまり原子の最も神聖な場所、秘密の聖地があらわになると、一つの産業になるような規模で黄金ができるだろうし、社会が更新されるだろうとケンプフェルトは述べている。その聖地を見通していたケンプフェルトは、本当に「宇宙の秘密」を理解していたのかもしれない[4]。

物質の基本要素を分離させるという試みが、全ての人を魅了したわけではなかった。原子に関するジャーナリズムが過熱すればするほど、人びとは、放っておくのが一番良い物を無責任に詮索する悪童を連想した。核エネルギーに関する物語によって浮上した最も明白な問題は、伝統的科学者がいったん禁じられた秘密を身につけてしまうと、彼は分別なくその新たな力を使ってしまうかもしれない、という問題だった。科学者が不気味な装置を作り、人びとを支配し改造することを防ぐにはどうすればいいのだろうか?

人が人を支配するということに関する、このような典型的な問いかけは、また別の、よく知られた問題と対応していた。幼少期から成長期にかけては両親と衝突する時期だと言われるが、この時期は、誰もが権威的なものとの関係をめぐって苦闘するものである。そのときに対立する権威は、物事に精通しており、力を持ち、他者の願望に無頓着であることが多い。そういった脅威を体現しがちなのが、科学者だった。

世界を支配しようと企む傲慢な悪党は、暴君や王様と同じくらい古くからある典型だ。この典型は、ますます科学と結びつけられた。特に著名なのは、一九三〇年代後期に多くの国々の若者を魅了したシリーズもののアメリカ映画だった。歌手で俳優のジーン・オートリーは、映画のなかで地下の原子力都市に降り立ち、ラジウム光線装置で武装した王子と闘った。クラッシュ・コリガンは、最も破壊的な原子兵器で人類を征服しようとする海底の支配者と闘って勝利した。比類なきフラッシュ・ゴードンは、最大の敵である皇帝ミンを倒すため、原子炉を破壊した。皇帝ミンは、「放射線が宇宙の皇帝を生む」と豪語していた。確かに、皇帝ミンもその仲間も、科学者には見えない。しかし、先端科学の使用は、全体主義の悪夢の象徴になろうとしていた[5]。

先端技術を利用した専制支配にまつわる物語は、H・G・ウェルズの一八九六年の小説『モロー博士の島』にまで遡ることができる。聡明な医師は、動物を紐で縛って解剖し、半人間に改造した。そして彼らを催眠術と露骨なプロパガンダでコントロールした。モロー博士が支配する島は、科学的に統御された最初のフィクションだと言える。モロー博士の圧政は物語の一部に過ぎない。モロー博士は、悲鳴を上げる女性の動物人間に向けて、血まみれのナイフを振りかざす。そのような場面は、ある根源的な情動を示唆していた。

生物学的に最も根源的な恐怖は苦痛や手足の切断などからくる恐れだが、それは心理学者が分析してきた様ざまな不安の入り口にすぎない。手足の切断といった出来事のなかに、心理学者は去勢への連想を見出す。去勢の恐怖は多くの人びとが思っている以上に男性のなかでは一般的なものだ。女性もまた同様の恐怖を、性器を攻撃されたときに持つ。男性も女性も、生殖能力を奪うような攻撃を恐れるのだ。それ以上に一般的な恐怖は、喜びや力をすべて失うという恐怖である。心理学者は、人間が想像しうる最悪のものは、凍ったかのように動きを奪われて、どうしようもなくなる状態になることだと指摘する。どちらにしても、死の恐怖は、そのような麻痺状態でしかないと思う人がいる一方で、もっと明確な地獄の存在を信じる人もいる。死は、犠牲者になる恐怖によく似ている。つまり、あらゆる損害を魔女によるものだと信じていた昔の人びととは異なり、多くの人びとは人間の基本的な恐怖を犠牲という概念と結びつけるようになった。無数の物語のなかに邪悪な科学者が出てくるのは、このように犠牲と結びついた恐怖があるからなのだ。

他者の行為に関する不安のなかでも最大のものは、その人が自分を攻撃してくるかもしれないという不安だが、それがすべてというわけではない。心理学者たちが収集した証拠によると、人びとの不安の根源には、攻撃をうけるということとはほとんど真逆の何かがあるのだという。それは、見捨てられるという恐怖である。人びとが死を恐れる主な理由は、それが他人から完全に切り離されるようなものだからだ。他人から切り離されるという事態は、感情を失って希望を持たずに一人で座っている孤児の例が示すように、人格に甚大な被害をもたらす。それほど極端でなくとも、たとえ一時間でも孤児のように冷たく孤立していると、誰もが人間性や内なる情動から切り離されたように感じる。大人でも、愛する人から見捨てられる恐怖を感じるのだから、子どもはなおさら強くそれを感じるだろう。子どもは、自分の安全がいかに他人に全面的に依存しているかを、本能的に知っているのだから。乳児にとっては母親が世界であり、そのような世話人から離れることは、「母なる大地」を失うのと同じくらい致命的なものだ。見捨てられることは、破滅した地球で最後の生き残りになるのによく似ているのである。

母親の死と世界の終わりとの結びつきは、フレデリック・ソディにとって特別な意味を持っていた。彼の母は、彼が生後一八カ月のときに彼を残して死んでしまった。ソディは、自分が孤独で周囲の人びとに関心を持てない人格になった原因が、このときの母の喪失にあると信じ込んでいた。母親のいない子どもたちを対象にした近年の研究に照らし合わせても、彼の思い込みはある程度当たっている。ソディには世界がどのように滅亡するのかを想像する彼なりの理由があったのだ。

しかし、疎外という概念が危険な化学という概念と特別に繋がるのは、いったいなぜなのだろう？　多くの人びとにとって、この結びつきは秘密という概念から来るものかもしれない。禁忌を破り、罰を受けるかもしれないと考える子どもは、一人きりになる恐怖を感じるだろう。なぜなら、隔離や拒絶、あるいは捨てられる恐怖は、多くの家庭で罰として使われているからだ。

秘められた力と迫害との間の象徴的関連は、パラノイア患者という恐怖の「専門家」によって、充分に語り尽されていた。偏執症の統合失調症患者たちは、世界の終わりについて考え、凍った廃墟のなかで一人になったかのような孤独を感じ、宇宙規模の黙示録的闘いを心に描き、それらのなかで宇宙を復元するために選ばれて生き残ったり生き返ったりする自分自身を夢見る……。このような妄想は、日常茶飯事なのだ。てんかんの発作や幻覚作用のある薬は圧倒的ビジョンを喚起する。他方で、中世の破滅的な神秘主義者、時には通常の詩人や作家たちも、同じビジョンを抱くことがある。これらの人びとは、日々の極度のストレスによって、意識がはぎとられ、意識の根底が開かれて神秘的想像力が生まれるのだ。個人が元素転換（トランスミューテーション）を成し遂げるという希望のなかでは、犠牲者も預言者も、ありふれた恐怖を他の何かに転移させようともがいている者に過ぎない。障害の代わりに、彼らは健康を探し求める。不妊の代わりに、生殖能力を。無力の代わりに、魔法の力を。寂しさの代わりに、新たな愛の共同体を。

その結びつきは、文学的伝統によって強化された。マッド・サイエンティストの原型は、メアリー・シェリーによる非常に有名な物語に登場するヴィクター・フランケンシュタインだ。結婚という通常の方法ではなく、聖なる力で自分自身の手で生命を創造するために、「自然の深奥」へと入り込むことを運命づけられた男、それがフランケンシュタインだった。恐ろしい生物を創った後、彼はそれを嫌悪して見捨てた。まだ子どもだった怪物は、耐え難い孤独に襲われた犠牲者でもあり、凶暴な復讐心を胸に刻んだ。研究者たちは、父親による拒絶への復讐というこの小説のテーマが、冷たく厳格な父を持ったシェリー自身の幼少期の問題と関係していると推測している。彼女の感情の起源が何であれ、フランケンシュタインのイメージは多くの人びとの心に浸透した。あらゆるホラー映画のなかで最も有名なユニバーサルスタジオの『フランケンシュタイン』（一九三一年）は、原作をずいぶんと改変しているが、この映画も、後に制作された他のバージョンも、異様な誕生・拒絶・迫害といった基本的な流れはシェリーの原作を踏襲していた[6]。

このようにして、伝統的な「狂った科学者」は、思いやりのない支配者を体現するようになったが、それだけではなかった。モロー博士もフランケンシュタイン博士も、そして彼らの同類も、最後には恐ろしく、かつ孤独な死を遂げる。それは罰に違いないが、その罰は適切だったと思える。なぜなら、彼らは禁断の秘密に首を突っ込んだからだ。それは、親というよりはいたずら少年の役割だ。誰が本当の権威を有していているのか、誰が犠牲者なのか？　この奇妙な曖昧さは、核エネルギー伝説のパズルを解くヒントを示唆している。それは、あらゆるもののなかで最も理解されにくく、最も不安をかきたてるものだ。

科学者と怪物の同一性

問題は危険な科学者自身ではなく、彼が創り出したものにある。ほとんどの物語で、読者や観客の恐怖の対象は、科学者よりも彼が創ったモンスターや気味の悪い装置にあった。このモンスターというイメージもまた長い伝統を持っていた。

多くの文化では、死から生を創り出すのは「生命の力」だとされてきた。これも一種の元素転換（トランスミューテーション）である。古代ギリシャやアラブの哲学者は、生命に吹き込まれたイメージについて語った。古いユダヤ教の秘儀の伝統はこのような連想と、漠然とではあるが結びついている。そこでは、精神を高めるためだけでなく、ある秘密を手中に収めることが目指されていた。粘土に生命を吹き込み、ゴーレムを生むのである。

そもそも創造主としての神に取って代わろうとする冒涜的野心を持つゴーレムの生みの親は、ある種の危険を冒しているわけだが、その危険は次第に広がっていった。霊的超越という概念は、より古くから世界に広まっていた魔女の物語と混ざっていった。魔女は不気味な獣を送り込んでくる存在だった。一九世紀初頭にその種の物語は完成する。それらの物語のなかで、プラハのラビは、粘土で作った僕(しもべ)に生命を吹き込んだが、その僕(しもべ)は暴走して残虐の限りを尽くした。この物語が人びとを刺激し、二〇世紀初頭には、ゴーレムに関する物語や映画がヨーロッパに押し寄せたのである。

ゴーレムのような怪物は、科学一般への不安と容易に結びついた。特に、核エネルギーとの結びつきは強かった。記者たちは放射線が人類の順応な僕(しもべ)になるだろうと語るのを好んだが、人びとはその僕(しもべ)がはたしていつまでも順応なままでいるのかどうか、不安を感じ始めた。そして、レイモンド・フォスディックが、科学技術文明は「フランケンシュタイン博士の怪物になり、主人を殺してしまうのだろうか」と問うたように、この不安はありふれた月並みなものになった。(7)

科学技術が人類に反逆するという警鐘をうまく伝えたのは、ゴーレムの子孫、つまり機械製のロボットたちだった。結局のところ、人びとの仕事を奪い、戦争のなかで叩きのめし、田舎を襲撃するのは科学技術だった。さらに言うならば、一九世紀中頃以降の作家たちは、中央集権制や工場の規律、官僚制のような新たな社会システムに対する脅威を表す手っ取り早い象徴として「機械」を使ったのだった。より明確なシンボルは、映画に出てきた最初の重要なロボットだった。それは、一九一八年に公開された『人間タンク（*The Master Mystery*）』という作品である。この作品には機械仕掛けの巨人が登場し、電気光線で人びとを殺戮するのだ。そのロボットは結局、発明者がなかに入っている偽物だとわかる。邪悪な生物は科学者自身だったのだ。(8)

フランケンシュタインの多様なバージョンを研究した学者たちは、みな同様に、作家たちが科学者とそのモンスターとを同一視していたことに気がついた。メアリー・シェリーによるフランケンシュタイン博士は、自分が創った生き物は解き放たれた自分の魂だと叫んだ。一九世紀初頭以降、多くの人びとが「フランケンシュタイン」が科学者の名前なのか、怪物の名前なのか、混同したのも無理はなかった。科学者と怪物は、コインの裏表だったのだ。

二つに分裂した人格は、西洋文化の伝統を反映していた。論理と感情の区別である。特に一九世紀と二〇世紀の初頭は、人間性が二つに切り裂かれ、理解しがたい衝動を几帳面な理性がなんとかコントロールしているかのように語られることがあった。この認識は、不法に束縛から逃れようとしたり、混乱を起こしたりしかねない知性に欠けた「危険な階級」を監視するのが、教育を受けたエリートの仕事なのだという政治的主張として普及した。

架空の科学者が自らの邪悪な衝動を怪物として解き放つために、感情を抑えて研究に集中するとき論理と感情の二重性が明白となる。たとえば、モロー博士は自分が無感動になったと思っていたが、痛みと冷血への強い欲望は残っていたようで、奇妙な生物たちが脱出すると、残酷な欲望がすべて噴出したのだ。このような前例があるので、映画の観客は、登場する科学者が人間の感情を嘲っていたのに、一変して激怒するのを見ても驚くことはなかった。科学者自身か、あるいは彼が造った生物かを問わず、とにかく怒りに我を忘れると言うのが、マッド・サイエンティストの特徴なのだ。

しかし、ここで立ち止まって考えてみよう。造られた生き物やロボットは、むしろ「犠牲者」ではなかったのか？フランケンシュタインのような怪物が出てくる様ざまな物語のなかで、怪物たちは生みの親を含むあらゆる人間に拒絶され、死への迫害を受ける。そして観客は、怪物の激しい復讐と悲しい誓いに恐怖するのである。そもそもロボットという言葉は迫害の歴史を背負っている。なぜならこの言葉は、強制労働を意味するチェコ語が由来であるからだ。ロボットという言葉は、二〇世紀を通して最も広く上演された演劇の一つであるカレル・チャペックの「R.U.R.」によって、世界中に浸透した。この作品では、無機質で生殖能力を持たない僕（しもべ）による軍団を作るため、生命の秘密を手に入れた狂信的な科学者が主人公である。奴隷になった人造の怪物への人びとの関心は、当時あらゆる階級の間で起こっていた恐怖と結びついていたのかもしれない。その恐怖とは、工場での生活が、自分たちを製造のための機械のような奴隷に変えると主張する労働者たちの恐怖である。一九三〇年代までには、批評家たちは、人びとが思想や感情を奪われることさえあるかもれないと警告するようになった。企業や官僚制によって生が管理され、人びとは自分たちの伝統から切り離され、抑圧され、あるいは孤立させられ、統制される。要するに、ロボットのようになるのだ。『R.U.R.』では、ロボットのような生命体が、抑圧されたプロレタリアのように反抗し、あらゆる人間的なるものを破壊した。破壊の後、完全に人間化された二体のロボットが結婚する。新たな種族の誕生である。この物語はチャペックにとって個人的な意味を持っていた。チャペックはいつも病気や生殖不能、死のことばかり考えている内気な男で、彼の作りだした科学者のように厳格な父親に育てられた。社会的要因や、個人的要因によって抑圧され、再生を願う犠牲者の心理状態を表すのに、無表情のロボットはちょうど良かったのだった。(9)

要するに、多くの物語は二つの軸を持っている。一方は、邪悪な科学者、集団的権威、暴君、科学技術の危機、そして言うまでもなく、冷淡な親だ。他方には、ゴーレム、機械的労働者、脅かされた市民、拒絶された子どもなどがいる。しかし、怪物やロボットはいつも攻撃者としての役割を担わされているようだ。怪物やロボットは、自分を造った科学者と不可分である。怪物やロボットが、マッド・サイエンティストの持つ殺人的衝動を内包しているにもかかわらず、なぜそれらは犠牲者の象徴でもありうるのだろうか?

さらに複雑なのは、多くの物語に共通する第三の要素、つまり世界を救いプリンセスと結ばれるヒーローだ。そのような物語の構造は、純潔な少女を救うためにドラゴンを槍で突く聖ゲオルギウスの絵画に似ている。ヒーロー、怪物、犠牲者という要素だ。ただし、それらの役割は重複し得る。マッド・サイエンティストも、最初のうちは、人類を前進させるためしばしば危険な仕事に英雄的に取り組む。また、犠牲者は生き残って新世界を建設することで英雄になり得る。それは、夢のなかでみる聖ジョージの絵のようなもので、どの役割も別のものに変わり続けているのだ。

様ざまな象徴は関係し合いながら構造体をなしている。そして、その構造体の中心部には互いに矛盾する意味が同居している。人類学者のクロード・レヴィ＝ストロースが説明したように、象徴的構造は両義的であるがゆえに、力強いのかもしれない。人間は、強い緊張のなかで、二つの、あるいは三つの要素をはかりにかけながら、社会的・心理的な複雑さの本質にアプローチしようとする。それは、合理的分析を通してではなく、本能的直観を通して行われるのだ[10]。

詩人のジョン・カナディは象徴的構造が、文学的メタファーにおいていかに作用するのか説明している。「メアリーはカニだ」という単純な一文が、殻やハサミ、盲目的攻撃などの多くの連想を同時に引き起こすと彼は指摘した。前頭前皮質の、脳が最も発達した部位で、直線的で論理的なアイデアが実行され、それと同時により古い思考も刺激される。人間の脳は、異なる神経経路に沿って、幾つかの思考の流れを並行して走らせるようになっている。速度と効率のために、論理的な整合性を犠牲にするのである。「メアリーはカニだ」という一文を読むと、脳の様ざまな部位の間で神経のネットワーク全体が活性化し、記憶や感情が貯蔵された奥深い場所に手が届くのだ。その結果、直線的物語には回収できない精神状態になるのである。従って、メタファー（より一般的にはあらゆる象徴的構造）が「特に矛盾し、相いれない要素を含む複雑な関係性を表現するのに適しているのだ[11]。」攻撃的な者、その犠牲者、そしてヒーローといった核に関する物語における混乱した諸要素は、論理的に解き明かすことができる問題だというよりも、そのまま受け入れるようになるほうが良い事実なのだ。それぞれの要素が私たち自身の一側面なのだから。

矛盾した要素を象徴的な物語を通して最も上手く統合させたのは、一九三六年の映画『透明光線』だった。フランケンシュタイン博士の怪物役として有名だったスター俳優のボリス・カーロフが、その役柄を転換させた映画だ。この映画では、彼は天才科学者を演じた。カーロフ演じる科学者は、奇跡的な治癒力を発明したいといういたって健全な野心で、円筒形のラジウム放射機を造った。しかし、彼は放射線の力によって暗闇のなかで光を発するようになり、その手で触れるだけで人を殺すことができるようになるのだ。同時に、彼は研究にすべてを捧げていたので、若い妻にほとんど構わず、妻は彼の元を去る。その結果、彼は殺人を始めるのだ。この映画の広告は次のようなものだった。「愛の世界が壊れたとき、彼は世界を壊しはじめた。」映画の最後、彼の母親が、彼が生きるための薬品が入った瓶を壊すと、彼は炎上し、放射線によって焼き尽くされる。

この映画会社の広報は、この映画の内容はもうすぐ実現されるかもしれない科学的仮説ではあるが、現実のものではないフィクションだと述べていた。しかし、映画のなかで科学者の母親が警告していたような、解明してはいけない秘密を探求するイメージが途絶えることはなかった。今度は、探求に対する罰として、科学者自身が気味の悪い生き物になり、愛する者たちから拒まれ、業苦のなかで死んでいくのだ。自分が英雄だと夢見ていた力強い大人は、罰を受けた子どものような結末を迎える。[12]

変身を可能にする秘密の力を手中に収めた者は、最終的に自分自身を変形させることになった。しかし、マッド・サイエンティストの企ては途中で止まった。彼は自らの犠牲者、つまり怪物になってしまうのだ。実際、新しい何かを生み出すときには、誰もが重大なリスクを冒している。新しい人格を作ろうとするにせよ、科学や芸術や政治で新しい行動をしようとするにせよ、そうした人間は、子どもの頃から慣れ親しんできた信念や社会に受け入れられてきた信念のパターンを捨てねばならなかった。錬金術師や神秘主義者が言うように、孤独や分裂、そして混乱は、再生の前に起らねばならない。旅人が苦境にはまらないという保証はどこにもないのだ。

さらに恐ろしいことがある。どれほど破壊されようとも、人間は怒りの発火点を内部に保ち続ける。子どもは、感情が爆発すると、自分が両親から永遠に離れたいと考えたり、あるいは殺してやろうと思ったりする。もし、誰かが究極の力を手にした後に、そのような怒りの爆発が起こったとしたら、どうなるだろう？　外部の脅威からではなく自身の内から直接的に起こる罰として、耐えきれないほどの喪失がやってくるのではないだろうか？

これは子どもだけの問題ではない。自分の感情を信用しないよう教えられた大人は、自制心を失って破壊を招くことを恐れる。自分が自分の圧政者であると同時に、犠牲者なのだ。力を行使したいという罪の意識は追いやられ、ほとんど忘れられる。そしてそれは、秘密の生命力や世界の荒廃という思想と一緒になる。その事実は大人にとって、真剣に受け止めることが難しいものだろう。

優秀な分析者が全体のパターンを発掘することもあった。イタリアの精神科医は、ある化学者の夢について報告している。その化学者は、夢のなかで、地球が爆発するまで小型原爆を地球に投げつけたというのだ。彼がこの夢のなかで感じた恐怖は、彼に子どもの頃の怖い夢を思い出させた。それは、怪物に襲われる夢だった。分析者は、その怪物が子どもの頃の彼自身、あるいは子どもが持つ、すべてを壊したいという残忍な衝動だと鑑定した。幼少期の残忍さの原因がついに明るみに出たのである。その化学者の母親は、彼が一歳のときに死んでおり、彼は、自分は見捨てられたと感じて成長した。そして彼は母を恨み、世界を恨んだ。さらに、自分自身の激しい怒りを怖がるようになった。[13]

チャペックは一九二四年の小説で、より丁寧な分析を行っている。ここでも、科学者は「誰からの抑制も受けない世界の支配者」になるために核エネルギーを使うという考えに魅了される。彼は偶然、一つの街を吹き飛ばしてしまう。本の大半は、核エネルギーよりも、ある女性を追い求める科学者の姿を描いている（ちょうどこの作品を書いていたとき、チャペック自身が憧れの女性に失恋していたそうだ）。チャペックはこう説明している。核による破壊は、科学者内部から出た力、激情の表現なのだと。物語の最後で、ある頭の良い男が科学者に語りかける。もしあなたのなかにその激情がなければ、あなたの発明もなかっただろうと。[14]

ステレオタイプ化された科学者たち

実際の科学者たちは、禁断の生命力を追い求めていただけではなかった。学生の試験に点をつけ、実験器具のために資金を申請するもの科学者の仕事だった。科学者たちは時には、自分よりも偉大な問題、つまり、生命や死に関する、古くからある問いについて考えることもあった。科学研究は永遠の秩序を同定する方法であり、自分自身が持っている何かを、人類の利益になる不朽の構造へと昇華させるものだった。科学者たちは、攻撃や死の恐怖に駆り立てられたというよりは、反対に、生命への愛や希望に駆り立てられたのだ。

希望は、恐怖と同じく、独自の病弊を持っている。科学の困難は、しばしば希望という病だった。ソディが元素転換（トランスミューテーション）の可能性を引き出すことに熱中したように、科学者は自分の発見にのぼせ上がるものである。科学者たちの間でそうだったように、多くの人びとの間でも、一九三九年までに、科学のイメージは、恐怖よりも過度な期待の方向に歪められた。ＳＦにおけるヒーローの科学者は、悪役の科学者の二〜三倍も存在した。同時に、普通の一般向けの娯楽小説では、科学者を身なりの良い有益な人間として描いていた。ノンフィクション雑誌や新聞も、もっぱら科学を称賛していた。

よく知られた映画『キュリー夫人』は、多くの人びとの科学者イメージを、標本の蝶のように見事に捉えている。映画の見所は、ピエールとマリーの夫婦が、最初のラジウムが入ったトレイをかがみこんで見ている場面だ。二人の顔はラジウムの柔らかい光を浴び、世界を善導する自分たちが発見したパワーにうっとりしている。二人の壮大な計画とあわせて、映画は二人の犠牲も描いている。マリーは疲労困憊してガンのリスクに脅かされながらも、死を克服する希望を捨てない。これらすべては実話である。(15)

しかし、この映画は科学者に関する奇妙なイメージをも示唆している。マリーもピエールも、人間的な感情を簡単には表に出さないのだ。終盤の印象的な場面では、ピエールの事故死を知ったマリーは、何日も黙ったまま虚空を見つめ続け、嘆き悲しむことができない。映画ではそのように描かれているが、実際にはマリーは友人の助けを借りて夫の死体の側まで辿り着き、冷たくなった顔に熱烈なキスをした後、死体にしがみつき、部屋から引きずり出されたという。そして、苦しむ人間がみなそうするように、涙を流した。しかし、そのような振る舞いは、映画好きの人びとにはそぐわなかった。それはいったいなぜなのだろう。

一九三〇年代まで、科学者に対する人びとのイメージは、邪悪な存在というステレオタイプに染まっていた。科学者になるということは、難しい研究を長年続け、研究室で長い夜を過ごし、並大抵ではない自己犠牲を伴うことを意味していた。また、科学者たちは、客観的で感情に左右されない観点から世界を見なければ、科学は進歩しないと主張していた。人間の感情の抑制を体現する集団は科学者以外にはほとんど存在しなかった。実際のところ、最良の科学者たちの多くは、思いやりがあって社交的で、同僚や教師たちから高く評価されていたという現実があるが、それもステレオタイプを打ち破ることはできなかった。新聞や雑誌のライターたちにとって、科学者は風変わりな人間で、ありふれたことには関心を示さず、自らの健康も顧みず、(科学者自身が言うところによれば)富には目もくれず、巨大な秘密を追求することに没頭する浮世離れした「魔法使い」だった。つまり、科学者は、圧縮されたバネのようにエネルギーが閉じ込められた原子それ自体ではないとしても、ロボットには似ているはずなのである。

実際の科学者の生活は人びとの目にはほとんど触れない。結局のところ一つの国の物理学研究室の総研究費は、一隻の戦艦よりも少ないのだ。一九三〇年代の新聞・ラジオは、経済予測や平和会議について、膨大な紙幅を費やしていた。二〇世紀の本当の歴史が進展している研究室には、ほとんど関心が払われていなかったのだ。

核エネルギーが発見された後の四〇年で、科学者たちは原子の構造についての主要な事実を解明した。実験によって、原子核を構成する陽子と中性子の存在が明らかになり、原子核破壊装置が、陽子と中性子を統御する特殊な力を探り当てたのだ。しかしそれは、宇宙の秘密を解くマスターキーには見えなかった。核物理学者の現実の仕事は、圧倒的な事実を探求することよりも、原子核のパズルを解くものになっていった。

たとえば、金属元素のベリリウムやプロトアクチニウムの原子核は一九三〇年代に研究が進んだ。研究者の予測では、放射性だとは思われていなかった馴染みのない金属にウラニウムがあった。一九三八年までには、ウラニウムの習性が核物理の理論と食い違うことがわかっていた。そのため、少数の科学者たちが調査を始めた。このこと自体は、よくある科学の一風景で、その時点では、新聞も取り立てて報じる価値があるとは思っていなかった。[16]

第5章　世界の破壊者

核分裂の発見とマンハッタン計画

一九三八年のクリスマスの時期、核エネルギーに関する幻想的なイメージが現実世界に入り込み始めた。ヨーロッパの核物理学者が、ウラニウムに中性子で刺激を与えると、原子核が異なる原子へと二つに分裂する場合があることを発見したのである。それを発見した科学者の一人、オットー・ロベルト・フリッシュは、この新たな過程にどのような新しい名前を与えるべきか思案していた。ウラニウムの原子核が震えたり伸びたりして二つに分裂する様子は、彼に生命の神秘の源である細胞の分割を思い起こさせた。そして、彼の話をきいた生物学者の友人は、それは「分裂」と呼ぶのだと彼に教えた。

物理学者たちは、ウラニウムの原子が二つに分かれるときに、大きなエネルギーが出るだろうと推測した。そのエネルギーが、その原子が持つエネルギーに他ならない。ここに至って、核エネルギーに関する陳腐でありふれた考えが、いっそう進展することになった。かつてケンプフェルトが『ニューヨーク・タイムズ』に書いたように、今や空想家がウェルズの小説のようなユートピアを期待する正当な理由を持つようになったのである。そのユートピアでは、小さな物質から出たエネルギーによって街が光り輝くのだ。より慎重だったのは、『サイエンティフィック・アメリカン』誌で、次のように警告していた。「タブロイド新聞は世界の爆破について書くのが大好きなようだが、そのような空想は、核エネルギーの解放が予見されたいま、人が思うほど煽情的なものではなくなった」と。[1]

核エネルギーの解放を現実的な目標だと長年にわたって思い続けてきた科学者が一人だけ存在する。レオ・シラードだ。傲慢な物理学者で、その丸い顔には、いたずら好きな子どもっぽさと隠された知性が滲み出ていた。ブダペストでの幼少期、彼はハンガリーの古典詩を読んで衝撃を受け、人間の生がいかに不確かなものか、不安に感じるようになった。その詩は、太陽が死に、文明が野蛮へと墜落するという詩だった。そして彼は、「世界を救う」という大志を抱いて大人になった。[2]

核分裂が発見されたとき、シラードはニューヨークにいて、エンリコ・フェルミが主導する科学者チームの一員として研究を始めようとしていた。パリの研究チームと競争しながら、フェルミのグループはウラニウムの原子核が分裂するときに中性子を出すことを突き止めていた。その中性子は、今度は別の原子核を分裂させ、連鎖反応が起こるのである。もしこの反応を穏やかなペースで起こすことができれば、有効な動力源になるだろう。しかし、どうすれば連鎖反応を制御できるのか？　一九四一年の『リーダーズ・ダイジェスト』の記事は、ウラニウムの核分裂の連鎖反応を起こす実験によって、地球全体が解体してしまうのだろうかという疑問を提示している。他の記者や少数の物理学者は、「魔術師の弟子」のような役割を科学者が果たすことについて、警鐘を鳴らしていた。[3]

核エネルギーがSFを彷彿とさせると言う者がいたとしても、それは偶然ではなかった。パリの研究チームの一人は、彼の好きなジューヌ・ヴェルヌの小説を思い出したと述べているし、ウェルズの『解放された世界』を思い出したと述べる者もいた。両作品は、シラードが抱く世界の再生という幻想を刺激した作品に他ならない。そうした物語によって刺激された未来予想図は、科学者たちに影響を与え、核の研究へと向かわせて、とうとう核分裂が発見されるに至ったのだ。

『アスタウンディング・サイエンス・フィクション』の読者ほど、ウラニウムの核分裂の可能性に関心を持った人たちはいなかった。一九三九年の時点で、この雑誌の主な読者は科学や技術を専門とする大学生で、彼らは新しい考え方や発想を熱望していた。この雑誌はアメリカの技術者たちに、極めて強い影響を与えた。この雑誌に掲載された物語は、核分裂の発見が持つあらゆる意味を明らかにしていた。最も衝撃的だったのは、新人作家ロバート・ハインラインの作品だった。ハインラインは、技術者の観点から物事を理解できるような教育を受けていたが、一九三九年に結核にかかり自分は死ぬのだと思うようになった。教育を受けることに意味を見いだせなくなってしまったのだ。彼の初期作品の多くは、孤独と抑圧に関するもので、物語の結末では、世界が混沌へと落ち込むという病的なビジョンが描かれていた。彼が最初に書いた核エネルギーの物語には、そうした個人的なテーマが投影されていたのである。

一九四〇年九月に発表された『爆発のとき』は、未来のウラニウム発電所を舞台にしている。そこは、科学者たちが単純に「爆弾」と呼んでいた施設だった。この作品のなかでハインラインは次のように問うている。一つのミスが、数千マイル四方を壊滅させてしまうような災害を引き起こしかねない。そのような発電所を人間は使いこなすことができるのだろうかと。その工場の責任者たちは、一切のリスクは存在しないと言い張っていた。しかし、憂慮する科学者たちが、危険な工場についてPR活動を始めると、ようやく責任者たちは、現状を変えることに同意したのである。[4]

もし、この物語が、数十年後の新聞の編集委員たちの考えを先取りしていたように見えるとしたら、それはハインラインが不気味な予言の贈り物をしたからではない。原子力発電所の爆発や傲慢な電力会社は、一九二〇年代以降のSFではありふれた発想だった。ハインラインの物語は、実際には核開発に関するものではなく、膨大なエネルギーを手中に収めるということがいかなる意味を持っているのか、というテーマを扱っていたのだ。

ハインラインが次に発表した核エネルギーの物語には、彼の深い洞察力がより明確に表れている。彼は作品のなかで放射性物質が大量破壊兵器に使用される可能性を示唆したのである。それは爆発物ではなく、有害物質を散布するタイプの兵器だった。この兵器について、登場人物の一人は次のように叫んだ。「世界全体は、弾丸が装填された四五口径の銃を手にした人でいっぱいの部屋のようなものだ。部屋から出ることはできず、互いが互いの善意に依存しながら生きていかざるを得ない。」核兵器について何をなし得るかを問うこの登場人物の意見は、この物語のタイトル「不十分な解決法」に集約されている。[5]

核兵器が開発されるのではないかという推測は、戦時期にも続いていた。たとえば、一九四四年末の『タイム』誌は、V2ミサイル開発後、ヒトラーが決死の逆襲のために核兵器を使用するのではないかという噂でロンドンが混乱していると伝えている。同年には、日本の雑誌にも「桑港消し飛ぶ」というタイトルのSFが掲載された。この物語では、日本のウラニウム爆弾が敵の都市に投下される。[6]しかし、ハインラインの「不十分な解決法」は独特であり続けた。なぜなら、こうした新兵器がもたらす帰結から、基本的論理を引き出していたからだ。この作品が一九四一年五月に発表されたとき、閉ざされた部屋のなかにいる人類の手が、銃のすぐ近くにあることを知る者は、ほんの一握りだけだった。

ここから、話は二手に分かれる。一つは表側の歴史だ。検閲が始まるまで、科学者は核分裂について言及していたため、核兵器の可能性に関する議論は数十年にわたって広く共有されていた。もう一つは、極秘裏に進められたマンハッタン計画だった。この計画の全貌を知る者は、アメリカとイギリスの将校と科学者のわずか数百名だけだった。この計画では、有効だと認められたアイデアは迅速に進められた。原子炉の安全性からミサイル戦争にいたる主要な問題は、すでにこの計画のなかで議論されていた。しかし、戦争の末期に表と裏の二つの流れは再び合流し、幻想的なものと科学的なものが不合理なほどたやすく結びつくことになる。

一九四二年、フェルミの研究グループが最初の原子炉を造るために、物理学者のアーサー・コンプトンの下でシカゴ大学に移ったとき、彼らは重い責任を背負っていた。実際、マンハッタン計画に参加した人びとはすべて、自分たちは宇宙の力を解放しようとしているという考えを強く意識していた。小説「爆発のとき」を読んだ者もいれば、他の著作による警告を思い出す者もいた。陸軍のキャリア将校でマンハッタン計画の責任者だったレスリー・グローブスは、コンプトンから街の真ん中に原子炉を建てようと思うと聞かされて、震えあがった。フェルミはあたかも危険なゴーレムに命を吹き込もうとするかのように、入念に警戒していた。フェルミは時間をかけて精緻な計算を行い、とうとう連鎖反応が自立して進むことを突き止めた。シラードのように兵器への転用を怖れる者もいれば、産業利用による輝かしい未来を夢見る者もいた。

いまや、シカゴの科学者たちは、装置のなかで生み出されたキロ単位の放射性アイソトープと向き合わねばならなかった。すでにコンプトンは放射線の危険性を研究するチームを立ち上げていた。そのチームの責任者は、気力に満ちた真面目な物理学者のロバート・ストーンだった。まず、そのチームは「レム」という測定単位を考案せねばならなかった。日常的に一レム、あるいは数日間でその程度の放射線にさらされても、その量ならば明らかな障害を受けることはない。病院やラジウム産業の経験からそのように推測されていた。ストーンのチームは、マンハッタン計画に関わる作業員たちの被曝が一日あたり一レムの一〇分の一を越えないように、許容限度を定めた。[7]

一番の心配の元は、プルトニウムだった。ウラニウムを燃料として使う原子炉はどれもプルトニウムを生む。原爆のために必要な物質を得るには、それが最も容易な方法だった。新たに見された金属元素に冥界の王にちなんだ名前が付けられたのは、偶然ではなかった。人体への影響という意味では、プルトニウムはラジウムと同様に危険だった。そして、キロ単位のプルトニウムが原爆につぎ込まれることになっていた。

肌や口を通して摂取されたプルトニウムは、すぐに体から排出されるため、なんとか対応できそうだとわかった。愚かにもプルトニウムを飲み込んでしまった作業員も、幸いなことに健康被害を患うことはなかった。しかし、明らかに危険信号は発せられていた。ウラニウム鉱山の鉱夫の死者の記録によると、放射性物質を一かけらでも吸い込んだ場合、それは肺にとどまってガン生むことがわかった。どれくらいの量ならば作業員がプルトニウムを吸引しても許容できるかという基準を決めなければならなかったストーンは、厳格な判断を下した。一切の吸引は認められないというものだ。

その規則を施行するため、物理学者たちは緻密な手続きを作成した。そしてこの手続きが、将来の核関連産業の基調となっていった。そうした用心は、たとえそれが核エネルギーに特別な危険を感じる作業員を安心させるためのものに過ぎなかったとしても、化学産業の生産物にまで採用されるようになった。化学産業は、時にはプルトニウムよりも有害なものを生み出すことがあるからだ。最終的に、偶発的にプルトニウムを吸引した作業員でさえ、あるグループが数十年にわたって追跡したところ、それが病因にはなっていなかった。

恐怖に急き立てられていたマンハッタン計画の科学者たちは、仕事を進めるために、手っ取り早い方法を選ぶこともあった。彼らを急き立てていた恐怖は、身の毛もよだつものであり、それは次第に科学者たちの考えを変えていった。それは、近代戦争において、国家は目的のために市民を殺戮することもためらわないだろうという恐怖である。

原爆投下の経緯

第二次世界大戦を戦う大国は、随分と自制心を働かせていた。予想に反して、彼らは毒ガスを使用しなかった。毒ガスは道徳の腐敗だとみなされ、大国は自分たちがやりかえされると困るような先例を作らないようにしていた。いずれにせよ、彼らはより効果的な殺戮の手段を手にしていたのだ。

都市の破壊についていては、新しいものは何もなかった。広島への原爆投下を含めても、極東地域における最悪の殺戮は、日本軍が南京を攻略した一九三七年にすでに先例があるのではないだろうか。日本軍は残忍に暴れまわり、中国人の大人から子どもまでを、文字通り刀の錆にした。こうした時代遅れの方法によって殺された人の数は、確定していないが、二五万人に及んだと報じられることもある。時代遅れの方法による殺戮は、一九四一年冬、ドイツ軍に包囲されたレニングラードでも起こった。一〇〇万人を超えるロシア人が飢え死にしたレニングラードの戦いは、一つの地域で起きた軍事的殺戮としては、歴史上最悪のものだった。

ロシアからの援助要求に急き立てられ、一九四三年までにイギリスの爆撃隊がドイツの都市を空襲した。最初に空襲が成功したのは、ハンブルグだった。炎に包まれたハンブルグでは、街路が地獄に変わり、叫びまわる群衆が黒焦げの死体の山になった。一九四四年までには、枢軸国の市民はあらゆる種類の爆撃を受けることになった。敵の残虐行為が報じられると、人びとは、ドイツ人は生まれつき冷酷で、日本人は人間ではないと決めつけた。良心が咎めたとしても、指導者たちは、イタリアの軍事学者ジュリオ・ドゥーエの言葉を追い求めた。ドゥーエはその著書『制空』のなかで、航空爆撃が戦争終結を早める、と主張していたのだ。しかし、指導者たちが成し遂げたものは、ドゥーエの予見とは異なっていた。空襲は、古くからあった兵士と市民との境界を消し去ってしまったのである。

一九四五年三月、アメリカのカーチス・ルメイ将校は、約三〇〇機の爆撃団を東京に送り、焼夷弾による攻撃をしかけた。一五マイル四方が焼け野原になった。これは、その後の広島と長崎の焦土を併せた面積よりも広かった。炎から逃れて水路に飛び込んだ人びとには不幸なことに、空襲とそれによる火事で東京の熱が上昇し、小さな水路の水は干上がっていた。東京大空襲による即死者は広島とほぼ同数で、火傷を負った者や怪我人もあわせると、死傷者は一〇〇万人に及んだ。ルメイはこの戦術を何週にもわたって繰り返し、機械的に都市を焼き尽くしていった。一九四五年の中頃までに、アメリカの航空隊は、一スクエアあたり約三〇〇万ドルもの費用をかけて、日本の都市部を破壊したのだが、それでもまだ最初の原爆に比べれば随分と安かったのである。

しかし、原子科学者たちは、自分たちが国際関係を革命的に変える存在になることを確信していた。彼らは、一九四一年以来、原爆はあらゆる戦争をほんの数週間で終わらせる最終兵器だと主張していた。チャーチルからルーズベルトまで、政治的指導者たちは、新たな事実よりも古くからあるSFの核の想像力に強い影響を受けていた。彼らは、原爆をあらゆる問題を解決してくれるものだと見なすようになっていた。戦争に関する問題も、その後に来ると思われたソ連との対立も、原爆が解決してくれるかもしれないと。では、いつになれば原爆投下の準備は整うのだろうか。

最も重圧を感じる立場にいたのは、ロバート・オッペンハイマーだった。オッペンハイマーは、子どもの頃から精神的に不安定で、青年期には奇怪な行動で友人や両親をうろたえさせることもあった。社会に適応できず、自殺と殺人を考えるような若者だったのだ。彼を救ったのは、発見と教育に自らを捧げる物理学者になるという将来の夢だった。そして、大人になったオッペンハイマーは多くの人びとから尊敬を勝ち得る。グローブスが、ニューメキシコのロスアラモスに新しくできた研究所の責任者に、オッペンハイマーを選んだのである。その研究所は、原爆が設計され、組み立てられる場所だった。彼は、物理学者を集めるためにアメリカ中を飛び回り、こう言って説得するのだった。「ヒトラーに先に原爆を作らせるわけにはいかない。」

しかし、オッペンハイマーが後年に回想しているように、そこにはもう一つ、人びとを山の上の秘密の街に集める理由があった。「ほとんど全員が、歴史的な巨大プロジェクトだと理解していた。」原爆は速やかに戦争を終結させ、おそらく大戦争そのものを過去の遺物にするだろう。そして、長く期待されてきた核エネルギーの恩恵は、もうすぐ

そこまで来ている。まさに「解放された世界」だ！(8)

大量のプルトニウムとウラン235を爆発させるというのは、相当に扱いにくい計画で、誰もが順調にはいかないだろうと予想していた。ロスアラモスの研究所でなされた推計では、一つの原爆の威力は、通常の爆撃機一〇〇機による空襲に相当するとされた。最初の原爆が投げかけた新しい倫理的問題は、それが結局は、これまで人類が経験したことのないもので、SFから出てきた脅威であるということだった。物理的には、原爆投下は焼夷弾による夜間空襲と変わらなかった。しかし、心理的な衝撃は、また別の問題だった。

指導者たち、とくに政府首脳部は、頑固なソ連政府に与える影響を考えていた。他の人間、たとえばグローブスは、アメリカ議会に与える衝撃について考慮していた。彼らは、二〇億ドルはどこにいったのかを知りたいと思うはずだ。しかし、サイパン島での苛酷な戦闘の記憶はまだ生々しかった。そこでは、女性と子どもを含む住民の半数以上が、降伏よりも自殺を選んだ。文字通り「自滅する軍隊」に直面して、指導者たちは、日本人に原爆はいったいどれほど有効なのかと考えるようになった。したがって、オッペンハイマーや他の指導者たちは共に、「労働者の住宅に囲まれた重要な軍事工場」に最初の原爆を落としてはどうかと提案している。閃光と突風による阿鼻叫喚によって、日本人が目覚めることを期待したのだった。その意味では、最初の原爆は敵の都市よりも敵の精神に落とされたのだ。(9)

七月に実施された原爆実験によって、科学者たちは自分たちが何をつくったのかを思い知ることになった。しかし、しかし、その意味を考え直すには、もう遅すぎた。

シカゴを覆っていたのは異なるムードだった。プルトニウム生産のための原子炉を完成させたコンプトンの研究所は、もはや切迫した作業目標を持たなかった。科学者たちは考える時間があり、もしかしたら、ウェルズの『解放された世界』を読みさえしたかもしれない（研究所の図書室には、誰かが『解放された世界』のコピーを置いていたのだ）。思いついたら居ても立ってもいられなくなるシラードとシカゴグループの研究者たちは、無人島に原爆を見せしめのために落とし、日本を降伏へと導いてはどうかとアメリカ政府に向けて請願している。しかし、科学者たちは日本人を殺すことに反対はしなかった。関心は戦後世界にあったからだ。原爆後の世界を安全に保つには、国際関係の革命的変化が必要だった。

コンプトンが一九四四年にメモに書き残したように、民主主義には進めるべき一つのプロジェクトがある。それは「公衆教育」だ。戦時の情報統制が終わるとすぐに、シカゴの科学者たちは核戦争の危険を説明するための準備をし始めた。[10] 彼らには他にもう一つ説明したいことがあった。大まかな計算ではあるが、原子炉は石炭や石油と同じくらいの金額で電気を生む可能性があったのだ。シカゴの科学者たちは、新たな仕事の見込みに盛り上がった。原子力工学は、未来の繁栄へと人類を導きながら、終戦後の就職先を確保してくれるものだった。もしそうだとすれば、核エネルギーの重要性を公衆に教えなければならない。

公衆教育に関して最も賢明なコメントをしたのは、カール・ダローだった。彼は辛辣な洞察力で知られる古参の物理学者だった。シカゴの科学者の一人に彼は手紙を書いた。「方法は二つ。一つは科学自体の関心から離れてでも、人びとに歓迎されるような有益な原子力の使い方の見通しを与えること。もう一つは、新たな兵器で心の底から怖がらせることだ。」彼は二つの道が同時に達成されることはないと考えていた。[11]

史上初の核実験

戦争が終わった後に、核エネルギーを公衆にどのように伝えるか。それをシカゴの科学者が考えていたとき、グローブスは自分のプランを抑えていた。彼はたった一人のジャーナリストにだけマンハッタン計画の取材を許していた。グローブスは、自分が成し遂げた仕事を称賛し、原子の奇跡を世界に先駆けて預言してくれるようなジャーナリストを選んだ。

ビル・ローレンスは、「一五世紀」に生まれたようなものだった。彼が育ったのはリトアニアの、木製の小屋が並び、道はぬかるみ、そこを馬がトボトボと歩くユダヤ人村落で、二〇世紀とはいかなる意味でも関係がなかった。こんなところでも、ローレンスは火星について書いた本に出会い、進んだ文明の論理を吸収した。もし、火星の優れた技術者と意思疎通ができれば、人類は苦しみの千年間を越えて、黄金の時代を迎える！　ローレンスはアメリカに行くことを決めた。そこでならば、火星と交信する技術を手にすることができる。後に冷静に振り返っているように、彼は生命の秘密を知りたかったのだという。どのようにして生命が誕生するのか、「私はその問題を火星人に質問するつもりだった。」[12]

ローレンスの母親は、彼が空の石油缶に入ってロシアからドイツへと密入国するのを手助けした。そして、彼はアメリカへと渡った。そこで彼は発音しにくいリトアニアの名前を捨てて、貴族的な「ウィリアム・L・ローレンス」と名乗った。そして、無一文の移民からハーバードで奨学金を得るまでになった。彼の体はエネルギッシュでずんぐりしており、その上に、人懐っこい顔があり、目元は思慮深げだった。一九三〇年、彼は科学記者として『ニューヨーク・タイムズ』に加わった。

ローレンスは、科学は未来の宗教だと信じていた。あらゆる宗教と同じように、科学は伝道者を必要とし、それは自分のようなジャーナリストがふさわしいと考えていた。彼はインタビューで次のように答えている。科学担当の記者は、研究所や大学といった「オリンポス」から火を取り出し、それを人びとに授ける人間のことだと。彼が特に関心を持ち続けていたものが、核エネルギーだった。グローブスは、マンハッタン計画について書かないかとローレンスに打診した。

テネシーのオークリッジで、科学者たちはローレンスを山上に連れて行き、呆然とするような秘密の都市がある谷を見せた。ウラニウム235を生成するオークリッジの工場は、これまで建てられた工場のなかでも最も巨大で、四階建てで半マイルも広がっていた。ある古参の責任者がローレンスに言ったように、マンハッタン計画はジュール・ヴェルヌの上を行くものだった。ローレンスは編集者に、自分はいま皆が想像する以上の大きな物語を書こうとしていると伝えた。それは、「キリストの物語の第二弾のようなもの」だ。そして、とうとう、ローレンスは秘密の都市、ロスアラモスにたどり着いた。彼はロスアラモスを「火星のアトムランド」と呼んだ。[13] もしロスアラモスの天才たちが生命の秘密を教えてくれないとしても、それは彼らがそれだけ重要な知識を持っているということを意味していた。

一九四五年の七月一六日の夜明け前、ローレンスは、マンハッタン計画の指導者たちと共に、砂漠の奥深くの谷にいた。彼らはプルトニウム型原子爆弾の実験を待っていた。それは、オッペンハイマーが、恐るべき神の神秘に基づいて「トリニティ」と名づけた実験だった。火の玉が谷を照らしたとき、科学者たちは、連鎖反応によって全世界が消えるのではないかと恐れた。軍の技術者だったトーマス・ファーレルは「なんてことだ、やつらは本当に爆発させてしまいやがった！」[14]と思ったという。

確かに、その光景は驚くべきものだった。しかし、ファーレルは古くからあるイメージに命を吹き込んだ。グローブスは、ファーレルがほとんど皆の感情を捉えていたと述べている。ファーレルは、遠い山並みに反響する雷のような原爆実験の音が、「最後の審判の日を告げ、取るに足りない自分たちが、これまで全能者が持ってきた力をあえて改ざんするという冒涜的な行為をしていると感じさせるものだった」と書いている。[15]

ローレンスはオッペンハイマーに、爆発の瞬間に何を感じたのかと尋ねた。その答えはローレンスに衝撃を与えた。オッペンハイマーは、数マイルの高さにまで上がった色とりどりに輝く雲を見て、古代ヒンドゥーの聖典の一節を思い出していた。聖なるクリシュナのビジョンが、地球から天へと広がる。「私は死神、世界の破壊者。[16]」

通常、死は再生の希望とペアになっている。ローレンスにとって、こだまする残響は「生まれ変わった世界の最初の鳴き声」だった。ローレンスは、自分もオッペンハイマーも他の大勢も、深い宗教的な体験を共有したと信じていた。ローレンスはのちに、その爆発を目撃したことは、神が「光を」と言った想像の瞬間に立ち会っているようだったと述べている。[17]

トリニティの実験場からは、誕生と破滅の言葉が流れ出たのだった。暗号化されたメッセージは、「博士（グローブスのこと）は「小さな子ども（リトル・ボーイ）」が元気なことを確認した」と述べて、原爆の完成を伝えていた。新大統領のトルーマンは、科学者たちは聖書に予言された「業火による破滅」を発見したのかもしれないと述べた。チャーチルは「原爆は第二の「怒り」」だと述べていた。[18]これらの言葉は、原爆の爆発に関するいかなる情報も受け取っていない段階で発せられた。事態が動いたことを知るには、それで十分だった。

ローレンスは太平洋のテニアン島に飛んだ。その週は、日本を攻撃する航空隊がテニアンや他の基地で、忙しく離着陸していた。もう、壊すことができる都市はほとんど残っていなかった。広島は二〇〇機の爆撃機が通常通りの夜間爆撃をすれば破壊できると考えられていた。しかし、アメリカは他の手段を準備していた[19]。

第6章　広島からのニュース

原爆投下の衝撃

「それは宇宙の根源的な力を利用した原子爆弾である。」トルーマン大統領の声明は世界に衝撃を与えた。自分が生きているうちに原子爆弾が実現すると予想した者はほとんどいなかったからだ。この声明は、一九三〇年代にウィリアム・ローレンスが新聞の日曜版に書いた記事に似ていた。事実、トルーマンが受け取った声明文は、グローブスが主導して練られたものだったが、グローブスはローレンスから着想を得ていたのである。[1]

ローレンスのように事情を知っていた人びとは、既に入手していた情報と照らし合わせて、原爆投下のニュースを理解することができた。他方、ほとんどの人びとにとっては、最初の数週間は、実際の戦争で原爆が使用されたことについての信頼できる情報はほとんどなかった。そのため、人びとは、原爆投下以前から長く存在する神話や物語を使って、原爆を理解したのである。

陸軍省がマスコミに公表したレポートは、ローレンスが原爆投下の数週間から数カ月前に書き上げていたものだった。非常な驚きをもって書かれたローレンスの言葉は、世界中の紙面に登場することになった。他の書き手が核エネルギーの出現を記述しようとし始めたとき、その書き手たちはローレンスの文章を真似ることになったし、そうしなくても結局はローレンスが既に使用したものと同種のイメージに行き着いた。アメリカの典型的なニュース映画は、「最後の審判の日のような宇宙の力、業火」によって広島が消滅したと叫んでいた。黙示録的な力というこの発想は、あたかも突然の雨によって眠っていた種が発芽するかのように、あらゆる場所で一気に芽生えたのである。[2]

黙示録的な発想は、非常に恐ろしい秘密をいかにコントロールするのかという問題にすぐさま結びついた。チャーチルの公式声明によれば、原爆は、「神の慈悲によって人類が長らく遠ざけられてきた自然の秘密を開示した」ものだった。トルーマンやその他の人びとの声明も、原爆の計り知れない力やコントロールの問題、秘密の問題に言及していた。

世界の指導者たちは、この新しい力が人類にとって有益なものになると期待してもいた。怒りに満ちた創造ではなく、より有益な方向へと原爆の力をもっていくことは可能だという希望を持っていたのである。原爆は、科学者が創ったゴーレムだったのだろうか？　トリニティでの核実験に関する陸軍省の記者発表は、一九三〇年代の映画のなかのあるシーンを思わせるものだった。映画のなかでは、決定的瞬間まで、陰鬱な空から雨が降り、雷が落ちる。そうして、その危険な装置をお膳立てするのである。実際、核実験が行われる数時間前の天候は嵐だった。[3]

原爆投下後の数年間、原子爆弾という兵器一般については、ほとんど話題にならなかった。人びとは、広島と長崎に落ちた二つの原爆について語るか、あるいは、神話の半神半人のように特殊な爆弾として語った。漫画家は、哀れな科学者や人びとの上に登場する「原子の力」と書かれた残忍な巨人や、瓶から出てきた力強い精霊を描いた。それを特にはっきりと示したのはNBCラジオのコメンテーターのH・V・カルテンボーンだった。彼は、広島の日に放送された番組を、「私たちはフランケンシュタインを創ってしまった」と静かな調子で締めくくった。[4]

一般的に、ほとんどの人びとは世界のニュースにほとんど関心を示さないが、世論調査によれば、原子爆弾について聞いたことがあると答えたアメリカ人は九八％に上った。調査によれば、普通の人びとも、ジャーナリストのように原爆について話題にしていたようである。こうした人びとの言説を並べる代わりに、ある「権威」の言葉を参照したい。フランク・サリバンが生み出した架空の人物「アーバスノット氏」である。彼はどんな質問にでも即座に気の利いた答えが出来たが、一九四六年、彼は原子についても次のように答えている。

「私たちはどこに立っているんでしょうか、アーバスノットさん」
「文明が生き残るかどうかという新たな時代の入り口だ。「抑え込む」という言葉がポイントだ」
「抑え込む？」
「「抑え込む」と「解き放つ」。原子について話したいなら、この二つの言葉を覚えておくがいい」

アーバスノット氏は、核エネルギーを、賢者の石として、錬金術師の夢として、そしてもちろん怪物として、見極めていた。一〇年前に問われたとしても、同じ答えをしていただろう[5]。

アーバスノット氏も、世界中の新聞やラジオを埋め尽くしていた評論家も、核エネルギーがユートピアへの道を開くものだと主張していた。ローレンスはラジオで「ジャングルでエアコンを使うことができるし、北極の荒地に住むこともできる。難病を克服することもできるだろう」と述べていた。当然ながら、船はほんの少しの燃料で大洋を渡ることができる。アーバスノット氏によれば、同じ原理で、人間は、角砂糖程度の大きさの豆だけで必要な野菜を補うことができるとのことだった。アーバスノット氏によれば、核エネルギーは戦争の問題さえも解くことができた。一九四五年の中頃まで、ほとんどの人びとが血みどろの戦闘が数カ月は続くと思っていたのに、二発の原爆が、魔法のように降伏を引き出し、平和をもたらしたのだ[6]。

キリスト教の原理主義者たちは、真の破滅について語り始めた。聖書が予見した終末が近づいている、原爆がその証拠だというのである。社会の周縁には、世界の破滅を待望する人間がいつも存在してきたわけだが、一九四五年以降、大統領から司教まで、冷静な人びとでさえ、そうした思想を後押しするようなことを語り始めたのである。社会学者のエドワード・シルスは、原爆は社会を征服しようという逸脱集団と終末幻想との橋渡しをしたと述べている[7]。

原爆投下後の数年間、人びとは即座に何か明確な対象を怖れたわけではなかった。人びとは、単純に、自分たちが立っている足場が消え失せたかのように感じていたのだ。その要因の一つは、この地球上に安全な都市など存在しなくなるという状況が現実化したということだった。それは、原爆投下の第一報から、人びとに衝撃を与えていた。この漠然とした不安は、実際は明確には意識されなかったが、ノーマン・カズンズが編集していた有名な雑誌のなかで表明されていた。そこでは「不条理な死の恐怖が潜在意識から飛び出て意識に入り込み、根源的な不安が精神を埋め尽くした」と書かれていたのである。[8]

原爆の身体的・心理的影響

原爆について、何か独自の論点を提示できる国は、一国しかない。日本である。想像してほしい。目を閉じて五つ数え、目を開いたときには周囲が地平線まで焼け跡になり、怪我人で埋め尽くされているのを。それはまさに広島と長崎の人びとが体験したことだった。彼らは、歴史の証人となることを強制されたのだ。

広島の生存者にインタビューした心理学者のロバート・リフトンは、生存者たちが自身の被爆体験を、幼少期に虐げられたときのイメージと世界の終わりのイメージとに結びつけることに気付いた。それは、隔離、無力、絶滅というイメージだった。広島と長崎での体験は、想像上の死と現実の死という恐るべき「内的経験と外的経験を同時に」経験するということを意味していた。数十年後、例えば化学薬品の漏出というような人的要因による災害を経験した別の集団に関する研究は、広島・長崎と同じ要素を見出している。多くの人びとは、自分たちが被害にあったのかどうかということさえ確証を持てない。そして、その不確かさは決して終わることがない。彼ら・彼女らは、一生なんらかの損害を受け続けると感じていた。心理学的に言うと、未知のものは秘密と結びついている。それは、すぐに権力への不信を生む。その権力者が現実に秘密主義なとき、その不信は倍増する。もしかしたら権力者は単に無知から何も言わないだけかもしれないが、それならそれで信用できない。なお悪いことに、権力者はしばしば逃避的で欺瞞的である。ある学者によると、環境を汚染するような災害の犠牲者は、しびれの感覚と、荒涼たる感覚を持つ。そして、世界の見え方が一変し、あらゆる人間的しくみと自然そのものに対する信頼を失ってしまう。それゆえ、日本人にとって、原爆投下は軍事行動というよりは、自然の秩序の崩壊、つまり一種の冒瀆として受け止められたのである。[9]

生存者たちをうろたえさせた不気味な原爆の恐怖は、現実の放射線障害によって膨れ上がった。日本人は、今後数十年にわたって、放射線が広島・長崎を汚染し続け、草一本生えないだろうと口にし始めた。そして原爆症の兆候が出始める。最初は嘔吐と下痢。その後に毛が抜けはじめ、歯ぐきから血が出始める。それらは、回復することもあるが、死に至ることもある。あるイギリス人特派員が打電した広島からの第一報では、こうした症状に焦点が当てられていた。その特派員は「恐るべきことに、また不思議なことに、広島の人びとはいまなお死に続けている。その原因はよくわからず、いまはただ「原子のペスト」としか書けない」と書いている。[10] 放射線を恐ろしい感染病であるかのように語る噂も広まった。死体があまりにも汚染されているため、長い棒を使って埋葬せねばならないというのである。被爆した数十万の日本人（ヒバクシャとして知られるようになる集団）が不気味な不治の病に感染しているのではないかと見なされたのだ。

「原子爆弾」というものが落とされたという知らせが入ると、人びとはその行為の倫理性について疑問を持つことになった。原爆投下までは、無抵抗の市民に空爆することを非難する者は、攻撃を受けた国の人びとを除けば、ほんのわずかだった。しかし、いまや広島は、これまでの戦争による破壊行為以上に、議論を喚起したのである。近代戦争における道徳的問題のすべてが、原爆の問題に集約されているかのようだった。

広島からのニュースは、原爆が人間の境界を越えたという感覚を強化した。人びとは、数平方マイルにわたる焼け野原を映した写真やニュース映画を見て衝撃を受けた。確かに、空襲を受けた東京やその他の都市と、見た目はそう変わらなかったが、それが原子爆弾だったことが、人びとの想像力にとっては重要だった。そして、原爆症に関するニュースが、恐怖感を増大させたのである。原爆の突風と火炎による死も、ハンブルクや東京の空襲による死も、死という点では変わらないとはいえ、原爆には恐ろしいほど異なる何かがあったのだ。

有毒物質と病気との結びつきは、本能的な気味悪さがあり、脳の根源的機能を刺激するものだった。基本的情動としての嫌悪感と、それに伴う本能的な不快感は、有毒物質を拒絶して病気を避けるために、生物としての人間に生得的に埋め込まれているのだろう。嫌悪感を記憶する脳の主要部である前頭皮質は、苦い味や不快な臭いだけでなく、広島の犠牲者たちの悲惨な写真のように、不気味な視覚情報によっても活性化するのである。[11]

残虐行為があったとき、当然ながら、それが誰の責任なのかを追及する動きが起こる。「不正義は道徳的に不快だ」と表現されることもあるが、その「不快」という言葉は、身体的な汚染に対しても使われる。「不快」という言葉が、倫理的にも物理的にも使われるということは、偶然ではない。近年の研究では、不公平な行為に対する感情的な不快感は、脳の神経経路に与えられた機能だということが明らかにされている。その神経経路は、害や病を避けるように独自に進化してきたのだ。人間の脳が洗練するにつれて、拒絶や忌避のメカニズムは他者にも適応されるようになった。道徳的でない者、信頼できない者に対して、さらにはそうした集団、あるいはイデオロギーに対して、拒絶や拒否のメカニズムが働くのだ。要するに、人間の神経は、寄生体やしらみと同じように、自律的反応を持っているのだと言える。人びとが核兵器を不道徳なものと見なすのは、こうした根源的なレベルにおいてなのである。[12]

原爆を不道徳なものと見なすプロセスにおいて、ある作者が突出した役割を担った。ジョン・ハーシーである。この若いジャーナリストが書いた『ヒロシマ』は、その全文が一九四六年の『ニューヨーカー』に掲載された。発売数日で、誰もがハーシーによる報告を話題にしていたようである。アメリカだけでなく他の国の新聞もすぐさま全文を掲載し、ラジオでも紹介され、ベストセラーになった。そして、数年のうちに、学校の指定図書にもなった。おそらく二一世紀においても教師たちの推薦図書であり続けるだろう。

ハーシーの方法論は、太平洋における戦場記者としての勤務のなかで練り上げられたものだった。太平洋での戦いを取材するなかで、彼は再三再四、死に直面したのである。ジャングルで敵の斥候から奇襲攻撃を受けたこともあれば、飛行機が海に不時着してなんとか脱出したこともあった。人間が持つ生存への強い意志に並々ならぬ関心を持っていたハーシーは、彼自身が自負したように、広島が直面した大量死の現場を探求するのに適した人物だった。彼は『ヒロシマ』の記述のなかで、優秀なレポーターがそうであるように、自らは背景に退いて、被曝者自身に語らせる方法を採った。『ヒロシマ』は、突風、火炎、放射性障害といった日本の犠牲者たちの経験を読者に突き付けている。有名な、「石段に残った人影」のように、恐ろしいイメージが読者の心に焼き付けられた。広島のイメージは、核エネルギーの象徴になると同時に、近代戦争と死そのものの象徴にもなったのだ。

他方で、人びとはハーシーの著作に書かれたある所見を受け入れた。広島では草木が青々と芽生えたが、それは豊かな灰や日光が原因ではなく、原爆が植物の胚を刺激したからだというのだ。数ある放射線の謎のなかでも、最も魅力的だったのは生命と生殖に関わる謎だった。原爆を扱った戦後小説のなかでも最も初期のもので、影響力を持ったものに、オルダス・ハックスリーの『猿と本質』（一九四八年）がある。この小説のなかでは、未来の核戦争による放射線が、グロテスクな子どもを生むだけでなく、年にひと月だけ女性を手の付けようがないほどみだらに変えてしまう様子が書かれている。[13]

原子科学者たちの戦後構想

畏怖や恐怖が膨らんでいくのを懸念し、世界が核エネルギーについて抱いているイメージを自分たちの目的にかなうように再構成しようと試みる科学者たちもいた。彼らは、人びとを怖がらせるという戦術を採用した。恐怖は時として説得を成功させるが、結果が当初の想定の真逆になってしまうこともある。彼らの戦術は功を奏したのだろうか。原爆の存在を知ってから、マンハッタン計画に関わったシカゴの科学者たちは広報計画を立て始めた。戦争が終わるや否や、シカゴの科学者たちは、キャンペーンに着手し、それは世界中の科学者たちの支持を受けた。請願のために明確な政治的手続きを踏まえようとはしていたが、彼らが最初にしたのは、自分たちの発見によってもたらされた危険と機会を世界に説明することだった。

幼い頃の自分の夢が実現するのを目撃したレオ・シラードは、ある行動にでた。彼は長らく、ウェルズの小説の世界のように、科学者と専門的技術者とが連帯し、社会を改良すべきだと考えていた。そしてこのせっかちなハンガリー人は、政治的な駆け引きを自らが先導しようと試みたのである。アメリカ政府は、戦後の核エネルギーに関する枠組み作りを、専制的なグローブスの手から放して進めようとしていた。それに関心を持っていたシラードは、核に関する政治に介入するため、いち早く科学者の重要性について警鐘を鳴らした。それを受けて、多くの科学者たちはワシントン行の列車に飛び乗り、核科学者連盟を創設して、政治的闘争の場に飛び込んだのである。

原子科学者は人びとの関心を集めていた。物理学者は、個人的な晩餐会、集会、政府の会合に、数えきれないほど出席を要請された。あらゆる種類の雑誌に寄稿を求められ、有名なラジオ番組からホワイトハウスに至るまで、あらゆる場で話すことになった。核エネルギーに関する国会の公聴会について研究したある社会学者によれば、上院議員でさえ、太古の集団がシャーマンを見るような目で、原子科学者たちを見ていたとのことだ。核に関わる科学者たちは、彼らにしかコントロールできない、謎に包まれた崇高な力による超自然的世界に接触できる存在だとみなされていたのである。[14]

物理学者たちは謙虚だった。理論家たちは、原子核に秘められたエネルギーは崇高な秘密ではなく、ある意味では物質の性質の一つに過ぎないということを知るようになっていた。彼らは、放射線は、ある力の単なる一側面なのではないかと疑い始めた。その力が、通常の電気や化学的変化の要因ではないかと考えるようになったのである（これは一九八〇年前後になって証明された）。しかし、核分裂の連鎖反応はマッチに火をつけるのと同じようなもので、神秘でもなんでもないと説明する者はいなかった。原子科学者たちは、神聖な知識を司る人間だと目されることを、自らすすんで引き受けたのである。

科学者が核エネルギーの情報提供者になるのは、当然のことだった。しかし、特定の情報を伝えるときには、他の要素も入り込んでしまうものである。情報は、アイデア、感情、イメージと混ざり合って、伝達されるのだ。では、中性子に関する情報提供のなかで、科学者たちが伝えようとした感情的なメッセージとはなんだったのか？

雑誌『タイム』は、原子科学者たちが、政治に没頭しているということを仄めかした。彼らは「罪をおかした人間」であるがゆえに、政治に関与して罪を贖おうとしたというのである。まさにオッペンハイマーがそうだった。彼は、強過ぎる力を手にするという「悪徳」について語るなかで、人間の感覚の根源に触れたのが原爆だったと述べている。さらに彼は、一九四七年に、あるアイデアを書き残している。原罪を知った科学者は、「知識の木にできた禁断の果実を食べたようなものだ」と述べている。こういう表現は、オッペンハイマーに限らず、他の科学者も口にしていた。[15] しかし、様ざまな調査によれば、マンハッタン計画に関わった科学者の多くは、ほとんどのアメリカ国民と同様、罪の意識を否定している。彼らは、日本への原爆投下が戦争の終結を早め、多くの人命を救ったと考えていた。罪悪感というものは捉え難いものなのかもしれない。心理学者によれば、身近な人間が死んだとき、人は密かに罪の意識を覚えるという。広島の写真を見た者は、誰にも責められてはいないのに、不安で心が締め付けられる。その感覚は、罪悪感に似ている。

次はアメリカが原爆を落とされる番になるかもしれないということは、誰もが気づいていた。それを痛感していたのは科学者だった。個人的な不安を慎重に吐露する者もいた。化学者のハロルド・アーリは、核科学者連盟が彼のために代筆した『コリアーズ・マガジン』の記事のなかで、数百万の読者に向けて「私は諸君を脅すためにこの記事を書いている」と語った。彼は「私自身が恐怖を感じているのだ。私が知る科学者は皆、怖れている」と告白している。[16] 科学者たちが恐怖を広めようとしたのは、彼ら自身の感情を表現するためだけではなく、恐怖が人びとの感情を駆り立てることができるからだった。専門的な話はあくびしか生まないが、爆発と放射線がどのように都市を破壊するかという綿密な描写をすれば、聴衆は背筋を伸ばして聞き入った。なぜそうなるのか。原爆の不安を研究した心理学者たちの委員会が、その原理を説明している。心理学者たちは、不安が、受動的な絶望や混乱や攻撃性を呼び込むと警告すると同時に、同じ不安が正しい決断を導くこともあると述べている。心理学者たちは「私たちの最初の目標は、戦争という現実的な危機に対抗する効果的な措置のために、人に行動を起こさせるような「健全」な恐怖を駆動させることだった」と述べた。[17]

原子科学者とその支持者たちは明確な政治的目標を持っていた。すでに広島への原爆投下以前から、シカゴの科学者たちはある計画を立てていたが、いまや彼らはその展望を人びとに対して語り始めていた。もはや軍隊を率いても、国家は安全を保障できない。なぜなら、ひとたび両陣営が敵の都市を一掃するだけの原爆を持てば、それ以上相手よりも多くの原爆を持ったところで意味はないからだ。ほんの少しの爆弾で想像を絶する損害を与えられるとき、どれほど科学技術が進歩したところで、いかなる防御も無意味である。「密輸された原爆を見つけ出す装置はあるだろうか」と尋ねられて、オッペンハイマーは、「箱を開けるためのねじ回し」と答えた。つまり、そんな装置はないし、仮にあったとしても役に立たないのである。[18]

破滅を避ける唯一の道は、国家がその主権の一部を放棄することだ。具体的には、核エネルギーに関するあらゆる事業を、国際管理の下に置くことである。これは単純明快な論理で、これにまさる恒久的解決法を提示できる者はいないだろう。核兵器の存在は、諸国家を協調に導くものでなければならない。人びとはそれを望んでいたのだ。たとえば、哲学者のバートランド・ラッセルはラジオで「世界政府か絶滅かの二者択一だ」と述べた。架空の人物アーバスノット氏も「人類は岐路に立っている」と述べた。ある新聞の風刺画が書いたように、「世界の絶滅か管理か」という分岐路に立たされたとき、誰もが正しい選択をするはずだった。[19]

核エネルギーは、歴史を一掃する力、それも、国際的な緊張の網の目を平和な千年期へとすぐさま置き換えてしまうような宇宙の力であるかのようだった。アメリカは詳細な原子力の国際管理案を提出した。この計画をまとめるのに主導的役割を果たしたのはオッペンハイマーだった。彼に好意的だった将校は、「オッペンハイマーの計画は、科学者を社会の警察官として位置づけるものだった」と指摘している。国際機関に属する物理学者のチームがあらゆる核関係施設を視察し、ウェルズが描いた高潔な技術官のように、その国に平和を課すのである。[20]

科学者たちは、破滅か国際管理かという二者択一の選択肢を広めようと、様ざまな集団を形成し、活動を始めていた。最初と最後に世界が燃え上がる映像を配した『一つの世界か、破滅か（*One World or None*）』という短編映画のような素材を通して、科学者たちは人びとに、原子力の国際管理だけが安全を保障するのだと教えようとした。著名人をゲストに招いたラジオ番組も、何らかの世界的な機関が必要だと述べていた。そうした番組が持った影響力は大きい。例えば、『第五の騎手』というラジオの特別番組を聴いたある少女は、数十年後に、「記憶しているもののなかで最も恐ろしい番組だった」と回想している。その特別番組がきっかけで、女優で反核運動の活動家でもあったジェーン・フォンダは「人間はあらゆる物事に干渉しすぎており、核兵器や核物質をつくることで神をもてあそんでいる」と思うようになったのだという。[21]

専門家たちは人びとを怖がらせることはできても、新たな社会の秩序を作ることはできない。実際のところ、核兵器の破壊力が増せば増すほど、アメリカ人は国際的な組織にその管理を任せるという案に乗り気ではなくなっていった。それが原因の一端となって国際管理交渉は挫折することになるのだが、その最大の原因は、国際管理案に冷淡なソ連の存在だった。

一九四八年以降、国際的な共産主義者のプロパガンダ戦略が焦点を当てたのは、「平和運動」だった。この運動は、原爆の使用（この時点で原爆の使用はアメリカだけに可能だった）が人道に対する犯罪だと宣言していた。核兵器は禁止されるべきだ。したがって、核兵器への反対はアメリカへの反対と接続し、それは共産主義者たちのプロパガンダの旗印となった。世界中の新聞、雑誌、数百万の政治活動家、数千万の支持者たちが、モスクワからの指令を待って行動していた。

プロパガンダのキャンペーンにしばしば起こることだが、キャンペーンを信じ込んでいるのは、その担い手たちであって、それ以外の人びとはあまりキャンペーンを信用していない。核兵器は他に比べるものがないほど恐ろしいものだという確信は、左翼思想に定着したものの、それ以外の人びととの間でも定着したと言えるかどうかは疑問である。キャンペーンが過熱するなかで、ソ連の新聞『プラウダ』は大量破壊に関する科学者たちの意見を掲載した。こうして、反アメリカのプロパガンダは、核の恐怖を煽りたてる政治勢力と結合したのである。[22]

あらゆる国の人びとは、破滅への道か、平和な黄金時代への道かのどちらかを選ぶように求められた。この岐路から抜け出す道があることに気づく者はほとんどいなかった。ある風刺画に描かれた二つの道の間には、田舎の原野が広がっていた。核エネルギーが私たちを滅ぼしもしなければ救いもしない、そういう未来を導くのは、こうした田舎の風景だった。

核を管理せよ！

一方では、科学者や世界連邦主義者、そして共産主義者たちが、国際政治の場でいかに核の恐怖を利用すべきか模索していたわけだが、他方で、核兵器を各国の国内政治に使おうとする者もいた。彼らは、驚異的な核エネルギーを制御するため、根本的に新しい組織を作る必要があると主張した。国内外を問わず、安全を得るためには、核を厳格にコントロールする以外にないというのだ。

原子科学者やその他大勢の者が、核エネルギーを制御するためには、より大きな政府の力が必要だと述べていた。もっとも洞察力があったのは、有名な政治コメンテーターであったアルソップ兄弟かもしれない。彼らは、今後アメリカは永続的に戦時状態になるだろうと書いている。破壊工作員が原子爆弾を密輸した場合には、ガイガーカウンターを携えた「秘密警察」の立ち入りがどこの家屋でも許可されなければならない。場合によっては、国家の運命に関する権限がたった一人の大統領へ委ねられてしまい、そうなると戦争は国会によって布告されなければならないという憲法上の規定も有名無実になりかねない。最悪の事態としては、ワシントンが一番先に破壊されてしまうこともあり得る。その場合は、アメリカの最高権力が、選挙で選ばれたわけではない軍当局者たちの手に移るかもしれない。このような最悪のシナリオが現実化するのは、とても耐えられない。アルソップ兄弟や他の者は、そうなってしまった国家にはもはや本当の民主主義は存在しないだろうと考えていた。[23]

アメリカ政府は、原子力に関する、先例のない、広範な権限を持つ独立行政機関を創設した。原子力委員会（AEC）である。原子力委員会の法規は、国家と同じ長さの歴史を持つ民主的な伝統を放棄していた。たとえば、基本的な科学情報は、それまではすべての人に公開されていたが、何らかのかたちで核エネルギーと関係している場合には、その情報は自動的に政府の機密情報とされた。核エネルギーのコントロールは、実際のところ、機密情報と、それに関わるすべての人びとのコントロールを意味するようになっていった。

「セキュリティ」という言葉は、本来は安心というおぼろげな感情を意味していた。グローブスは、マンハッタン計画に携わる科学者たちに、安全の新しい意味を教えた。グローブスにとって、安全とは、特別なパスを持たなければ通れない、武器を持った護衛が並ぶ何百マイルものフェンスであった。もしくは、個人書簡の検閲や、隠しマイクを完備した軍のスパイをも意味した。戦時中に民間人に対してそのような行為が行われたのはマンハッタン計画だけだった。グローブスは核という大きな機密に対して個人的に責任を感じていた。また、彼は、自分自身の感情を含むすべてのものを、厳格な規律のもとに置くことも責任のうちだと信じていた。これは彼が父親から学んだ人生哲学でもあった。彼の父親は、陸軍の従軍牧師であり、厳しい家父長であった。戦争が終わった時、グローブスはワシントン計画の関係者たちに次のように警告した。「軽率なおしゃべりは、国家を危険に晒す危険性があり、それはコントロールされるべきだ。」コントロール、安全、そして安心に関する事柄を、彼はすべて一括りにして考えていたのだ。[24]

一九四五年の秋に発行された『ニューヨーク・タイムズ』の記事で、安全とコントロールが強調されていたという事実には驚かされる。核エネルギーに関する記事の、おおよそ三分の二が、何らかの「コントロール」に言及していた。これらのなかで、半分近くは主に「機密」について書かれていた。一九四七年中頃、アメリカのラジオにおける核エネルギーに関する論評も、おおよそ同じ割合で、同様の関心を示していた。数えきれないほどの新聞のコラム、ラジオ番組、そして小説が「機密」について書いていたのだ。まるでそれは、安全な場所にある一枚の紙きれに書かれた基本原則のようだった。[25]

安全は一種のブームとなり熱狂を生んだ。一九四九年、ある暴露記事が話題になる。ウラニウムが入ったボトルが、原子力委員会の研究室から盗まれたという記事だった。原子力合同委員会はトップの科学者と職員を招集し、この紛失についての説明を求めた。実際には、ボトルには、大西洋を横断する汽船を動かすどころか、風呂で遊ぶためのおもちゃのボートを動かせる程度のウラニウムさえも入っていなかった。しかし、必死の捜索は研究室をひっくり返し、ウラニウムが入ったボトルが捏造されるほどだった（何十年も経って、それが本当に紛失したボトルだったのかを尋ねられたとき、科学者は微笑するだけだった）。

他方で、安全に関して、そのように笑えない事態もあった。議会は、原子に関する機密を漏らした者には、死刑を求刑するという法律を通した。もし科学者が、自宅で行った純粋な研究結果を同僚に教えたとしても、死刑が合法化され得る内容だった。ソ連に機密情報を流した物理学者クラウス・フックスの反逆罪や、ジュリアスとエセルのローゼンバーグ夫妻の裁判及び死刑が特によく知られているスパイ物語は、世間の関心を集め続けた。

機密の漏えい以上に恐れられたのは、爆弾が密輸入される危険性である。一九四九年、ソ連が原子爆弾の実験をしたという衝撃的なニュースが流れた。それにより、アメリカが簡単に攻撃される可能性が白日の下にさらされた。ある政府高官は、「スーツケース爆弾」によって攻撃されることもありうると警告した。政府は、そのような非道な機器を使いこなす共産主義スパイからの脅迫を強く警戒していた。雑誌や新聞の記事やハリウッドのメロドラマが、その危険性を広く世間に知らしめた。これは、後に登場するような、個人のテロリストに対する懸念ではなく、ソ連という国家による攻撃という冷戦の恐怖が拡大したものだった。放射線検出器を空港や海港へ配備するために、数百万ドルもの予算が使われたが、それでも科学者たちは完全に武器を検出できるか、疑いを持っていた。いずれにせよ、スパイや反逆者を探し出すために懸命な努力が行われたのだ。(26)

最も注意深く監視されたのは原子科学者たちだった。議会公聴会で共産主義者だと決めつけられた人びとの半分以上は、物理学者と数学者だった。何百人という科学者が無慈悲に追跡された。彼らのうちの多くが失業し、何人かは亡命し、あるいは自殺した。アメリカ人は、一〇年前には想像もできなかったような、とてつもなく非民主的な事態を受け入れるようになっていた。警護とフェンス、鍵がかけられた金庫、個人の生活や友人関係について詳細に調べる調査員、そしてスパイ活動といったように、平時であるにもかかわらず手の込んだシステムが作られていった。このシステムは、原子力委員会においてもっとも強力であった。しかしその傾向は次第に政府、産業、ついには大学といったあらゆる場所に広がっていった。それは、今日でも大いに機能している。(27)

機密をコントロールすることへの熱中は、核エネルギー開発を計画しているすべての国家に押し寄せた。フランスでも、左翼的な科学者は執拗に追われ、職場から引き離された。イギリス政府は、核開発計画を厳重機密としていた。原子爆弾を作るという決定がなされたとき、その作業を担当していた科学者自身さえもその決定を知らなかったほどである。ソ連では、核分裂に関する研究は、秘密警察のトップであったラヴレンチー・ベリヤの命令のもとで進められていた。核の研究所はフェンスで囲まれており、それはまるで、ベリヤが作った収容所群島の一つのようであった。世界中で、核エネルギーのコントロールとは、実際には科学者のコントロールを意味するようになっていた。

スパイに関する苦悩――アメリカ人はそれをマッカーシズムと呼んだ――は、当然ながら、核への恐怖以外のものも含んでいた。この数年間に起った出来事の背景には、東ヨーロッパやアジアにおけるソ連の影響力の増大があった。最初の闘争は冷戦だった。アメリカでは、背信行為の告発が度々行われた。こうした告発の主体となったのは、ニューディールを推進した民主党員を疑う共和党員たちだった。加えて、政治力の基本となるのは、情報を握ることだ。しかし、各国で、自国にある核兵器の数を知ることが許されたのは、ごくわずかの指導者だけだった。したがって、情報を知らされない状況にいる他の者たちは、確信を持って自分たちの対案を提示することができなかった。非常に限られたエリートだけが、核兵器が持つ神秘的な力を共有していたというのは象徴的である。要するに、機密主義が、政治権力の手段としても、また一種の「お守り」としても機能していたのである。他方で、政治家が爆弾に対する世間の不安を引き出したため、それまでくすぶっていた核への不安に新たな火がついたのだった。

歴史的事件や政治構造などの社会的力学についての話題はここで終わりにしよう。ここからは、あまり分析される機会がないが、実はより明確な力に注目したい。それは、政府高官だけでなく、映画脚本家や一般市民が口にしていたことだった。科学者とスパイは、どちらも膨大な秘密を抱えているという点で、似ているのではないか？

スパイの流行によって、利益を上げた映画があった。暗躍する反逆者を描いた映画が公開され、『アトム・スクワッド（*Atom Squad*）』という子ども向けのテレビ番組が家庭のリビングルームで楽しまれた。新聞の連載マンガである『小さな孤児アニー』でさえ、上官から核に関する情報を得るために、悪党がアニーを誘拐するというエピソードが作られた。この頃、悪党の新しいステレオタイプが登場した。陰険な共産主義者である。彼らは核に関する機密を盗んで人びとを危険にさらす裏切り者だった。もちろん、それとは逆に、ソ連圏では裏切り者は資本主義者であった。それは、核に関する情報が、他の何よりも重大機密とされていたことを物語っている。

こうした物語は、神秘的なイメージを促進する要因となった。たとえば、スパイが核エネルギーの秘密を得るために、ある男性を誘拐しようとするという映画が三本あった。それぞれの作品で、誘拐のターゲットとなる男性は、不運にも事故で放射性を帯びるようになったという設定である。マッド・サイエンティストを演じたボリス・カーロフがその一人だ。別のスパイ映画では、カメラは、ロスアラモスにあるフェンスにかかった看板を映し出す。まずは

「汚染区域」、次いで「立ち入り禁止区域」という文字が現れる。放射線の危険性は、秘密を探ろうとするスパイの危険性と結びついたのである。

科学者はいつも、風変わりでひたむきでパワフルで、普通の社会の外で活動する人物として見られてきた。そのステレオタイプは、原子科学者に関するジャーナリストの記事でも繰り返された。たとえマンハッタン計画の関係者が献身的で優秀であったとしても、あるいは、スパイや破壊工作員がそのような人物であったとしても、彼らは単に機密に関係しすぎていて、社会を揺るがす者としてしか見られなかった。人びとは、自分たちのマッカーシズムが「魔女狩り」に例えられたときには、耳をふさいで聞こえないふりをした。実際には、保守派の人びとは、現在の支配体制を脅かすような新興勢力の評判を落とすために反逆罪を利用した。その動きは、その頃に影響力を持っていた科学者だけにとどまらず、ハリウッドの脚本家や、国務省の同性愛者までも含んだ。

潜在的な恐怖は、子どもじみて単純な物理学者が出てくるイギリス映画『戦慄の七日間』（一九五〇年）にもはっきりと表れている。ウィリングドン博士は、原子爆弾に携わる仕事という重圧に耐えきれず、神経に異常をきたす。肩掛けカバンに盗んだ爆弾を入れ、彼は次のように言う。「イギリスが核兵器を放棄しない限り、ロンドンと自分自身を爆破させる。」全体的に、この映画はよくある警察スリラーものに似ている。マッド・サイエンティストが、現実の世界へ足を踏み入れたのだ。原子科学者とは、本当はどんな人たちなのか？　常套句の達人であるアーバスノット氏は優れた答えを用意している。「マッチで遊ぶ小さな男の子だ。[28]」

神話的な想像力が、合理的な思考を圧倒したと述べる者もいた。しかし、そのように述べる者たちも、機能している象徴的意味のうちのわずかかを一瞥しただけにすぎない。機密は、無知な部外者たちを掌握したいという欲望と明らかに結びついている。しかし、部外者であるはずの一般人までもが、政府は原子力の機密を守るべきだと主張したのはなぜなのか？　スチュワート・アルソップは次のような言葉を残している。「この話題全般に対する、一種の偽善的な態度だ。」つまり、核エネルギーに関する議論は、しないに越したことはなかったのだ。ある英国議会の議員はこのような不満を口にした。原子爆弾について質問した時、議会は、彼がまるで「何か慎みのない質問をした」ように反応したというのだ。また別の議員は、「マスコミは核エネルギーについて、あたかも性の話題を扱う時のように窮屈な姿勢になっている」と述べている。(29)

SF作品や科学ジャーナリズムの界隈で、昔ながらの暗示が大量に使われたのは言うまでもない。たとえば、アメリカ国防総省が作成した、ビキニ環礁での核実験を撮影した映画は、「人類は、自然のもっとも深遠な秘密の一つから切り離された！」と叫んでいた。また、トルーマン大統領は議会での最後の演説で、彼の決断は「秘密の深奥を探るため」なのだと語った。(30)

広島での原爆投下について知った詩人のエディス・シットウェルは、すぐにある男に焦点を当てた作品を書いた。暴君であるその男は、「死を身ごもる／彼の母なる地球の／そして引き裂く／地球の子宮を／彼がどこで身ごもられたかを知るために」というのがその詩の一節である。他人や自分のなかに、そのように強い衝動を押し込めておくことは、何よりも必要なことのように思われた。(31)

真に偉大で神秘的な力である核エネルギーは、心理パターンと、長い伝統を持つそのイメージとを見事に融合させた。原子爆弾に対する恐怖は、一般的な科学技術の力についての考え方を、さらに凝縮したものになったのである。この流れは、世紀が変わって以来何度か起きていた。それは、近代戦争の恐怖の総和を越えた何かを意味していた。それが、一九四五年以降、世間の一番の関心事になったのである。それはまた、人間の心にあるもっとも残酷な秘密を象徴するものでもあった。他者をコントロールすること、あるいは裏切ること。禁じられた、そして挑発的な詮索。そしてウィリングドン博士のように、自分の街すら対象にしてしまうような、破壊衝動である。

それぞれの国家が単独で核を管理する方法を止めて、国際的機関で管理することを目指した原子科学者たちの試みは、一九四九年の時点では実現しなかった。むしろ、そのような運動は退潮して、小さな遺物となった。人びとは、核兵器に関する懸念を、国内の反逆者や外国からの敵といったものへ集中させた。結局、核兵器によって誘発された恐ろしい敵意を目立たせることで、爆弾を作ることに協力し、あるいは使うかもしれない者から目を逸らさせるのは合理的だったのである。心理学者たちの委員会による警告は次のようなものだった。「平和に対する人びとの心を脅かすような試みは、むしろ攻撃性を喚起させる可能性がある。」

両大国の間を恐怖と憎悪が行き来する冷戦構造が生まれる際に、核の恐怖はどのような役割を担ったのだろうか？その時代の歴史学者たちは、少なくとも、新しい爆弾の恐怖は、互いの疑いと敵意を強めたという見解で合意している。アメリカにおいては、数人の歴史学者が次のように主張した。政府を「機密と行政上のコントロール機能を有した、国家安全保障国」と再定義したことで、「爆弾は次世代の歴史を、もっとも深く本質的な部分で変えた」[32]。核への恐怖は、情報の独占を許したし、それを求めさえした。国家の存続を左右する生命と死に対する至上の力は、もし名もない軍当局者がその行動を妨げないとしたら、大統領一人の手に委ねられている。その責任は、大統領の権限を革新的に広げることに繋がった。それは、憲法においてはまったく想像もされていないことだった。アルソップ兄弟が恐れていたことが起こったのだ。もしかすると、彼らの予想より悪い事態になっているのかもしれない。

左派や右派の集団が核のイメージを拡散するとき、彼らは自分たちが扱っている力がどれほど強大なものなのかを理解していなかった。機密、コントロール、そして安全は、市民を安心させるのではなく、もっとも本質的な問題を思い起こさせた。核の恐怖は、まるでチャイニーズ・フィンガー・トラップという手品のようだった。紙でできた筒から指を抜こうとして強く引っ張れば引っ張るほど、その筒は余計に指を締め付けるのだ。

第7章　国　防

民間防衛への取り組み

一九五〇年代の防衛をめぐる議論の多くは、軍事的手段による安全、すなわち「国家安全保障」に関するものだった。しかし、物理学が生んだ原爆に、物理的な防衛手段で対処できるのだろうか？

将校、司令官、その他の権力者たち、そしてトルーマン大統領自身も、最終的にはあらゆる兵器を使ってでも原爆に対処しなければならないと主張した。原爆を食い止めようとする試みに、数百万もの市民が動員され、数十億ドルが当てられた。これにより、核に関するイメージは大きな影響を受け、人びとはより不安を感じるようになった。

有名な迎撃用航空機の編隊と広範囲に及ぶレーダーシステムに、莫大な金額が投入された。しかし、それにも関わらず、アメリカの世論調査によると、もし戦争が起きれば、自分たちの都市が核攻撃を受けるだろうと考える人が多数を占めていた。どんな状況でも、爆撃機がやってくる可能性は否定しきれない。そのとき防空壕は自分たちの身を守ってくれるだろうか？　ユーモア作家のフランク・サリバンが生み出したキャラクターのアーバスノット氏とその仲間は、原爆は都市を地下に追いやってしまうかもしれないと述べている。地下に都市を築いて、文字通り原爆から隠れるという一種のファンタジーである。他の者たちは、より現実的な防衛について議論し始めた。民間防衛と呼ばれる議論である。(1)

政府は市民の不安を鎮めるために、何か手を打つ必要に迫られていた。トルーマン大統領は、連邦民間防衛本部

（ＦＣＤＡ）を発足させる。ＦＣＤＡは、すぐさま、千人をこえる職員を抱え、地方支部は数千を越えた。この試みは、実際の核攻撃への対応としてはあまりに無力であったが、政府は核攻撃に対する本格的な防衛計画にかかる莫大な費用を支払うことに乗り気ではなかった。ＦＣＤＡの職員たちは、大々的なＰＲ作戦を通して、何百万ものボランティアを集め、人びとを訓練することが、自分たちの唯一の仕事なのだと思い定めた。恐怖を掻き立てるのではなく、むしろ軽減してくれるようなＰＲ作戦を準備しなければならないことを彼らは知っていたのだった。

一九五〇年代初期にソ連が保有していたわずかな数の原爆は、直接攻撃による損害よりというよりは、その可能性をほのめかすことによる恐怖や混乱によって大きな損害を与える——専門家たちはそのように感じていた。また、ひとたび核攻撃が行われれば、都市は悲鳴をあげる暴徒により無秩序状態になるだろうと、ほとんどの人びとが考えていた。一九五三年までには、アメリカのマスコミは一九四八年よりも一四倍以上多く「パニック」という語を使用していた。実際には、大惨事のなかに、荒れ狂った暴徒はほとんど見られない。たとえば、被爆直後の広島では、大半の人びとは呆然と立ちすくみ、おとなしく不規則に行動し、また互いに助け合おうとしていた。しかし人びとは、原爆が世界の終末、つまりは社会秩序の崩壊を暗示するものだといつも考えるのだった。

戦争が起こったとき、ＦＣＤＡの最初の仕事は、人びとの不安を和らげ、パニックの発生を未然に防ぐことだとされていた。民間防衛の基調をなすメッセージは「落ち着いて！」だった。数千万冊刷られたＦＣＤＡのブックレット『核攻撃を生き抜く』は、ブックレットが提供する少しの事実を身につけるだけで、多くの人びとが生き残れるのだと述べていた。

しかし、人びとを実際の戦争に備えさせるには、原爆がどういったものかを教えねばならなかった。民間防衛のエージェントたちは、何百万ものボランティアに、原爆の爆発、火災と放射線傷害について、ありのままの事実を教えた。単純な訓練の枠を越えて人びとを核戦争のイメージにさらすことで「予防接種」をする。爆弾が来た際に混乱しないよう、恐ろしい光景に慣れさせておく。それがＦＣＤＡの狙いだった。したがって、民間防衛の資料には、慎重に選び抜かれた破壊の写真が掲載されていた。実際の死体や血が流れる写真はなかったが、廃墟と救護訓練の恣意的なイメージによって、人びとが耐え得る程度の恐ろしさを演出して、伝えていたのである。

将来に強い不安を感じていた民間人も、民間防衛活動に参加した。最も影響力があったのは、有名な作家フィリップ・ワイリーであった。一九五四年に発表された衝撃的な小説『明日！』では、近未来に起こるソ連からの攻撃を印象的に描いている。焼け焦げた肉体の臭いや、粉々になった窓ガラスで皮をはがされた女性の描写は、間違いなく一部の読者に対して民間防衛の意識を植え付けた。しかし、同じ目的で他の作者が書いた、とてもリアルなラジオ番組、雑誌物語などと同様、ワイリーの小説は、ただ人びとを脅えさせただけで、具体的方策は何も教えていなかった。ワイリーは後に仲間の作家グループに迎え入れられたとき、「私たちは、作品によって人びとに恐れることを教えた。なぜならば私たちも、恐れていたのだから」と述べている。[2]

市民を訓練すること、そしてパニックに備えて彼らに予防接種をすること、これら二つの理由に加えて、民間防衛の主唱者たちには、核戦争のイメージを広めるという第三の理由があった。議員たちは民間防衛が重要であるとしばしば口にしながら、その大きな課題に見合う予算を決して計上しようとはしなかった。さらに悪いことに、十分な数のボランティアが揃わなかった。民間防衛の指導者たちは、政府の支援不足を「犯罪行為に等しいほど愚劣」だと呼んで、心配し続けていた。そして彼らは次のように考えたのである。核攻撃の恐ろしい危険性を理解させれば、人びとは民間防衛計画にもっと協力的になるだろう。[3]

結果として、民間防衛の主唱者たちは、原子科学者たちよりもより効率的に、核災害のイメージを広めた。そこに他の機関も加わった。たとえば、アメリカ空軍は、ロシアがアメリカの都市を核攻撃するというラジオドラマの製作を手助けした。ラジオドラマは、敵の爆撃機が何をするのか、そして緊急時における力強いアメリカ空軍の支援とはどのようなものかを恐ろしく実演してみせた。核の恐怖の広報戦略は、ホワイトハウスでも一九五三年に始まった。アイゼンハワー大統領補佐官であるジェームズ・ランビーは、民間防衛に関する無料の広告を、新聞からバスの掲示物に至るまで、様ざまな場所に設置していった。多くのアイゼンハワー支持者と同様、ランビーは冷戦下のアメリカ人に最善を尽くすように奮起させようとしていた。彼は、市民が「軍事費の大幅な削減」を要求するのではないかと恐れ、そうならないように市民に危険を認識させようとしていた。[4]
アメリカの報道機関は、これに全面的に協力した。新聞と雑誌は、数えきれないほど多くの民間防衛に関する記事を掲載した。一九五三年以降、「これはテスト放送です……」と非常警報放送網が無作為にラジオ放送を中断するたびに、ラジオリスナーたちは動揺を強いられた。街では、空襲警報のサイレンを設置し、定期的にテストするようになった。ランバーによる広告に刺激されて、何十万もの人たちが、忍び入る敵爆撃機を監視する地上監視部隊に志願した。何よりも印象深かったのは、一九五四年から始まった「警戒作戦」と呼ばれた一連の演習であった。それはロシアの爆撃機が接近したという設定の演習で、多くの都市の市民は鳴り響くサイレンに従って、防空壕へと急いだ。そして、人のいない通りが残った。その写真は、人間のいない都市の異様な光景を映し出していた。マスメディアは、各々の演習の攻撃でいったい何百万人のアメリカ人が「死亡」したかを、残虐な正確さで報じた。その演習は市民に核戦争を生き延びられることを伝えたはずだったが、多くの人びとは正反対の結論に至った。
アイゼンハワー政権は、これらの「軍事演習」について、膨大な時間を費やして詳細な議論を重ねてきた。閣僚たちの議論の焦点は、どのように市民の意識に影響を与えるのかという問題だった。一九五六年、国防長官のチャールズ・ウィルソンは、次回の「警戒作戦」ではとにかく人びとを怖がらせるべきだと提案した。財政面に慎重だったウィルソンは、これまでのような演習は途方もない軍事予算のインフレを引き起こすものだと警告したのである。ウィルソンの考えでは、これまでの演習では、恐怖を盾にとったロビー活動を補強してしまいかねなかった。そうなると、戦争の大規模な準備に関心を払う人びとをますます助長させることになりかねない。しかしウィルソンの意見は覆され、演習計画は進んでいった。[5]
もう一つの印象的な民間防衛の演習が始まったのは、一九五三年のネバダ砂漠だった。政府は、何百人もの記者にすさまじい核実験を公開したのである。全国民の四分の三が、その核実験について耳にし、あるいはテレビで目撃した。特に興味を引いたのは、実験場の近くに建てられた家だ。そこには、マネキンがリビングとキッチンに配置されていた。ワイリーは、身の毛もよだつデモンストレーションが市民を立ち上がらせるだろうと期待し、そのアイデアの普及に尽力していた。実験は終わり、テレビや雑誌は、割れたガラスと崩れた材木の中で捻れて横たわるマネキンという、ワイリーが望んだ通りの恐ろしい場面を取り上げた。

ネバダでの実験は何年にもわたって続いた。その実験をさらに近いところで体験した、二五万人もの男たちがいた。軍部は、兵隊が原子爆弾に直面した際にパニックを起こすかどうかを見極めたいと望んだのである。そしてその結果は、軍部の意向に沿うものであった。しかし、その爆発に心の底から怯えた若い兵士は多く、彼らは世界の終末の恐怖と悪夢のイメージを植え付けられることになってしまった。

一九五〇年代に民間防衛のメッセージをより強く受け取ったのは、学校に通う子どもたちであった。三〇年後、私は大人になった彼ら・彼女らに、先生が警報を出した時にあなた方がどうすべきだったか記憶していますかと訊いたところ、およそ三分の一の手が挙がった。奇襲攻撃の備えとしてＦＣＤＡに推薦された手順は「頭を覆って伏せて！（ダック・アンド・カバー）」であった。そして、何万もの学校の子供たち（私も含めて）は机の下に隠れて、頭を覆う訓練をした。

年長の子どもたちは、大人用の教材を使用して民間防衛を学んだ。その教材は、自信に満ちた穏やかな声で、心を落ち着かせるような言葉を発していたものの、その根底では異なるメッセージを伝えていた。たとえば、「いつまでも残る放射性物質よりも、腸チフスのほうがよほど恐ろしい」と、ブックレット『核攻撃を生き抜く』には陽気に記述されている。同名の映画（それ以前のどの映画よりも多くのフィルムが売れた）では、窓が壊れて、家族の食卓に降り注ぐ石膏のような雨を映しだした。多くの子どもたちは、たとえ彼らがどんなにうまく指示に従ったとしても、攻撃から助かる見込みはそう高くないだろうことを理解していたのである[6]。

子どもたちは、すべてを冷静に受け止めたようにみえた。そして、子どもたちの頭のなかで何が起こっているのかを不審に思う大人もほとんどいなかった。一九七〇年代の後半になって、子どもたちは大人になり、幼少期の記憶を痛切に語り出した。ある女性は、四年生の頃の記憶を次のように語った。彼女は、もし夜に頭上を飛ぶ飛行機の音を耳にしようものなら、立ち上がって「どうかここに爆弾を落とすのはやめて！」と懇願し、怯えていたというのである。ある大学生は、少女だった頃、一人で爆弾から逃げてシェルターに駆け込む悪夢を見たと語った。家または隠れ場所を必死に探すという悪夢は、この世代にはよくある体験だった。他にも、時折サイレンや通り過ぎる飛行機の音に怯えることがあるという人は多い。幼少期にそう感じたように、ついにその瞬間が来たのかと今でも一瞬戸惑ってしまうのだ。(7)

一九七〇年代、二〇代から三〇代の人びとにインタビューをした心理学者たちは恐怖の記憶を掘り起こすことになった。この年代のアメリカ人は、子どもの頃、死んだり家族と離散したりするという一般的な不安と原子爆弾の恐怖とを結びつけていたのだ。若者たちの心の中で、核兵器と死は、ほとんど切り離せないものになった。

ヒロシマのニュースを知って以来、多くの大人たちも同様の感覚を共有していた。それでも最初の衝撃が終わった時点、つまり、一九四六年末には、ほとんどの人びとは、核による終末はいつか起こるかもしれないが、差し迫った問題ではないと思い込み、核兵器について口にするのを止めたのである。一気に沸き起こった関心の後、メディアは核兵器に割くスペースを徐々に減らしていった。結局、雑誌は特定の話題について、いくつかの話をいったん伝えてしまえば、より新しい話題に向かうものだ。さらに驚くべきことに、人びとは次のように言いはじめる。「防衛方法を考案する科学者を頼りにしています」、「政府が平和を維持すると信じています」、「とにかく神様を信じています」。典型的だったのは、テキサスの牧場経営者である。彼は、将来起こる戦争において核攻撃で死ぬのは避けられないとした上で、こう付け加えた。「私の友人たちは皆、そんなことよりも今年の子牛の収穫で頭が一杯ですよ。(8)」

無関心が、傍観者たちを襲い、彼らを奇妙な心理に陥れた。死に至るような危機的状況にあることを理解していると言う人びとは、次の瞬間、まったく心配していないと断言した。海外の出来事について質問をされても、ほとんどの人びとは、尋ねられない限り、原子爆弾のことを持ち出すことすらしなかった。問題の全貌を理解するのは困難で、科学者だけが取り組む事ができるものとして棚上げされたのである。一九五〇年、ある労働者は緊張した面持ちで「彼らはきっとやるよ」とソ連からの核攻撃を受け入れた。「その時に何が起こるかについては考えたくないね。(9)」確かに、ほとんどの人びとは危険について考えることを嫌がっていた。だから、彼らが考えないのも当然のことだった。

死そのもののように、核兵器の威力はあらがい難いものである。だからこそ、人びとはそれから目を逸らしてきたようだ。一九五四年に行われたある調査によれば、ほとんど全ての回答者が、民間防衛は有意義な予防策だと認めていた。しかし、家族を守るための最低限の行動をとる者さえ、ほんのわずかしかいなかったのである。

それからかなり経って、次のような研究結果が出た。恐怖を煽るための発言をしても、その目的とは逆に、人びとは怖さのあまり脅威を無視したり、最小限に見積もったりするような傾向があるというのである。しかし、その傾向は、一九五〇年に実施された調査の結果をじっくりと検討していた社会学者たちによってすでに把握されていた。そして同様に、ある心理学者はこう推測する。誰もが、一見「超自然的」な核の力を恐れるあまり、「私たちは、砂のなかに頭を突っ込んで隠れてしまう」のだ[10]。

民間防衛によって、安全確保のためにスパイを捜索したり対空砲を配備したりすることはできるが、国際的な規制は決してできないだろうと、世界中の人びとは察知しつつあった。しかし、そのような不安定な状態が許されるべきではない。解決策を見出さねばならないのだった。

国防の手段としての水爆開発

そして、一九五〇年代前半までに、多くの人びとは結論を出した。その結論とは、核兵器の威力に対抗しうる唯一のものはさらなる核兵器だというものだった。その結果起こったのは、世界滅亡装置を自らの意のままにしようという競争である。従来の軍拡競争でも、敵の戦車や戦艦を近づけさせないために、こちらも戦車や戦艦を用意するのが常識とされていたが、核兵器に関する競争は、それとは別の何かであるように思われた。原爆では、敵の原爆を食い止めることはできない。では、どのようにして、原爆は使われるのだろうか?

先見の明のある人びとは、核兵器の物理兵器としての重要性よりも、その心理的な影響力のほうが大きいのではないかと示唆した。つまり、「抑止力」として有効だというのである。その考えは、すでに一九二〇年代から一部の人びとによって言われており、一九四六年に原子科学者によって公表された。そして、アメリカの戦略研究者バーナード・ブローディが正確な論理を打ち立てたのである。彼は述べた。「これまで、我が軍の最大の目標は戦争に勝利することであった。しかし、これからの目標は、戦争を阻止することでなければならない。」一九五〇年代、アメリカのアイゼンハワー政権は、どんな侵略に対しても「大規模な報復」を行なうという「大量報復戦略」を採用した。その爆弾は使われることはないが、その存在によって敵の攻撃意欲を失わせるのである。[11]

最初は、普通の軍事手段として核爆弾を使用するという考えが、どちらかといえば一般的だった。一九四六年、統合参謀本部は、敵国に恐怖とそれによる国家士気の崩壊を引き起こし、降伏を強要するための心理兵器として、原子爆弾が有用だと考えていた。結局、核攻撃の恐怖は日本に対して強く作用した。[12] しかし、そこでは、白旗を待つような時間的余裕は存在しなかった。なりふりかまわぬ突発的な破壊は、アメリカの公式戦略になった。そのような戦略も、アメリカの爆撃部隊の指揮官カーチス・ルメイ空軍大将にとっては、不十分なものだった。報道によれば、彼は、武器考案者に対して、ロシア全土を一撃で破壊できる爆弾を製造してほしいと伝えたとされている。

抑止と防衛と敵の抹殺が一体となったアメリカの戦略には、ごく一部の洞察力の優れた思想家たちによって疑問が投げかけられた。最も明晰だったのは、英国の物理学者であり熟練した軍事アナリストでもあったパトリック・ブラッケットであった。彼は一九四八年に上梓した本の中でこう主張した。原爆の使用は狂気の沙汰であり、もし将校たちが実際にそれを実行するようなことがあれば、その国の軍事的優位性は逆に失われるだろう、と。

トルーマン大統領は非公式に「原爆を実際の戦争の手段として分析するとは、ブラッケットは重大なミスをしているな」と言ったとされる。そしてついに、彼は、意味ありげに誇張しつつ声高に言った。「アメリカ合衆国は、「地球にきれいな穴を開ける」のに十分な爆弾を製造している。」トルーマンとその他大勢は、原子爆弾が全く「軍事兵器ではない」ことを認めていた。対立する者同士の間での脅威、つまり外交上の政治的な道具。それが核兵器の本来の用途だったのである。[13]

しかし、ブラケットの指摘は核心をついていた。トルーマンは、原爆の持つメッセージが、アメリカによる戦後世界の計画に対するソビエトの強固な拒絶を転換するのに、何の効果もないことを思い知ることになった。一九五〇年までに、少数の指導者たちは意外な結論に達しようとしていた。核兵器はあらゆる点で役に立たない、という結論である。

朝鮮戦争は、国際政治において、原子爆弾が圧倒的な力でありえるのかどうかを測る最初テストになった。一九五〇年の後半、中国軍が国連軍を撤退させたことにより、アメリカによる原子爆弾使用の声は大きくなった。多くのアメリカ市民は、核戦争の脅威を恐れていた。ヨーロッパでは、戦争の恐怖はより一層強く、アメリカの友好国は関与を避けつつあった。トルーマンは、一時は原爆使用をほのめかしたが、爆弾を落とす用意は全くないと約束し、皆を落ち着かせることに懸命に取り組まねばならなかった。そして、統合参謀本部は、原爆による軍事的優位性は存在しないということを理解したのである。

しかし、もし原爆が兵器として使用できないならば、原爆は脅威として機能しないということになる。実際、原爆があっても、朝鮮戦争の勃発を防げなかったし、その長期化を止めることもできなかった。他の事例、たとえば、フランス領インドシナでの戦闘の事例でも、原爆は軍事的手段としては貧弱かもしれないと統合参謀本部は感じていた。同時に、外交上の遠回しな脅迫が、敵の反抗を呼び起こし、友好国との関係を悪化させ、ひいてはアメリカ自体を脅かすことになった。それでも、指導者も市民も、核兵器が無益だとは信じられなかった。原爆がわれわれを守ってくれないとわかったとき、われわれはどうするだろう。さらに強力な何かを求めるのではなかろうか。

その答えを持っていたのが、エドワード・テラーだった。その物理学者は、一見、さえない太めの眉を持つ、どっしりした体格の男性にしか見えないのだが、彼はその知性と内に秘めた魅力によって、すべての原子科学者のなかでも最も説得力のある人物になったのである。テラーの生まれ育った環境が、宇宙的、個人的、社会的大災害に対する彼の興味をかきたてた。彼はSFを熱心に読み漁る子どもだった。テラーの母親は、彼の人生を通して非常に恐ろしい存在であり続けた。さらに、テラーには悲しき運命の共同体だったブダペストのユダヤ人としての経験があった。もし、テラーが不安に関心を持っていたとするなら、それは彼が、不安定な人生がどれほど恐ろしいものか、他の誰よりもよく知っていたからである。

多くの人びとは、死に直面したとき、人は単なる自己を超えた何かと結びつきたいと切望するようになる。テラーは、新しい国際的な政治秩序の必要性を説く点では、他の原子科学者たちと同じだった。しかし、新たな国際秩序を求める動きが挫折したとき、テラーは、人智の及ぶ限りで最も偉大なる力を自在に扱って、自分の国を守ろうとした。その偉大なる力とは、水素融合のことだ。テラーは、過去にロスアラモスで研究に従事していたが、そこで彼は大きな爆発を追求するためには、核分裂では駄目だと考えるようになった。しかし、ロスアラモスでテラーを実に興奮させた問題が一つだけあった。彼は後に回想している。人類初の核実験が、地球全体を巻き込む連鎖反応を引き起こすのかどうか。それは、彼が〝実に喜ばしい〟と感じた一種の難問であった[14]。

一九四九年、ソ連初の核実験がアメリカ人の恐怖を一層膨らませた後、テラーたちはアメリカ政府に対し、水素爆弾を開発することでソ連の先を行こうと内密に要請した。彼らには、もしソ連が先に水爆のような兵器を手にすれば、破滅的状況になるという確信があった。しかし、オッペンハイマーたちはこれに反対した。通常の核分裂型の爆弾は、どのような軍事目標を破壊するにしても、ありあまるほどの威力がある。仮に核融合兵器が製造されたとしても、それらはあまりに強力なので、大都市全域を破壊することになるだろう。フェルミと他の物理学者たちは、人間に確固とした人格と尊厳を与えるあらゆる倫理的根拠に照らし合わせても、そのような大虐殺は決して正当化できないと主張した。水素爆弾とは、どのような観点から考慮しても必要悪としか考えられない、と。

専門的技術は極秘扱いだったが、原爆よりもはるかに強力な兵器が開発されたのかもしれないということを、市民はすぐに理解した。核融合兵器開発の是非をめぐる激しい議論が、マスコミを賑わせた。思慮深い論客たちも、公私を問わず、水素爆弾を金属製の爆弾とみなすよりも、ある神秘的な力（ある科学者はそれを「フランケンシュタイン」と呼んだ）の発露だとみなすようになった[16]。統合参謀本部自身は、ソ連を精神的に守勢に立たせておくために、実戦用兵器としてではなく、心理兵器として、水素爆弾を必要としていた。トルーマンもまた、スターリンとの交渉を有利に進めるために、その兵器を持っておきたかっただけだと述べている。いち早く心理的な効果が及んだのは、アメリカ国内だった。なぜならば、政権は、何でもいいからとにかく早くソ連の原子爆弾の脅威に対抗することを求められていたからだ。多数の国民の支援を背にした大統領は、猛烈な勢いで水爆の開発へと突き進んだのである。

　議会はAECに予算を惜しみなく投入した。そして、巨大な建設工事はマンハッタン計画すらも越えたスケールで始まった。プルトニウムをトン単位で生み出す原子炉が建てられ、数十エーカーに広がる新しい工場がより多くのウラニウム235の分離を開始した。それらは効率よく水素爆弾を開発するのに必要とされていたものだった。この数年のうちに、アメリカの核開発計画は、アメリカ合衆国における総発電量の約一〇分の一を使用した。これは英国全土で使用された電力よりも多い。

　ロシアもまた、あらゆる型の核兵器を膨大に保有しなければならないと考え、巨大な建設計画を熱狂的に推進した。その後の一〇年間で、英国、中国、そしてフランスが核開発計画に参加し、それぞれに原子炉と同位体分離工場を建設して、やがては水爆実験を行った。その他の国々は、傍観するしかなかった。それでも、一九六〇年代のドイツと日本は、核兵器を保有していなくても、国際舞台で英国、フランスまたは中国よりも存在感が薄いわけではなかった。その巨大な核関連工場が圧力をかけようとしていた相手は、国際政治ではなく、民間の核エネルギー開発だった。

第8章　平和のための原子力

初の水爆実験

核実験場に選ばれた島は、船で見守る人びとからは遥か遠い水平線の向こうにあった。それだけ遠く離れていたにもかかわらず、核実験は船を取り囲む暑苦しい夜をまばゆいばかりの真昼に一変させた。火の玉は、海から盛り上がるように大きくなり、見守る人びとの予想をはるかに越えて膨れ上がった。そこから三〇マイル離れたところにいた船員は、まるで溶鉱炉の扉が開けられたかのように、その熱が自分の皮膚を焦がすように感じた。自分たちはとうとうやり過ぎてしまった、ついに最後の実験に手を出した。一部の科学者たちはそのように考えた。それから、雲が上に向かってキノコ型に膨らみ始めたが、それはかつて見たどの原子雲よりも桁違いに大きかった。一九五二年一一月一日、人類は初めて核融合爆弾（水爆）の実験に成功したのである。

水爆実験を伝える新聞記事はメロドラマ風で、ほとんど情報が載っていなかったが、数年間にわたって流れていた噂を人びとに思い起こさせるには十分だった。たとえば、一九五〇年に、ジャーナリストのドリュー・ピアソンは自分のラジオ番組のなかで、二千個の水素爆弾があれば「世界は吹き飛ばされるだろう」と述べている。[1] 核分裂爆弾をはるかに超え、世界の終末に足を踏み入れたかのような核融合。それを人びとは目撃してしまったのである。

軍縮交渉から戦闘機の編隊に至るまで、核融合を成し遂げる過程で、膨大な労力が費やされてきた。責任者たちは、核融合実験が成功したという恐るべき報せに、胸をなでおろしたのだった。しかし、この新しい現実に適応するためには、根本的な意識変革が必要不可欠だと直感した人びともいた。そこで、二つの大きな動きが起こることになる。一つは、放射性降下物への反対運動である。これは後述することにして、もう一つの動き、「平和のための原子力」と呼ばれた運動から先に述べることにしよう。

それは、ホワイトハウスで始まった。基盤を築いたのはアイゼンハワー政権の信念だった。共産主義の打倒を目指したアイゼンハワー政権は、爆撃機と同じくらい、広報活動と「心理戦」が重要だと考えていた。このプロパガンダ戦争を遂行するために、アイゼンハワーはチャールズ・ダグラス・ジャクソンを引き込んでいた。彼は、落ち着きのある、はげかかった男で、見たところエネルギッシュな大手企業の副社長のような男だった。いや、彼は実際にそうだったのだ。つまり彼は、タイム社を離れて、ホワイトハウスにやって来たのである。ジャクソンは「共産主義者に対して、道徳的かつイデオロギー的な攻勢をかける」方法を模索していた。アイゼンハワーが水素爆弾に関する演説の草稿を彼に依頼したときが、一つの転機だった。[2]

アイゼンハワーは初の水爆実験の結果を知って以来、水爆に心を悩ませていた。最も印象的だったのは、その実験の暗号名をとって『アイビー作戦』と名づけられた最高機密のフィルムだった。そのフィルムは、一九五三年六月一日、ホワイトハウスで、閣僚、統合参謀本部、ジャクソンたちに向けて上映された。フィルム『アイビー作戦』は、政権中枢にいる選ばれた数十人だけを観客をとして、空軍とAECが作成したものだった。その映像を観た者の目には、ニューヨークが破壊される映像が焼き付いた。より悪いニュースが届いたのは八月だった。ソビエトもまた、水爆実験をおこなったというのだ。アメリカはこれらすべてのことを重く受け止めた。

アイゼンハワーは、ソビエトの実験の恐ろしさを述べるジャクソンの草稿を読んだ後、「われわれは、国民を怯えさせたいわけではないのだ」と不平を漏らしたと伝えられている。ジャクソンは演説の草稿に再び取り掛かり、今度はアメリカの強大な力を強調するものに書き直したのだが、それでも国民を怯えさせるには十分だった。ジャクソンが認めたように、最終的に提出された演説は「西部劇的で、望みも救いもないもの」になっていた。[3]

演説草稿の作成に関する難題の突破口になったのは、ジャクソンの最初の草稿で偶然使われていた「核の平和的な利用」という表現だった。核の平和利用という側面を強調することは、広報活動に適していた。ひどく思い悩んだアイゼンハワーを別にすれば、それは、ソビエトとの協力関係をつくるというさらに大きな希望をもたらしたのである。その年の一二月、アイゼンハワーは国連総会の場で、水素爆弾に関して大幅に修正した演説を行なった。彼の眼は感極まって輝いていた。彼は、その新しい力を有益に使うために方向転換させ、発達させるため（そして完全にコントロールするため）、国際原子力機関への支援を申し出たのである。

その演説は、世界中の人びとに予想していなかったほどの強い衝撃を与えることになった。最終的な目標は、通常の産業が推奨されるよりもはるかに速いスピードで、原子力産業を推進することにあったのだろう。このようなことが起こった理由は、部分的には、水素爆弾に反対する国際的要求があったからだが、別の重要な理由としては、一部のエリート集団によって、民間への利益供与が計画されていたからでもある。

科学技術のユートピア

一九四五年以来、凡庸な専門家たちは、世界が岐路にたったと公言し続けてきた。さらに、ジャーナリストたちは、輝かしい原子力都市への道については報じても、世界の破滅への道については多くを語らなくなっていた。いまや、かつてよりも多くの「核の伝道者」がいたが、そのなかでも最もよく知られているのは、「アトミック・ビル」と呼ばれたウィリアム・ローレンスである。原子力は砂漠とジャングルを、旧約聖書に描かれたような「乳と蜜が流れる新たな大地」に変え、「約束の地としての地球の夢を実現させ、既にこの世に生きている人びとが、その実現をその目で確かめ、恩恵にあずかることができる」。そのように彼は述べたのだった。古代の夢がほとんど現実となったかのように言われていた当時において、ローレンスは、核分裂の発見によって、火星開発に関わるテクノクラートや、人類をエデンの園へ戻してくれる新しい知恵の木すら思い起こさせたと述懐している。多くのジャーナリストや科学者たちもまた、古代から続いてきた千年王国の夢が、もう少しで実現するのではないかと語った[4]。

雑誌記事や論文の総目録を見れば、一九五〇年代のアメリカ人がどういったものを読んでいたのか、推測することができる。それらの雑誌記事は、核の軍事利用に関して記述されたものが多く、そして当然ながらそれらの多くには、不安を招きかねないタイトルがつけられていた。しかし、核の民事利用に関する記述も、軍事の記事と同様、数えきれないほど存在した。中立的なタイトルのものはさておき、原子力の民事利用に関する、感情的なタイトル群は、ほぼ完全に民事利用に肯定的な姿勢を示している。

楽観主義の力を理解している人物といえば、デイビット・リリエンソールの右に出る者はいなかった。リリエンソールに敵対する者は、彼を単純な男であるように見誤ってしまうことがある。なぜなら、憂鬱そうにみえる伏し目がちの表情が、突然笑みを浮かべると、穏やかでお茶目な印象を漂わせたからである。それでも、彼は政府の仕事を通じてロケットのような勢いで出世していき、四〇歳になるまでには、テネシー川流域開発公社（略称はTVA。巨大なダムや発電所を建設し、僻地の貧困と戦ったニューディール政策の一環）に携わっていた。ここで、リリエンソールは、自分の進歩的な信念が抱えるあらゆる矛盾に直面していた。それは、政府による計画と効果的な民間競争を両立させたいという、矛盾だった。そして、彼は、テネシー峡谷を舞台に、輝かしいテクノロジー都市とアルカディアの緑の丘とを結びつけるという壮大な計画に着手したのである。もし火星開発の技術主任にふさわしい人物がいたとすれば、それはリリエンソールだっただろう。一九四六年、トルーマン大統領が、原子力委員会の初代委員長に彼を指名したことは、当然の選択であった。

オッペンハイマーと他の科学者から受けた説明は、「魂を揺さぶる経験」だったとリリエンソールは日記に綴っている。原始時代の人類が火を初めて見て以来、最も陰惨で、しかし同時に感動的なこのドラマの裏側で、彼はまるで自分が許されたかのように感じたのだった。なぜなら、核爆弾が持つ世界滅亡の可能性に向き合うすべての専門家たちはすべてを解決できる答えを模索し続けていたことに気がついたからだ。彼は経験上、すべてを解決できる答えが存在しないことを知っていた。問題に直面したとき、人間は問題を細かく分節して整理し、それぞれに対する解決策を考案するものである。すべてを一気に解決する答えは、存在しない。しかし、後に彼がしぶしぶ認めたように、彼もまた、「すべてを解決する答えを探求することに熱情を傾けるようになった」のである。そのような恐ろしい兵器を生み出すことができるのならば、平時のときにもすばらしい利用法がないはずはない。原子力の分岐点で必要だったのは、人びとを正しい道筋へと導くことだ。リリエンソールはそのように考え、「核の平和利用という私のテーマは、ちょうどこの国が必要としていたことなのです」と主張した。[5]

バランスをとり始めた核をめぐる状況に、別の要素が現れた。カネである。ビジネス雑誌は、原子力の未来に関する考察と情報を定期的に掲載していたが、大抵のビジネスマンたちは慎重で、多くの資金を投資することにはまだ乗り気ではなかった。しかし、原子力革命が起きた時に、遅れを取らないようにと動いていた積極的な者もわずかながら存在した。電力需要は、一〇年ごとに倍増していた。このペースで電力需要が増え続けるならば、遅かれ早かれ、ウランが最も経済的な燃料になるかもしれなかった。その日が訪れた時、社会主義者による「原子力のTVA」によってウラニウムが管理されるよりも、むしろ自分たちのような進歩的な資本主義者がウラニウムを手中に収めることを固く決意したのである。[6]

他の先進諸国もまた、さらに強く原子力を推進し始めていた。ヨーロッパと日本では、最も容易に採掘できた石炭は枯渇し、水力発電に適した土地はすでになく、石油はほとんどを輸入に頼っていた。燃料資源の脆弱性の教訓は、第二次大戦によって強く印象付けられていた。たとえば、ガソリン不足によって、多くの市民は自転車や徒歩での移動を強いられたし、燃料不足によってドイツと日本の軍隊は一九四四年の後半まで、事実上の足止めを余儀なくされたのである。第二次大戦は、深刻な燃料不足に付きまとわれた戦争だったのだ。世界中の原子科学者は、核エネルギーによって、その問題を解決しようとしたのである。

アメリカ政府は、他国がこの新たな巨大産業の主導権を握ることを懸念し始めた。目覚しい躍進を遂げていたのはイギリスだった。他方で、ソビエトはその競争に全面的な熱意を表明し、いままさにその競争に加わるだろうと思われていた。一九五三年三月、NSC（国家安全保障会議）は、「経済的競争力のある原子力」を「国家の重要課題」として設定した。強靭なアメリカ産業は、その世界市場を手中に収めることができた。さらに、ジャングルや砂漠に原子力施設を提供することが、まだ貧しい国々に経済的な恩恵を（それに加えて提供者であるアメリカの名声を）もたらし、それらの国々に手を伸ばそうとしていた共産主義の脅威に対抗することができたのである。そして、最も重要だったのは、民間の産業がアメリカの軍事問題のための確固たる基盤を築くことだった。[7]

こうした議論のすべては、平和利用に関する定まった世論がないなかで、もっぱらエリートたちの間で交わされていた。一九四六年に行われたある調査では、「一般市民にとって、原子力は原子爆弾を意味している」という結果が出た。また、一九五〇年の調査は、極端な言明ではあるが、「原子力への関与は、社会的経済的に上層の人びとと、比較的教養をもった人びとに限られていた」と指摘していた。一九五三年当時、民間の原子力産業を推進する者は、一部の原子核科学者、政府・報道機関におけるその支援者、そしてごく小数の実業家のみに限られていた。しかし、無味乾燥な事実ではなく、世界を救う構想や、世界を原子力ユートピアへと導くという構想があったため、彼らの信条は一般の人びとに対して説得力を持ち得た。[8]

このような状況で、アイゼンハワーによる「平和のための原子力」演説が行われたのである。ジャクソンは、アイゼンハワー演説の内容を、嵐のような広報活動によって展開していった。「原子力時代の到来」といったような言葉が、世界中の新聞や夥しい数の雑誌記事、パンフレット、ラジオ放送、移動展覧会、そしてアメリカ政府製作の映画のなかに入りこんでいった。それは、心理戦の勝利だった。ジャクソンの夢想を遥かに凌駕するような成功を収めたのである。一九五五年一一月、彼のオフィスに出された極秘の報告は、そのキャンペーンが「国民の意識を、核による大虐殺に邁進するアメリカというイメージからうまく引き離し」、国民の目を、「技術的進歩と国際協力」に向けさせたことを誇っている。[9]

そのキャンペーンは、あらゆる人びとに、その時までは少数のエリートだけしか信じていなかったことを信じさせたのである。キャンペーンによって、人びとは、生きている間に原子の楽園にたどり着けるだろうと思えるようになったのだ。他の国々は慌てて、自分たちもまた原子力を破壊以外の何かに利用できるのだと主張し始めた。原子力の民事利用に関する雑誌と書籍の出版量は、アイゼンハワー演説の五年前とその五年後の間に、二倍から三倍に増えるという空前絶後の事態になった。テレビが普及する以前には情報の主要な供給源だったニュース映画さえも、民事利用をドラマ化する手段を見つけ出していた。
大きな注目を浴びるなか、「平和のための原子力」キャンペーンは、一九五五年にジュネーブで開催された国際会議で、実現可能な段階へと入っていく。国際会議でのアメリカの展示の中核に位置していた原子炉に人びとが見出したのは、金銭以上のものだった。世界中の雑誌は、ウラニウムの燃料棒が水晶のように透明な水に入っている写真を掲載した。ドイツの実業家によると、そこで見学者たちはアラジンの魔法のランプの灯りのような魅惑的に青く光輝く水を見ることができた。別の見学者は、激しい口調で話していた若い科学者がいたと語っている。「彼は神秘的な宗教の聖職者のように語りかけ、彼の話を聞く人は、考えを改めざるを得なかったのです。」[10]
このようにして、各国の産業界のリーダーたちは、原子炉を購入するか、開発するかを切望して帰国したのである。その計画は、一九五六年に思いも寄らない緊急事態をむかえた。スエズ戦争がヨーロッパを燃料危機に陥れたのである。戦後二度目の燃料危機だった。限られたガソリンを求めて車が列をなし、経済破綻の恐れも出てきた。誰しもが、海外の石油という、崩れやすい砂の上に築かれたようなエネルギー・システムの脆さを目の当たりにしていた。ヨーロッパとその他の地域の当局は、数十基の原子力発電所を一刻も早く建設する計画をまとめ上げた。原子力発電所の必要性を広めようとしたアメリカは、あらゆる国に対して原子炉を提供すると申し出た。アメリカは、一方では共産主義者に対するプロパガンダ戦争においてポイントを上げることを期待しながら、他方では、自分たちの技術を諸外国に売り込むことによって将来の輸出を円滑に進めたかったのである。しかし、そこにはもう一つ、安全保障を高めるという明確な計画があった。アメリカは、たとえばＩＡＥＡ（国際原子力機関）のような国際機関の査察を受け入れる限りにおいて、他国による原子炉の製造を援助しようとしたのである。その目的は、原子炉で生成されたプルトニウムが兵器製造に転用されるのを防ぐことにあった。要するに、「平和のための原子力」は、核拡散を規制する鍵として進められていったのである。
一九五七年末までに、アメリカは、キューバからタイまで、四九カ国との二国間協定に調印した。そして、アメリカの企業は、ジュネーブで「アラジンのランプ」と呼ばれた小型研究用原子炉を二三基、国外に向けて売っていた。

原子力平和利用キャンペーンは、原子炉をうまく活用する技術を持たない多くの国に原子炉を設置させた。それらの国は、肥料になるものや高校教師をはるかに多く必要としていたような国々である。リリエンソールは後に、そのキャンペーンのことを、「原子力が平和のためであることを何とかして証明したいという願望」だけで動いていた「不合理」だったと回顧している。(11)

実業家たちの動向

国外の敵に対する心理戦として始まったということは、国内に最も強い衝撃を与えた。「平和のための原子力」の展示が海外で成功を収めたことに着目したアイゼンハワーは、AECに対し、さらなる展示を準備することを要望し、それらを今度は自国民に向けて展示せよと述べた。(12)AECは追加の支援をほとんど必要としなかった。委員会とその研究所は、開始当初から広報活動に深く関与していたからである。一九五三年以降、AECは、ジャーナリストたちに呼びかけて多くのインタビュー記事を手配したり、何百もの演説(そのうちの九割は平和利用に関するものだった)のコピーを配布したりして、広報活動を推進していった。それは、映画、テレビの製作者に多くの撮影機会を提供し、彼らが制作する番組や映画(「平和のための原子力」のような)には、際限なく資金の援助をした。それらはもともと、国外配布用に米国情報庁によって手配されていたものだった。

広報活動の舞台裏で主に活躍していたのは、ルイス・ストローズであった。彼は、ウォール街の投資家で、当時AECの委員長を務めていた。彼はどのような状況をも知り尽くしている人物だと思われていた。上品なヴァージニア訛りで、良き友人であるアイゼンハワーによく似た笑顔をしていた。ストローズは子供の頃、ジュール・ヴェルヌを貪り読み、自然の神秘を学ぶことを夢見ていた。そして高校時代には、「人類は、とてつもない原子エネルギーを制御できるのか」という問題を展開したミリカンの教科書に刺激を受けていた。年齢的にも成長した後、信仰心の深かったストローズが主に考えていたことは、無神論的な共産主義に対して、そのエネルギーを使うことだった。そして彼は、水爆開発の推進に大きく貢献したのである。ストローズは、アイゼンハワーに「プロパガンダとしては有効かもしれない」と述べてはいたが、そもそも「平和のための原子力」には乗り気ではなかった。しかし、彼は次第に変わりはじめ、核の民事利用にのめり込んでいくようになった。彼は述べている。「神が目に見えない原子核の内部に宿した力、これを有益に活用すれば、破壊と邪悪の力に打ち勝つことができるだろう」と[13]。「この戦いのなかで、マスコミは私にとって最も重要な味方であった」。ストローズは一九五四年に行われた科学著述者協会の会議でそのように語った。市民がこのプログラムに賛成しなければ、AECの予算が削減されるかもしれず、彼はそのことを懸念していた。それゆえに、彼は、AECの取り組みの明るい面を強調するように科学ジャーナリストに依頼したのだった。我々の子どもたちは、「メーターで測る必要がないほど安価な電気エネルギー」による「平和の時代」を享受するだろうと彼は述べた。ローレンスやその他の者たちは、そういったストローズの主張を、言葉通りに、市民に語り継いでいったのである[14]。

科学ジャーナリストたちが「平和のための原子力」を喧伝することには、彼らなりの理由があった。彼らは、専門家たちが語ったことを報じるだけでなく、驚くべき未来の物語を生み出すことを生業としていた。広島への原爆投下以後、サイエンスライターの数は急増した。その新しい世代は、上の世代のライターたちがそうだったように、科学の教育を受けていたか、そうでない場合でも科学に敬意を払っていた。彼らのうちの一人は、サイエンスライターになった理由を次のように説明している。「最初の原子爆弾の爆発は、自分をサイエンスライターの世界に引き入れた。なぜならば、科学が我々を支配することになるとはっきり理解したからだ」と。そのようなジャーナリストたちは、原子力が何か驚くべきことを起こすだろうという期待に疑念を抱いた最後の世代だった[15]。

原子力関係の専門的権威やサイエンスライターと並び、一部の企業人たちも、原子力と個人的な利害関係を持っていた。原子炉の輸出計画に野心的だった英国とソ連に気を留めていたゼネラル・エレクトリック（GE）の副社長は、「競争はもう始まっている」と警告した。勇敢な企業家たちは、彼らの企業収益は言うまでもなく、国、民主主義、民間企業の利益のために、前進していかねばならなかった[16]。

デトロイト・エジソン社の社長、ウォーカー・シスラーほどやる気に満ち溢れた者は珍しかった。訓練を受けて技術者になったシスラーは、卓越した経営能力のおかげで、評判の高い電力会社のトップまで上り詰めた。無表情な顔にある凛々しい顎と白髪が、彼を理想的な産業指導者のように見せていた。核エネルギーがシスラーの目に留まったのは、一九四七年、民間企業との関係を築くためにAECが組織した委員会に加わったときのことである。資本主義の枠組のなかで、原子力時代の基礎を築くため、彼はデトロイト・エジソン社とその他の企業を説得する仕事に取り掛かった。アイゼンハワーによる「平和のための原子力」演説の直後、シスラーはロビー活動と広報活動を連携させるため、原子力産業会議（AIF）を設立したのだった。

一九五六年までに、AIFに加わった企業は約四〇〇社に及んだ。それは、経済界に原子力の展望を広めるための仲介役になった。AIFのミーティングは独特なものだった。各企業の代表がホテルに集まり、皆で講義を最後までじっと受けたり、討論会に参加したりするのである。典型的だったのは、一九五五年に行われた「原子力、現実的な評価」という会議だった。司会者は、ジョークを言って会議を始めた。「少し朝が早く、皆であれこれ悩んだり、激論を戦わせるようなムードになれないかもしれませんが、それでもなお……。[17]」そう、それでもなお、この日の議論は、発言者が途絶えることのない熱気に満ちたものになった。国際的なネットワークは成長していた。会社の資金と自らのキャリアを核エネルギーに賭けると決意していた人びとが集まり始めたのである。

それらの人びとは、仲間内のビジネスマンにだけでなく、全世界に向けて「平和のための原子力」について語った。AIFは、広報活動において大きな役割を果たした。それは、ホワイトハウスの職員から、価値ある「冷戦兵器」として称賛された。たとえAIFが、国外よりもむしろ、主として国内に宛てて活動していたとしても、それは冷戦兵器として受け止められたのである。[18]個々の企業は、さらに多くのことをした。その先頭に立っていたゼネラル・エレクトリックは、AECのプルトニウム生産炉を稼働させ、一九五七年までにその原子力部門に一万四千人以上の労働者を雇用していた。さらに、GEの広報活動の専門家は、雑誌広告を通して、核エネルギーを惜しみなく称賛し、テレビ番組「ゼネラル・エレクトリック・シアター」の何千万もの視聴者に向けてそれを宣伝した。他のアメリカ企業と外国企業による同様の取り組みは、世界中に同じようなメッセージを広げていった。

国家の原子力機関、科学者、サイエンスライターと事業会社の楽観的な表明は、すでに興味を示していた他の指導者たちの思いを確信に変えた。たとえば、一九五五年の世界教会協議会は、「平和のための原子力」の精力的な発展を呼び掛けている。他方、アメリカ労働総同盟とそれぞれの組合は研究委員会を組織し、雇用を増やし繁栄をもたらす原子力が迅速に進歩するよう支援したのである。

すべてにおいて最も熱心だったのはアメリカの学生たちだった。一九四五年以降、彼らの教師たちは、爆弾にまず対応できるものは「教育」にちがいないと信じていたし、それは十分に自然なことであった。

アメリカの教師たちの多くは、民間防衛の演習が教え子たちに植え付けた不安を取り除きたいと述べていた。公教育組織から高校の原子力クラブの顧問にいたるまで、すべての教育関係者が、生徒たちに対して、知識をつけるばかりではなく元気に将来に向かっていってほしいと望んでいた。こうした教師たちの支援を受けて、AECは教材を開発し、各高校で移動展覧会を開催したのである。ゼネラル・エレクトリック社もまた、『原子の内部』と題されたコミックを数百万部配布する手助けをした。そして彼らが製作した、カラーアニメ『AはアトムのA』は、一九五二年の一年間で、およそ二百万人の学生たちの心を動かしたのだった。

おそらく、何よりも効果があったのは、ウォルト・ディズニーによる『我が友、原子力』だろう。この作品は、一九五七年にテレビ、そして学校内でも放映された。アニメのなかでは、手慣れた語り手が、おとぎ話（実際に、瓶から精霊が出てくる話である）のように原子力を紹介していた。アニメの精霊は、風刺漫画のボム・モンスターに酷似した、恐ろしい巨人として登場する。しかし、科学者はその精霊を、「魔法の力」を巧みに使う従順な召使いに転換させた。「魔法の力」とは放射線のことだが、それはアニメのなかではキラキラと光る妖精のような塵として表現されている。[19]

こうしたすべての取り組みの結果の一例として、当時の小学二年生の作文を挙げておこう。「原子ってすばらしい。すべては原子でできている。これらの原子がどれほど大切なものかを学べば、わたしたちは幸せになるでしょう。[20]」

第9章　良い原子力、悪い原子力

平和利用キャンペーンの内実

おとぎ話を研究した研究者たちは、何百という物語を、いくつかの伝統的なパターンに分類できると述べている。同じように、「平和のための原子力」キャンペーンの産物には多くの共通点があった。キャンペーンの産物とは、『我が友、原子力』、アメリカのニュース映画シリーズ『原子とあなた』、フランスで製作された同様のニュース映画、米国文化情報局の映画『平和のための原子力』、同名のロシアの長編ドキュメンタリー、様ざまな言語で書かれた多くの書籍、その展示物などのことだ。ここでは、研究者が民話の構造を詳説するように、「平和のための原子力」キャンペーンのパターンやテーマを紐解いてみたい。これらのパターンやテーマは、原子力産業や科学・技術一般、ひいては私たちの現代社会全体に関する人びとの意識の基盤になったものだ。

構造の中心に据えられたのは、軍事利用と平和利用の対極性だ。原子力の精霊は、悪魔にも召使いにもなり得た。このイメージに対峙したとき、素晴らしい恩恵に目を向けた者もいれば、死を見出した者もいた。「平和のための原子力」キャンペーンは、肯定的なイメージの上に成り立っていた。キャンペーンの主導者たちは、序盤で核爆発に少し触れておき、終盤で大惨事に対するありがちな警告を発することを常套手段にしていたが、核爆弾への言及が省略されることはほとんどなかった。平和利用が大きな注目を集めたのは、他ならぬ核爆弾があったからこそである。それゆえに、結局、「平和のための原子力」キャンペーンは、古い「突然変異」のイメージの結び目にある善悪の両面を、かつてよりもいっそう際立たせたのだった。

核兵器に対する人びとの不安はあまりに強く、その不安を克服するには、ある構想が必要だった。構想の中心にある考えは、二〇世紀初頭にソディが提示し、ローレンスの手によって一九四六年に新たに生まれ変わったものだ。すなわち、「原子エネルギーは、賢者の石であり、それは元素変換(トランスミューテーション)や、豊かな生活を可能にしただけではなく、不老不死の薬や、時と死を司る能力を生み出すこともできる」という考えである。(1)

放射線を使用する治療法は、そのなかで最も注目されたテーマだった。「平和のための原子力」は、台の上で静かに横たわり、白く輝く放射線装置を見上げる患者なしには、成し遂げられないものだった。医療用の放射線はたいへんな人気を博し、アメリカの当局が、偽医者が売り歩く「原子薬」に警告を発しなければならなかったほどだった。一九五〇年代、X線は不要な体毛を除去するのにしばしば用いられていた。X線装置は、アメリカやヨーロッパ各地の靴店、数千ヶ所に設置され、人びとに彼らの子どもたちの足の骨を透かしてみせた。子どもの体内図を両親に見せて喜ばせたいがために、幼児のX線撮影を日常的に行なう病院もあった。放射線量が、人体に有害なレベルに達することもしばしばあったのだが、それでも人びとは放射線を信頼し続けたのだった。

医療面での期待は、決して事実無根なわけではなかった。実際、アイソトープ（放射性同位体）は腫瘍を減らすことができたし、診断に役立ちもした。早くも、アイソトープは毎年数十万の患者の治療を成功に導いていた。一九五〇年代末までには、放射線によって救われた命の数が、放射線によって奪われた命（広島、長崎での死者も含む）の数を上回ったのだった。長期的な視野に立てば、アイソトープが様ざまな研究において重要な役割を担うようになったことが、より重要である。一九五〇年代から続いた生物学・医学における著しい進歩の多くは、放射線に多くを負っていたのだ。

普及につとめるものたちは、不死にいたるまでのあらゆるものを持ち出して未来を約束しながら、核の期待を誇張していた。CBS放送局のラジオ番組で、ナレーターは次のように解説している。「その生命の神秘に深入りすればするほど、時に原子が命を奪いかねないものであることを忘れ、その虜になっていくのです」（この一九四七年の番組は、人びとの考えを改めさせることを意図していた。その結果、リスナーたちの不安は確かに和らげられた[2]。

放射線は、食糧の供給を増やし、生活の向上をもたらすと語られることもあった。放射線によって造り出された特大のピーナッツをただ呆然と見つめる少年の姿を撮った映画にみられるように、もっとも頻繁に強調されたのは、驚くべき成長という側面だった[3]。放射線は、種子に様ざまな変異を引き起こすことができた。放射線を浴びた種子から成長した巨大な野菜の写真は、どこでも見られるありきたりなものになっていった。放射線には生命力が秘められているという古来の考えはとても魅力的で、生物学、医学そして農学に関する典型的な「平和のための原子力」キャンペーンの広報物の四分の一から半分が、このアイデアを取り上げていたほどである。

ただし、金銭的な観点からみると、それらの生命科学は、様ざまな国の原子力機関の予算の、ごくわずかな一部分を獲得したにすぎないというのが実情だった。一九五〇年代中頃において、アメリカ原子力委員会が生命科学に費やした金額は、民事利用のすべてに費やした金額の一〇分の一に満たないのだ。核兵器産業はウラニウム二三五とプルトニウムをトン単位で扱っていたのに対し、「平和のための原子力」は、タンスにしまっておける程度の量のアイソトープに頼っていた。

「平和のための原子力」の広報担当者たちもやはり、産業利用について関心を示していたが、そこでは、アイソトープを用いた研究はまだ十分に注目されていた。たとえば、「放射性ピストンリングを使う試みは、自動車業界に利益をもたらす可能性を秘めている」というようなことが言われていたからである。かなりの金額が原子炉に投入されていたわけだが、初期の「平和のための原子力」キャンペーンでは、核エネルギーの発電施設に費やされた額は、産業利用に充てられた総額のうちの半分にも満たなかった。そこから重心は急速に移り変わった。一九六〇年までに、電力は核エネルギーの民事利用の中心と目されるようになった。しかし、人びとはまず、魅力に欠ける電力供給源よりも、魔法の万能薬やお守りのようなものに注目するものである[4]。

人びとの思考は、もはや空想の世界に及んでいた。一九四五年以降、それ以前にもまして、語り手たちは原子力ロケットや原子力光線を使いはじめた。探偵物語『ディック・トレイシー』の主人公が一九四六年から身に付けていた腕時計型通信機にも、原子力が使われていた。ウランを、単に発電するための石炭の代替物として使用するだけでは飽きたらなかったのである。科学者やジャーナリスト、関係機関の職員たちは、船、ロケット、そして鉄道機関車を推進するには大型の原子炉が必要だと主張するようになった。子どもたちは、おもちゃの原子力自動車で遊んでいた。フォード社の幹部は、自動車がほんとうに原子力で動く日は近いと語った。エレクトロニクス企業ＲＣＡ（Radio Corporation of America）の会長であったデビッド・サーノフは、一九八〇年までには、あらゆる家庭に原子力自家発電が備わっているであろうと明言している。

核の想像力が様ざまに組み立てられたが、その極みは、人類の飛行の歴史を塗り替えるような原子力飛行機の計画だった。この計画には、「平和のための原子力」に内在する二面性が疑いもなく明白になっている。なぜなら、民間の輸送手段は、軍事用に開発された後にのみ、生まれるものだからだ。原子力爆撃機が実用化されれば、何カ月も続けて飛び続けることが可能なのだった。ケネディ大統領が一九六一年にその計画を廃案にするまで、アメリカは、原子力飛行機の開発に対して、一〇億ドル以上を投資したのだった。

実際に実現した、唯一の原子力推進政策は、船に関するものだった。一キログラムのウラニウム２３５を使い、蒸気船が大西洋を横断することが現実に可能になったのだ。一九五九年にソビエト連邦が、派手な演出とともに、原子力砕氷船を進水させた後、それにひけをとらず広く宣伝されたアメリカの原子力貨物船が続き、さらに、それらと比べて質素ではあったが、ドイツと日本の原子力船も続いた。新しい技術にはしばしばついてまわることだが、良いアイデアは必ずしも商業的な成功に繋がるわけではなかった。コストが少なくてすむ、という側面があったからこそ、原子力船だけが実現したのである。

キャンペーンの物語構造

原子力を動力とする世界初の移動手段であるノーチラス号（ジュール・ヴェルヌの小説に登場する、架空の潜水艦から名付けられた）は、一九五五年に進水した。アメリカ海軍が実現を急いだ成果として、通常の技術でそれを成し遂げるよりも、おそらくは五年ほどはやく完成させたのだった。今にして考えれば、アメリカがそれほど早く原子力潜水艦を持っても、軍事的、政治的な優位はほとんどなかった。しかし、同時代においては、原子力潜水艦はすべての人びとに感銘を与えたのだ。

原子炉を建設する方法は多様である。蒸気機関車がディーゼルトラックと異なるように、新しく生み出されるものはそれ以前のものとは異なっている。一九五〇年代、技術者たちによって様ざまな設計が試されていた。例えば、エドワード・テラーが主導していたグループは、安全性を最優先課題として捉え、重大な事故が現実に起こり得ないように原子炉を設計したのだ。他方、ノーチラス号の原子炉における最優先課題は、原子炉を潜水艦の内部に収めるということだった。技術者たちは、高濃縮ウラン235を燃料として使うことで、その問題を解決した。AECが水素爆弾開発のために築いた巨大施設のおかげで、技術者たちは高濃縮ウランという魅惑的な物質を難なく手に入れることができたのである。

原子力潜水艦の原子炉は、美しく、小型化されていたが、事故を防ぐように設計されたものでもなければ、採算がとれると期待されたものでもなかった。しかし、AECが民事利用のための原子炉建設を決定した時に、手元にあった原子炉の中で最先端のものが、潜水艦の原子炉だった。彼らは、ピッツバーグの電力会社の取締役、フィリップ・フリーガーというパートナーを見つけた。フリーガーの述懐によれば、彼が魅力を感じたのは、政府というよりもむしろ民間産業の管理下に置かれた核エネルギーの将来像だった。それは、アメリカが冷戦で勝利することを手助けするだろう。そして彼には、核エネルギーを使いこなす最初の企業はこの上ない注目を集めるであろう、という抜け目ない了見もあったのだ（特に、煙霧に覆われていたピッツバーグで、息の詰まる生活を送っていた市民にとって、最新鋭のクリーンな電力源は待ち望まれたものだったであろう）。要するに、AECと組んで原子炉を建設する際、フリーガーが思い描いていた核のイメージは、目先の利益にとどまらない大きな意味を持つものだったのである。

ウエスティング・ハウス社による原子炉の設計図は、海軍用に製造されていた潜水艦エンジンの規模を、ただ大きくしただけのものであった。ペンシルベニアのシッピングポートに建設されたその原子炉は、一九五七年に稼働し、世界中の賞賛を浴びることになる。付け加えておくと、その原子炉の技術の大半は、軍需技術に基づいていた。
その後数年にわたって、「平和のための原子力」という輝かしい装飾の多くは影を潜め、他方で原子炉はますます人びとが注視するところのものになっていった。これらの原子炉は、基本的に、高温の蒸気を生み出す単純な装置だった。しかしながら、この単純な装置は、その誕生以来、壮大な神話的構造の一部として捉えられてきた。だからこそ、原子炉が世界中で建てられたのである。

民族学者が「平和のための原子力」関連の言説を研究したならば、兄弟が登場する民話を想起するかもしれない。一人は善良で、もう一人は邪悪な兄弟の話である。これは、第四章で触れたような、ヒーローとモンスターの古典的な対立を思わせる二極構造だ。クロード・レヴィ＝ストロースが指摘したのは、そのような物語において、重要なポイントは、誰が善で誰が悪かということよりも、世界が二つに分かれるという構造自体なのかもしれない、ということだった。異なる部族から集められた同種の物語のなかでは、善と悪の兄弟は、時に立場を変えながらも、その構造自体は変わらずに維持される。神話や象徴は、矛盾する意味を併せ持つからこそ、しばしば強いインパクトを有するのである。矛盾を集めて直感的な意味を作り出すことで、神話や象徴は、生命の矛盾を把握したいという人間の欲望に応えているのだ。まさにこの方法において、「平和のための原子力」の物語は、タイム誌の記事が「良い原子と悪い原子」と呼んだような異なる意味の中間に、自分たちの意見を打ち立てたのである。それは、交差点から一本の明るい道と一本の暗い道と分岐するのを描いた風刺漫画において、すでに見られた構造だった。それは、強大なエネルギーの帰趨が人類の選択にかかっていることを意味していた[5]。

こうした民話と同じように、核の物語における善悪は、交換可能だった。たとえば、核爆弾を絶対悪として捉える人がいた一方で、アメリカ空軍はそれらをソビエトの攻撃に対する抑止力、ひいては平和のために、何ものにも代え難い存在として捉えていたのである。同様に、平和的な原子炉に驚嘆する者が増えれば増えるほど、それを危険だとみなす者も増えていった。なぜなら、もし核エネルギーの民事利用が容易に砂漠を庭園に変えることができるのならば、庭園を砂漠に変えるのもまた朝飯前だということになるからである。

世論調査の結果では、大多数の人びとが核エネルギー民事利用を楽観的に考えていたが、それは裏を返せば、そう考えない人びとも少なからずいたということでもある。原子力産業会議（ＡＩＦ）で行なわれたある世論調査に関する報告を通して、当時勃興していた原子力産業の関係者たちは次のことに気が付いた。それは「約四分の一の人びとが、手の施しようもなく、恐怖に取り憑かれており、それに対してはほとんど手の施しようがない」ということである。「『アトム』という言葉を耳にしたとき、頭に浮かべるものは何ですか？」という質問に対して、三分の二にあたる人びとが即座に「爆弾」あるいは「壊滅」と答えていたのだ。(6)

原子力産業の関係者たちは、即座に民事利用を軍事利用から分離させる必要があった。広報担当者はそのエネルギーについて説明する際に、「原子」エネルギーと言うのではなく、「核」エネルギーと言うように働きかけた。それは、科学的にはより正確な言い方であるだけでなく、その新たな用法が、原子炉を「原子」爆弾のイメージから自由にしてくれることが望まれたのだ。使われる言葉が変わり始めたのである。しかしながら、その語の置き換えは原子炉ばかりでなく、たちどころに爆弾にも影響を及ぼした。ほどなくして今度は、その「核」という語が、恐怖の意味を帯びていった。

「平和のための原子力」キャンペーンは、「核」への恐れに、意図しない影を落としていた。たとえば、キャンペーンには、数え切れないほどの展示物、映像、写真が使われたが、それらは、分厚いガラス窓のついた遮蔽用コンクリートや白い防護服で全身を覆う作業員、さらには安全な距離から放射性物質を操るための「自在に動かせるマジックハンド」を描いたり映したりしていた。それらが提示したメッセージは、専門家たちが人びとを守ることにどれほどの注意を払っているか、ということだった。しかし、もう一つ、少し古風なメッセージを伝えてもいた。アイソトープが入ったボトルの蓋を開けようとするマジックハンドを、ガラス越しに、食い入るようにのぞき込む表情をとらえた、典型的とも言える写真がある。その写真に、フランスの作家が的確な解説を書き添えている。「かつてないほど機械化した人間は、自然の永遠なる神秘のヴェールを貪欲に引きはがそうとしながら、同時に、何の変哲もない瓶からいつ漏れ出ようとも不思議ではないその未知なるものを畏れているのである。」まさにこの表現の通りではないだろうか？[7]

キャンペーンの刊行物からは、マッド・サイエンティストと彼が生んだ怪物に関する多くの兆候を見て取ることができるだろう。広告会社の人間から大統領にいたるまで、誰もが核エネルギーを「従順で、休むことなく働く使用人（実際は、恐るべき生き物なのだが）」にするべく、議論していた。[8] 核エネルギーは、言うまでもなく、制御されなければならなかった。民事利用でも軍事利用でも、制御という言葉を、誰もが口にするようになった。ディズニーが製作した『我が友、原子力』のような、最も広く見られたキャンペーンの一部さえもが事実を取り違えていた。原子炉が制御不能になれば、広島に投下された原子爆弾クラスの巨大な爆発を起こすかのように伝えていたのである。

そして、「犠牲」とでも呼べそうなイメージも核エネルギーに付与された。「平和のための原子力」キャンペーンが、輝く機械設備に囲まれて診察台にうつ伏せになり、X線撮影を待つ患者を取り上げることがあったが、その光景は、マンガに描かれるような、マッド・サイエンティストたちの犠牲者の姿を強く印象付けてしまうのだった。そのような考えを示すかのように、AECが所有する映画には、実験用に使う憐れなシロネズミの場面が多かった。

一九五〇年代に実施された世論調査からは、民間の核エネルギーを「触れたり、そばにいたりすると危険なもの」だと捉えるアメリカ人が、かなりの割合でいたことがわかる。その「危険なもの」というカテゴリーには、人間も含まれていた。一九五七年、テキサスの労働者二人が微量の放射性物質に曝される事故があった。すると、近隣の住民は、まるで不気味な疫病にでも怯えるかのように、彼らの子どもたちを避けたのである。放射性物質を摂取した者は、触れるだけで人を殺す能力を持つマッド・サイエンティストを演じたホラー映画の名優ボリス・カーロフのように、闇のなかで光るという冗談は、広く知られたものになった。[9]

原子力産業の労働者たちは、社会科学者がスティグマと呼ぶものを背負い始めていた。本来、「スティグマ」とは、奴隷や犯罪者の顔に焼きつけられた烙印のことを言う。それは、彼らが信頼できないものであることを知らせる印だった。しかし、より過去に遡れば、「スティグマ」は嫌悪と拒絶を呼び起こすような疫病のサインだった。動物たちの本能は、伝染病の疑いをもつ個体を避けるよう、自身に呼びかけるのだ。日本では、被爆者がスティグマ化しつつあった。広島で生まれた若い世代は、結婚に問題を抱え始めていた。なぜなら、彼ら・彼女の受けた放射線が、生まれてくる子どもに悪影響を及ぼすのかどうか、誰にもわからなかったからだ。

核エネルギーと関係したことで汚名を着せられたのは、原子力産業の労働者と被爆者だけではなかった。「平和のための原子力」の熱狂ぶりが、世間の注目を、ＡＥＣの上層部に向けさせたのだが、そこで明らかになったのは、人びとが望んだものではなかった。人びとが目にしたのは、うんざりするような傲慢と無能だった。ＡＥＣの職員たちは、他の大規模な組織に属する人びとほど、傲慢でもなければ無能でもなかった。しかし、核を扱う彼らは、他の組織よりも緊密で不安げな視線にさらされるのだ。想像を絶する力を扱うのだから、些細なミスも許されるはずがなかった。

まず、人びとの不評を買ったのは、その過剰な秘密主義だった。ＡＥＣは当初、誰も踏み入ることのできない壁の裏側にいる、エリート集団だと信じられていた。しかし、自分たちだけが宇宙規模の秘密に責任を負い、自分たちだけがそれに関する決定をなすにあたっての十分な情報を持っていると考える職員が多かった。彼らは、慇懃無礼な態度を取っていた。原子力合同委員会でさえ、ＡＥＣは原子力合同委員会に重要な事実を隠していると、厳しく批判した。もっともこの原子力合同委員会自体も、ＡＥＣと同様、優越感と特別な知識を有していたのだが。

秘密を握る者は、必然的に疑念にさらされる。厳しい法律に縛られたＡＥＣが、批判者たちの求める情報をすべて公開するのは不可能だった。その疑念は、ＡＥＣの政治的決断によって補強されることになる。一つの注目すべきミスは、ストローズたちによる秘かな謀略だ。一九五四年、オッペンハイマーが機密情報へのアクセス権を剝奪されたという大々的な報道がなされた。世論の反響は凄まじく、まるでオッペンハイマーが反逆罪で訴えられたかのようだった。テラーは、自分のかつての上司であるオッペンハイマーは水爆開発に関与していないのではないかと疑いだした。そして、それが明らかになると、自由主義者たちは、オッペンハイマーを平和のための殉死者と呼ぶようになった。原子科学者とリベラルな支援者たちの偉大なる希望として発足したＡＥＣであったが、そのセキュリティ・ポリシーは、科学者たちとの関係をますます悪化させていた。オッペンハイマー事件が決定打となった。ＡＥＣは多くの人びとからの信頼を永遠に失ったのだった。

問題になるのは信頼である。近年、経済学から国際関係学に及ぶ専門家たちは、どの企業においても働きやすい環境を維持するためには、信用の備蓄が必要であるとの主張を展開している。ミルクの購入から同盟関係の交渉にいたるまで、人びとは、相手が信頼できるものであってほしいと思うものだ。現代社会において、人びとは生活に欠かせないサービスを遠く離れた組織に頼らざるをえない。そこでは信頼がより重要な価値を持つようになる。信頼が特に問題になるのは、テクノロジーに関連する領域だった。そこでは、私たちはどうしようもないほどに専門家に依存するからである。

しかし、信頼を生み出すのは困難である。私たちは、個人または組織が有能であるだけでなく、私たちの利益に見合うよう、その有能さを発揮することを意識せねばならない。そして、信頼を失うのは容易である。自らの権力を、公共の利益のためではなく、私情や政治的駆け引きのために使う者を見えれば明らかだろう。それが、オッペンハイマーの騒ぎが残した教訓だった[10]。

オッペンハイマーの物語は、悪人と闘う英雄の壮大な物語のようだ。そうした物語は、次のどちらの解釈も可能だ。つまり、多くの人が信じたように、オッペンハイマーは実際に反逆者だったという解釈。もう一つの解釈は、善悪の分裂をオッペンハイマーに読み込むというものだ。たとえば、一九六四年に広く観られた演劇では、原子爆弾の開発に関わった物理学者を「自分は悪魔の仕事をしていたのだ」と告白する傷ついた殉教者として描いている[11]。テラーやオッペンハイマーの道徳心は病んでいると言われることがあったが、そのメッセージが伝えるのは、同じ内容である。つまり、「世界有数の核の権威者たちは、いまや、不信の印であるスティグマを背負っている」ということなのだ。

さらなる過ちが続く。とりわけ、「平和」のための原子炉が政府の所有か、民間の電力事業者の所有か、をめぐる論争において過ちが続いた。その国家全体の経済の命運が、公営か民営かの勢力争いにかかっていると考えられていた。ストローズは、自由企業の旗がはためく地雷原へと突き進んでいった。彼はアイゼンハワーの支援を受けていた。アイゼンハワーは、テネシー川流域開発公社のような企業の「忍び寄る社会主義」を覆すつもりだった。核の民事利用を公営で進めるか、民営で進めるかの熱い戦いは、一九五四年に起こった。共和党員が民間所有の原子力発電所を後押しする法律制定を強行したのが、上院での一三日間におよぶ記録的な議事妨害のクライマックスだった。

発足当初のＡＥＣは、政党の小競り合いを超えた、理想主義の天国のような場所だった。しかし、いまや核エネルギーは、報道を通してあらゆる人びとの知るところとなり、その政治的な純潔さを失ってしまった。その独善的なＡＥＣ議長が引き起こした不信は、原子力関連業界の内側においてさえ広まっていた。そして、ＡＥＣはこの重責を背負いながら、最も過酷な試練に直面することになるのである。

第10章　新たな冒涜

核実験と放射性降下物

その火球は、海面から盛り上がって膨張を続けた後、静止した。その炎の半球体の底には、立ち並ぶ高層ビルの輪郭が小さく見えていた。その後、「その火球は、マンハッタン島のおよそ四分の一を飲み込むだろう」というナレーションが入る。一九五四年四月二日、人びとは、記録映画『アイビー作戦』を観ていた。アメリカのテレビ局はその映像を一日中繰り返し放送した。その映像は瞬く間に私を含む世界中の視聴者を釘付けにしたのである。(1)

一九四五年以降、ほとんどの人びとは核による破滅の危機を、はるか遠くの未来のファンタジーだとして関心の外側に追いやってきた。しかし、その未来は、一九五二年の終わりごろ、初の水爆実験の噂とともに、刻々と近づきつつあった。多くの人びとがアイゼンハワーに対して、確かな情報を開示するよう求めた。そこで彼が差し出したのが、映画『アイビー作戦』だった。彼が『アイビー作戦』を公開したのは、民間防衛に関わる職員たちが、国民を行動に駆り立てるキャンペーンのためにその映画を使うこと望んだという理由がある。もう一つの理由としては、その情報がマスコミに漏れていたということが挙げられる。アイゼンハワーは、検閲したバージョンを公開することに、不本意ながら承諾したのだった。

その映画のメッセージは明快だったが、同時に恐ろしいものでもあった。広島に投下された原爆による被害は、ハンブルグ、東京、その他多くの都市に対して行われた従来型の空襲による被害と、そう大きくは変わらなかった〔訳註・急性と晩発性を含む放射線障害を除外した場合)。しかし、水素爆弾は、たった一発で、その千倍もの破壊力を有していた。一九五五年、チャーチルは議会で次のように語った。原子爆弾は「人間に統御可能な領域内のものだった」が、水素爆弾の到来によって「人間に関わるすべての事象が革命的に変わってしまったのだ」と。(2)

その時になってようやく、人びとは核エネルギーに深刻な関心を払うようになった。一九五〇年代中頃、核エネルギーを題材にした出版物の数は、世界中で急増する。その要因の一つとして、「平和のための原子力」関連の文献の増加があった。核の民事利用を扱った雑誌記事の一九四八年から一九五六年までの増加率は、他のどの記事の増加率よりも高く、五〇パーセントを超えていた。しかし、さらに特筆すべきことは、核兵器に関する記事の増加だった。なんと四倍にも跳ね上がっていたのである。核エネルギー、なかでも核兵器を中心に据えた読み物と長編映画の数は、同じように倍増を繰り返した。

しかしながら、その後の一〇年間、人びとは、水素爆弾は数平方マイルを焼き尽すことができるという事実にさしたる関心を示さなくなった。人びとの耳目を集めたのは、映画『アイビー作戦』ではほとんど触れられていなかった、ある事実だった。水素爆弾が、周辺の人びとだけでなく、数百マイル離れた人びとの命にも関わってくることが判明したのだ。この事実は、核のイメージ内に長く埋もれていた悲観的な発想を掘り起こし、白日の下にさらした。その悲観的発想とは、核エネルギーの解放が、地球全体への冒涜であるという発想だった。

すべては塵とともに始まった。すでにトリニティ実験の計画段階から、ロスアラモスの科学者たちは、爆発によって空気中に撒き散らされる塵について懸念していた。火球のなかで大量の中性子と核分裂片を通り抜けた塵は、非常に危険な放射性物質になる。そしてその後、風下へと吹き流され、やがて荒れ果てた土地に舞い降りるのである。核の攻撃を受けた後は、専門家が放射性降下物の検査を終わらせるまでは、サンドイッチを食べることやミルクを飲むことは避けるようにと子どもたちによく言い聞かせることが、民間防衛活動の一環となった。

AECがネバダで行った一連の核実験を契機に、核実験の危険性を疑い始める人が出始めた。一九五三年の核実験が撒き散らした放射性物質は大量で、隣接する町の住民は実験による塵が風に流されるまで、屋内にとどまるように指示されたほどであった。そして、何千頭もの羊が悪天候によって衰弱したうえ、放射性降下物に被曝して死んだのだった。歌手のトム・レーラーは、西部を訪れる者は放射線防護のために鉛の下着を持ってくるべきだと歌った。

ＡＥＣは、次第に膨らみつつあった不安に対して強い懸念を抱いていた。ＡＥＣの職員たちは、核実験を誰にも邪魔させるつもりはなかったのだ。ＡＥＣは、ＡＥＣに所属する一部の科学者たちの不信をよそに、イメージ戦略をしかけた。それは、核実験とそれに伴う放射性降下物によって、人びとが悪影響を被る恐れは全くないとアピールするものだった。イメージ戦略に熱心になるあまり、当局関係者たちは地元住民を不安から遠ざけるために本来講じるべきだった予防策をとることが出来なかった。メディアがＡＥＣを激励する報道を執拗に重ねたのは、ほとんどの記者がＡＥＣの専門家たちに信頼を寄せていたからだが、さらに言うと、国家の安全保障にとって核実験は必要不可欠であると誰もが捉えていたために、核実験を妨げるようなことはしたくなかったからだった。ニュースキャスターのウォルター・クロンカイトは、テレビで放送された一九五三年のネバダでの核爆発による放射性降下物について、「危険はない」と述べて視聴者の心を落ち着かせたのだった。[3]

人びとの意識が変化し始めたのは、一九五四年三月一日、アメリカが実施した水爆実験ブラボーの後のことだった。その爆発は想定の倍以上の威力で、放射性降下物は予測をはるかに上回って広範囲に及んだ。そして灰色の塵は、日本の漁船（第五福竜丸）へと吹き寄せ、その乗組員たちを覆った。その二週間後、日本に帰った彼等からは、放射線障害の典型的兆候が見られたのである。

『朝日新聞』が報じたように、日本中の人びとが「原爆のあの恐怖を、またしても痛切に感じさせられた」のだ。[4] ストローズはＡＥＣのミスを認めようとせず、それが日本人をさらに動揺させた。被曝で最も弱っていた乗組員がついに死亡した際、ＡＥＣは、その乗組員が完璧な治療を受けていれば死ぬことはなかった、と主張した。これを受けて、著名なジャーナリストたちは、ＡＥＣは人びとを欺いていると非難した。これらは、ＡＥＣがオッペンハイマー事件によってアメリカ国民の信頼を失ったのと同じ月に起こった出来事だった。しかし、他の国々にとって、放射性降下物に対するＡＥＣの言い逃れでしかなかった。

一方、爆発によって成層圏に飛散した純度の高い放射性塵は、上空の風によって移動していた。ＡＥＣに所属していない科学者たちは、以前から放射線の影響を案じていたが、いまや、核実験は数百、あるいは数千マイル離れている人びとにさえも先天的な異常を引き起こす恐れがある、と警鐘を鳴らすようになった。生まれながらに障害をもつ乳児ほど、人の心を根底から揺さぶるようなイメージは、ほとんどない。

放射性降下物とは、いったい何なのだろうか？　何カ月たっても、アメリカ政府は慰安の言葉を混ぜた曖昧な情報の断片程度のものしか公表しなかった。水素爆弾の放射性降下物が、あらゆる領域を汚染するという事実は、軍事機密として扱われた。なぜならばそれは、核戦争と民間防衛に有効な戦略を損なうことになるからだ。政府は、自分自身に何を言うべきかさえほとんどわかっていなかったのだから、ましてや国民に対して何か有効なことが言えるはずもなかった。いずれにせよ、原子力に関しては世界の主要な情報源であったＡＥＣは、大きく信用を落としたのである。信頼できる事実がなければ、疑念と不安は高まるばかりなのだから。

太平洋で捕獲されたマグロのなかから、過剰な放射性物質が検出されたと公表されると、剝き出しの恐怖が日本人のあいだで噴出した。ガイガーカウンターの精密な感度のおかげで、日本の科学者たちは、複数の海流が走る太平洋の数千マイル彼方で行われたブラボー実験によるかすかな放射性物質を検知できたのである。そのアイソトープは、食物連鎖の過程で徐々に凝縮されたため、魚には、周囲の水よりはるかに多くの放射性物質が含まれていたようだ。そのような魚をたくさん食べた者は、ガンのリスクが高まる恐れがあった。

数百万人の日本人は、魚を買うのを止めた。日本人が魚を食べないというのは、アメリカ人が牛肉を食べないようなものだ。日本政府の職員たちは、廃棄処分にするために、トン単位の魚をガイガーカウンターで選別した。そして、親たちは、子どもたちを海で泳がせないようにした。たった一人の人間の行為が、そのすぐ目前の環境のみならず、地球の裏側の環境にも物理的な影響を及ぼしてしまう。そうした事態に立ち会っていたのである。人びとは、これまで経験したことのない驚くべき現実に、なんとか対処しようとしていた。

一九五六年、大統領候補者のエステス・キーフォーヴァーは、水素爆弾が「今すぐ地球を吹き飛ばし、その軸を一六度ずらす」ことができるだろうと述べた。これに対して、一九五七年、ソビエトの最高指導者であったニキータ・フルシチョフは、伝えられるところでは、「北極の氷冠を溶かし、大量の水を世界中にあふれさせる」核爆弾を保有していることを誇った。また、英国のシナリオライターは、脚本のなかで、地球を太陽の方へ動かすほどの爆発力を有する核実験を描いた。(5) もう少し現実的なところでは、核実験が数千マイルも遠く離れた場所で、地震を引き起こすのではないかという不安が広まった。AECもその不安を切実に受け止め、地質学者協会に支援を求めたほどだった。もっともしつこい噂は、天気に関するものだった。一九五一年、核実験が気象に影響を与えているという声が世界中からAECに届き始め、一九五三年に入り、世界のメディアはそうした訴えについて、しばしば議論を行うようになった。農家は、熱波や寒波、豪雨や干ばつの責任をAECに負わせたのだった。

尽きることなく人びとの口にあがった様ざまな風評を体系的に整理してみると、そこから象徴的な意味が浮かび上がる。核爆弾が魚を汚染したとか、先天異常を引き起こしたとか、異常気象を起こし得るだとか、惑星の軸をずらし得るだとか、これらそれぞれの噂に共通するのは、核エネルギーが自然界の秩序に背いた、という認識だ。このアイデアは、根源的なテーマのうちで最も力強いものの一つと密接に結びついていた。そのテーマとは、「汚染」である。

人類の文化では、自然への侵犯や許されざる行為や物事は、「汚染」と同一視されることがある。人類学の理論家メアリー・ダグラスは、自然秩序に反するものは、それらがたとえ何であろうと、「穢れている」と見なされると指摘している。排泄物は、野菜畑にある分には正しいものと見なされるが、野菜スープのなかにあると当然ながら嫌悪される。たとえば、タブーを破り、物事の正しい秩序を乱す行為は、危険だとみなされる。その侵犯者は、病いを彼自身に、または彼の種族全体にもたらすとして非難されかねない。これは、よくあるパターンと一致する。規則に逆らう悪い少年が、下品な行動をしたり、迷惑をかけたりして、自分自身や他人を汚してしまうというパターンは珍しくない。(6)

人類学者は、タブーと結びついた恐怖は広く容認された社会構造における「場違いな者」を特に非難すると指摘している。たとえば、カースト制度の規則を破る人や、不条理な要求をする人などである。第六章で触れたように、最近の研究は、汚物・腐敗に対して嫌悪の反応を示すのと同じ脳の経路が、「不愉快な（信頼できない）者」によって活性化されることを明らかにした。多くの集団において、「普通の」社会構造の外で行動しているとみなされた個人は、魔女という汚名をきせられた。自然の理に反するような何か、たとえば早過ぎる死などが起こった場合、それが魔女の仕業であることを信じて疑わない種族も多い。健康な赤ん坊の受胎を阻む者、あるいは季節外れの嵐をもたらす者、つまりは自然そのものを歪める者、それが魔女と呼ばれたのだった。魔女の持つ力は、しばしば明確に汚染と繋がっていた。魔女は、死に至るような物質を体内に埋め込んで、人びとの内なる純潔さを壊すと言われていた。

一九四五年以後、科学者と核に関連する行政官たちは、出産・天候などの混乱に関する疑念の、恰好の標的となった。結局のところ、放射線が人びとに悪影響を及ぼしうるということは、科学的事実だった。忘れてはならないのは、自然の秩序に背いたとして科学者たちを非難するのは、決して新しい事態ではないということだ。そしてそれは、彼らが世界を汚染していると言うも同然なのだ。

多くの人びとが感じているように、広島への原子爆弾投下は最も重い原罪だった。世界中の数百万の人びとは、部分的には共産主義的プロパガンダがあり、また自然に巻き起こった嫌悪もあって、原爆と通常の戦時中行為とを、全く別物として考えるようになった。日本は、すでに降伏しようとしていたのではないか？　トルーマンが広島を壊滅させた理由は、ソビエトへの威圧以外になく、仮にあったとしても、それは不当であることは明らかではなかったか？　一つの都市を破壊するため、焼夷弾の代わりに原子爆弾を使用したという判断をめぐって、論争が始まったのである。

もし仮に、膨大な科学的・産業的な労力が、原爆の代わりとなる他の兵器開発に注がれていたとすれば、その場合は原爆なしに、戦争を速やかに終結することができていたのだろうか――この問題は、はっきりとはわからない（日本とドイツの都市に対して行われた従来型の爆撃についても同じことが言えたが、その疑問は、人びとの関心をほとんど引きつけなかった）。一九六〇年代、その議論は多方面に拡大した。書架一脚分の本が書かれ、数えきれないほどの新聞記事が掲載され、編集者への投書が相次いだ。そのようにして、何十年も人びとの関心をかき立て続けたのだった。一九九五年になっても、広島の原爆についての歴史展示に対して、激しい異議が唱えられた。スミソニアン国立航空宇宙博物館の責任者は辞任に追い込まれたのである。(7)

原爆投下の是非をめぐる論争の特徴は、論調の激しさと視野の狭さだった。一九四一年から一九四五年の間になされた無数の残虐行為を何らかの形で個人的に経験していたアメリカ人と日本人は、広島と長崎の原爆を、特に例外的な罪だとは見なさなかった。その種の議論は第二次世界大戦全体に関してもほとんど交わされなかったのである。実際に議論されたのは、アメリカの権力者たちが怪物だったのかどうか——つまり、現在では計り知れないほど忌わしいものと見なされている兵器を使用することができるくらい道徳的に歪んだ存在だったのかどうか、という問題だった。「原子爆弾は、一九四五年に使用されるべきだったか?」ではなく、むしろ「水素爆弾の使用は現在、合法的なのかどうか?」という問いこそが、関心を引き付ける問いであった。水爆使用を非難する議論の根底には、水素爆弾への恐怖があった。さらに、権力者たちは躊躇うことなく水爆を使用し、世界を汚染するだろうという理解が強まっていたことも、水爆への非難の原因だった。

要するに、「汚染」という強力なテーマは、そもそもからして核エネルギーと結び付きやすく、さらに、科学的事実が、「汚染」と核エネルギーとの結び付きを強めていったのである。何よりも重要なのは、放射線が遺伝的障害を引き起こす可能性があるという事実だった。これには、汚染に関する古くから広く伝わる考えと共振する部分があった。伝統的に、先天的に異常を抱えた乳児は、禁じられた食物を食べたり性的なタブーを破ったりという広い意味での汚染に対する罰だとみなされてきた。特に近親相姦は、原始的集団においても文明化された集団においても、異常な子孫をもたらすことが避けられないものとされた。

放射線と汚染との結び付きは、放射線がガンを引き起こす可能性があるという事実によって強化された。一九五〇年代までに、ガンという語は、あらゆる種類の、目につきにくくて忌々しい不正を象徴するようになっていた。デマゴーグたちは、共産主義者、娼婦、官僚、またはその他のあらゆる蔑まれた集団に対しても、「社会のガン」というレッテルを貼った。そして、実際の腫瘍に悩む人びとは、自分たちが侵害されている、自分たちは穢れており、それを恥ずべきことだと感じるようになってしまった。このようにして、ガンは、核兵器が適切な秩序に対する憎むべき侵害であるという考えを、偶然にも補強したのである。

核と汚染との様ざまな結び付きを意図的に生じさせようと試みた者はいなかった。それらは、多くの人びとへと一挙に押し寄せてきたのだ。早くも一九五〇年代から、リベラル系の新聞とラジオコメンテーターは、生物の内部にある神聖な秘密を悪用することで出来た水素爆弾は、自然の摂理を脅かすものであると声高に述べていた。保守的な出版人のウィリアム・ランドルフ・ハーストは、ブラボー実験の報せを受けた記事で、何百万もの読者に対し、水爆の爆発が「自然の摂理に危険な変化を引き起こすおそれがある」と書いた。さらに教皇ピウス一二世さえもが、あらゆる大陸の何億人もの人びとがラジオを通して聴いた復活祭日のメッセージにおいて、核実験が自然の神秘的プロセスを「汚染」すると警告したのだった[8]。

汚染の感覚を最も強く持っていたのは、広島・長崎の原爆被害者たちだった。家族や隣人の死をなすすべもなく見送ったあらゆる人びとと同様、被爆者たちは、自らその非を負ったり、自分は生き残るに値しないと感じたりする傾向があった。他者には持ち得ない感覚である。賑っていた自分たちの都市が一瞬にして遺体安置所に変わったとき、ただそこに存在しているだけで、被爆者たちは自分たちが汚されたと感じたのである。

人びとはその体験を忘れようとしたが、それを許さない事態が起こる。一九五〇年代初頭、生存者の大勢が、皮下出血、貧血、失血死などの放射線障害と思しき症状で倒れたのだ。それは、わずかな放射線を浴びた数年後に発症する白血病であった。一九五〇年代中頃までに、原子爆弾の生存者たちは次々とこの世を去っていった。そのなかには、もしかしたら何か普通の病気による死もあったのかもしれない。しかし、世界中の新聞は、新しく発見された不可解な苦痛、すなわち「原爆病」として、その死因を報じたのである。多くの被爆者を取材したロバート・リフトンは、それぞれの被爆者が、身体に何か異常があると感じていたと報告している[9]。

それからかなり経った一九八〇年代、心理学者たちは、多くの被爆者が心的外傷後ストレス障害（ＰＴＳＤ）という新たに認められた病に苦しんでいると考えるようになった。抑鬱、不安、悪夢、さらに疲労のような身体症状。被爆者たちの症状は、レイプ被害者、戦闘経験者、その他の耐え難いほどの恐ろしい目にあった者が経験する苦しみと同一のものだとみなされた。被爆者がそれを自認していたかどうかにかかわらず、被爆者は肉体的にも精神的にも「原爆被害者」だったのだ。

一九五〇年代中期に入っても、屈辱的な穢れの意識を拭い去ることができず、口を開こうとしない被爆者は多かった。加えて、アメリカの占領軍関係者は原爆の惨状についての議論を封じた。他の国においてもまた、メディアは当局の勧告を守り続け、原爆の放射性降下物による汚染に関して口を閉ざした。汚染への意識が初めてはっきりと表面化したのは、新聞ではなかった。その神話を可視化したのは、もっとポピュラーな表現形態だった。

核の恐怖と特撮映画

一九五四年に核実験が行われた時、太平洋の奥底から放射性物質と脅威をもたらし、日本中を震撼させたものは何だっただろう？　断っておくが、それはマグロではない。答えはゴジラである。体長四〇〇フィート、東京を踏み潰す有史以前の爬虫類だ。ゴジラは、日本で初めて世界的な興行成功を収めた映画に登場する。それ以前から、天災や戦争による都市の壊滅を描いた映画や、怪獣や科学実験の恐ろしい産物に関する映画が、世界には数多く存在していたが、それらすべてのテーマを併せ持っていたのが、映画『ゴジラ』だった。監督は、「人類の警告」を念頭において作り上げたと語っている。その「人類への警告」とは、核爆弾それ自体のことだけではなく、海水に含まれた放射性物質による汚染、そして核エネルギー全般のことを指していたのである。[10]当時、最も憂慮すべき現代的なイメージは核実験と繋がっており、その繋がりは固定化していたと言える。

恐怖と核エネルギーとの接続は、一九五四年に公開され、人気を博した映画『放射能X』において、完全に明らかになった。映画では、トリニティ実験場付近の砂漠から、バスほどの大きさの殺人アリが這い出てくる。それを見て、科学者は次のように述べる。「なんという突然変異だろう。おそらく、人類初の原子爆弾から依然として残る放射線の影響だ」と。映画ファンたちは、この映画の疑似科学を、真実味のあるものとして受け止めた。観客たちは、冷や汗をかきながら、この映画を観たのである。

冷や汗は、脳に特定のイメージを永く植えつける本能的反応の一種だ。映画を観賞する際、私たちはしばしば感情を昂らせる。そして、何百万もの人々がその体験を共有するかもしれず、だからこそ私のような文化史家は、映画に特別な興味を抱くのだ。核のイメージと特定のイメージとの結び付きをさらに深く掘り下げることは、立ち止まって考察するに値する。なぜならば、それは、私がここまで論じてきた精神的なプロセスとは異なるからである。

二〇世紀前半を通して、核エネルギーと様ざまな事物（例えば、万能薬、先天異常、理想都市、死に至る光線など）との間には様ざまな結び付きが形成された。それらは、大量に書かれたSF物語のなかで繰り返されることで、出来上がっていった。それは、犬がエサと缶を開ける音との関連性を知るという典型的な条件反射だった。AがBと連動して何度も起これば、その時、その二つは相互に関係している。このモデルは、それが前提とする神経学的メカニズムへの実質的な理解を必要とせずに、生物としての私たちの諸機能に直接作用しているのである。

心理学は、この数十年間で、大幅な躍進を遂げ、脳の働きを把握するようになった。研究の焦点になっていたのは、あるイメージが、他のイメージや思考にだけでなく、感情にも結びつくのではないかという点だった。怪物は、たとえば恐怖を呼び起こし得るし、場合によっては驚きや嫌悪のような、恐怖とは別の感情を呼び起こすこともあり得る。イメージと感情との結び付きは、身体にも関係している。人は恐怖によって、目を見開き、胃に苦痛を伴い、発汗し、身震いさえもするからだ。どこか深いレベルでその怪物を記憶していることは、恐怖の内的感覚を記憶しているということでもあるのだ。

衝撃的な経験は、それだけで、消えることのない痕跡を精神に焼き付けてしまう。広島での出来事は、たった一度きりのことだ。それでも、生存者たちに与えた衝撃は、何度となく繰り返されるその他の多くの物事よりもずっと強かった。具体的に言うと、たとえ瞬間的な恐怖であっても、その記憶は扁桃体という脳の基底的器官に永遠に刻み込まれるのである。これは、私たちが攻撃するか、逃げるかを即座に対処すべく常に警戒態勢にある脳内の「番犬」のようなものだ。[11] 扁桃体に刻み込まれたものは、経験を「良い」と「悪い」（たとえば、「楽しい」と「怖い」）に分類していく。負傷兵は、爆発が起こったその道の匂いを記憶しているというが、最も直接的な刺激だけでなく、そのそばにある何らかの刺激も記憶と関係しているのかもしれない。

感情的な記憶は、洗練された論理的思考にさえ影響を及ぼすことがある。人類の進化は、限られた情報とより短時間での判断が求められるアフリカの大地でも生き延びることができるように、私たちの祖先の脳を作り上げた。その結果として生まれたのが簡略化の機能である。こうした思考様式は、普段は驚くべき効率で機能するが、エラーを誘発することもある。火を連想させる感情的な刺激は、大草原において大火から逃げるには効果的だ。しかしそれは、人びとを死に追いやることもある。たとえば、燃えている部屋から脱出するドアに、人びとが殺到してしまうような場合だ。人は、他の脱出方法に思考が及ばないほど気が動転してしまうのだ。しかしながら、全体的に見れば、感情は思考にとって有益であるばかりか、欠かせない存在でもある。不幸にも、感情的な記憶器官を認識器官へと接続できないような損傷した脳を持つ人びとは、常識的な判断を下す能力がないとされる。なぜならば、どの選択肢を選ぶことに対しても、魅力または嫌悪を感じないからである[12]。

核爆弾や放射線といったリスクについて頭を働かせる時、感情を司る脳の器官は、いっそう重要だ。それは自ずと、最も根本的な生存メカニズムを引き出すことになる。ある専門家はそれを次のように解説している。危険を判断する際、人びとは、「感情のプール」を参考にしたり、参照したりする。その「感情のプール」には、判断する対象・行動に関連する、ポジティブとネガティブの両方のイメージが全て詰まっている。そのプロセスは自動的であり、目まぐるしいスピードで行われているため、私たちが論理的に計算しようとするあらゆる意識よりも早いのである[13]。

このようなメカニズムはすべて、直接体験によってだけでなく、間接体験によっても呼び起こされる。ある行為を目で見て、心に思い浮かべるとき、人間の脳は「ミラーニューロン」と呼ばれる神経回路を使っているということが、最近の研究によって明らかにされた。たとえば、誰かの顔が叩かれている写真を目にしたとしよう。その時、ニューロンは、まるで自分自身の顔が叩かれたかのように、脳の同じ領域を活性化させるのである。だから、映画を観賞している人びとの脳は、すべて同じように活性化しているのだと言える。実際、実体験した人と、その体験を聴いた人とでは、脳の同じ部分が活性化するということがわかっている。話し手とその聞き手とのあいだで成立するこのような構造の神経パターンに、人間のコミュニケーションは依存しているのかもしれない[14]。完全に科学的に証明されたというわけではないが、そのような追体験は、まさに実体験と同じような役割を果たしていると思われる。それは、脳の感情回路と思考回路に、永続的変化をもたらすのだ。

さらに、記憶をつかさどる脳の領域もまた、想像上の経験に関係していることが明らかになっている。架空のトラウマが、現実のトラウマとまったく同じように、脳に強い印象を残すことがあるとは私は思わない。しかし、想像上の出来事は、神経学的な痕跡を残す。それは、実在する出来事を記憶するのと同じ脳の領域と神経経路を使いながら、私たちの思考に影響を及ぼすのである[15]。この現象は、メディア、とりわけ映画が、どのようにして私たちの意識に永続的な影響を及ぼしうるのかを示唆している。結局のところ、ある専門家が次のように述べたように、「あなた自身の目で見たものは何であろうとも、事実なのです」ということなのかもしれない。私たちは何かを読むときさえも（特に、人の心を摑む小説を読むとき）、私たちの脳はまず、提示されたすべてを「事実」として認識するようになっている。何かが、私たちの手を止め、私たちの知覚を分析しようとしない限り、私たちはその事実を当然のことと思い込んでいるのだ[16]。

多くの実験（生理学は除く）は、たとえ僅かな接触であっても、イメージとの接触は思考の「介助役」として機能することを明らかにしている。イメージとの接触は、その後の決定の上でその人の判断力にバイアスをかけるというのだ。私たちの脳は、脳にとって利用可能なものしか扱わない。私たちが何かを信じようとするとき、その何かを思い描けないと、信じることは困難なのである。だからこそ、空の旅がはるかに安全であることが統計的に示されようとも、人びとは、数百マイル離れた先へ飛行機ではなく車で旅することを選ぶのだ。なぜならば、飛行機事故のニュースは、人びとの心に最も劇的な印象を与えており、感情をかき立てるからだ。

記憶は、無意識のうちに、思考プロセスに作用することがある。自分では意識的な決定を行っているつもりかもしれないが、実際にはそうではないということは不愉快ではあるが事実なのだ[17]。私たちの太古の先祖は、困難な状況を生き抜かねばならず、そのためにはどんな状況でもすべてを考え抜いてから行動するというわけにはいかなかったのだ。しかし、この精神的作用の代償として、私たちは偏見をすぐさま形成してしまうようになった。そして、その偏見を取り除くのは困難になった。したがって、特定のイメージとの最初の接触は、感情のシステムに影響を与えないときでも重要であり、影響をあたえる場合には、なおさら重要なのだ。

人類の進化の過程において、生存欲求は、恐怖の記憶に特別な力を与えた。生理的埋め込みは、恐怖に対しては特に強力で直接的だ。恐怖は、恥や欲望、そして幸福感とは比較にならないほど強いのである。そのような強い影響を持つ情動がもう一つある。それは、嫌悪だ。恐怖と同じように、嫌悪もまた身体に埋め込まれている。嫌悪は、たった数秒間であっても、ひとたび経験されると、脳に一生刻み込まれるのだ。たとえば、ある調査によると、オオカバマダラを補食しようと試みてその毒に侵された鳥は、その後、他のオオカバマダラに二度と接近しなくなるのだという。

では再び、『放射能X』に登場する変異した巨大アリの考察に戻りたい。それらは恐怖と嫌悪をともに呼び起こした。これらの特異なイメージが、観客の多くにいつまでも消えない衝撃を与えたと。原爆実験のアイデアと、何か恐ろしいものへの直感的反応の記憶のあいだに、特定のつながりが生まれたのである。

巨大生物とマッド・サイエンティスト

『放射能X』の結末では、軍隊が巨大アリを殲滅した後、ある将校が不安げに次のように語っている。「初の核実験によってそのような化け物が生まれたのなら、すべての核爆弾が爆発すれば、何が生まれるのだろう？」その答えは、すぐに劇場で明らかになった。『放射能X』の興行的成功に刺激され、巨大なイカ、ヒル、サソリ、家ほど大きさのタランチュラ、体長二五フィートの二匹のカニなど、放射線の影響で巨大化した生き物を扱った映画が、数多く製作されたのである。放射線が生物を異常に成長させるという発想に、信頼できる根拠はまったくなかった。「平和のための原子力」の将来を保証するかのように、ある低予算のスリラーものは、野菜を大きくするために発明された放射性物質を描いている。その放射性物質を食べた昆虫は、巨大なバッタの大群となってシカゴになだれ込んだ。

ポピュラーな想像力に至る道は、迂回路ではなく、高速道路に似ている。それは直接的で快適でわかりやすいものだ。放射性物質による異常な生物が映っていれば、何百万もの人びとはその映画を観るためにお金を払う。他方で、漫画雑誌もまた、怪物ばかりでなく、汚染、世界の崩壊、危険な放射線など核エネルギーと関連するほぼすべてのものを物語のなかに織り込み、何百万もの若者と大人に強い印象を与えた。たとえば、絶大な人気を誇るスーパーマンは、一九四六年以後、いつのまにか「クリプトナイト」という架空の鉱物から出る放射線が弱点であるということになっていた。そして著者は、彼とクリプトナイトが、核の黙示録で吹き飛ばされた惑星に由来しているという設定を描き込んだ。

こうした意味のつながりは、批評家たちによっていち早く指摘されていた。批評家たちは、SFに出てくる異常な生き物たちが核爆弾を意味していると断言した。ポピュラーな想像力において、人びとが実在する核爆弾と放射性降下物とを直視するのを拒むことで生まれた隙間を、その異常な生き物たちが埋めたと言えるかもしれない。そうした映画は、間接的には核戦争に言及していたが、直接的にはほとんど核戦争を描いていない。一九五〇年代においては、未来を描く映画は無数に存在したが、原子爆弾の投下後の惨状を観客に伝えようとする映画は一つとしてなかった。せいぜいどこか遠い惑星で起きた核戦争に触れる程度で、それ以外は、核戦争を過去の出来事として目に見えない所に押し込んだのだ。脚本家たちは、象徴的な戦争を好んだ。例えば、『死の大カマキリ』というアメリカ映画は、殺人カマキリを、レーダーとアメリカ空軍の迎撃機に追跡されながらこちらに近づいてくるロシアの爆撃機のように描いている。ほぼすべての怪物映画が、一九四四年から一九四五年において数百万人が実際に経験したような、戦時動員、大規模な避難、崩壊する都市を描き、本当の冷戦と全く同様に、助言役の科学者が戸惑う姿を見て狼狽する将校を描いていた。もちろん、映画のなかのすべての科学者が危険な存在だというわけではなかった。怪物を滅ぼすためにに巧みな手段を考案し、熱心で信頼できる良識ある科学者の存在も、一九五〇年代のポピュラーな想像力においては等しく重要である。

スーザン・ソンタグは、有名なエッセイのなかで、怪獣映画について次のように解釈している。核戦争を知りつつも目を背ける観客は、その恐怖を怪物に投影し、誰かにそれを打ち負かしてもらおうとする。観客たちは、熱心な科学者、英雄的な将校、そして他の権力者たちが最終的には自分を助けてくれるだろう、と期待している。そのようにソンタグは理解していた[18]。しかしながら、怪獣映画は、核にさらされた人びとの不安を、より単純に扱っていたようだ。異常な生き物たちは、異様に恐ろしい新たなイメージを取り入れていた。フランケンシュタイン、狼男、そしてドラキュラといった旧世代の怪物とは異なり、一九五〇年代の異常な生き物たちは、知性と感情を欠き、完全に人間性を失ったものがほとんどであった。『怪獣ウラン』という映画では、いまや、実体が分からないほど非人間的な物体が世界を脅かしていた。それは、もはや生きている動物ではなく、向こう見ずなアイソトープ研究から生まれた、輝きを放つ不定形生命体の一種であった。

映画製作者たちは、人間の感情からまったくかけ離れたものとして核兵器を捉えたのだろうか？　それとも、核兵器は、まともに向き合うにはあまりに強大な意味を持っていたということだろうか？　ここで『怪獣ウラン』の不定形生命体について考察してみたい。それは、その直前に同じスタジオで製作された映画に出てくる不気味な塊から着想を得ていた。そのアメーバ状の生命体は、実は、かつては人間であった。宇宙飛行士であったその男は、放射線立ち入り禁止区域を調査した後に、姿が変わってしまったのである。多くの他の映画でも、科学の犠牲となった人びとが物語の起点に置かれていた。世界中から拒絶されたり、非人間的な生物に変えられたりした人間を描いているのである。その原型となった核の怪獣、日本のゴジラは、この両義的性格を持っていた。つまり、暴れ狂う脅威でありながら、水爆実験によって海の底を追い出された悲劇の犠牲者という両義性だ[19]。最終的に、ゴジラは無残に死に絶える（後の作品でゴジラは蘇り、ライバル怪獣と戦うヒーロー的存在にすらなるのだが）。

要するに、一九五〇年代に表れた新たな放射性の恐怖は、錬金術師が創りだす、正体不明の物体と不死身のゴーレムの末裔だったと言えるだろう。禁断の秘密を暴いたことにより、真実の生命と感覚を失ってしまい、処罰されてしまうこと。自らのなかの非人間的な獣性が自分を乗っ取ってしまうこと。生まれ変わろうという企てが失敗してしまうということ。こうした点を、五〇年代に製作された様ざまな物語と、古くからある錬金術師の物語は、等しく共有していたのである。

一九五〇年代に製作されたほとんどの怪獣映画は、物語内の犠牲を、再生の企ての失敗や禁断の秘密というテーマに結びつけていた。『遊星からの物体X』『原子怪獣現わる』『死の大カマキリ』に登場する生き物たちは、彼らが文字通りの凍結状態から溶かされたとき、消える運命にあった。他方、巨大アリ、またアメーバ状の生命体は、地球上の、暗くて人目につかない穴から姿を現した。日本の映画『空の大怪獣ラドン』でも、科学者たちは、卵から孵化する怪物を探し出すために、「禁断の場所」と言われる洞窟に侵入していった。映画ファンたちは、劇場に入ったときにはまだ意識していなくても、劇場から出る頃には、放射線とそうした根本的なテーマを結びつけるようになるのである。

「怪物（monster）」の語源は、畸形児である。核実験が自然の秩序を乱したのであれば、汚染された地球という母体から、奇怪な生物が生み出されるということは、当然予想されることだった。映画は、先天異常の乳児の問題には直接的に触れようとはしなかった。しかし一部の比較的低俗な部類のSF雑誌は、一九三〇年代から、放射線によって姿形が変わった子どもたちの物語を掲載していた。一九五二年までに、そのアイデアは、主要なパルプ・マガジンの編集者たちが、著者に対して、書くのを控えるように頼むほど、ありふれたイメージだった。編集者の机には、頭・指が通常よりも多くある原爆チルドレン（その子どもたちもまた犠牲者としての「怪物」だった）の物語が山のように積まれていた。映画に出てくる異常な生き物たちが、タブーを破ったことの象徴的な結果だと率直に言う者はいなかったが、批評家の目には明らかだった。一九五〇年代の怪物たちは、「自然への人類の技術的介入」に対する報復を体現していたのだ[20]。

マッド・サイエンティストの物語は、冷淡な権力者たちによる迫害の表れだと解釈されることがあった。一九五〇年代の、主として一〇代の観客向けの映画は、若者たちが怪物と格闘する姿よりも、自分たちのことを気に留めない冷たい両親と格闘する姿を描いていたのかもしれない。「パパ、頼むから僕の話を聞いて！　でないと、みんな死ぬことになるよ。」こうした訴えもまた脅威だった。批評家たちは、孤独に荒れ狂う怪物たちの姿が、拒絶された子どものようであると気がついた。ある映画は、核実験で被曝した将校に焦点を当て、彼を巨大で、社会から見放される、凶暴な怪物に変化させるのだった。

ある批評家は次のよう述べている。人はもはや狼男や吸血鬼の存在を信じることができないが、「ナンセンスに思えるようなことを論じる、科学者とは名ばかりの若い原子科学者たちに、依然として恐ろしさを感じる」と。ガイガーカウンターが鳴り始め、教授が「放射線だ!」と驚いたとき、観客は、何かヌルヌルした物騒なものが這い出てくることを期待するようになった。こうした物語は、核の放射線と恐ろしい怪物の関係を開拓しただけでなく、徹底的に補強したと言える。嫌悪をもたらす汚染と痛ましい犠牲を意味するすべて要素を引き出したのである[21]。

映画『原子怪獣現わる』が核エネルギーを意味したとすれば、ヒーロー(新たなアイソトープでその怪獣を滅ぼす白衣を纏った科学者)が何を意味していたのかは明らかであった。悪い原子を打ち負かす、良い原子である。しかし、その整った筋書きに基づくラストシーンよりも、中心にあるイメージのほうが、人びとに強い印象を与えた。有能な科学者たちの存在が薄まれば、今度は、科学者たちが生み出した体長四〇〇フィートに巨大化した不死身の怪物が飛び出してきたのだ。

人文書院
刊行案内

2025.7　紅緋色

映画が恋したフロイト

岡田温司著

精神分析と映画の屈折した運命

精神分析とほぼ同時に産声をあげた映画は、精神分析の影響を常に受けていた。ドッペルゲンガー、パラノイア、シェルショック……。映画のなかに登場する精神分析的なモチーフやテーマに注目し、それらが分かち合ってきたパラレルな運命に照準をあわせその多彩な局面を考察する。

購入はこちら

四六判上製246頁　定価2860円

ネオリベラル・フェミニズムの誕生

キャサリン・ロッテンバーグ著
河野真太郎訳

女性たちの選択肢と隘路

すべてが女性の肩にのしかかる「自己責任化」を促す、新自由主義的なフェミニズムの出現とは？果たしてそれはフェミニズムと呼べるのか？アメリカ・フェミニズムのいまを映し出す待望の邦訳。

購入はこちら

四六判並製270頁　定価3080円

人文書院ホームページで直接ご注文が可能です。スマートフォンで各QRコードを読み込んでください。注文方法は右記QRコードでご確認ください。**決済可能方法：クレジットカード／PayPay／楽天ペイ／代金引換**

〒612-8447 京都市伏見区竹田西内畑町9　TEL 075-603-1344
http://www.jimbunshoin.co.jp/　【X】@jimbunshoin（価格は10％税込）

新　刊

英雄の旅
―ジョーゼフ・キャンベルの世界

ジョーゼフ・キャンベル著
斎藤伸治／斎藤珠代訳

偉大なる思想の集大成

神話という時を超えたつながりによって、人類共通の心理的根源に迫ったキャンベル。ジョージ・ルーカスをはじめ数多の映画製作者・作家・作品に計り知れない影響を与えた大いなる旅路の終着点。

購入はこちら

四六判上製396頁　定価4950円

共産党の戦後八〇年
―「大衆的前衛党」の矛盾を問う

富田武著

党史はどう書き換えられたのか？

スターリニズム研究の第一人者である著者が、日本共産党の「公式党史はどう書き換えられたのか」を検討し詳細に分析。革命観と組織観の変遷や綱領論争から、戦後共産党の理論と運動の軌跡を辿る。

購入はこちら

四六判上製300頁　定価4950円

性理論のための三論文
（一九〇五年版）

フロイト著　光末紀子訳　石﨑美侑解題
松本卓也解説

初版に基づく日本語訳

本書は20世紀のセクシュアリティをめぐる議論に決定的な影響を与えたが、その後の度重なる加筆により、性器を中心に欲動が統合され、当初のラディカルさは影をひそめる。本翻訳はその初版に基づく、はじめての試みである。

購入はこちら

四六判上製300頁　定価3850円

新刊一覧

ブロッホ、グラムシ、ライヒ
敗北後の思想
植村邦彦 著

社会の問題と格闘した、20世紀のマルクス主義の思想家ブロッホ、グラムシ、ライヒを振り返りつつ、エリボンやグレーバーを手がかりとして新しい時代を考える。

¥2640

戦争はいつでも同じ
スラヴェンカ・ドラクリッチ 著
栃井裕美 訳

知識人の戦争協力、戦後の裁判、性暴力—普通の人びとの日常はどのように侵食され、隣人を憎むにいたるのか。鋭く戦争の核心に迫ったエッセイ。

¥3080

優生保護法のグローバル史
豊田真穂 編

基本的人権を永久に保障すると謳うGHQの占領下で、この法律はなぜ成立したか？　その背景を、世界的な優生政策・人口政策・純血政策の潮流のなかに探る。

¥3960

増補新装版
思想としてのミュージアム
村田麻里子 著

日本における新しいミュゼオロジーの展開を告げた旧版から十年、植民地主義の批判にさらされる現代のミュージアムについて、欧州と日本の事例を繙きながら論じる新章を追加。

¥4180

茨木山間部の信仰と遺物を追って
関西の隠れキリシタン発見
マルタン・ノゲラ・ラモス／平岡隆二 編

宣教師たちの活動や「山のキリシタン」の子孫たちの生活とはどのようなものであったのか？　九州だけではない関西茨木キリシタンの全体像を明らかにする。

¥2860

美学入門
ベンス・ナナイ 著
武田宙也 訳

従来の美的判断ではなく、人間の「注意」と「経験」に着目し、異文化における美的経験の理解も視野に入れた、平易かつ大胆、斬新な、美学へのいざない。

¥2860

ヴァレリーとのひと夏
レジス・ドゥブレ 著
恒川邦夫 訳

かつてヨーロッパの知性を代表する詩人・思想家として崇められたポール・ヴァレリー。メディオロジーの提唱者である思想家ドゥブレが、IT時代の現代に生き生きと蘇らせる！

¥3080

スキゾ分析の再生
フェリックス・ガタリの哲学
山森裕毅 著

最も謎めく「スキゾ分析」の解明を主眼にしつつ、独自の概念や言葉が意味するものを体系づけ、開かれたものにしてゆく。今後の研究の基礎づけに挑んだ意欲作。

¥4950

第11章　死の灰

日本の反核運動

核兵器が諸悪の根源なのであれば、その実験をやめればよいのではないか？　核エネルギーに関するほとんどすべての着想がそうであるように、核実験をやめるという考えを、最初に提起したのは、科学界だった。物理学者たちは、核実験の国際的禁止措置が、水素爆弾の開発を未然に防げるのではないかと主張した。また、核実験の停止は、東西の相互信頼の第一歩としての役割も果たし得るものだった。つまり、核実験禁止は、実質的にも象徴的にも核兵器の拡散を防ぐものになるのだ[1]。

核実験停止を支持する論説も存在した。少数の専門家は、その実験から生じる放射性降下物が、白血病、または他の（科学的に証明された）危害の原因となる恐れがあり、それが、その爆発周辺はおろか、地球全体にまで及ぶことを警告したのである。果たして核実験は、それがどこで行われたとしても、「原爆症」を引き起こすものなのだろうか？

関心を持った住民たちは、核爆弾がもたらす放射線障害を三種類に分けて理解し始めた。第一に、爆発時の火球から放たれる放射線の直射があった。これが、広島と長崎で数千の人びとが放射線障害に苦しむ原因となった。二つ目は、爆発によって数百マイル風下にまで撒き散らされる放射性降下物だ。水爆戦争において、放射性降下物による被曝は主要な死因の一つになり得るのである。第三に、水爆によって成層圏まで高く打ち上げられ、地球のまわりを長い間漂う、非常に細かな塵が挙げられる。それは、大気や食物のなかに、ほぼ検知不可能なまでに溶け込んでしまう。世界の議論の焦点になったのは、三つ目のものだ。それは、最も目につきにくく、他のどれよりも広範囲に及び、そして理解しにくい放射線だった。

大規模な異議申し立てが最初に動き出したのは、日本だった。犠牲者としての経験を共有する広島と長崎の何万もの人びとは、すべての権威に対する、当然とも言える深い不信感をも共有していた。多くの共通点を持つ彼らは、団結し始めた。互いに精神的に支え合い、実際の行動のなかに希望を見出すようになったのである。アメリカ・日本の政府に対して、特別な医療扶助や経済的補償を要求し始める人びとがおり、国際平和のための運動を立ち上げた人びともいた。補償を求める人びとも、世界的な連帯を求める人びとも、核エネルギーの比類なき恐怖を強調するのに十分な理由があった。被爆者と呼ばれた彼らは、自分たちの独自の経験から、汚染されたという個人的な感覚、恥辱、そして怒りを語ることができた。そして、その経験によって、被爆者たちは、他の数百万人の戦争負傷者たちにも増して、自らの経験に基づいて世界に訴えかけることができたのである。

第五福竜丸事件と「原爆マグロ」の恐怖は、戦争以来、ほとんどの日本人のなかに潜んでいた反米感情を解き放った。いまやすべての日本人が自らを核実験の被害者だとみなすようになった。アメリカの科学者が第五福竜丸の船員を調査しに来たとき、日本の新聞社は「我々はモルモットではない！」と批判の声を上げた。他方、記録映画『アイビー作戦』や水爆に関連するニュースに触れた多くの日本人は、もし核戦争が起これば自分たちは助からないだろうと思うようになった。(2) そうした感情は、被爆者たちの感情と緩やかに繋がっていた。放射性降下物を怖れる日本の主婦層がさらなる核実験に反対する嘆願書の配布を始めると、一挙に三千万人の署名を集めたのだ。大規模な政治運動が動き出そうとしていた。

一九五五年の原爆の日に広島で開かれた大集会、第一回原水爆禁止世界大会は、世界のメディアから注目を集めた。それは、核実験とそれを後押しする権力者たちへの、世界的な反対運動の幕開けとなった。水素爆弾に対するそうした動きは、「平和のための原子力」よりも、人びとの想像力に強力に働きかけた。

遺伝子損傷の不安

地球規模に及ぶ放射性降下物の第一のリスクとして科学者が語ったのは、最も根本的な脅威だった。それは、遺伝子の損傷である。放射線への警戒心は、世界中に遍在してはいたが、大きなうねりにはなっていなかった。しかし、一九五五年に開催された原子力平和利用国際会議で、極めて微量の放射線であってもヒトの遺伝子を傷つけるという、生物学者の主張が注目を集めると、遍在していていた警戒心が一気に集中し、大きく盛り上がっていった。そのメッセージは、米国科学アカデミーが一九五六年六月に公表した調査結果によって、補強されることになる。米国科学アカデミーの専門家の一人は、核実験で生じる弱い放射線がガンの原因にはならないと否定し、その放射性降下物は、人びとが浴びる宇宙線や医療用X線といった他のあらゆる放射線と比較しても、全く考慮に値しないものだと指摘していた。しかしながら、そのグループのなかの遺伝学の委員は、放射線量に関係なく、どんなに少量でも、何らかの遺伝子損傷を引き起こすと語ったのである。新聞はその結果をトップ記事に掲載した[3]。

多くの科学者は、広範囲に及ぶ放射性降下物は極めて薄められており、害を及ぼすはずがないと力説し、遺伝学の委員の主張に反対した。ＡＥＣの関係者は沈静化をはかるため、コメントを次々と公表し、アメリカのメディアはそれに付随しがちだった。一九五〇年代中頃、大衆雑誌も、わずかではあるが、不安を取り除こうとする記事を掲載することがあった。それは、先天異常の子どもの問題に関して「恐怖を煽る物語のなかに、真実の言葉は何一つない」と主張する記事だった。ほとんどのマスコミは、「平和のための原子力」を謳う記事の奔流のなかで、放射性降下物の存在をすっかり無視していたのだ。異議を唱えたのは、一握りの科学者とその支持者しかいなかった。異議は主として『ザ・ネイション』や『サタデー・レビュー』といった、少数の知識層に読まれる雑誌で展開された[4]。

表面的には穏やかだが、実は強大な力を持っている政治勢力は、核実験をめぐる論争をめぐる賛否両側の集団と手を結ぼうとしていた。ＡＥＣの委員長だったストローズが、核エネルギーの民間所有権とその諸問題をめぐって民主党と対立したとき、彼の発言は共和党の政策とほとんど変わるところがなかった。ストローズは危険をありのままに語っているのか、核実験推進側の雑誌でさえも疑念を抱き始めた。一九五五年、ある記者は次のように述べている。「放射性降下物の問題において、ＡＥＣへの批判はどうやら妥当なようだ。私はこれを「死の灰」と名付けたい。[5]」この表現を選んだとき、彼は自分の立場も選んでいた。その立場は、従来の政治的文脈にそって色分けされた。左派系雑誌の『ザ・ネイション』が核爆弾と放射性降下物を危惧し、右派系雑誌の『ＵＳニュース』はそうしなかった。左は核について危惧を抱き、右は抱かなかったのである。核の問題は、政治的な選択をする際の、個人の基本的信条とどこかで関係していた。

政治的なイデオロギーとリスクに関する態度の、この奇妙な相関関係は、その後、半世紀にわたり、社会科学の研究者によって研究されてきた。数多くの優れた研究を大まかに要約してみよう。人びとは、特定の基本的信条に即して、自分の立ち位置を決める。右へ向かうのは、社会を粗暴な個人間の争いの場だと捉える人びとだ。右に向かう人は、最悪の事態を未然に阻止するために、階級的な権力を要請する。そうした人びとは、将校から聖職者や両親に至るまでの伝統的権威を信頼し、リスクは避けられないものとして受け入れる傾向がある。左に向かうのは、社会を平等な個人間の協調の場にすべきだと考える人びとである。この種の人びとは、あらゆる階層的権力を信じないで、官僚的な規制を尊ぶ。そして、リスクを可能な限り抑えようとする。とりわけ、不当に押し付けられたように見える、環境に関するリスクを避けたがるのだ。つまり、放射性降下物の問題をめぐって、共和党と民主党の間に引かれた右と左の境界線は、偶然ではなく、その奥底にある個人的な信念を反映したものだったと言えるだろう。[6]

一九五六年四月、民主党の大統領候補者、アドレー・スティーブンソンは、大型核融合実験の停止措置を呼び掛けた。彼は、「世界中のどこを探しても、これほどまでに恐ろしい毒物はない」と厳しい言葉で放射性同位体に警告を発した。[7]世論調査によれば、アメリカ人の大多数は核実験を支持していた。しかし、スティーヴンソンは放射性降下物の問題に立ち返り続けた。なぜならば、彼は、広島の被害者たちの激しい抗議に強い印象を受け、水素爆弾は非常に重要な存在であることを確信していたからである。彼の警告を支持する優れた科学者もおり、アイゼンハワーのもとには核実験に抗議する文書が殺到するようになった。それらの抗議文書は、概して、科学者の警告は道徳的な問題でもあるのだと述べていた。その抗議文を書いた人たちは、我が子の身を案じるだけでなく、世界中の罪のない人を危険にさらすＡＥＣは一種の「フランケンシュタイン（実際にそう書いたものもいた）」だと述べて、その不道徳な行為を非難したのである。[8]

子どもたちに関する差し迫った関心は、すでに日本の核実験反対運動で浮き彫りになっていた。被害を受けた子どもたちのイメージは、抗議の声を集めるのに絶大な効果があった。おそらくマッド・サイエンティストが生み出した怪物の物語が象徴するものと無意識に接合するからであろう。日本の反対運動のあいだで特に積極的だったのは、女性たちである。さらに、アイゼンハワーに核実験反対の投書をした人びとの三分の二を占めたのも女性だった。

核実験に対して最も影響力のある抗議を行ったのは、生化学者のライナス・ポーリングだった。彼の魅力は、傑出した科学者としての彼の功績によるところもあるが、それよりも彼の個性によるところが大きかった。彼はひたむきな姿勢で、巧みに文章を練りあげることができ、彼のしなやかな顔立ちがほころぶと、まわりは笑顔になった。つまり、彼は非常に魅力的な説得者だったのだ。公権力に懐疑的な気質を持ち、核戦争を深く憂いていたポーリングは、放射性降下物がすでに多くの死を引き起こしていると断言した。

通常の科学者が異議を挟むことができないほど正確な計算能力が、ポーリングを優れたスポークスマンにした。彼は、発表後すぐさま評判になった学術論文のなかで、このまま核実験を継続した場合、毎年さらに五万五千人の先天異常を引き起こし、一〇万人の死産が生じると予測した。莫大な数の先天異常や死産に関するイメージに注目し、そうした何千または何百万もの奇形児について、統計学のあらゆる権威と話し合う者もいた。その数は、夥しいほどのＳＦによってすでに広く浸透していた、ある恐ろしい光景を思い起こさせた。グロテスクな変異体に侵蝕された世界、というイメージである。

科学的な見解が合意に至ることはなかったが、放射性降下物にとっては不利な状況になりつつあった。『サイエンス』や『サイエンティフィック・アメリカン』のような、影響力のあるジャーナル誌は、次第に、核実験が健康を害すると論じるようになっていった。いまやＡＥＣに所属する科学者でさえ、放射性降下物からガンになるリスクが少なからず生じ、理論上はある程度の遺伝子損傷も確実だと認めたのである。

それでもなお、放射性降下物の危害は恐れるに足りないと主張する専門家は数多く存在した。なかでも最も広まったのは、エドワード・テラーの主張だった。広範囲に及ぶ放射性降下物は、非常に低いレベルの放射線しか有しておらず、そうした放射性降下物からの有害な影響はこれまでに検出されてないと彼は繰り返し説明した。さらに彼は、ほとんど知られていないが、ある程度の被曝は人体に良いこともあると述べていた。自然放射線は私たちの周りの至る所に存在した。ある地域では、放射線を含んだ飲料水を住民に供給していた。それには、彼らが核実験から受けるものよりも多く放射線が含まれていたが、誰も給水の変更を要請することはなかった。合理的な非コミュニストたちが核実験に反対する理由は、彼らが事実を知らないからだとしかテラーには思えなかったのである。

しかし、こうした、気安めのようでありながら恩着せがましい言葉では、国民の不安を静めることはできなかった。それどころか、こうした言葉に接した人びとは、AECが不正に真実を隠蔽していると疑い始めた。やはり、AECは、それが必要には思えない場合でも、隠すことにこだわるのだ。アイゼンハワーのもとには、ますます多くの核実験反対の声が寄せられていた。平和主義者や宗教団体だけでなく、地方の労働組合、ビジネスマン、そして市長たちも反対の声をあげていた。作家たちはその運動に加わって、核実験に明確に反対する物語を書くようになっていた。一九五〇年代後半までには、事情に詳しいアメリカ人の大多数は、放射性降下物が重大な危険を孕んでいると考えるようになったのである。そして、そう考える者は、アメリカ以外の国ではよりいっそう多かった。一九五八年、リリエンソールは元AECの首脳に向けて、個人的な手紙を書いている。「主要な公共団体が住民の信頼を失った過去の事例を思い浮かべてみるが、いまAECの古き友人たちが取り囲まれている状況ほどひどい事態は、まったく記憶にない。[9]」

一九五〇年代末までに、放射性降下物に対する不安は、多くの政府の全面的な同意を得て、世界中で強大な勢力になっていた。インドの首相は、放射性降下物は、「御存じのように、人の生命に終止符を打つ恐れがある」と批判した。スカンジナビアでは、核実験からの放射性降下物が漂ってくるたびに、非常警報が発令された。あらゆる国のなかで最も不安を感じていたのは、日本だった。日本政府は、ソビエトの核実験の際、果物と野菜を洗うように街宣車を使って市民に呼び掛けたほどだった。科学的な問題に関するこのような世界規模の不安は、これまでの歴史には存在しなかったと言っていい[10]。

世界規模の不安を引き起こす科学的問題——放射性降下物はまさにそうした問題だった。人間がリスク全般にどう対処するのかを調べた研究は、非日常的な関心をもたらす多くの因子を明らかにしてきた。リスクは、その大部分が知られていないものである場合に、特に怖れられる傾向にある。不可視なものだけでなく、初めて目にするもの、日常から逸脱したもの、謎めいたものなどがそれに当たる。さらに、リスクは、そのなかに恐怖を喚起する要素があれば、よりいっそう重大なものだと見なされる。恐怖を連想させるスティグマを負ったもの、制御のきかない大惨事の可能性を秘めたものがそれに当たるだろう。これに加わるのは、社会的な要素である。リスクは、それが不公平であれば、恐ろしさを増す。なぜならば、不公平なリスクは、自ら望んでもいない個人に何の利益も与えないばかりか、害を与えることがあるからだ（ただし強力な医療のようなものは除く）。それが将来の世代を害することになる場合や、それが制御不能であるか、信頼できないように思える組織の管理下にある場合にも、リスクへの恐怖は増す。そして、これらの要素は一つ残らず放射性降下物に当てはまるのだった[11]。

さらに、リスクをめぐる論争のニュース報道は、それがいかに公正であろうとも、人びとの警戒心を煽る傾向がある。その一つの理由は、そうした報道が危害のイメージをかき立てるからかもしれない。恐怖の観念が脳にひとたび蓄積されると、無意識に対して強いアンカリング効果を及ぼすのである。さらにいえば、メディアはその性質からして魅惑的な危機を取り上げがちである。平穏な日常には、ニュース価値はほとんどないのだ。例を挙げると、アメリカ医学会の学会誌に、放射線被曝とガンの関連性についての二つの記事が発表され、片方は、白血病の増加を報告し、もう片方は、リスク増加はないと報告した。すると、その危険性を報告した方は、はるかに多くのメディアに取り上げられたのである[12]。

放射性降下物のリスク

最も広くメディアに取り上げられ、人びとを納得させた警告は、アメリカ政府自らの手による警告だった。ブラボー実験以降、民間防衛の諸機関は、水素爆弾による攻撃を受けた都市で人命を救おうとしても、望みがないことに気付いた。しかし、風で一〇〇マイルほど流される危険な放射性降下物から、攻撃された都市以外の場所で生活する住民を守ることはできるかもしれない。一九五〇年代の中頃、民間防衛当局は、放射性物質から家族を守る方法を指導するために、パンフレット、雑誌記事、そして映画を使ったキャンペーンを実施した。将来起こりうる核戦争による局地的な放射性降下物は、現在進行中の核実験による広範囲の希薄な放射性降下物とまったく異なるものであり、ほとんど無関係だった。しかし、多くの人びとはその差異に気付くことができなかった。そして、あらゆる種類の「死の灰」を恐れるようになったのである。

局地的な放射性降下物は、一九五四年以降、特定の地域では絶え間ない不安の種になっていた。ネバダでの核実験では、塹壕で身を屈めていた兵士たちのほぼ頭上で核爆発を起こしたわけだが、その時に塹壕にいた兵士たちは、あらゆる種類の疾病に対する金銭的な補償をひっそりと求め始めた。時が経つにつれ、彼らのなかには、広島の生存者と同様の、延々と続く「原爆病」への不安、そして恨みを持ち始めるものがいた（現在PTSDと呼ばれる症状に苦しんでいた者もいただろう）。核実験の風下数百マイル内で生活する地域の人びともまた、日本の被爆者たちと同様、放射線被曝に関心を向けるようになっていた。たとえば、一九五八年、信頼されていた放送記者のエドワード・R・マローは、AECを攻撃するため、国中のテレビ視聴者に向かってネバダの核実験を批判した。彼が伝えたのは、ある少年が放射性降下物を含んだ泥で遊んだ後、白血病で死んだというニュースだった。その少年は本当に放射性降下物の被害者だったのだろうか。AECは毅然とした態度で、核実験による放射性降下物は、何らかの健康被害を招くものでないと否定した。いよいよ「風下に立たされた者」たち——それは主として、権威者に敬意を払う愛国的な牧場主だった——も、AECのスポークスマンが嘘をついていると述べ始めることになった。そして、この疑惑は後に正しいと判明するのである。[13]

放射性降下物は、払拭できない不安を引き起こす。払拭できない不安という情動は、フロイト以降の心理学者によって次のように定義されてきた。それは、無力と不安定に基づく情動であると同時に、逃れられない脅威、あるいは理解したときにはすでに手遅れになっている脅威に基づく情動である。そうした不安が最も大きい形で現れるのは、たとえば、自分の家族が放射線に被曝していたことがわかっているのに、どのような影響があるのかはわからない、そういうときだ。たとえ白血病を患ったとしても、その特殊な症例が、放射性降下物によるものなのか、宇宙線のような自然放射線よるものなのか、それとも全く別の原因によるものなのかを診断できる医者はいない。放射性物質を含んだ泥で遊び、数年後に亡くなった少年の母親は、ＡＥＣが子どもを殺したということを決して証明できない。同様に、ＡＥＣは、自らに責任がなかったことを決して証明できないのである。

核実験に巻き込まれたアメリカ人は、日本の人びとのように自らを「モルモット」と呼び始めた。その言葉は、「平和のための原子力」を喧伝した映画のなかの、放射線を浴びた動物たちを思い起こさせた。それは、自らの身に何が起ころうとしているかを知らず、それを防ぐ手立てもない、科学による犠牲者の典型的な姿だった。ＡＥＣの広報担当者が、核実験はただの「科学実験」にすぎないと言えば、それはもうどうしようもなかった。しかし、毎年のように続く核実験からの放射性降下物によって、風下にいる者だけではなく、世界中のすべての人びとが被曝し続けていたのである。科学に関係する傲慢な権力者によってもたらされた汚染は、もはや、漠然とした表現でもなければ、ホラー映画の巧みな表現でもなかった。それは、すべての家庭に流れ着く、現実に存在する塵であった。

恐怖の「置き換え」

実際のところ、核による放射線は生物にどのような影響を与えるのだろうか？　この問いは、あまりに不幸な事実を抱えていたため、議論しようとする者がほとんどいなかった。新生児のおよそ一〇人に一人がなんらかの先天的欠陥を持って生まれてくるという事実がある。さらに、健康な人びとのあいだでも、およそ五人に一人がガンで死ぬ。もし放射線が、出生異常率またガン罹患率を、ある集団のなかでごくわずか、例えば一〇・〇％から一〇・一％まで上昇させたとする。その場合、そのわずかな上昇は、あくまで通常の確率の問題と見なされ、とりたてて注目されることはないだろう。その意味では、テラーは正しかった。人びとがあえて議論しようとはしないありふれた疾病と比べても、世界規模に広がった放射性降下物による危害は、目につかなかったのである。しかし、一〇・〇%から一〇・一%というわずかな増加であっても、世界の一億人が死ぬ場合、百万人もの人びとが余計に死ぬことになるのだ。したがって、ポーリングもまた正しかった。わずかな増加に過ぎないとしても、それが人的被害の総体的な被害を助長していないなどとは、誰にも言えないのである。

爆発の際の数十レムあるいはそれ以上の放射線が人体に悪影響を引き起こすことは間違いなかった。一九六〇年代中頃までには、広島の原爆によって重度に放射線被曝した数十人の胎児は、結果として、知的障害をもって生まれていたことが判明している。さらに重大なことに、広島と長崎の生存者のあいだで予想されたガンと白血病による数万人の死者に加えて、一九八〇年代までに、被曝者数百人がさらに死んでいった。同様のリスクは、放射性降下物を大量に摂取していた人びとを脅かしていた。最も頻繁に見られた症状は、治療可能な甲状腺異常であった。遺伝的な障害は発見がはるかに困難だった。この問題に関する確定的な事実は出てこなかった。しかし、誰もが、遺伝的障害がもう一つの現実的リスクであると思い込んでいた。しかし、結果的には、二つの頭を持つ奇抜な変異体ではなくて、筋ジストロフィーや珍しいアレルギーといった一般的に見られる異常が出てきたのだった。

では、低線量の放射線に関してはどうだろうか？　世間一般の人の年間被曝量はおよそ〇・二レムである。このうちの約半分は、宇宙線や普通の岩石が含有する微量の放射線、そして、その他の天然資源による被曝である。残り半分は、主として、X線やその他の医療措置によるものだ。一九六〇年代初頭、地球規模に広まった放射性降下物は、例年浴びる放射線量の〇・二レムに約〇・〇一レムの線量を追加することになった。問題はその増加によって何らかの差が生じたかどうかである。

閾値が存在するという仮説がある。一度の爆発でもたらされる五〇〇レムの放射線は、ほとんどの人びとを死に至らしめる。しかし、ガン患者は、トータルで見ると、長期間にわたって治療のなかでその数倍の量の放射線に曝されることがある。その患者は衰弱するが、それによってガン細胞が消滅する可能性があるのだ。多くの科学者は、放射線量がはるかに細かく、例えば年間〇・一レム未満に分散されれば、それは全く無害だと考えていた。一九五〇年代のある時期だけ科学的に認められていた別の仮説は、ガンや先天異常に関して、放射線量の閾値は存在しないと述べていた。それがいかに分散されようが、考慮すべきは放射線の総量だ、とする説だった。この閾値なし仮説にしたがえば、一〇〇人それぞれが一レムを摂取するのであれ、一億人それぞれが一レムの一〇〇万分の一を摂取するのであれ、いずれのケースにおいても、その放射線は、同じ総数のガン患者を生み出すということになる。これがポーリングの計算だった。つまり、核実験から放出された大量の放射性降下物は、世界中に希薄化して拡がるが、それによって大勢の人びとを傷つけるというのである。

一九五〇年代において、これら二つの仮説のどちらが正しいのかを判断するに足る科学的根拠は存在しなかった。そして半世紀たってもそれを判断する方法はない。数多くの研究は、放射線被曝はかなり低い水準であっても、実際に何らかの損傷を引き起こすことになると示唆している。他方で、微々たる量の追加被曝は無害だとする研究も数多い。もしくは、微量の被曝は病気に対する免疫力を高める効果があり、遺伝的な損傷を治癒するメカニズムを刺激していると主張する研究もある。したがって、放射線のわずかな増加分は世界の健康にとって有益であるとしたテラー所見は、明らかな虚言とする批判もあったが、放射性降下物は何百万の人びとの命を奪うのではないかというポーリングの主張と同様に、それなりの科学的根拠を有していたということになる。

わからないことに対して医療がとるべき対応は、万全を期することだ。専門家委員会は、閾値なし仮説を選ぶようになり、放射線の被曝に関して、完全とはいえないまでも、なし得る限り低く抑えるように要求したのである。広範囲の放射性降下物は、自然放射線と比較すれば、取るに足らないものであることは確かだ。それでもやはり、それが世界的な被害を招いていないとまでは言い切れなかった。一九五〇年代後半までには、ＡＥＣの職員たちでさえも、核実験は無差別に命を奪い、また遺伝的悪影響を及ぼす可能性を認めていた。しかし、それでも核実験停止の必要性を説く者は、ほとんどいなかった。他方、専門知識を持つ評論家たちは、核実験の放射性降下物によるリスクが、一般的な治療におけるX線の過剰照射のリスクよりもはるかに少ないことを把握していた。しかし、過剰なX線照射に反対意見を述べる者もまた、ほとんどいなかった。いずれにせよ、人びとは、核爆弾には関心があったが、放射性降下物に対してさほど関心を持てなかったのである。

世界の未来は均衡状態のままであることを確信した米ソ両陣営は、最も心を揺さぶられる議論に手を伸ばした。人びとのイメージのなかで、核兵器を禁止するかどうかという問題と、放射線が不気味な恐怖であるか否かという問題とは、ほとんど区別がつかなくなっていた。一方で、恐るべき政府の広報機関は、批判に応え、政府計画の信頼性と放射線自体の安全性をかつてないほど派手に発表した。核実験を行なう国々（アメリカ、ソビエト、一九五二年にイギリス、そして一九六〇年にフランスが加わった）の政府上層部は、放射性降下物からのわずかな被曝が許容できるものだと、人びとに納得させるべく苦心していた。なぜならば、彼らは新型核弾頭の実験を一刻も早く行いたかったからだ。核実験の停止は、最重要プロジェクトの中断、つまり、核戦争を抑止するための兵器開発の停滞に直結するのだった。

テラーはこのプロジェクトに他の誰よりも身を捧げていた。彼は、自由の存続と生命の維持のために、この計画が不可欠であると考えていたからだ。彼は批判者からの個人攻撃への応対に懸命になるうちに、一種の楽観主義者になっていた。AECの兵器研究所で、本当に有益な爆弾が製作されていたのかどうか、それは誰にもわからなかった。一九五七年六月、テラーと他の物理学者はアイゼンハワーのもとを訪れ、核実験をなんとしても継続すべきだと訴えた。そうすれば、放射性降下物をほとんど生成しない装置を完成させられると述べた。そして、科学者たちの提言に感銘を受けたアイゼンハワーは、政府は可能なまでに「クリーンな」爆弾を考案中であると即座に発表したのである。それは、これまでの核爆弾がいかに「クリーン」ではなかったのかを如実に示していた。

放射性降下物を出さない爆弾は、民間の利益にもなり得るものだった。テラーと彼の同僚は、聖書のなかから、未来の黄金時代に関する、最も素晴らしい一節を引用し、核の剣を鋤（すき）に打ち直す（核戦争をやめて平和な暮らしをする）ことを提案した。彼らが提案したプラウシェア作戦は、「砂漠に花を咲かせる」という、どこかで耳にしたフレーズに加えて、港湾を掘削してパナマ地峡を横断する運河を築くことを目指していた。「地球の表面を、人びとにとって過ごしやすい環境に作り変えていく」[14]。そうテラーは主張した。以後数年間、核爆発は、「平和のための原子力」の世界的熱狂の一躍を担ったのである[14]。

テラーが述べた「自然をコントロールする」といった着想に、誰もが魅了されたわけではなかった。AECを批判する者たちは、核爆発によって運河を掘削する際には間違いなく放射性降下物が生じると指摘していた。プラウシェア作戦がやろうとしたことをフィクションとして明確に描いたのは、一九六五年の映画である。それは、傲慢な科学者が、無尽蔵で、汚染のないエネルギーを掘り当てようと、原子爆弾を地球内部に通じる縦穴に投下するという物語だ。科学者は、壊滅的な『世界の亀裂』(これが映画のタイトルである)をこじ開けたのである。

深い縦穴への危険な探索というイメージには、何らかの特別な意味があったにちがいない。なぜなら、それと同様のイメージが、メアリー・シェリーによって書かれた小説『最後の人間』をはじめ、人気映画の『続・猿の惑星』にいたるまで、多くの物語に現れているからだ。実際、秘密のトンネルは小説や映画において核エネルギーと繋がる最もありふれたイメージの一つだった。多くの人びとが、竪穴の探索というイメージと、母親の胎内へと戻る禁断の小旅行という子どもじみた空想とをさらに繋ぎ合わせたことは言うまでもない。もちろん、より一般的な観点から言うと、人びとは、平和的な利益を追求する科学者が、典型的SFが描いたとおりに「深く掘りすぎてしまい、何もかもを吹き飛ばす」羽目になるのを恐れていた[15]。プラウシェア計画であれ、実在する核実験であれ、大規模な爆発を伴うものであるため、放射線によって汚染されるという考えは、すぐさま「罰」という観念へと急転回した。

批評家たちが、実験の放射性降下物を、戦争のイメージと意図的に関連付けることは一般的になっていた。一例を挙げておくと、一九六一年に発表された『降下物(*Falling Out*)』という五分間の映像がある。それは、降りしきる雨、爆撃をうけた道に横たわる焼死体、米ソのホットライン、そして核実験の一覧といったイメージをコラージュしたもので、それらはすべて解説なしで映し出されるのである。そのようなイメージの無差別的な結合は、核実験を支持する科学者と反対する科学者の両方を動揺させた。ある生物学者が次のように述べている。アメリカは、良くも悪くも、世界中の人びとの命に影響を及ぼす手段を、放射性降下物以外にも数多く持っている、と。その生物学者には、核実験の賛否を問うような議論が、核戦争という問題の本質から逸脱しているように見えたのだった[16]。

それは、心理学者が「置き換え」と呼んでいる現象だった。敵意というものは、あまりに恐ろしいものからは後ずさりし、その代わりとなる何か別の標的に向かっていく。卑近な例を挙げると、上司との憂鬱な一日を何も言わずに耐え続けた男は、帰宅したあと、飼い犬を叱りつける。これが「置き換え」だ。恐怖と敵意の結合が姿を現すのは、その恐怖と敵意の起源からは遠く離れた場所なのである。例えば、腹を立てている両親の気持ちや、死という事象を受け入れることができない子どもたちは、その代わりとして、幽霊、または悪夢に出てくる怪物に対して恐怖心と敵意を抱くようになるのだ[17]。

「置き換え」の古典的要素はすべて、放射性降下物の議論のなかに見出すことができる。人びとがまともに立ち向かうにはあまりに巨大すぎると感じた脅威、すなわち戦争の脅威がある。それは敵意に繋がり、そのそばには敵意を向けるのに手頃な放射性降下物があった。「置き換え」は、決してはっきりとは証明されない。しかし、核爆弾から出る放射性降下物に向けて示された多くの意識は、本質的には、核爆弾そのものによって呼び起こされたのではないだろうか。

感覚の「置き換え」はある種の意味を持っていた。ある問題が解決できそうにないとき、私たちはその問題全体を考えるのではなく問題を分節してその断片から追求していこうとする、行動を変えるのではなくて、一つのポイントに集中するのである。ポーリングは、核実験に反対する際には放射性降下物に焦点を絞って論陣を張ったが、自分たちを最も不安にさせたのは、核兵器そのものであったことを率直に語っている。他の主な反対派は、放射性降下物を対決の相手として定めたものの、最終目標は今後起こる戦争の可能性を減らすことだったと述べている。彼らは、実験の停止が軍拡競争の緊張を緩和するための第一歩になると考えた。放射性降下物の問題に、核兵器に関するすべての問題を集約させようとしたのである。

核実験に反対する者たちは、牛乳を特に話題にすれば人びとの関心を喚起できるということに気が付いた。アメリカ公衆衛生局は食品に含まれる放射性降下物のモニターを開始していた。そして、これは偶然だが、広範囲にわたってサンプルを回収するとき、特に集めやすいのが牛乳だった。一九五九年の春までに、研究所は、放射性同位体のストロンチウム90が急増していることを突き止めていた。ストロンチウム90は骨に蓄積されやすいが、特に急速に発育する骨、つまり子どもの骨に蓄積されやすい。数年のうちに、アメリカの子どもたちのあいだでストロンチウム90の濃度が倍増した。

『コンシューマー・レポート』や『ニューヨーカー』のような一流誌は、身の毛もよだつ警告を掲載していた。『プレイボーイ』でさえも、「様ざまな汚染物質」という特集を組み、すべての子どもたちが「若くして一生を終える恐れがあり、（中略）またはグロテスクな変異体を産んだあと、死んでしまうかもしれない」と強い主張を展開していた。風刺漫画家と軍縮を支持する集団は、ドクロマークがラベルされた牛乳瓶、という新たなイメージを使うようになった。乳業メーカーの売上不振を受けて、当局は、牛乳は無害だと主張することにした。一九六二年一月、ケネディ大統領は、公の場で一杯の牛乳を飲んでみせ、ホワイトハウスの食事ではいつもこの美味しい牛乳を飲んでいるとアピールした。実際には、放射性物質を含んだ牛乳が、核実験によって汚染された最悪の食品だというわけではなかった。たとえば、野菜や小麦の放射性物質の含有量のほうが、はるかに高い数値を示していたのである。核実験に反対する新聞広告を手がけた者は、ミルクを選んだ理由を率直に述べている。「牛乳は、すべての食品のなかで最も神聖だからだ。」[18]

神聖な食物に仕込まれた毒。この考えは、古くから存在する発想を呼び起こした。それは魔術にまでさかのぼることができる。毒、自然侵害、いかがわしいもの、汚染。そうした言葉を人びとはますます放射性降下物に当てはめるようになった。そのイメージは、一九六一年のある風刺漫画に凝縮されている。ソビエト連邦が核実験を突如として再開した後に発表されたこの漫画は、魔女の箒にまたがったフルシチョフが、有害な黒い雲をたなびかせて世界の上空を飛んでいる様子を描いていた。核爆弾が自然を汚らわしく変えてしまうという意識は、放射性同位体についての印象にも浸透していった。この意識を、五歳の子どもが的確に表現している。少年は雪を食べようとした友だちに「そこには爆弾のかけらが入っているよ」と警告したのである。[19]

一九六二年になって、ＡＥＣは最も重要な戦いに敗れた。ほとんどの人びとは「死の灰」を核兵器の象徴として、あるいは核兵器の代替物としてさえ捉えるようになったのである。その延長線上で、すべての放射性同位体は、それがどこか生まれたものであれ、恐ろしい汚染と結び付けられ、切り離されなくなった。いまや、「生命を吹き込む放射線」というかつての理念は、馬鹿げた冗談に堕したのである。

言うまでもないことだが、放射性の原子は、超能力を持った味方でもなければ腐りきった怪物でもない。ただの物質の粒子である。放射線の放出はあらゆる小石においても起っている自然現象である。鉄が錆びていくのと同様に日常的なことだ。しかし、病を患った被爆者や奇形の子供たち、ハリウッド映画の怪物、核に関するあらゆる実験などと結び付けられることで、放射線は救いようがないほど汚らわしいと思われるようになっていた。原始的なタブーとも共通点を持つこの新たな捉え方は、放射性降下物のように、あらゆる家庭の目に届かないところに根を下ろしたのだった。

第12章　生存の想像力

『渚にて』と世界の終わり

一九六一年、ケネディ大統領は国連で、いつもの雄弁な調子で演説を行った。「戦争兵器が我々を滅ぼす前に、我々がそれらを滅ぼさなければならない。」[1]H・G・ウェルズの作品、『解放された世界』に影響を受けた一九三六年の映画には、「我々が戦争を終わらせなければ、戦争は我々の歴史を終わらせてしまうだろう」という一節があるが、これはもはや使い古された常套句になっていた。しかし水爆の出現とともに、人びとは、人類の最後が単なるSF小説のなかの話ではなく、今にも起こりうるものだと思い始めた。

一九五五年頃から、水爆を使用する戦争は、本当にすべてを破壊しうるという専門家も出てきた。そういった考えは、世界中の共産党員によって喧伝された。彼らは、「核兵器が使われたら、人類全体が絶滅してしまうだろう」と主張した。水爆廃絶の嘆願書には、五億人以上が署名したと言われる。[2]水爆反対の声を高めたのは、アメリカ大統領の再三にわたるコメントだった。アメリカの大統領は、時折、核兵器の使用を考えていると仄めかすようになったのだ。その大統領とは、アイゼンハワーである。彼は一九五五年、中国の共産党主義者による台湾海峡の侵略を防ぐために、その可能性があることを示唆した。また、一九五九年の、ソ連による西ベルリンの侵略という脅迫に対しても、同様のことを語った。アメリカ軍は実際のところ、このような地域で紛争が起きた際に、核兵器が役に立つかどうか確信を持てずにいた。また、外交におけるアイゼンハワー大統領の不明瞭な脅迫は、力強さに欠けるとも思われていた。もっとも影響力を持ったのは、世界の世論であった。それぞれの事件は、世界の破滅という予兆に対する悲痛な叫びの引き金となった。

世界のほとんどの人びとが、自分たちが世界崩壊の一歩手前にいると考えるようなことは、それまで一切なかったことだ。一九六〇年代でさえ、もし戦争によって自分たち自身が殺されても、自分の国は首尾よく生き残るに違いないと考える人びとは、各国に少なからず存在した。他方で、一九五〇年代初め頃から、文明はもうすぐ消滅してしまうのではないかと恐れる人びとも相当数存在した。多くのアメリカ人にとって、転機は一九五七年の一〇月に訪れた。ソ連の人工衛星、スプートニクが衛星軌道に乗ったのだ。制止できないミサイルは、SF小説のなかの遥か未来の話だと思われていた。しかしその時すでに、ソ連は、翌年にでもアメリカにミサイルを落とすことが可能となったのだ。アメリカの報道機関は、ヒステリックな警告をばらまいた。未来について、喫緊の課題が現れたのだ。「もし爆弾が落とされたら、世界はどのようになってしまうのだろう?」

イメージの世界では、核戦争はしばしば人類の未来をなくし、空っぽの世界をもたらすことを意味していた。そのようなイメージは、たとえば、一九六四年にリンドン・ジョンソン大統領がテレビで発した次の声明にも見出すことができる。「世界の軍備の破壊力の総量を、地球上の人口で割ると、一人当たり一〇トンのTNT爆薬に相当する破壊力が割り当てられる計算になる。」こうした声明は、まるで個人に向けた爆弾が存在するかのようなイメージを生んだ。未来は空虚なものとなったのだ。[3]

より明確なシンボルとされたのは、「世界終末時計」である。テラーが何度も言及したこの時計は、雑誌『ブレティン・オブ・ジ・アトミック・サイエンティスツ』にも毎号大きく掲載された。一九四七年に初めて登場したとき、この時計の時刻は午前零時まであと七分にセットされていた。一九五三年に水爆が登場したとき、編集者はその時計を、零時まであと二分というところにまで進め、人びとを恐怖におとしいれた。この時計が意味するものは明らかだった。核の午前零時とは、世界の終末を意味していたのである。

世界の終末に関する思想を、より大きく発展させたのは、航空学の技術者、ネビル・S・ノルウェーだった。疲れた目と長い鼻が特徴的なノルウェーは、何か不愉快なものを嗅ぎつける猟犬のような外見をしていた。そして実際に、彼の半生には、死や大参事といった不愉快なものの影があった。一九五五年、新しい著書に取り組みだした時、彼は何度も心臓発作に襲われ、死ぬべき運命という考えにとりつかれるようになった。そして、その著作が彼の最後の本になった。しかし彼は、自身の病的な執着については一切語ろうとしなかった。それどころか、なぜ母親の旧姓を自分のペンネームとして使っていたかも明かさなかった。『渚にて』を出版した時、彼はネビル・シュートと名乗っていた。

その小説は、一九六三年に第三次世界大戦が勃発し、北半球のすべての生命が一掃されるという内容だった。爆弾から逃れたオーストラリア人たちは通常の生活を送ろうと努力する。しかし、南向きの風に乗ってやって来る放射性降下物による絶滅は避けられなかった。物語は一九五七年に四〇紙以上の新聞で連載され、一九八〇年代までには、ペーパーバック版が四〇〇万部以上も売れた。核エネルギーが主題として扱われた小説のなかでは、最高の売り上げである。(4)

ベテラン映画監督だったスタンリー・クレイマーは、この話を、単なるヒット作としてではなく、世界に向けて警告するための材料として捉えた。一九五九年、ニューヨークから東京まで、その映画を観た人びとは、呆然としながら、あるいは涙を流しながら劇場をあとにした。四半世紀経ったあとでも、人びとは『渚にて』という作品を、強い衝撃とともに記憶している。観客はまず、クレイマーによって撮られた、慎みのある、普通の人びとによる多忙な世界に引き込まれる。そして、世界が徐々に消え去っていく様を見せつけられるのだ。最後には、何マイルにもわたる、誰もいない道路だけが映し出される。それはまるで、民間防衛計画が現実になった世界の光景だった。

アメリカ政府の役人は、『渚にて』の物語は科学的に見て滑稽であると主張した。現存する武器は、地球を全滅させるほどの放射性物質を出さないと言うのである。しかし、そういった議論は焦点がずれていた。シラードたちは、コバルト金属で包んだ千メガトンの破壊力を持つ恐ろしい兵器は、地球を不毛の地とするのに十分な放射性降下物を生み出すと予測した。その兵器は文字通り「世界破壊兵器」なのである。核の戦略家たちは、そのような核兵器を作るのは可能だし、自国が攻撃されるとその兵器で自動的に報復できるように設定することもできると述べた。つまり、それは戦争の抑止力の典型だったのだ。そうした核兵器は結果的に存在することはなかったが、これまで本書がみてきたように（第一〇章）、人びとが映画を観たり、話を聞いたりして、何かを疑似体験したとき、多くは本能的に、その体験が事実であるように感じる傾向がある。まるで自ら目撃したように感じてしまうのだ。

テラーは、はっきりとこう述べている。「コバルト爆弾は、邪悪な戦争屋による発明ではない。確かに人びとを怖がらせることになるが、それは平和な天国へと導くためだ。コバルト爆弾は、高潔な人びとの想像力の産物だったのだ」と。[5]『渚にて』に出てくる「世界破壊兵器」が作られなかったとしても、何かそれに相当する他のものはなかったのだろうか？　シラードは、爆弾を装着した何千というミサイルが出現したときから、国家はすでに世界破壊兵器が存在するのと同じ状況に向かっていると指摘した。民族的な自殺を踏み止まらせてくれたのは、人間の能力ではなくて、人間の良識だけだった。こうした事態は、歴史上初めてだった。

この事実は、『渚にて』に関するもう一方の批評を決定的なものとした。人類は、本当にこの映画の登場人物たちのように行動するのか？　コバルト爆弾が爆発した後も、通常通り生活を続け、最後には自殺用の薬を飲むのだろうか？　ソ連の新聞『プラウダ』に一度は共鳴したテラーは、あるロシア人のコメントを引用している。「世界の終末に抵抗しようとしない人間などいるのだろうか？」[6]それに対する答えは次のようなものだ。核による終末が徐々に近づいているという事実を、ほとんどの人びとはすでに従順に受け入れ始めている。世界の人びとは、『渚にて』のオーストラリア人のように、差し迫った死に対して目をつぶっているのではないか？

自分たちは核の恐怖を見て見ぬふりをしているのではないか？　もしそれがシュートとクレイマーのメッセージだったならば、そのメッセージはほとんどの人びとには理解されなかったことになる。『渚にて』では、核戦争をいかに防ぐかということよりも、死を予感していたシュートが抱える個人的な問題に頁が割かれている。それは、別離と死を受容するというテーマだった。『渚にて』や、その他同様のストーリーを観た客は、軍事政策について疑問を持ったりはしなかった。その代りに、自分たちの悲劇的な運命について思いを馳せたのだった。

何年も後になって、人びとが世界の終わりについて、普通の出来事に対する考え方や伝統的な戦争に対する考え方とは異なる方法で、考えていることがわかった。それは「黙示録」という、まったく異なった思考様式だったのである。つまり、悪夢や空想、あるいは宗教的なものの見方に属する思考様式だった。たった一人であっても、子どもの死は人びとを動揺させる。しかし、すべての終わりは、まるで遥か彼方の出来事のように、漠然としか考えられないのだ。[7]

廃墟のイメージと田園風景への憧憬

未来の核戦争について考えた時、人びとは、単なる空白状態以上のものを予測した。しかしそれは実際の経験にもとづいたものではなく、イメージのなかにだけ存在するものだった。霧のなかをのぞき込む人びとは、彼らの頭のなかにすでにあるイメージを投影するものだ。

一九四七年、あるリポーターは「誰が生き残るのだろう?」と自問し、よくても少数だろうと自分で答えている。「その生存者たちは、再建するには疲れ果て、夢を見る力さえなく、原始時代の沼地に住むネアンデルタール人のごとく鈍い動作であがいているだけだろう。[8]」原爆投下後の世界を世間に広く紹介した最初の映画は、一九五〇年の『火星探検 ロケットシップX‐M』だ。映画は、「気が狂い、絶望した哀れな人びと」が、放射線に汚染された砂漠をよろめき彷徨する姿を描いていた。この低予算映画は、一つのジャンルを確立するのに十分な利益を生み出した。一九五二年の映画『捕われた女(*Captive Women*)』では、生存者が野蛮な人種として描かれた。彼らは放射線によって狂ってしまい、廃墟のなかでお互いを攻撃し合っていた。続く一二年間のうちに、『終わりなき世界(*World without End*)』『恐怖の獣人(*Teen Age Cave Man*)』『タイム・マシン(*The Time Machine*)』『タイム・トラベラーズ(*The Time Travelers*)』が製作された。また、一九六八年には、六作のシリーズものである『猿の惑星』が始まり、それを模倣した二作のテレビドラマも作られた。同じテーマで、様々なバージョンの作品が製作され、多くの観客の心をつかんだのだ。

こうした作品に登場する野蛮人は、ある意味では伝統的なイメージだったと言える。核戦争後の廃墟をよろめき歩く野蛮な人びとを描いた新聞の漫画を抵抗なく受け入れた人びとは、『渚にて』や民間防衛より遥か以前の一九世紀の人びとが「空白の街」のイメージを喜んで受け入れていたことを忘れていたのだ。ロマン派の画家たちは、ロンドンやベルリンの誇り高い歴史的建造物の未来の姿を描いたが、彼らが描く建造物は、破壊されたローマの寺院のように崩れ落ち、息吹を取り戻した野生のなかで蔓に覆われていた。廃墟のイメージは確かな訴求力を持っていた。都市の債権者に圧迫される農民や、大衆社会によって組み伏せられた労働者たちは、市民中心主義の政治家たちの言葉になびいた。また大衆は、貪欲な銀行家や犯罪者の山を抱えた都市を取り除けば、世界はもっとすばらしくなると主張した知識人たちにも賛同した。伝統を愛する者たちは、都市のない世界を求めた。なぜなら、都市とは「田舎が持つ良い習慣と質素な風習が徐々に壊されていく」場所だとされたからだ（一九一三年の、広島における軍司令部による報告もそのように説明している）[9]。

肌を露わにした野蛮人が、ウォールストリートの残骸を見つめているといったイメージは、牧歌的な田園風景への憧れを直接的に刺激した。一九四一年までに、そのようなテーマはあまりに頻繁に使われたため、読者たちはSF雑誌『アスタウンディング・サイエンス・フィクション』に対して不満を漏らした。「なぜ物語にはいつも、筋力があり、石斧を持ち、仲間がいて、巨大なニューヨークやシカゴの廃墟をうろつく、ルソーの言う「高貴な野蛮人」が出てくるのか？」[10]一九四五年以降、このようなジャンルの物語を、読者に親近感を持ってもらえるように変えるには、作家たちは単に原子爆弾を話に加えれば良いだけだった。

こうした物語の象徴的な意味は、生存者が少数の個人に限定された時に明確に現れた。その例を、アメリカ映画の重要な二作品に見出すことができる。その一つは一九五一年の『ファイブ（*Five*）』で、核戦争の影響を描いた最初の映画シリーズだ。もう一つは一九五九年作の『地球全滅』である。どちらの映画にも、生存者は一握りしか出てこない。街の通りに人影はなく、他の人びとは消え去っている。瓦礫や腐りかけた死体といった街の光景は、どういうわけかあまり登場しない。物語の最後では、生存者たちは幸せそうである。「俺はニューヨークが嫌いなんだ。」

『ファイブ』に出てくる若いヒーローはガールフレンドにそう打ち明ける。「ニューヨークがなくなって嬉しいよ。」彼らは今、何にも妨害されることなく、人生を楽しむことができる。そこには防空施設で性行為に及ぶといったような、十代の若者が抱くような妄想も含まれていた。悪役が現れると、若者らは獣のように狩られ、そして撃たれた。映画の観客やSF小説の読者は、通常の世界では禁止されているような、銃撃戦や性的に大胆な行動にふける自分たちを想像することができた。

地球最後の人間になるという想像も、魅力的だった。原爆投下後を描いた映画における生存者たちは、見捨てられた車や食料、家屋を利用することができた。より繊細な自由の表現としては、ある若い女性がセラピストに告げる、次のような台詞に現れている。彼女は、地球にただ一人残って、人間関係の悩みから解放された自分を想像することが好きだと言うのだ。[11] そのような、自己陶酔的な逃避願望は、核戦争の物語に頻繁に登場する。とりわけ、陳腐な空想科学の物語やテレビ番組においては、最後の男が放浪し、そして最後の女に出会うという展開に、読者や視聴者はまったく驚かなくなっていた。原爆投下後を描いた物語における典型的なラストシーンは、生存者が、日光のなかで鳥のさえずりを聞きながら、新しい世界へ踏み出すというものだった。文明が復興する準備をするかのように、時の歯車が回り、未開状態が刷新されるのである。核兵器は、そのようなテーマに何も新しい変化を起こさなかった。『ファイブ』の原作者兼監督は、その構想を一九三九年に思いついていた。彼は、その結末を、さらに過去のものから引用した。ヨハネの黙示録（21:1）である。「私は、新しい天と新しい地とを見た。」

一九五〇年代初期の民間防衛の広報映画を観ると、破滅と復興のサイクルが短縮されている様子がうかがえる。何百万人というアメリカ人が、爆弾から逃れてシェルターに入り、その後、少しだけシワがついた服で外へ出てくる家族の姿を観ていた。その後、父親役の俳優はこのように言うのだ。「政府からの次の指令を待とう。みんなリラックスして。[12]」

一九五九年に書かれたパット・フランクの小説『ああ、バビロン』は、もう少しだけ現実味があった。原爆投下後の世界を描いた物語のなかでは、おそらく『渚にて』の次によく売れた本である。フランクは、核爆発から遠く離れたフロリダの田舎の社会を描いた。その地域では、興奮に満ちた冒険が繰り広げられ、自警団員によって襲撃者たちが追いつめられた。それにより、襲撃者たちによる被害は少なくてすみ、最終的に、街は立派に自立した場所になった。このような展開は、実際の戦後社会に見られたような病んだ避難民でいっぱいの収容所とはかけ離れていた。『ああ、バビロン』が描いた街は、(まるでペーパーバックの宣伝文句にあるように) 古い世界の廃墟に、新しくより良い世界を築き上げると決意した、頑強な個人主義者たちのための避難場所だった。[13]

フランクは、もっとも健康な生存者は弱者や悪党たちを殺してしまうだろうと書いている。世界は単に再興されるだけでなく、改良されるのだ。アメリカの他の作者たちも、核戦争は、少なくとも共産主義者たちを一掃するだろうという考えに賛成していた。社会が、錬金術で鉛が金に変わるように、炎や混乱を通して浄化されるだろうという考えがいたるところで口にされていた。

社会の転換は、昔から、個人の精神的再生と結びついていた。『ああ、バビロン』やその他の物語では、災害は、主人公たちがより強く、愛情深い者へと変化する契機だった。核戦争を描いた小説や映画も、誠実な宗教心との大きな類似性を見せていた。他のジャンルでは見られないくらいに、強迫的なまでに頻繁に聖書からの引用を含んでいた。そして、原爆投下後を描いた小説のなかで、文芸評論家たちから良い評判を得たのは、もっぱら宗教的な救いを話の中心に据えた話だった。

平凡なSF作家であり、敬虔なキリスト教徒であったウォルター・ミラーの作品、『黙示録三一七四年』は、一九五九年に出版されてからの二四年間で、百万部以上を売ったロングセラーである。[14] 物語は、核戦争後に訪れた新たな暗黒時代に、科学の知識を守り通した修道士を描いている。ただし修道士たちは、傲慢な人類はその知識を悪用し、再び不道徳で世俗的な文明を作り上げる可能性があるとも思っていた。修道士たちが考えた唯一の解決法は、古くからあるものだった。神の慈悲による贖罪を期待することだ。それは、苦難からより良い人生を求める際の、伝統的な方法だった。

何十年か後に、人類学者のマイケル・オルティス・ヒルは、個人がいかにして「魂の暗部」を通して核への恐怖と向き合うのかを研究した。百人近くの被験者がみた、核に関連する夢を調べたのだ[15]。ヒルは、諸個人が様ざまな方法で、核爆弾と象徴的に向き合っているという、数多くの事例に直面することになった。ただし驚いたことに、夢を見た者は、爆弾によって生まれた怪物が持つような力を、ヒーローやヒロインに持たせて闘っていたわけではなかった。犠牲者だけを映し出す夢があり、ただ生き続けるということが勝利を意味するという夢も頻繁に見られた。単に生き残ることがヒーローを意味したのである。これは、あたかも、闇に包まれた谷を通るときに、転換したり生まれ変わったりすることなしに、ただそこを通り抜けるということだけが勝利であるというような、シンプルな考え方であった。ヒーローがもう少し成功した夢もあり、時には核戦争を防ぐことさえあったが、この場合、核戦争は、力ではなくたいていは技能やごまかしを通して防がれていた。狂暴な怪物の相手となるはずのヒーローは、これらの夢のなかでは戦い方が正反対だった。まるで民間に伝承された物語によくみられるような、太古からのトリックスターを意味しているようだった。恐らく、近代の核にまつわる幻影は、竜の物語のように広まるには巨大すぎたのだろう。

しかしながら、このような単なる生存者でしかないヒーローたちは、しばしば正直で無垢な人物だった。何人かの文化研究者が、核に関連した物語には子どもが頻繁に登場すると指摘した。子どもは、空想の世界だけでなく、広島原爆の被害者についての胸が痛むような話にもよく出てきた。また放射性降下物の抗議者たちが奇形の赤ん坊について警告するときにも表れた。ヒルは次のように書いている。「黙示録的で超現実的な光景のなかで、子どもはもっとも識別しやすい対象であることは疑いようがない。子どもは、私が集めた夢の四分の一に登場していた。」無垢な子どもは、戦争という怪物の犠牲者としてもっともわかりやすかった。ただし、夢のなかでも空想の物語でも、戦争の始まりを防ぐのは、たいていは生存者か勇敢な主人公であり、子どもはその手伝いをする程度だった。これは、まさに私たちが期待するような、再生を中心にした転換イメージの複合体だ。そのイメージは、子どもの姿を必要とするのだ[16]。

『黙示録三一七四年』のラストシーンでは、無垢な子どもという生存者イメージがもっとも象徴的に利用されている。物語の最後で文明は再生されるが、またも核戦争へと突き進んでいく。誰よりも長く生き残った大修道院長は、爆破された修道院で死に絶えながら、救いの奇跡を目撃する。キリストの再来という、誕生そのものである。まるで痛みと罪を伴う殉教のように、核戦争は精神的な贖罪の手段であったのだ。

　これほど危険な考えは他にはなかった。個人が完全な再生を望むならば、混乱をくぐり抜ける必要があるのかもしれない。しかし、文明全体が、大参事を経験することによって救われるという思考は、危険で誤った推論である。戦争が、人びとをもっと愛情深くて創造的な者に変えるなどということは、あり得ないのだ。

　もし悲惨な生存者が新しい人間に生まれ変わるとすれば、そしてもし犠牲にならずに逃げることが個人や人類全体の再生に等しいのだとしたら、そこから導き出されるのは「人類は爆弾の投下を望むべきではないか」という恐ろしい結論である。この考えはめったに議論されない。多くの人が対峙したがらない曖昧な質問だからだ。

　意図的な破滅は、古くからマッド・サイエンティストの物語で主題となってきた。そのイメージは、苦悩に満ちた怪物がすべてを破壊するという戦後の映画のなかに再び登場した。そのような考えは、診療所でも見られた。怒ったパラノイア患者たちは、自分たちが惨めな状態から抜け出すためには、ただ単に迫害者による攻撃から逃れるだけでなく、自制心を放棄して大規模な破壊を行うことも有効だと感じていたのである。犠牲者から破壊者となり、最後には生存者となる者は、死と生、そして再生そのものの摩訶不思議な秘密を握ることになるだろう。よくあるマッド・サイエンティストの物語のように構成された、このような不穏な想像は、核戦争の話でも現れたのだろうか？　答えはイエスだ。ただし、そこではある重大な要素が切り落とされていた。

　原爆投下後を描いたすべての本や映画には、犠牲に関する典型的要素が詰め込まれていた。それは、身体の損傷、無力、健康でない子孫、愛する者との別離（それは、人類全体から引き離された最後の男であることもあった）、そして死である。ほとんどの物語は、こうした要素を経由したあとで、元素転換（トランスミューテーション）的とでも言えるほど唐突で強引なハッピーエンドを迎える。これらのテーマをもっとも有効に利用したのは、一九五五年にイギリスで広く読まれたＳＦ小説、その名も『さなぎ（*Re-Birth*）』だ。作者のジョン・ウィンダムは、原爆が落ちた村の様子を描いた。その村は、立ち入り禁止区域になり、放射線に汚染された「悪地」と見なされていた。そこでは、退化した突然変異体がはびこっていた。何人かの子どもたちが、テレパシーによって思考を交換できる能力を身に着けていることに村人たちは気がつかなかった。自分の息子の特殊能力に気が付いた主人公の父親は、息子とその友人たちを糾弾し、「異端者」として死ぬよう命令するのである。ちょうどその時、大人の突然変異体が現れた。新しく、より優れた種である彼らは、その他の大人の村人を殺害した後、変異した子どもたちを希望の都に連れ出した。そこは、友情と英知が共有された場所であった――。こうしたテーマは、この作者に特有のものではなかった。放射線に汚染された立ち入り禁止区域、危険な生物、人殺しの父親、テレパシーという驚異、そして平和で新しい社会。それらは、核戦争に関連した著書や映画に、何度も繰り返し登場した。

もっとも広まったのは、恐ろしい怪物である。忌まわしい、突然変異体の種族は、爆弾による冒涜的な地球の汚染が、目に見える形態となったものだ。怪物たちは、放射線を浴びた人類の子孫ともみなすことができるが、物語のなかではマッド・サイエンティストによって生み出される存在だった。一九八一年の映画『マッド・マックス2』とそのシリーズは、原爆投下後を描いた典型的な物語である。そこでは、犯罪組織に属する人間たちが、文明の野蛮な敵として登場している。同様によく見られたのは、秘密の比喩的表現だ。こういった物語では、しばしば生存者は立ち入り禁止区域に危険を冒して侵入する。あるいは、古い文明の謎を解くために、地球の中心へ続くトンネルへ這い進んでいく。冒険は、非道な同族のリーダーによって妨害される。そのリーダーとは、そこを立ち入り禁止区域にした当人であったり、危険な両親であったりした。

この時点で、物語は困難に遭遇する。原爆投下後の話に登場する冒険者は、通常、恐ろしい罰に突き当たることはない。その代りに、新事実と再生を発見する。ここには、何かとても重要な要素が欠けている。犠牲者や怪物を創り上げた真の冒涜や、不敬な行動は見えなくされている。それらは爆弾が落ちたどこかの段階で消えているのだ。もしこれらの原爆投下後の物語がマッド・サイエンティストの話と似ているのならば、そのマッド・サイエンティスト自身はどこに行ったのか?

実質的には、核被害をもたらした政治的、あるいは技術的な行動に、直接的な責任を負った人物を描いた作家は、一九五〇年代には存在しなかった。「戦争を始めた男」はその顔を見せなかったのだ。想像上の戦争を起こした張本人の名指しを避けることは、約束事となっていた。たとえそれが国家であっても同様であった。もし著者が名指しするとすれば、一九五〇年代のアメリカ人は、当然のごとくそれは共産主義者が非難の対象になると思っていた。他方で、共産主義者たちは断固としてその逆を唱えていた。加えて、もし誰かが責任を負う場合には、それは著者の知らない誰かであった。このような重要な要素の欠如により、核戦争に関する物語の第一波は、マッド・サイエンティストの物語から遠く離れているように思われた。放射性の怪物を扱った映画でさえ、戦争の責任者は描かれなかった。ゴジラとその仲間たちは、誰かと特定できる悪党に造られたわけではない。放射性を帯びた廃墟のなかをほうほうの態で逃げ回った突然変異体のように、あるいは原始人のような風体をした人類の生存者そのもののように、ゴジラたちもまた、遠く離れた名前のない誰かの犠牲者だったのだ。

一九五〇年代、核戦争から離れたところで、マッド・サイエンティストの話はそれぞれの映画や小説のなかで繁栄を極めていた。本質をついた例は、その年代にもっとも高く評価されたSF映画である『禁断の惑星』(一九五六年)だ。魔術師や科学者の要塞である島は、彼方の惑星となった。モービアス博士は、地下の核エネルギー装置に手を出す。それは、欲望を具現化させる装置であった。モービアスは、そうとは気づかずに、殺人を行う怪物を作ってしまう。そして最終的に、その怪物は彼自身の「邪悪な内面」だと認めざるをえなくなる。怪物は、彼の「潜在意識に潜む憎しみと、破壊への渇望」の縮図だったのだ。モービアスの「イドの怪物」は、核戦争が有する真の問題への比喩だった。しかし、脚本家も映画監督も、そのことに気づいてはいなかった。

人びとが核兵器と関連づけることができなかったのは、正常な人が持つ破壊への渇望だけではなかった。それよりも話題にされることが少ない心理があった。物語の最後でその心理をさらけ出す。彼は怪物の撃退に成功するが、禁断の惑星と彼自身もともに吹き飛ばしてしまう。モービアスはジュール・ヴェルヌが書いた『海底二万里』(一九五四年にディズニー映画として製作され、大成功を収めた)に登場するネモ船長と同じ行動をとっていた。原子爆発によって、よりすばらしい世界への探求を終えたのだ。敵を自分の島とともに破壊する発明者は、他の物語で自分の街や惑星を爆破しようとしたマッド・サイエンティストのように、何よりも不安な心理を表していた。自殺と結びついた大量破壊である。

自殺は深刻な問題だった。毎年、何百人、何千人という人が自殺で亡くなっており、それは殺人の数よりずっと多かった。つまり、自殺と殺人の融合は、とても親近感のあるものだったのだ。もちろん、心理学者たちは、この融合は基本的なものだと信じていた。自殺をしようとする者は、内なる邪悪な憎しみや自己嫌悪を大切にしていた。それらは簡単に外へ投影され、他人への攻撃を引き起こす可能性があった。その他にも、全人類を破滅させるために、科学的な計画を立てようとする精神障がい者の例もいくつか存在した。[17] 多くの自殺者が、死は平和な来世への扉だという妄想を抱いていた。もしくは、彼らの死は少なくともこの世を善くするだろうと信じていた。自分自身のなかにある邪悪さだけでなく、周囲のすべてを破壊することを望んだ狂人は、破壊によって死がコントロールでき、それは神秘的な再生とより良い世界へと続いていると想像したのである。

それにも関わらず、意図的な地球の自滅といったテーマは、原爆投下後を描いた物語にあまり現れなかった。『渚にて』と『黙示録三一七四年』は、自殺薬を求めて行列を作る人びとを描いた。しかし観客や批評家は、その場面が、戦争を引き起こす心理と結びついている可能性に気づいていなかった。一九五〇年代から、「自殺」という言葉は、核戦争を議論する際の格好の要素となった。しかし、その本当の意味を理解していたのは少数で、ほとんどは抽象概念として捉えていた。ほんのわずかな心理学者だけが、戦争がいわゆる「サムソンコンプレックス」から起きる可能性を示唆していた。サムソンコンプレックスとは、過去の記録をなくすために、敵や自分自身を破壊したがるという欲望を意味する。[18]

敵より長生きし、それらの灰の上によりすばらしい世界を作り上げるという欲望は、古代より何千もの都市を壊滅させてきた動機だった。その動機は、水爆の到来とともに消滅したのだろうか？　本来は登場していたはずの物語から、自虐的なマッド・サイエンティストという伝統的なキャラクターが削除された理由をうまく説明する方法がある。おそらく、大量破壊は現実的かつ恐ろしくなりすぎて、人びとはあえて欲望とは関連づけなくなったのだ。もしそうだとするならば、少なくとも人びとの何人かは、第四章で言及した化学者と共通点があったはずだ。その化学者は、昼間は自分自身にさえも自らの怒りを隠し、夜になると世界を原子爆弾で破壊することを夢見続けるのだ。

これを調査するために、私はこれから何人かの作家をとりあげる。彼らの思考のなかにどのような関連性があったのか考察するためだ。そのような思考が、世間に影響力のある物語を作っていたのだとしたら、読者である私たちに植え付けられたイメージがどのようなものであるかを解明することができるだろう。初めて描かれた「最後の男」の物語の著者については、すでに述べたように、彼はそれを書き上げるとすぐに自殺した。物語は、地球の奥深くにある研究所で、絶え間なく研究に従事する調査員の考えを描いていた。明らかに、著者の頭のなかでは、胎児の形をしたマッド・サイエンティストといったテーマは、世界の破滅と自殺への衝動と結びついていた。彼の次に有名な「最後の男」の物語を書いたのはメアリー・シェリーだ。彼女の伝記作家は、彼女が、冷淡な父親と、彼女の出生時に母親を亡くした事実に苦しんでいたことに気づいた。そのような苦悩が、フランケンシュタイン博士を生む手助けとなったのだ。世界の終末を描いた小説と、自滅型のマッド・サイエンティストは、彼女の怒りと寂しさに共通した基盤があるように思われた。ナサニエル・ホーソーン、ジュール・ヴェルヌからカレル・チャペックにいたるまで、マッド・サイエンティストの典型を発展させた他の作家について書いた伝記作家たちは次のように語る。どの作家にも、父親との不幸な関係が見られるのだ。マッド・サイエンティストと核による世界の終末を結びつけるには、より個人的なコンプレックスが求められた。

特に重要な事例はフィリップ・ワイリーだ。一九五四年に出版された、原子爆弾から生還する物語『明日！』以降、彼は水爆の到来についてより悲観的になった。一九六三年、ワイリーは雑誌『サタデー・イブニング・ポスト』の何百万人という読者に向けて、一九七〇年代にアメリカ中の命をさらう核戦争を書いた。群集のなかで人びとが互いに踏みつけ合うという場面は恐ろしすぎて、雑誌はその詳細を載せることを拒否した。しかしワイリーはその後、『勝利』という一風変わった題名でその物語を出版した際、問題の場面をもとに戻した。[19] 特になじみのある象徴は、ワイリーが最初に書いた、核による世界の終末物語に登場する。それは同時に、雑誌『コリア』が一九四六年の一月に出版されたとき、そのような空想が多数の一般読者に届いたことを意味していた。それは次のような展開だ。科学者は、地球深くにシャフトを沈ませ、原子実験を行おうとする。しかしうっかり、地球の焼却を引き起こしてしまう連鎖反応を稼働させてしまうのだ。[20]

ワイリーは、小説家としての自分自身を、偽善で塗り固められた世界を清めるために奮闘する十字軍戦士だと捉えていた。しかし彼は、近代の「母」に対する口汚いののしりや攻撃でよく知られており、それは母という生き物からかけ離れたものだった。ワイリーの伝記を書いた作家は、いくつかの動機について述べている。偽善者だったのはこの小説家の父親だけではなかった。母親もまた、彼が五歳のときにどこかへ行ってしまった。その経験は、彼に「取り返しのつかない喪失感」と、おそらくは「うっ積した怒り」を与えた。核戦争の物語を書くうちに、彼は病気になり気分が沈むようになった。自分を嫌悪し始め、ついには薬と酒を飲んで自殺した。憎しみを感じる対象すべてを、生存者や美徳の再生といったもので塗り替えるという展開は、彼の小説のなかによく現れる。もしかするとそれらは、ワイリーが自分では一度も達成できなかったことなのかもしれない。[21]

彼のような作家たち、また、これから私が言及する人びとは、一方においてはすべての終末を、他方では危険な科学者を描いていた。そしてそれらは、必ずしも同じ物語で関連づけられていたとは限らない。しかし、その二つの要素は、作家の人格の中心で起きていた共通する問題によって結びつけられていた。これら作家全員が、マッド・サイエンティストの秘密と、自殺にまつわる考えや、再生する力を握りたいといった欲望とを、しばしば組み合わせた。その秘密とは、ときには父親や母親を含む誰かを殺して破滅したいという願望だ。作家や読者が、核戦争と同じ次元でそれらについて議論することはなかった。理由は、そのような発想が頭になかったからではない。物語と核戦争は、その距離が近すぎたのだ。

イメージがより匿名性を帯び、それによって直視することが容易になったメディアでは、「戦争を始めた人物」は以前より明確になった。ただし、それは名前のない象徴としてだった。よくある古い絵を利用して、新聞漫画家は次のような絵を描いた。まず、導火線のついた丸い爆弾のような地球がある。その横に、マッチで遊んでいる、よく見かけるような太った政治家か尊大な将軍が描かれる。地球は爆弾だと認識されているのである。何世代もの漫画家たちが、無謀な無政府主義者の手にそのような球体の装置を持たせ、圧政的な社会や、あるいは自分自身をも爆破させようとしている場面を描いてきた。核兵器による脅迫、地球の破壊という脅迫、危険な権力者による脅迫、禁じられた秘密で遊ぶ子どもによる脅迫、そして、近代社会や自分自身に対する怒りの爆発という脅迫。それらがすべて混ざり合い、一つの象徴となったのである。

核戦争を描いたフィクション

ほとんどの大人は、本物の核戦争は『渚にて』での誰もいなくなった道路や、『さなぎ』に出てくる突然変異の怪物、そして『ああ、バビロン』の英雄的な生存者とはあまり関係がないということに気がついた。戦争について深刻に考えようとした者たちは、舞台の中央に実際の経験を放置したまま、ぼんやりとした背景に、カラフルな空想や独創的な理論を押し込んでいった。この経験は限定的なものだった。世間は、原子科学者、日本人犠牲者の話、そして広島の残骸を撮った数十枚の写真などの情報から、爆弾の効力についての基礎知識を得始めていた。ある女性は、「これまでに目にした写真の映像は、私の頭に刷り込まれました。だから、戦争のことを思うと、破壊され、燃えて黒くなった街を思い浮かべるようになりました」と証言したが、他の多くの人びとも同様だった。神経科学の観点からみると、この女性のイメージの記憶は、それらの写真に対する彼女の反応と永久に結びついている。それはおそらく核戦争についてのぼんやりとした印象とともにある、恐怖の感情だろう。教養のあるすべての人びとはこれらの写真を見た。そしてそこから受けた印象は、原爆投下後の世界のイメージに対する、世間の基本像となったのだ。[22]

それは危険なまでに不完全なイメージだった。広島で負傷した人びとの極めて陰惨な写真が何枚も撮られたが、一九五〇年代から一九六〇年代にかけて、アメリカ政府はそれらのうちほんの数枚しか公表しなかった。よく見られたのは瓦礫に覆われた広大な土地の写真で、そこに人間は写っていなかった。立ち入り禁止区域か、ゴーストタウンのようであった。この一般的なイメージは、爆弾実験によってひしゃげた空き家を映し出すニュース映画によって強化された。また、二つに折れ曲がった高層建築を描いた新聞の挿絵もそのイメージに影響を与えた。このような破壊は、天上からの視点で描かれた。よく出版された地図では、何マイル平方の都市が崩壊するかを同心円で描いていた。もっとも最適な例は、チェスリー・ボーンステルという優れたイラストレーターが、一九五〇年代に雑誌向けに描いた絵である。その絵は、核の火球で照らされた街をかなり高い位置から見下ろした光景を描いていた。中世に描かれた大洪水の絵は、犠牲者である人間を最前面に描いていたが、ボーンステルの絵は、（彼のいつもの被写体だった）遠く離れた天体の出来事を描いていた。ノンフィクション作家はもう少し詳しく描写した。彼らは恐ろしい戦争にまつわる言い古された文句や、何百万人が死亡するだろうといったあいまいな統計値を使いすぎないように注意した。

一九五〇年代に、世論調査員はアメリカ人に対し、核兵器の攻撃があったら世界はどのようになると思うかと尋ねた。ほとんどの人は、かろうじて一つのイメージを思い浮かべた。幾人かは、漠然とではあるが、第二次世界大戦か、それよりもっとひどい状態に爆破された情景を想像した。マイノリティ集団のうちのいくつかは、生存と再生といった希望に満ちたイメージを連想した。一方で、他のマイノリティ集団は、完全な破滅を予言した。約三分の一が、「おお、ひどい。どのようになるか想像することもできない」といったように、感情的な反応を示した。[23]

一九五〇年代初期に現れたいくつかの民間防衛映画は、もっと私的な背景を映し出していたが、それは水爆の登場によって、急激に時代遅れとなった。同様の陳腐化は、『明日！』のような、よりリアリスティックなSF作品を目指した初期の試みにおいてもみられた。アイビー実験のあと、SF小説や映画では、突然変異の種族などといった空想が多数描かれた。この時代では、技術面での正確さは問われず、水素爆弾による戦争の描写がよくみられた。

そのなかにおいても例外はあった。『ザ・ウォー・ゲーム』だ。このテレビ映画は、英国放送協会（BBC）のために制作され、一九六六年に放映された。不具の子どもが無気力に衰えていく姿や、死体から外されたウェディングリングが満杯に詰まったバスケットといった場面は慎重に検証され、一般向けに放映するには残忍過ぎると判断された。この作品は、BBCの作品で初めて放映を拒否された映画となり、大学などといった場所で、非常に限られた観客たちに観賞された。

一九六〇年代初期、核戦争に対して人びとがどのように反応するかについて、いくつかの調査が行われた。当時のアメリカ人が感じたことを、次の代表的な八人のケースにわけて説明しよう。まず一番目は、核戦争は地球の終わりを意味するという考え方だった。二番目は、文明の終わりや、生存しても耐えられないような厳しい環境におかれるだろうという考え方だ。その一方で、三番目のケースは、アメリカは大した被害もなく持ちこたえるという確信を持っていた（その後の調査で、この人物は核兵器についてあまり知識を持っていなかったことがわかった）。残りの五人だが、平均的な答えは、アメリカは徐々に社会を再構築していくだろうが、その前に大きな破滅を迎えるといったものだった。豊かな知識を持った世間の半分以上の人びとは、自分たちの町は全滅するか、よくても放射性降下物によって汚染され、彼らが生き残るチャンスは非常に少ないだろうと予測した（西ヨーロッパ、ソ連、そして日本でも、世論調査はおおむね同じような結果であった。ただし、これらの地域の方が、もう少し悲観的であった）。もっとも典型的なイメージだったのは、世界全体が広島のような惨状になるというものだった。ただし、先述の女性が広島の写真について語ったときのように、「脳裏に刷り込まれた」イメージは「精密なものではなかった」[24]。

水爆による戦争は、国家を、崩壊直前の産業を抱えた島々に変貌させるだろう。また多くの難民たちは意気消沈し、病気が蔓延するだろう。いくつかの良心的な民間防衛機関や『ザ・ウォー・ゲーム』を除くと、そのような事実を生き生きと表現したり、具体的な言葉で現したりする例は少なかった。人びとは、不毛の地となった地球の、ぞっとするような光景や薄気味悪い突然変異、あるいはバックパックを背負ったアダムとイブを、横目で眺め続けた。

西ヨーロッパや日本の人びとは、より多くの知識を持っていた。アメリカ人とは違い、都市が灰になるまで焼け、瓦礫の山にされたという直接的経験を最近したばかりだったので、原爆の投下がどういう意味を持っているかを深く理解していた。西ヨーロッパや日本は、他のどの地域よりも、戦争に対する本能的な恐れを抱いていた。そして、破壊に導く力に対抗して実際的な行動をとるという決意を表明するようになったのだ。

第13章　生存の政治学

反核運動の再高揚

原子科学者の運動から民間防衛の演習に至るまで、核兵器の出現に鋭敏に反応した初期の運動はすべて、少数のエリート集団によるものだった。そして、そのエリートのほとんどが、政府関係者だった。また、共産主義のプロパガンダを行う組織やわずかに存在した平和主義団体は別として、民衆の組織的な核兵器反対の声は、日本以外からは聞こえてこなかった。しかし、一九五七年になると、日本以外の場所での抗議デモの写真が、世界各地の新聞に掲載されはじめた。一九六一年までにそうした報道写真は頻繁に見られるようになり、そこに写し出される群衆はますます大きくなっていた。水素爆弾の危険性に関する情報が浸透し、政府は一つの答えとして「平和のための原子力」を推進していた。ちょうどその頃、一般市民は、従来とは全く異なる改革運動に身を投じようとしていた。

転機は、一九五七年一一月のスプートニク・ショックだった。弾道ミサイルの開発はリベラルな知識人や平和主義者を駆り立て、彼らは大衆運動に関与するようになった。そして、その反響は彼らの想定を越えて広まっていく。作家のJ・B・プリーストリーがイギリスの週刊誌『ニュー・ステーツマン』に軍縮を求める記事を発表すると、彼のもとには、自発的に書かれた千通を越える支持の手紙が届いた。ノーマン・カズンズらが率いるグループが『ニューヨーク・タイムズ』に掲載した広告に対しては二千五百通の返答があった。様ざまな国で運動の旗揚げを試みた人びとは、いままさに起ころうとしていることを見通していたわけではなかった。それがはっきりとわかったのは、次のイースターの後になってからだった(1)。

あまり名の知られていない平和主義者たちが、ロンドンから五〇マイル離れた核兵器製造施設まで、抗議デモを行なうと発表した。彼らが想定していたのは、それ以前の一〇年間に至るところで開催されていたような数十人規模のデモであったが、一九五八年の金曜日にロンドンを発ったそのデモ隊の列は、二マイルもの長さに及んだ。デモ行進の参加者は、高速道路の上で四日間、寒風と横殴りの雨に見舞われた。それでも、最終的には一万人が、オルダーマストンの有刺鉄線が張り巡らされたフェンスの外側に、夜を徹して震えながら立っていたのである。

リベラル陣営と平和主義者のリーダーたちは、イギリスで核軍縮キャンペーン(CND)を設立。アメリカでは、全米健全核政策全国委員会(SANE)を設立した。他の国々においても、同様の団体が組織された。一九五五年に結成された日本の原水協と同じく、これらの組織は、資金も人員も乏しい小さな団体をつなぐセンターとしての役割を果たした。運動は、アーティストからソングライターまで、数百人の才能豊かな人びとによる献身的な奉仕から成り立ち、数千人のボランティアが嘆願書の配布や集会の手配に多くの時間を費やした。世界中で模倣され恒例行事にもなったオルダーマストン行進のようなデモでの数万人におよぶ抗議者、さらに数百万人の声なき共感者たちがこれらの運動を支えていた。

運動のメッセージは、人びとにとって馴染みのあるイメージのなかに織り込まれていた。では、人びとが抱いたのはどのようなイメージだったのか。イギリスのパンフレットは、核兵器がいかにして世界中の人びとの命を奪うのか、次のように説明している。それは、「今もなお苦しんでいるヒロシマの人びとと同じように、絶え間なく続く、恐ろしく痛ましい方法で」死んでいく、というのだ。これは、運動の最も特徴的なイメージだった。つまり、「ヒロシマのような世界」である。多くの話し手や書き手たちは、SF的なイメージをありのままの事実として人びとに提示し続けた。たとえば、ドイツの集会で一〇万人を前に拡声器を使って話した物理学者は、核兵器が使用された後は、生き残ったごく少数の若者たちが社会を再建するには、「おそらくは石器時代からはじめることになるだろう」と予測した。つまり、初期の運動では、核の恐怖を人びとに伝えるために、強力なイメージが広められたのである。イギリスのリーフレットには、「今やるか、さもなくば死ぬか！」と書かれているが、そのメッセージに耳を塞ぐものはほとんどいなかった(2)。

このリーフレットの著者は、その運動の守護神的存在であった人物で、クシャクシャの白髪頭に、危険ないたずらを厳しく戒める険しい教師のような顔つきをした高齢の男だった。バートランド・ラッセルである。この哲学者は地球上の全生命の終焉が目前に迫っていると説きながら、実は死に関する強い個人的関心を抱いていた。若い頃のラッセルは、耐え難い孤独から逃れようと平静さを失い、自殺を考えたこともあった。彼は、失意の底で自殺を考えていた頃に、科学者が登場する物語を書き残している。その物語に登場する科学者は、全世界を滅ぼすことができる原子装置を発明する。そして、政治家たちにひどく失望した挙句、自ら破滅へのボタンを押すことを決意するのだった。この物語に反映された絶望は、ラッセルが二才の時に母親を亡くしたことから芽生えたと考えられる。その喪失感が彼を絶望的な孤独に追い込んだため、彼は他の人間とは違う人間になったのだ。ヒロシマからの一報が届き、それが世界破滅の予兆だと考えたラッセルは、後に彼自身が名づけるところの「過剰な神経質的恐怖」に陥った。そして、彼は数百万人がこの感覚を共有していることに気付いたのだ(3)。

ラッセルと運動家たちは、抽象的な将来の危機だけではなく、当時行われていた核実験にも注目した。やがて、反核運動は放射性降下物の問題と一体化するようになる。ＳＡＮＥの典型的なパンフレットは、二つの問題を結び付けて訴えていた。「核兵器は戦争であらゆる生命を滅ぼす。（中略）核実験は、いまこの瞬間も、私たちの健康を危険にさらしているのだ。」この訴えには、多くの人びとに放射能汚染を不安に思わせるための恐怖のメッセージが入っているとともに、戦争への恐怖心が牛乳に含まれるストロンチウム90に置き換えられてさえいる。

その運動を盛り上げたのは、新しいスタイルの文化と政治だった。ＣＮＤ、ＳＡＮＥ、そしてそれらと関わる組織が動員したのは、主流の政治家や財界の指導者というよりも、既存体制に必ずしも満足していない一般市民だった。支持層は主に中産階級だった。デモ参加者のなかでは、急進的なマルクス主義者よりも、その存在がどちらかと言えば見えにくい教師・公務員のほうが圧倒的に多かった。しかし、ＣＮＤを研究した社会学者が明らかにしたのは、こうした明らかに堅実な中産階級が、漠然とした社会的不満を抱え込んでいるということだった。彼らは、核兵器ばかりでなく宗教的な秩序から自由な資本主義まで、あらゆるものに疑問を投げかけたのである[4]。

運動の支柱になったのは、権威に対する不信感を募らせていた大規模な社会的集団だった。それは女性たちである。一九五〇年初期以降、特に被爆者が関わった小さな教会団体などが発端となる抗議運動が多く、そこでは勤勉な主婦たちが貴重な主催者であり続けてきた。これらの数万人の女性たちが反核運動で先導的な役割を担った一つの理由として次のような理由があるのではないだろうか。様ざまな社会のなかの女性たちには、男性と比べて、より不安に悩まされ、よりリスクに敏感になる傾向があった、というのがその理由だ。ここで一つ提示できることは、彼女たちは自らの運命を切り開く力を男性よりも制限されていたということだ。「男はいつも人びとの生活を無責任に操り、女はいつもそれを守ってきた。」彼女たちのなかにはそのように打ち明ける者もいた[5]。

最も目立ったのは若者たちだった。若者たちが大規模な運動のなかで主要な役割を果したのは、近代史において初めてのことだった。多くの学生にとって、デモ行進は、ギターを片手に屋外で行なう娯楽程度のもので、それ自体は新たな若者文化の一端に過ぎなかったとも言える。しかし、これが次第に独特の反抗的文化になっていった。若者たちは、大人社会への不信の象徴として、核兵器を捉え始めたのである。実際、ほとんどの運動支持者が、自分たちは冷血な権力者や核兵器生産に積極的な文化全般と闘っていると信じていた。CND支持者を研究する社会学者が述べているように、彼らには、核戦争の危機から生じるあらゆる不安を、現代社会への総体的批判に置き換える傾向があったのである[6]。

こうした社会批判の先駆者が、CND設立のきっかけとなる記事を書いたJ・B・プリーストリーだった。彼は、年老いてからの回想で「自分を産んだ直後に母親が亡くなった」という事実が、自らの思考様式を解く鍵だと述べている。母の喪失について「どうしてよいかわからず、当惑していた。そこにあったはずの何かが見当たらないのだ」と彼は書いている。この挿話は、彼の成熟した人格のなかに幼児的な思考が残っていたということを意味するのではない。フレデリック・ソディとフィリップ・ワイリーは、母親がいないことに孤独を感じ、苦しみながら成長したわけだが、彼らは世界が破滅してもある程度は仕方がないとでもいうように語っていた。しかし、同じ喪失感から出発したプリーストリーやバートランド・ラッセルは、悲観主義を経由して、人間の弱点への鋭い洞察へと至り、諦観を否定するようになったのだ。彼らは、信頼できる世界に痛切に憧れ、その憧れをすばらしい世界への希求へと昇華させて、生命のための戦いに飛び込んだのである。(7)

プリーストリーは、核武装だけではなく、寛容さを欠いた現代のあらゆる対立構造をも非難した。彼は、党派的な利己主義を乗り越えて、世界を席巻するような良識の「連鎖反応」を引き起こそうと、自国民に訴えかけた。どのような高貴な理由を持ち出したところで、核兵器の放棄が最善策であるということは変わらない。他の大勢の運動家たちも、核兵器との戦いは、さらに根深い道徳的な腐敗に立ち向かっているということでもあると自任していた。彼らを突き動かしていたのは、自分たちが殺されるという考えというよりは、政府が何百万もの罪のないモスクワの人びとを虐殺する態勢を整えていたという事実だった。

核保有の倫理を論じたパンフレット・記事・書籍は、一九六〇年前後のわずか数年間で、空前絶後の数におよんだ。説教師や作家のなかには、従来型の平和主義者的な前提に、戦争はこれまで以上に憎むべき存在であるという点だけを付け加えて、核武装に反対する者もいた。他方で、核兵器は公正かつ慎重に用いることが不可能であるがゆえに特に不道徳だ、と主張する者もいた。核兵器が他に類を見ないほど冒涜的であることは、多くの人びとにとって、自明なことだった。徹夜、断食、巡礼、そして説教によって、反核運動は宗教的な様相を帯びるようになった。結局、核兵器が提起した問題は、かつて宗教が取り組んだものにすぎなかったとも言える。非合法デモで捕まったイギリス人の運動参加者は、獄中で次のように書いた。「私たちの置かれた状況は、初期のキリスト教徒のそれと似ている。私たちにも、彼らと同じように、最後の審判が下されたのだ。(8)」

運動には千年王国運動との共通点が現れ始めていた。それは、大きな変化を経験した他の多くの社会において確認できる種類のものだった。それらは、西洋文明に対峙した部族における救済的な「カーゴカルト」から、現代における革命運動のセクトまで、あらゆるところでみられる。そのような運動の研究をおこなってきた歴史学者や社会科学者によると、支援者たちは概して、いまの社会は腐敗による末期的な苦しみの渦中にあり、自分たちはより優れた世界をもたらそうとしているのだ、と思い込む傾向にあるという。千年王国運動は、概して、参加者各人が持つ個人的な変革への期待を単に社会に投げ込んだだけだったと言える。だが、個人が抱える何らかの問題が社会に起因しているのもまた確かである。苦境に立たされた人びとが、社会を変えるために同じ志を持った人びとと手を結ばなければ、その問題は解決されないのだ。核戦争も同じだった。[9]

核の恐怖によってもたらされた問題は、創造性に富んだ一つの答えを生み出した。それは、「世界共同体」という答えだった。それはもはや口先だけの言葉ではなかった。全ての人間が本当の意味で相互に依存し合っていることが実感されるようになったのだ。「世界共同体」へと至るプロセスを始めたのは、放射性降下物だった。それを可能にしたのは、風で数千マイルも流される微量の塵を探知できる高性能機器だった。そして、地球を覆い尽くす弾道ミサイルを描いた雑誌は、その点を痛感させたのである。様ざまな国に遍在していた団体が相互扶助的に結び付いたとき、「世界共同体」というアイデアは、道徳的にも実質的にも、運動の大きな力になった。ヒロシマの犠牲者からモスクワ市民、そしてやがて生まれてくる世代まで、あらゆる生命に共感すること。それは、それまでの核の問題に対する最も深い答えだった。[10]

シンクタンクと核戦略の狂気

しかし、実際のところ政府はどのような政策をとることができたのだろう？　反核集会のスローガンは、「片務的な非核武装」だった。つまり、他国がどうであっても、自分たちは核を保有しないということだ。この方針は、ソビエトの支配に屈することになるのではないかと主張する者もいた。しかし、「死ぬくらいならアカになったほうがマシ」という言葉に象徴されるような考えは、いくつかの国で、一定の人びとに受け入れられたのだった。実は、「アカになって、死ぬ」可能性もあったのである。誰もがとてつもなく大きい事実を見過ごしていた。民主主義がしっかりと根付いた政府は、共産主義者が指導する国家が、互いに攻撃し合うだろうと予測する者はほとんどいなかった。

互いに戦争をしかけないという事実である。(11)

反核運動の支持者のなかには、少数ではあるが、国家侵略の問題に注目する者がいた。核兵器によって国民国家の存在そのものが脅かされたのは確かだった。国家は本来、外敵からの侵略を防ぐことが主たる存在理由だとされていると、彼らは指摘した。とはいえ、核ミサイルに対する有効な防御手段はなかった。政府の廃止を訴え続ける者はほとんどいなかったが、核兵器への嫌悪を政府のあらゆる権限への嫌悪に置き換える者は多かった。結局、核兵器はあらゆるものの象徴となったのである。それらは、国家が保有する絶大な権力を、余すところなく表現したのだ。

合理的な議論は論争の過程で徐々に影を潜めていった。その原因の一つとして、政治的な力を持たない人びとによる運動が、知的な討議の場を十分には用意できなかったということが挙げられる。人びとの意思表示の手段は、デモ行進や手描きの横断幕、街頭での嘆願書署名の訴え、臨時の新聞広告や三〇秒のラジオCMなどだったが、これらは踏み込んだ議論には向いていなかった。さらなる原因としては、運動の支援者の多くが、理論的な根拠を拒絶しがちだったということも挙げられる。

核兵器について論じる際に、緻密な論理や数値を持ち出す可能性が最も高いのは、専門的に核兵器に関与している人びとである。たとえば、各ターゲットに対して爆撃機を何機割り当てるかについて計算し、決定せねばならない将校のような人びとがそれにあたる。一九五〇年代の半ば以降、そのような計算を行うための施設として最もよく知られたものは、カリフォルニア州のサンタモニカに位置する、ヤシの木で囲われた何の変哲もない平坦な建物だった。ここが、理論的戦略分析を行うRAND研究所だった。RANDのアナリストたちは、最大の敵はソビエトというよりはむしろ自分たちのスポンサーであるように感じることがあった。その敵とは、RANDのような方法では決して混沌とした戦争を分析できないと嘲笑う、退役した空軍将校たちのことだ。そのような不協和音は、学者と将校といった全く異なる二つの集団を一つに束ねようとする組織において、当然予期されることであった。

RAND研究所で最も名の知れた人物は、若き物理学者のハーマン・カーンだった。真ん丸に太って分厚いメガネをかけたカーンは、軍人とは正反対の人物にみえた。しかし、整然とまとめられた歴史にまつわるエピソードや、危険を顧みない大胆なアイデア（彼は最終兵器のことをよく口にした）を饒舌に語れた彼は、数時間に及ぶレクチャーのあいだ、上官たちの心を摑んで離さなかった。カーンが一九六〇年にある書籍を上梓すると、彼の見慣れないロジックについて論争が沸き起こった。[12] カーンが想定するように、戦争によって失われる命は八千万人か、あるいは一千万人に「過ぎない」のか、という数字の差に基づいて基本的国家戦略を決めることは果たして有効なのだろうか？

その思考形式と正反対に位置づけられるのは、パット・オコネルのような人びとの思考だった。彼女は主婦でありながら、一九六〇年代初頭に市民的不服従デモを率いて何度も逮捕された経験を持つ。彼女をインタビューした記者によれば、彼女は物事を「単純に人間的観点」から捉えているのだという。オコネルのような人びとは、致命的な傷を負った広島の生存者や、放射性降下物による白血病で死ぬ恐れのある子どもたちがそれぞれに有している人生の物語に、身体的な痛みのようなものを感じていた。随分と後の一九八二年になって、ある調査は、核戦争の反対に最も積極的だった人びとは、専門的な数値やデータに突き動かされたのではなく、焼け焦げた人びとの姿のような、身体的なイメージによって動機づけられていたと明らかにしている。[13]

カーンのような核戦略家は、感情に左右された抗議者たちは、厳しい現実から目を逸らしていると批判した。核兵器は最も冷静で何事にも動じない態度で分析されねばならない。カーンはそう主張した。「核兵器製造か、核兵器廃絶か」という選択肢は、「合理的な論理か、人間的な感情か」という選択肢と同じ意味を持ち始めたのである。自分たちのほうこそが合理的だと主張して、先に述べた選択肢の対応関係を覆そうとする者もいた。例えば、軍の将校たちは、内心では、ＲＡＮＤ研究所の巧みな論理と計算は馬鹿げており、現実の戦争の混乱を前にしては無意味であると感じていた。また、抗議者たちは、核使用論は戦争にとって、あるいは抑止にとってさえ、明白な狂気であると主張し続けた。ＣＮＤは会報に「正常」というタイトルを付けたが、そもそもＳＡＮＥ（正気）という名前自体が、その主張を物語っていた。

では、特に正常でなかったのは誰だったのだろうか？　異常者探しの最も明白な標的となったのは、ＲＡＮＤ研究所の研究者たち全般、特にカーンだった。その恰幅のよいアナリストは、自分の分析が合理的でなく狂気的だと批判されて、最初は面食い、その後激怒したのである。そこにはあるステレオタイプが作用していた。それはプリーストリーが一九五五年に発表し、激しい議論を巻き起こした論文の中で詳述されたステレオタイプだった。プレーストリーは、近代人の典型だと彼がみなした「ミスター核分裂」のパーソナリティの概略を次のように説明している。プリーストリーによると、その「ミスター核分裂」は、青年期に科学的研究の中に自らを閉じ込めてしまい、自らの良識や感情の訴えを軽視するようになる。ほとんど挫折を経験したことがない、素晴らしいけれども偏った「ミスター核分裂」は、科学上の新発見をしたとしても、現実の世界とは切り離されているのだった。なぜならば、彼には友達や喜びというものがなかったからである。政府の優れたアドバイザーである「ミスター核分裂」は、人命を過小評価し、過剰に戦争の準備をしていた。もちろん、プリーストリーは、実在する科学アドバイザーについて述べているのではない。現実の科学アドバイザーたちには、陽気で感傷的なところもあったし、人との交流においても経験は豊かだった。彼が述べているのは、世界を吹き飛ばす心構えを持った、典型的なマッド・サイエンティストのことである。それは、彼が一九三八年の怪奇小説のなかで描写したステレオタイプだ。[14]

そのステレオタイプをそのまま体現するかのような核の権威者が、少なくとも一人は実在した。ハイマン・リコーヴァーは、学生時代から反社会的で、学問に取り憑かれていた。『ライフ』誌のなかで、彼は「扱いの難しい知識人」へと自己改造した、と書かれている。さらに、リコーヴァー提督は、機械的思考の権化のようにも見え、か細い棒のような肉体は、「その頭脳によって隅々までコントロールされ、軽率に振る舞うことを許さなかった」と記事は続けている。核ミサイルを搭載する潜水艦に登場する将校たちはリコーヴァーによって選抜され訓練を受けていた。将校たちは、文字通り、破滅への鍵を握っているというだけの理由で、何に対しても感情的に無感覚でいなければならなかった。乗組員は妻とのいかなる接触も禁じられ、鋼鉄で覆われた細長い空間に、数カ月間、缶詰状態で耐え忍んでいたことを雑誌記事は明らかにした。「彼らはしばらくすると、セックスの話すらしなくなった」と記者は綴っている。[15]

同種のステレオタイプは、戦略航空軍（ＳＡＣ）の創設者で、その象徴でもあったカーチス・ルメイ将軍にも当てはまる。ブルドックのような顔立ちで、鋭い眼を持ち、葉巻を咥え込んでいるルメイは、強さを絵に描いたような存在だった。彼が都市を破壊する覚悟があるのかと疑う者は、彼が東京大空襲を企てた人間であったことを思い返してみればよい。様ざまな雑誌は、ルメイを語るときにＳＡＣのイメージと重ね合わせて、「人間というよりはロボットに近い」、「反論を許さない論理を持ったバケモノ」と評した[16]。パイロットの、ＳＡＣの強力な軍備を望ましいものに仕立てあげたのは、結果的に抑止の論理だった。それは、「平和こそ我らの任務」という彼らの逆説的なモットーからもみてとれる。

娯楽映画が上映した物語は、ＳＡＣのパイロットが、妻よりも爆撃機にのめり込んだために夫婦の関係がこじれるというものだった。もちろん、最終的にその妻は祖国愛から夫の行動を黙認することになる。恐るべき兵器を意のままに操る能力を持つ人間にとって、盲目的な感情は受け入れ難いことだった。一般的には知られていなかったが、ルメイの飛行隊とリコーヴァーの潜水艦乗組員は、広範囲に及ぶ精神的な問題と高い離婚率に苦しんでいた。人びとに受け入れられた将校たちのイメージは、戦争そのものから国家をより良く守るために、ロボットへと自らを作り替えた人びとというイメージだった。後世の歴史学者が述べたように、多くの人びとは安定した文化にしがみつく傾向がある。つまり、世界を平和に保つために、アメリカの核の優位性に依存するのである。この安定した文化は、新しく、無秩序で、異なる意見を持った文化にとっては敵にほかならない。敵もまた、核兵器に関心を集中させていた[17]。

核兵器に携わる将校たちのステレオタイプ、その最も純粋なかたちは、一九六〇年代初頭にアメリカが建設したミサイル基地に見出すことができる。雑誌『ライフ』には、カプセル型地下室にいる人間が掲載されていた。彼らは、研究所にいる専門家のような白いつなぎを身に纏っていた。一人が記者に「俺たち、見方によってはロボットみたいだな」と語りかけた。「ロボットみたい」な人間と、過去の軍の英雄たちとの共通点と思われることが一点ある。それは、任務という名の下に行われた感情の抑制だ。祖国を守る鋼鉄の番人というような兵士たちのイメージは、何とも言えない薄気味悪さを帯び始めていた。ある物理学者は、愛するものと、戦争の悲惨さとの間に自身を英雄のように配置しようとする兵士の物語は、「おとぎ話にすぎない。しかも出来の悪いおとぎ話だ」と述べている[18]。

政府高官と科学者とのつながりは、ＲＡＮＤ研究所の作戦会議室や、成長著しい兵器研究所のような場所で形成されつつあった。このつながりは、核兵器がたとえ存在しなくとも、ある程度は生じたのだろう。しかし、核兵器は、軍の将校たちに威厳あるテクノロジー・マスターというレッテルを張ることに、他の何よりも成功したのだ。ポピュラー文化という広い領域のなかで、軍人とマッド・サイエンティストとを区別する境界線を引くことは、困難になりつつあった。

第14章　シェルターを求めて

核シェルターの「ブーム」

核軍縮運動が軌道に乗ろうとするなか、軍事の必要性を信じる現実主義的な人びとは、独自の計画を考えていた。発端は、一九五八年、アイゼンハワーが受け取った機密報告である。アイゼンハワーは、ソビエト連邦が怒涛の勢いでミサイルを生産しているという機密報告に衝撃を受けた。ソ連の核戦力は、わずかな期間で、アメリカのミサイル保有量の一〇倍に達している可能性があるというのだ（実を言えば、一九六〇年代初頭にまさにそれと同じアンバランスな状態が生じることになった。ただし、今度はアメリカ側がソ連に差をつけていた）。その最悪の予測はすぐにマスコミの耳に届いた。そして、民主党は「ミサイル・ギャップ」をもたらしたアイゼンハワーを糾弾し始めたのだった。まだソ連に追いつけると考えたからこそ、マスコミは政府を攻撃したのである。

これは、一九五〇年代の半ばに起こった論争の再来だった。一九五〇年代の半ば、アメリカの軍司令官や上院議員が、空軍への資金を要請しながら、ソ連との「ボンバー・ギャップ」を騒ぎ立てていたのである。「ボンバー・ギャップ」と「ミサイル・ギャップ」のどちらの場合も、人びとは、自分たちは安全ではないという思いを次第に大きくしていった。その結果、国民はさらなる兵器の購入を承認することになるのだ。もちろん、勤勉な軍人やその支持者たちは「安全保障のための軍備は完璧です」とは言わない。この物語における他の多くの登場人物たちと同様、彼らは、生死に関わるような危険に言及し続けることが自分の義務だと思っていたのだから。

もし抑止論が間違っていたら？　ほとんどの人びとは、その可能性の向こうにあるものを考えようともしなかった。しかし、いまや、現実のミサイル戦争勃発の可能性が政府の懸案事項になり始めた。なかでも重要だったのは、効果的な民間防衛プログラムである。それにより、人びとは核のイメージが有する新たな攻撃性に思い至り、かつてないほどの衝撃を受けたのだった。

水爆の出現によって、アイゼンハワーの民間防衛プログラムは混乱に陥った。ある歴史学者が後に述べたように、一九五五年以降、「民間防衛に関する閣議は、戸惑ってしまうほど超現実的なものだった。政策決定者たちは自らがよってたつ足場を失ったかのようだった」。そして、大統領に就任したケネディは計画を立て直すことを誓った。国民の信頼を失い資金不足に喘いでいた民間防衛局は、胸に希望を抱き、手にはメモ書きを握りしめ、新しい大統領に勢いよく捲し立てた。彼らはケネディが自身の選挙運動で掲げていたスローガンを真似て、シェルター計画は防衛の必要性について「国民を目覚めさせる」であろうし、「アメリカが本気だと世界に向けて示す」ことにもなると訴えたのである。ケネディにとってさらに説得力があったのは、戦争が起きた場合の「保険」としてのシェルターだった[1]。核攻撃の後、数フィート積もった灰の真下に数週間待避した家族は、放射性降下物から生き残れる確率を飛躍的に向上させるとのことだった。数百万人の命を救うチャンスを無為にする者がいるだろうか？　しかしながら、ケネディは、民間防衛の研究者が推奨する数百万ドルをかけたプログラムの要求をためらっていた。彼がためらわずに行えたのは、各自が自分で自分の身を守るように呼び掛けることだけだった。アメリカ国民にシェルターを設置するよう、勧めたのである。

国際情勢はベルリン危機により、にわかに切迫したものとなる。フルシチョフが西ベルリンに対して戦争を仄めかし、ケネディが同じように好戦的な態度で応じたのである。核戦争の恐怖は世界中に蔓延し、かつてないほどまでに膨れ上がった。緊張のピークは、大統領によるスピーチだった。ケネディは、一九六一年七月、国営ラジオ・テレビを通して、世界がいま戦争の縁にあると述べたのである。ケネディは、家族を守るための備えをしておかなければならないと国民に呼び掛け、さらに、食料品・水・応急処置用品をシェルター内に備蓄するための資金を、アメリカ連邦議会へ要請すると述べた（「簡易トイレ」という品を欠く記述は、直前に本文から削除された(2)）。

ケネディのスピーチは国民に衝撃を与えた。連邦政府の民間防衛機関には、情報を求める手紙が届いた。その数は、一日につき六千通以上。普段は、一カ月かかっても、その数には届かなかった。一二月に国内各地を訪問したケネディの補佐官は、シェルターは国民の主な関心事になり、ヒステリーのようなブームと化したと報告している。ケネディは国内のどの家庭にも民間防衛の小冊子を配布すると発表していたが、騒動に肝を冷やしていた彼の側近たちは、パニックを招くことを恐れ、発行を先送りにし続けたのだった。人びとの恐怖と、政府の対応との間にできた真空を埋めるため、大慌てで動き出す者たちもいた。スイミング・プールの施工業者は、シェルター設置の専門業者になった。そして、ビスケットから携帯ラジオに至るまで様ざまな製造業者たちは、自分たちが生き残るための必需品を造っていることに改めて気がついたのだった。ドサクサに紛れた詐欺師や商売上手な人びとがテレビに登場し、戦争不安を煽っては名を売った（ある銀行では、「五年以内の返済」を条件とし、シェルター設置費用の貸付を行なっていた。「五年以内」には核戦争が起こらないということなのだろう(3)）。

反核運動は、核シェルターを激しく非難した。運動に関わる人びとは、「シェルターは、ほんのわずかな人間を生き残らせるだろうが、いずれにせよ、辺り一面は瓦礫の世界だ。そしてその残された彼らは、死んでおけばよかった、と思うに違いない」と述べていた。他方、シェルターの擁護派たちは、シェルターには敵の恐るべき核の先制使用を思いとどまらせる効果があると主張していた。それに対しては、「民間防衛はアメリカ国民にありもしない自信を抱かせ、却ってソ連の機嫌を損ねる。従って、先制攻撃される可能性をさらに高めることになる」という反論があった(4)。

シェルターをめぐる議論は、いっそう高まっていく。批評家たちが、すべての人間を収容できる完璧な核シェルターは存在しないと指摘したのである。小説と映画は、シェルターの入口で繰り広げられる死に物狂いの争いを取り上げた。それは、人間が「剥き出しの野生動物」のような残酷な状態に戻るという、昔ながらのテーマだった。しかし、物語のなかで、多くのシェルター所有者は、近隣の住民や、そうでない人びとまで積極的に招き入れていた。所有者の四分の一は自分たちだけが生き残ろうとし、なかにはライフルをちらつかせる者の存在も描かれた。記者たちは、家庭のシェルターに押し入ろうとする者に対してキリスト教徒は銃を向けることになるのか否か、というある聖職者の発言を引用して、シェルター問題を書き立てた。家庭用シェルター計画を推進してきた「できることは自分でやろう」という精神が、ふと気がつけば、「自分ことは自分でやれ」という雰囲気にすり替わっている。ある首相補佐官はケネディに警戒を込めてそう報告した。[5]

秩序が失われた世界でショットガンを構えて自分の土地を守る父親。これ以上にアメリカ的なものはないだろう。『タイム』が述べるように、核爆弾が落ちた後、「今日一日を生き抜き、明日をうち立てるために歩き出す」という新たな開拓者のイメージと、家庭用シェルターはとても相性が良かった。[6] 一〇代の少年たちは、シェルターに女の子を連れ込み、初体験を迫る機会に核攻撃を利用できないものか、と思いを巡らせた（ある学校の集会で教師は、世界の終わりに関する議論には耳を貸さないようにと女の子たちを戒めた）。[7] 数人の批評家たちは揶揄も含めて、シェルターは再生を待つ安全な場所という点で、どこか子宮と似ていると指摘した。実際に、不安のなかでの長時間の待機、窮屈な状況、暗闇、これらはすべて、原始部族の若者たちが大人の世界の一員となるためにまず受けさせられる試練との共通点がある。そして疑わしく聞こえるかもしれないが、新たな人生へと向かう伝統的な通過儀礼のようでもあった。

一般的に、シェルターの熱狂的騒動は、空襲の恐怖を思い出させた。誰よりも怯えたのは子どもたちだった。両親がシェルターを設置しないことに取り乱し、いざという時にクローゼットに隠れるしかないと思い込む少女。このような例は枚挙に暇がない。そのような場合、子どもたちにとって、地下に掘られた暗いシェルターは、犠牲になること、離別、そして正真正銘の死を意味するものだった。

大多数の人びとにとって、核シェルターが、明瞭に、混乱や残虐、英雄的なサバイバルや再生、別離や墓といったものを意味していたのかというと、そうではなかった。雑誌に掲載された写真や、アメリカとソ連の民間防衛の小冊子のなかのイラストの多くは、シェルターを建築物として描いていた。そこには、誰も住んでいないか、あるいは、わざとらしいまでに穏やかな家族を住まわせているかのいずれかであった。シェルターをめぐる議論は、核戦争が筆舌に尽くしがたい世界の終わりなのだという理解をもたらした。犠牲になるという幻想とそれでも生き残るという幻想との間の陰気な結びつきを強化したが、曖昧なイメージがはっきりと意識されることはなかった。

シェルター論争が導き出した確かな結論の一つは、放射性物質に対してこれまで以上に注意を集中させるべきだということだった。一九六二年までには、アメリカ人のほとんどが、自分たちの住む都市に核爆弾が投下された場合、放射性降下物が死傷の原因になると信じるようになっていた。爆風に巻き込まれることを恐れるものは半数に満たず、焼け死ぬことを恐れる者はよりいっそう少なかった。このような反応は、明らかに時代錯誤な論理だった。なぜなら、水爆による損害のなかで最も恐ろしいのは熱線であり、その次に突風なのである。にもかかわらず、人びとは、もっぱら放射性降下物を恐怖したのである。放射性降下物が最大の死因になり得るのは、遠く離れた軍事目標に対して投下されたときのみであり、都市への攻撃ではその限りではないのである。しかし、火球から身を守る手立ては何もなかった。つまり、核実験をめぐる論争は、放射性降下物の不安に振り回されたのだ。

ベルリン危機は数カ月で沈静化し、民間防衛の議論は平常レベルまで落ち着きを取り戻そうとしていた。収拾がつかないような論争はすべて、ほぼアメリカ国内だけで起こっていた。他の国々（大規模な地下シェルター工事に追われていた、スウェーデンとスイスを除く）では、水爆から身を守ろうとしても無駄だと考えられていたのだ。世界各地において、シェルターは、人びとの危機感を煽るばかりで、安堵をもたらすものではなくなったのである。

キューバ危機

「人類の存在そのものが生死の瀬戸際に立たされている。」一九六二年一〇月、国連事務総長はそう断言した。いわゆるキューバ危機が起こったのである。テレビの画面に現れたケネディは、ソビエトが核ミサイルをキューバに配備しようとしていると発表し、ミサイルが即座に撤去されなければ攻撃を開始すると示唆していた。ケネディは、フルシチョフに宛てた機密メッセージのなかで、ソビエトは「全世界を破滅的な状況に至らしめる」危険を冒していると警告した。ケネディは、第一段階に関して不安はないが、四段、五段目と脅威の階段を登っていくことについては恐ろしいと彼のアドバイザーに伝えていた。「私たちは六段目には行かない。そんなことをする者はいない。」ソ連のフルシチョフは、危険なのは「相互に全滅すること」だと返事を書いた。フルシチョフは戦争を仕掛けるつもりはなかった。彼は次のように主張している。「それを成し得るのは、自らが死ぬよりも前に全世界の破滅を望む精神異常者、あるいは自殺志願者だけだ」と。この危機のなかで、米ソの首脳は核ミサイルを打ち合うという戦略を放棄した。むしろ彼らこそが、すべてを吹き飛ばしてしまう制御のきかなくなった人間であるかのようだった。(8)

キューバのミサイル危機は、政治指導者と一般の人びとの核の恐怖を空前絶後のレベルまで高めることになった。ソビエト艦がアメリカの封鎖艦隊に接近したときには、ロンドンから東京にいたるまでの相当な数の人びとが、もう明日を迎えることはないかもしれないと考えたほどだった。食料買い溜め騒動によってスーパーから商品が根こそぎなくなった都市もあった。核抑止について真剣に考えていた人ほど、強い不安を感じていた。アメリカ国務次官ジョージ・ボールは、自宅の地下を核シェルターにするように妻に伝え、ハーマン・カーンは外出の際、トランジスタ・ラジオを携帯し続けた。核兵器に精通していたレオ・シラードは、スイスへと飛び立った。数年後、ロバート・マクナマラ国防長官は、親指と人差指でわずかな隙間を作り、「人類は、社会の全面崩壊まで、あと「このくらいのところ」まできていた」と語った。(9)

最終的に、アメリカがキューバへの不干渉とトルコに配備されたミサイルの撤去を約束し、ソビエトはそれと引き換えに核ミサイルを自国に持ち帰った。世界を巻き込む核戦争を回避させたのは、他の何でもなく、複雑な自制心だけだった。その自制心は核の恐怖、それも水爆の純然たる恐怖によって強いられたものだった。そうでもなければ、核兵器は無用の長物、いやそれ以下のものにすぎないのだ。時代遅れに見える方針から、答えが導き出される。核兵器は最初に不必要な危機を生み出す。そして、それが悩ましい地域対立から破滅の一歩手前に至るまで、危機の段階を上っていくのだ。

張り詰めた緊張の糸をほぐすためには、何かをしなければならない。一九四五年以降、世界の首脳は核軍縮を実現するという決意を繰り返し誓ってきた。新聞各紙は、どこかの権力者が打ち出す巧妙な軍縮計画を大きく一面に取り上げていた。これらの外交戦略は、必ずと言っていいほど核のイメージと相互に関係しあっていた。特に、コントロールへの強迫観念（とりわけ秘密裏にコントロールしたいという強迫観念）は、核に関するあらゆる交渉に共通する問題だった。実際のところ、核兵器が極秘裏に製造されている可能性や、核実験を検知できない可能性は、核軍縮に関する複雑な課題のうちの一つにすぎなかった。しかし、地下に隠されたミサイル、探知できないほどの地下の深さで爆発する核爆弾、そして終わることのない「査察」の議論。これらは、核軍縮の進展を妨げ続ける問題だった。核軍縮交渉に関する情報の氾濫は終ることがなく、人びとは、核エネルギーが危険で秘密めいた物事とつながっていることに幾度となく気付かされたのである。

一九六三年八月、米・ソ・英が部分的核実験禁止条約（大気圏内での核実験を行わないとする条約）を調印したが、核軍縮に関する難問が解決されたわけではなかった。破った国が出れば、すぐにわかる取り決めであり、もはや核実験の際の放射性降下物が風に運ばれて来ることはなくなった。この条約は実際のところ、核軍備競争に歯止めをかけることはなかった。核実験は地下坑道でこれまで以上に行われ続けたからである。しかし、視界から消えれば人びとの記憶からも消えていく。『ニューヨーク・タイムズ』に掲載された核軍縮関連の記事の量は、ピーク時の三分の一以下まで急速に減少した。その後は、さしあたっての危機も、一九五〇年代のような米ソの罵り合いもなく、デタントが数年間続いたのである。

核実験が地下に潜ると、放射性降下物に重点を置いていた核軍縮運動の戦略は、焦点を失ってしまった。加えて、進む米ソのデタントは、反戦運動から緊迫感を削いでいった。CND、SANE、そしてドイツや日本の反核運動は、特定のスローガンを越えて市民の大多数の賛同を得るような政治的プログラムを進めることに失敗したのである。部分的核実験禁止条約の締結後、急進的な若者たちが主導した運動は、アメリカ・南アフリカにおける黒人公民権運動、ベトナム反戦運動などの渦に巻き込まれ、核兵器問題からは遠ざかっていったのである。

核戦争への関心の世界的な急落は、雑誌目録、新聞記事のインデックス、ノンフィクション系の書籍や小説のカタログ、映画リストなど、どの指標においても明らかだった。核戦争関連記事の総数は、キューバ危機前後にあったピーク時の量と比較すると、一九六〇年代後半には四分の一以下まで落ち込んだ。タイトルに「アトム」という文字を含んだマンガすらもニューススタンドから姿を消した。つまり、キューバ危機がおさまり大気圏内の核実験が禁止された後、人びとは核兵器に対して、手のひらを返したように関心の目を向けなくなったのである。それはまるで、大きな石を持ち上げようとした子どもが、石の底に付着していた何かヌルヌルしたものを見た途端、慌ててその場を立ち去ってしまうかのようだった。

関心の急激な低下とその理由

世界の人びとが、突然、自分たちの生存を依然として脅かし続けている事実に関心を持たなくなるという事態が確認されたのは、歴史上で唯一のことだ。では、この驚くべき事態は、いったい何によってもたらされたのだろうか。米ソの緊張緩和、そして軍縮・抑止の表面上の成功は、人びとをそれなりに満足させた。しかし、核兵器は温存されるどころか、毎年その数を増やしていたのである。これを詳細に分析しても、関心が著しく低下した合理的要因は、ほとんど見当たらない。キューバ危機がカタルシスとして作用していた、と指摘されることもある。では、それはどういう意味だろう?

戦争の恐怖、水爆の物語、放射性降下物に関する警告、そして放射線によって生まれた怪物、反核を求める声高なメッセージ、そして、シェルター論争。これらによって何度も何度も「攻撃」されてきた人びとにとって、キューバ危機は、一連の恐怖のなかでも最も恐ろしい出来事だった。それでも、危機意識が、行動を駆り立てることはなかった。ベルリン危機とキューバ危機の間に、実際に何らかの予防策をとったアメリカ人は、辛うじて八人に一人に過ぎなかった。核シェルターを何らかの形で設置したのはおよそ五〇人に一人にとどまった。RAND研究所や民間防衛当局の関係者にも、自宅にシェルターを設置する者はほとんどいなかったのだ。

ケネディが一九六二年にひそかに組織した社会科学の有識者チームは、そうした意思決定が招く心理的な影響を調査した結果、人びとは「認知的不協和」を抱えていたとの結論を下した。これは、心理学の研究者たちには広く知られた説で、常識になっているとさえ言えるだろう。対象の動きとその観察者の合理的推論が一致しない場合、観察者は混乱状態に陥る。そして、不協和から目をそらせない場合には、対象の動きか、自らの考え方かのどちらかを修正し、なんとか認識の合理的統一を回復しようと試みるのである。核状況を「修正」できなかった人間は、自らの認識を変えることで、正気を保ったのだ。

核と関わりのある出来事に関しては、一九四五年以降、人びとは凄まじい混乱を受け入れてきた。その結果は、認知的不協和理論と親和性があった。ごく少数ではあるが、自分の身を守らないという判断をあえて下したアメリカ人もいた。彼らは、おぞましい核戦争の前ではシェルターなど無意味だ、というそれなりに合理的な信念を抱いていた。その意味で、彼らは態度と信念をうまく両立させていたのである。他方、生き残れると考えた者たちはシェルターを設置した。しかしながら、ほとんどのアメリカ人は、民間防衛は何かの役に立つだろうとは考えながらも、実際には何もしなかったのである。社会科学者のチームは、核によって壊滅の恐れがある地域の住民は、最悪のジレンマに直面していたと指摘した。さらに世論調査によると、人口の大多数が自分は「壊滅の恐れがある地域」に住んでいると思い込んでいたのだという。そのような地域に住む人が、この先の戦争を生き残るには、置かれている状況を断ち切って、即座にどこか別の場所に移り住むしかないことになる。都市部に住む数百万の人びとは、キューバ危機の間、「休暇」を取っていたわけだが、実際に移住までした家族はほとんどなかった。ここまで述べたように、大多数の人びとは、核戦争が実際に起こる可能性はほとんどないと思い込むことによってのみ、信念と行動とを一致させることができたのだった。

一九五〇年代の前半から、世界の人口のおよそ三分の一は、核戦争に対して強い恐怖心を抱いていたことを認めており、残りのほとんども、少なくとも何らかの不安を感じていた。キューバ危機が終わっても、その数に際立った変化はなかった。実際、一九八〇年代に行われた核戦争に関する世論調査を見ても、プラスマイナス一〇%程度の違いはあるもの、その傾向はほとんど変わっていない。キューバ危機の後の数年間は、核戦争へのマスコミの関心は以前の四分の一から一〇分の一にまで落ちたが、それは人びとの信念や関心が大きく変わったからではない。人びとは、訊かれれば核の恐怖があることを認めたが、もはや誰も自発的に話題にすることがなかっただけである。頭のなかから何もかもを綺麗に払いのけてしまうのが、認知的不協和を抱かずに済む最も手っ取り早い方法なのだ。明日はヒロシマか、それともこれまで通りの日常なのか？　曖昧な未来の問題として一九四五年に提起され、一九六二年の一〇月までに切迫したものになったこの問いは従来よりも強く問われるようになった。そして、多くの人びとは、平和のイメージと共に生きることを選んだのである。

次のような興味深い世論調査がある。一方に戦争を心から恐れている人びとがおり、他方ではまったく興味を示さない人びとがいたが、その差はその人たちの社会階級とはほとんど無関係だったのである。一九四五年以降、社会学者たちは、それらの相関性を従来の方法では説明できなかった。その問題に真正面から取り組んだ研究は、放射性降下物に関する知識量と不安との間に、関連性が一切ないことを明らかにした。つまり不安は、危険に関する特別な知識、あるいは特段の無知から生じるのではなく、どこか別のところに起因するのだった。平均的に、女性は男性よりも核爆弾にいくらか不安を感じる傾向がある。そして、貧困層や教育を受けられなかった人びとは、富裕層や教育を受けた人びとよりも、不安を感じることがやや多い。研究によると、これは核に限ったことではなく、こうした集団は、ほとんどすべての問題に不安を感じやすいという結果が出ている。態度やイメージは、性別に代表される通常の社会的カテゴリーの差に深く根をはっていたのである。

日常生活のなかに当たり前のように恐ろしい危険が存在したことは、人びとにいかなる影響を与えたのだろうか。正確には計測できないが、おそらく、核戦争が現実に起こる可能性と対峙したことによって、アメリカ人は、もはや第二次世界大戦のときの方法では、政府が自分たちを守ることができないと気付いたのかもしれない。キューバ危機の間、強硬派と目されていたケネディ支持者たちは、核軍縮を唱える人びとと大学キャンパスで衝突していた。平和運動では、野次だけでなく卵も飛び交い、小競り合いもあった。それは、政府を信頼する人びとと決して信じない人びととの間の大きな隔たりを示す兆候だった[10]。

社会の動きに敏感な人びとは、特に悩んでいるのは若者たちだ、と見ていた。最初の戦後世代は、社会規範に従う「組織型人間」の傾向があり、既存のステレオタイプ的な男女の役割分担やその他の社会的関係を受け入れていた。

しかし、すでに一九五〇年代には、孤独感と内的志向を特徴とした、全く別の若者文化が形成されていた。既存の価値観に対するはっきりとした不信は、一九六〇年代に盛り上がった。大学の新入生を対象とした調査では、一九四八年から一九六八年までの間に、協調的姿勢が着実に低下していることがわかった。これらの変化には様ざまな原因が考えられるが、核の恐怖に晒されたことが大きく関与しているのは誰の目にも明らかだった。核の恐怖は、非常時の避難訓練、民間防衛に関する指導、戦争への恐怖、映画などを通じて、この世代の脳裏に植え付けられたのだ。(11)

キューバ危機の後しばらく経ち、思春期の若者の四割が「異様なほど大きな」戦争への不安を抱えていることが世論調査でわかった。その割合は年長者の二倍以上に及んでいた。ある調査のなかで、核兵器については何も告げず、児童たちに十年後の世界について話し合わせたところ、三分の二以上の子どもたちは戦争に言及しており、しばしば、気分が重苦しくてどうしようもないと述べる子どももいた。一九六〇年代には若者たちが、明日世界が終わるかもしれない時に貯金するのも勉強するのも馬鹿げている、と話し合う姿が報じられている（個人的にも何人かがそう言うのを耳にしたことがある）。一九八二年、ある精神分析医は数十年に及ぶ研究を総括し、核の問題は多くの若者たちに「無気力で冷笑的な意識」を植え付けた、と語った。(12)

しかし、年長者がそうだったように、若者のあいだで核の恐怖が表立って表現されることは、徐々に少なくなっていった。一九六〇年代、学生たちにそのような意識について学期ごとに質問していたある大学教師が、その転換に気がついた。広島への原爆投下以前に思春期を迎えていた世代は不安を率直に認めるが、その後の世代は、そうではなかったのだ。その教師は、それでもすべての学生が危険を敏感に察知すると感じており、学生たちはその危険を恐れるあまりそれを否定するようになったと結論を下した。(13)

否認。それは、心理学の理論を批判する者でさえその存在を認める、数少ない精神的な防衛機能のうちの一つである。医者たちは、手の施しようもない病状を告知したとき、その許容し難い事実をあっさりと忘れてしまう患者がいることに気づいていた。また、精神分析医たちは、ある物事に心を乱された結果、それに向き合うのではなく、文字通り目を塞いでしまう患者の存在を報告している。第二次世界大戦の空襲下において、自分の家は絶対安全だと言い張って止まない子どもたちがたくさんいた。一九六五年、ある青年は「核爆弾に怯えて暮らしていたら何もできない」と語った。[14] 核戦争のイメージはよりいっそう抑圧されやすい。なぜなら、そのイメージは、人間が普段は見ないようにしている根源的恐怖や欲望を呼び起こす幻想と混ざり合っているからである。

一九五〇年代中頃、否認に関してさらに踏み込んで分析しようとしたある心理学者は、核戦争のイメージを描いたともとれるような多義的な絵を数枚見せ、人びとにその絵にまつわる物語を考えさせた。それらの絵が明確で恐ろしいイメージを秘めているものであればあるほど、被験者が語る物語から戦争の要素が減っていった。それらの絵から戦争を見いだすことができなかった人びとは、それでも陰鬱で曖昧な物語を作り上げた。これは、後に心理学者のロバート・リフトンらが「麻痺」と呼んだ現象だった。ある概念を否定した者は、その概念を彷彿とさせるあらゆる物事を意識から締め出してしまうのである。感じたり、思ったりすることの拒絶、あるいは行動をじっくり考えることの拒絶は、漠然と広がり得るものなのだ。我々の時代のいまだ応えられていない最大の難題の一つは、核の危険を否認したことによって、心理的な「麻痺」がどれほど進んだのかという問題である。[15]

否認は、より基礎的な心理作用、特に「習慣化」と呼ばれる作用に支えられていた。雑音にさらされた動物たちは、その雑音に身体的な害がないとわかると、音が聴こえていないかのように行動するようになる。その行動原理は人間の恐怖症治療に応用され、注目すべき成功を収めた。この治療を解説した論文のなかでも、一九六三年に発表された有名な論文は特に興味深い。

あるセールスマンは、核戦争に対して病的な恐れを抱いて苦しんでいた。彼の恐怖症は深刻で、ラジオを避け、海外のニュースを思い起こさせるものをすべて拒絶するようになった結果、彼は仕事を失い、頭から布団をかぶり一日中縮こまって過ごすようになった。彼にとって本当に恐ろしいのは妻を失うことだった。彼は彼女に子どものように甘えていた。この状態は、世界終末思想に関して前述したことに一致する。しかし、精神分析医は、彼を恐怖症患者として扱った。彼は、心を落ち着けて快適な精神状態にし、新聞にさっと目を通すことを想像するようにと言われた。彼はそれを何度も繰り返した後、事もなげに新聞を読めるようになった。彼はその方法で、ラジオなどにも触れられるようになり、とうとう完治したのである。[16]

一九六〇年代の初頭、どれくらいの人が彼と同じように核の恐怖を「治療」したのだろう。このような問いに対する確かな答えは存在しないだろうが、一人の患者の身に極端なかたちで起こったことは、他の人びとにも緩やかに起こり得たと思えてならない。実害はなかったとはいえ、人びとは戦争の恐怖や他の刺激に常に晒されていたのだから。オオカミ少年の物語が示すように、抗議の声に慣れてしまうことと、オオカミを追い払うこととは、残念ながらまったくの別物なのだ。

無気力指向に拍車をかけたのは、後に「学習性無力感」と呼ばれるもう一つの基礎的なプロセスだった。心理学者が行った実験では、檻に閉じ込めた犬に電気ショックをランダムに与えると、やがてその犬は身を守ろうとしなくなることがわかった。後にその犬は、通常の状態の犬ならば自力でショックを避けることができる檻に移された。しかし、無力感を教え込まれたその犬は、ただ横たわり鼻をクンクン鳴らすだけだった。それに相当する人間の状態が、諦めによる無気力だった。それは、解決できない問題を何度か提示するという実験を行えば、簡単に起こすことのできる心理状態なのだ。より大規模なこの心理状態について、バートランド・ラッセルは一九六四年に不満を述べている。CNDが衰退し、核兵器に対して人びとが沈黙するようになった現状を嘆いたのである。彼は述べている。「その傾向は、破滅的な展望に人びとが心の底から無関心だったということを意味しない。むしろ、人びとは「どうすることもできない無力感」に追い立てられていたのだ。残念ながら、大半の人びとは、戦争と国家権力という巨大な非人間的装置によって、骨の髄まで麻痺した状態に陥ってしまうのである。[17]」

これらは単に個人心理の問題だけではなく、社会的な力、最も一般的な言葉で言うならばプロパガンダの問題でもある。プロパガンダは、必ずしも特定の主張や行為を扇動しようとするだけではない。ほとんどの社会には、意見の不在（すなわち黙認）を後押しするプロパガンダが、いつも潜在しているのだ。たとえば、軍縮の議論や新型兵器に関して毎年のように行われるPR活動は、国家当局が核問題解決に向けて懸命に取り組んでいると人びとに印象付けた。権力者だけが、外交や技術の入り組んだ事実を理解できるかのように印象付けたのである。それは「学習性無力感」ではなく、「与えられた無力感」だった。

抑止と米ソの緊張緩和がうまく機能しているように見えたから、核戦争は差し迫った問題ではないと合理的に判断されたのだろうか。それとも、家を捨ててまで逃げることはないと信じ込んで認知的不協和を避けたのか。核戦争のイメージがあまりに恐ろしいので、意識的あるいは無意識的に核戦争を否定するようになったのか。警戒することに慣れてしまって、もはや何の恐怖も感じなくなったのか。それとも、無力感によって別の問題に意識を向けるようになったのか。その問題をうまく処理するから安心してよいという権力者の主張を受け入れたのか。いずれにしても、結果は同じだった。核戦争のイメージは、空想的なものと抽象的なものが依然として混在し、有効な対処法には全くつながらなかった。魔法をかけられた「眠れる森の美女」の城の住人のように、それぞれのイメージとそれぞれの概念は静止したまま、およそ二〇年が過ぎた。それは、軍事面でも、政治面でも、そして道徳面でも、近代において前例がないほどの停滞だった。

それでも、水面下では微妙な変化が起こっていた。権力者による核エネルギーの管理に疑いを持ち、技術者集団によるコントロールについて考え始める者も現れるようになった。キューバからミサイルがなくなった後、その疑問が沈黙を破って表に出てきたのである。

第15章　フェイル・セイフ

博士の異常な愛情

人類を滅亡の縁へとじわじわ追いやっていたものは、一体何だったのか？　映画『渚にて』で酔っぱらいの物理学者を演じたフレッド・アステアに言わせれば、それは「欠陥品の真空管とトランジスタ」ということだった。しかし、この映画の原作小説のなかで世界破滅の引き金となっていたのは、国家間の戦争だった。小説が出版された一九五七年と、映画が公開された一九五九年との間では、強調点が変わっていたのである。その変化はこの物語のなかだけにとどまらない、人びとの考え方の変化でもあった。世界破滅の脅威は、国際政治の問題というよりも、技術的な問題にあるように思われ始めていた。映画でアステアが演じた男が述べたように、システムが爆発的に普及していき、ついには「私たちの手に負えなくなった」のだ。

一九四五年以前には、戦争が技術的な事故によって引き起こされるとは夢にも思われていなかった。作家たちの間で語られる偶発的な戦争と言えば、電子装置の誤作動によるものではなく国家指導者のミスによって起こるものだった。一九四六年の初めに原子科学者たちは、自動制御システムは偶発戦争の危険を高めると警告した。もし指揮官がパニックを起こし発射ボタンを不意に押してしまったら？　それを聞いて頭に浮かぶのは、研究者が実験中の不注意によって地球を吹き飛ばしてしまうという戦前のファンタジー小説だ。その当時、それを実際に心配する人は皆無に等しかった。しかし、一九五〇年代中盤までには、不安になって当然であるような理由が出てきたのである。

アメリカ軍の戦闘機は、航空写真の撮影や防空力調査のため、極秘裏にソビエトの領空を定期的に侵犯していた。アメリカによる領空侵犯を憂慮したフルシチョフは、一九五七年に偶発的な戦争を仕掛けるような素振りをそれとなく窺わせた。科学的な偶発事が世界を崩壊させるという昔ながらのイメージが、深刻な軍事問題に忍び寄ろうとしていた。

このような状況に、現実の不祥事が追い打ちをかけた。一九五八年に戦略航空部隊（SAC）が新たに開発した爆撃機B-47が、墜落などの事故を七回も起こしたのだ。なかでも世界中が息を呑んだのは、一九五八年の三月、サウス・カロライナ上空を飛行中のB-47から核爆弾が落下したときのことだった。その弾頭部にあった爆薬が爆発し、五人が負傷。さらに放射性物質を撒き散らしたのである。モスクワ放送は、同様の事故がSACをパニック状態に陥れ、ロシアを攻撃してくる可能性も考えられると非難した[1]。

一九五〇年代末、SACは実際に一触即発の状況にあった。戦略理論家たちは、ソビエトの先制攻撃を受けると、アメリカ軍の爆撃機は地上で手も足も出ないまま跡形もなく大破する可能性があると予測したのである。そのため、SACは、疑わしい信号を確認したときは、すぐさま少数編成の航空部隊を空中に配備することを決めた。実際にその態勢を整えてみると、国籍不明の飛行機、レーダーの故障、そして流星群までもが、疑わしい信号になり得ることがわかった。この問題が表面化する契機は、一九五八年に書かれたあるニュース記事だった。技術者たちの業界用語を広く知らしめたその記事は、仮に信号の誤認などがあったとしても、「フェイル・セイフ」という規則によって爆撃機は引き返してくるだろうと述べていた。

要は、当初はAECによる文民統制の下で厳重に管理されていたアメリカの核兵器が、次第に軍人の手に渡っていったということだった。一九五〇年代終盤までには、個々のパイロットが、爆弾投下の裁量権を認められることもあった。これらは機密事項だった。しかし、アメリカでの重大事件の際にしばしば起こるように、国民は、そうした気配をはっきりと察知するのだった。一九六一年以降、ケネディ政権は事故防止装置を導入し、さらにソ連上空の飛行を停止した。しかし、深い恐怖から逃げるにはもう手遅れだった。一九六六年にスペインのパロマレスで起きた放射性物質の飛散事故のような、度重なる核兵器の事故は、原子力産業協会の代表が嘆いたように、原子力事業全般のイメージに悪影響を及ぼし続けたのである。[2]

危機的な状況のなかで対峙する指導者たちが、負けを認めるよりは戦ったほうが失うものは少ないと信じた場合に戦争が起こり、それが繰り返されてきた。もし核戦争が一度でも起こっていたならば、これまでの戦争がそうだったように、核戦争も繰り返されただろう。それでも、核戦争のきっかけになりかねない欠陥のある電子部品や、厳格に任務を遂行しようとする爆撃機のパイロットの存在を、脳裏から消すことができた者はほとんどいない。どんなに信じがたいものであっても、無垢の行為が意図していない破滅をもたらすというイメージには特別の魅力があった。なぜならば、それらは、無垢とは懸け離れたもっと奥深い思想を秘めているからだ。

その思想を部分的に明らかにしたのは、『フェイル・セイフ』というスリラー小説だった。[3] それは、一九六二年一〇月に『サタデー・イブニング・ポスト』誌で連載が開始され、大勢の読者の背筋を凍らせた。キューバ・ミサイル危機が同じ月に起こったことも影響していただろう。この小説は、核を扱った小説のなかで、年間売上トップ一〇入りを果たした唯一の小説だった。そのストーリーは、小さな電子装置の欠陥を軸に展開された。電子装置が誤って暗号化された信号を発信し、アメリカの爆撃機をロシアに送り込んでしまうのだった。アメリカ空軍の広報担当者は、音声による指令以外で爆撃機が出動することはない、とクレームをつけたが、何らかの事故が起こる可能性は、当然のことながら、どんなに低かろうが決してゼロということはない。欠陥はおぞましい結果を招き得るのだから、最もあり得ない可能性もいずれ起こるものとして捉えなければならない、と主張する者もいた。もしその論理が正しいとするなら、その解決策は、核戦争に繋がるすべての装置をバラバラに分解するしかなかった。

映画プロデューサーであり、SANEのメンバーでもあったマックス・ヤングスタインは、核軍縮という大義に貢献するため、その小説を『フェイル・セイフ』として映画化した。一九六四年、彼の映画は数百万の観客の背筋を凍らせた。それは、核兵器が制御不能になるのではないかという恐怖が引き起こした本能的な反応だった。故障して暴走するロボットが物語にまったく登場しないとしても、そのときはロボットの代わりに、ロボットと同じような人間が登場するのである。たとえば、その映画には一人の戦略家が描かれている。その人物は、戦争が避けられないことを判断すると、顔色一つ変えず、大規模な攻撃を指示するのだった。このように、軍上層部の人間はロボットのように描かれるのだった。モスクワに向かう爆撃機のパイロットは、帰還せよという無線指令を拒否した。なぜならば、そうした指令は敵の策略ということもあり得る、と教えられていたからだ。観客が目にしたのは、マイク越しに引き返すように訴えていたパイロットの妻が、くやしさを滲ませながら首を横に振った姿だった。つまり、そのパイロットは、妻との交信をまったく意に介さなかったのである。真の危険は、オートメーション化した装置によるのではなく、オートメーション化した人間によって生じたのだった。

さらに影響力のあるイメージが、一九五八年にイギリスで出版された小説のなかで展開されている。それは、ピーター・ジョージが書いた『破滅への二時間』というあまり読まれていない小説だ。この著者もまた、水爆に反対する姿勢を示そうと考えていた。おそらく彼が書いた小説も、彼自身の個人的な感情を色濃く反映したものだったのだろう。彼は、核兵器によって人類が互いを憎み合うという小説を書き終えたわずか数年後に、自ら命を絶ったのだ。『破滅への二時間』に登場するパイロットは、自殺を思わせるようなことを隠し立てもせず口にした。この作品では、ソ連に向けて爆撃機を出撃させたのは、電子機器系統の故障ではなく、人間の精神の破綻（精神異常をきたした軍人）だったのだ(4)。

そのアイデアに説得力を感じたのが、スタンリー・キューブリックだった。当時すでにベテラン映画監督だった彼は、あるメッセージを世界に向けてどう発信するかを考えながら、他を顧みずに核戦争について調べていた。彼は、ピーター・ジョージのほとんど知られていないスリラー小説を偶然に知り、そこに自分が求めていた筋書きを見つけたのだった。そして、一九六四年、核に関する最も重要な映画である、『博士の異常な愛情』が生まれたのである。

映画の最後の場面で、「戦争を始めた人物」がついにその正体を表すわけだが、その男は実はＳＡＣの幹部だった。しかし、共産主義者たちに「貴重な体液」を汚されていると思い込んだリッパー将軍が、彼の一存でロシアへの攻撃を計画したとき、まだこの映画が伝えたいメッセージは始まったばかりだった。キューブリックは、権威やテクノロジーという巨大の組織全体を、滑稽な人間たちが織りなすドタバタ劇に変貌させた。ストレンジラブ博士自身は、電動車椅子に乗った科学者兼戦略家で冷酷な人物だった。ある批評家が述べたように、ストレンジラブ博士は、ユニバーサルスタジオ製作による一連のホラー映画のなかのイメージの集合体だった。彼の人格には、狂気的な博士と優秀な科学者が溶け合っていた。[5] 黒い手袋がはめられた博士の不自由な右手は、一九二六年に製作された傑作『メトロポリス』に登場する、機械仕掛けの右手を持つ科学者を抜け目なく参考にしたものだった。『博士の異常な愛情』は、フランケンシュタインや、中世の魔術師が使った魔法道具などを参照しつつ、イメージを練り上げていた。そして映画の最後では、数十年にわたって仄めかされてきた秘密が、大声で叫ばれている。核戦争の心理的な問題は、まさしく、典型的なマッド・サイエンティストが常に体現してきたことだった。つまり、自制心を失った人間の権威者の問題だった。

結局、偶発戦争の物語の帰結は、さらなるカタルシスだけだった。異なる水準ではあるが、キューバ危機のときも同じように、小説や映画は、人びとの内に秘めた不安を表立たせる機能を果たした。あるいは、信念と現実が矛盾することで生じる不協和を部分的に和らげる働きもした。ただし、それは、厄介な物事をまとめて脇に追いやって、なかったことにしていたに過ぎない。これらの小説と映画は、現実の政治から関心を引き離し、その代わりに故障した電子機器と異常な精神に焦点を当てていた。だからこそ、観客は不安や矛盾を深刻に考えず、ある意味では安心できたのである。自分たちには関係のない、あるいは理解すらも及ばない、ごくわずかな可能性を思い悩むことに、どんな意味があるのだろうか？　このような一面の真実を、『博士の異常な愛情』に添えられたユニークなサブタイトルは言い当てている。そのサブタイトルは、「私は如何にして心配するのを止めて水爆を愛するようになったか」だった。一九五八年から六五年までの間、映画・小説・雑誌記事は、偶発的な戦争を相次いで取り上げた。偶発的戦争の氾濫は、フィクション、ノンフィクションを含め、一九四五年以来ずっと発表され続けてきた核戦争の物語に終止符を打つものだった。事故をめぐる論争は、核戦争をめぐる深刻な議論の最後の盛り上がりだった。その後、核戦争への関心は分散することになる。

かすかな残響は、まだ消えずにいた。なぜならば、偶発的核危機と国際問題のニュースとをそれらしく繋げる方法が、まだ一つ残っていたからだ。それは核拡散である。一九六〇年にフランスが、そして一九六四年には中国が、それぞれ原爆実験を成功させていた。核を保有する国がさらに増えれば、不意に大惨事が起こる可能性もそれだけ増えるのは、誰の目にも明らかだった。電子機器の欠陥、精神異常の軍人、あるいはより現実的には何らかの局地的な紛争の拡大。核保有国が増えれば、こうした不安要素も増えるのだから。為政者たちは、その問題を「拡散」と呼んだ。拡散とは、生物学上の用語の一つで、この場合は、自動的に繁殖する性質をもつものとして核兵器を捉えている。まずA国が核兵器を手にしたとする。そうなればA国と敵対するB国は間違いなく自分たちも核を手に入れようとし、さらにその隣国Cも続いて……といった具合に拡散する。それは毒草が繁茂していくのと同様、手に負えない事象なのだ。

多くの国はこうした懸念を受けて、一九六八年に核拡散防止条約にサインした。そしてそれは、長年待望されていた、プルトニウム生産を管理する国際的な査察団、IAEAの設置につながった。しかし、IAEAによる査察は原子炉に限定されていた。つまり、覚悟を決めた国が抜け道を見つけ出す恐れがあったのだ。専門家の大きな注目は、核兵器と、成長を遂げていた原子力産業とのつながりに向かったが、拡散の本質的な問題はそこにはなかった。核兵器の開発を決意する国が増えたとしたらどうなるのだろう？　それが問題の本質だった。

驚くべきことだが、数十年にわたって、どの国も核武装という選択が自国の有利に働くとは感じていなかった。拡散についての一般的な議論はしたがって、論点が定まらないものになった。そして誰もそのテーマでフィクションを書こうとしなかった。核をめぐる想像力は、現実世界に沿った道筋から逸れて行き場を失い、原爆の開発や強奪をもくろむ狂信的な人間の物語に戻っていったのだ。現実の国家指導者たちの存在は忘れられ、ステレオタイプ的な、科学者とも犯罪者ともつかない人間たちが、威嚇するように悪魔の装置をちらつかせるようになった。こうしたステレオタイプは、たとえば、絶大な人気を誇るジェームズ・ボンド映画の一九六二年に封切られた第一作目『００７ドクター・ノオ』に引き継がれている。その映画のなかで、ジェームズ・ボンドは孤島に築かれた原子力要塞に乗り込み、黒い手袋をはめた悪の天才を倒すのだった。このようなストーリーは、核を扱う他のフィクションとは一線を画し、一九六〇年代の中頃以降もペーパーバック本の棚や映画館から姿を消すことはなく、二〇世紀が終わるまで、ほぼ一定数は生産され続けた。ジェームズ・ボンドやそれを模倣したヒーローたちは、水爆を巧みに使う秘密犯罪組織から、何度も世界を救い続けた。これらの映画は、核エネルギーに関連する物語のなかで、最も多くの観客を獲得したのである。

言うまでもなく、ボンドは巨大な悪に立ち向かうヒーローの原型だった。一般に、悪役たちは核兵器の力を使って個人的な利益を実現しようとする。世界が火の海になるような戦争を引き起こそうとする場合さえある。そして、シークレット・エージェントの主人公が、力で互角にやり合おうとはせずに、機転の利いたアイデアを組み合わせ、悪の手先の襲撃をたやすく切り抜けることで彼らの野望を阻止するのだった。その姿はまるで、夢の調査を行ったマイケル・オルティス・ヒルが記録したような、核戦争を劇的に生き延びる夢のなかの人間ようだった。[6]

そうした物語に何らかの社会的なメッセージがあるとするなら、それは次のようなメッセージだった。つまり、一般市民は、ずば抜けた身体能力と最新鋭の小道具を武器に苦難を切り抜けるヒーローを信じて、ただ観ているだけでよい、というメッセージである。ある映画評論家が指摘したように、シナリオライターは、何度も繰り返されるスパイ物語のなかで水爆を飼い馴らし、水爆を「ありふれたテクノロジーの産物」に変容させたのである。[7] しかし、核エネルギーは、物語をさらに盛り上げる映画的な小道具に、異様なほど適していた。なぜなら、核エネルギーは、スパイの物語の鍵となる構成要素、すなわち、迫力のあるアクション、秘密、性的な冒険とも結びつくことが出来たからだ。小説や映画は、面白い物語を仕立て上げる見返りとして、核エネルギーとそれらの要素とのつながりを補強したのである。核戦争に関する思考は、当初の場所から限りなく遠く離れてしまった。その結果、それは以前よりももっと原始的で、意識されない水準に逆戻りしつつあった。

核兵器から原子炉へ

核兵器の管理が話題にならなくなると、今度は原子炉の管理に目を向ける者が現れ始めた。実質的に、核兵器の誤射は、原子炉の事故による爆発とほとんど大差はないはずだった。しかし、想像力の世界では、それらは全く別物だったようだ。「平和のための原子力」キャンペーンが開始直後の賑わいを見せているあいだは、原子炉事故の議論はかき消されていた。それでも徐々にではあるが、目を覆いたくなるようなリスクのイメージが生まれたのである。世間の目の届かないところで、原子炉に関する問題を展開していたのは、まさに原子炉の建設に関与する人たちだった。

権威ある核の専門家たちのほとんどは、工学技術によって災害を防ぐことができると常に自信を持っていた。それでも、マンハッタン計画以来、彼らは、原子炉は他の産業以上の慎重さで管理されるべきだと主張していた。科学者と他の原子力業界のトップは、一般的な炭鉱や化学工場で、日々どれほど多くの人間が犠牲になっているのかを見落として、原子炉だけが危険であるかのように主張していた。屈折したプライドを持つ彼らは、原子炉は「人間がこれまでに従事してきたもののなかでも群を抜いて危険な製造工程だ」と述べたのである。そうした考え方は、原子炉建設業者たちの思考に浸透し、ついには他のすべての人びとの思考にも波及していった。[8]

最初に注目を集めたのは、例のごとくアメリカの科学者たちの提言だった。それは、一九五五年にジュネーブで開催された原子力平和利用国際会議での出来事だった。テラーと二人の同僚たちによって発表された論文は最も印象深いもので、どの原子炉においても不可避的に蓄積される核分裂片について考察されていた。彼らは、これらの放射性同位体は、同じ質量で比較した場合、一般的な工場で生成される物質よりも百万倍の毒性があると、ほとんど誇らしげに、発表していた（その後、別のある化学物質にも同程度の危険性が認められた）。その論文の著者たちは、原子炉を稼働することは爆薬と猛毒の生産を同じ建屋内で行うようなものだ、と警告した。[9] 大部分の記者は、テラーたちの提言を相手にしなかったが、それに注目するジャーナリストもわずかながら存在した。彼らは、「平和のための原子力」が素晴らしいアイデアであることを否定するためではなく、その発展のために留意すべきこととしてこの問題に言及したのだった。

原子力産業のPRに携わる人びとの一部は、自らの危うい立場を察知していた。原子炉が事故を起こすということは、SF作品を通して、よく知られていたのだ。テラーは、どの産業でも時折起こるような重大事故が、たった一度でも起こるだけで、それは原子力の平和利用の進歩を妨げる「心理的な大災害」になるだろうと警鐘を鳴らした。技術者たちは、人びとの身の安全はもちろん、人びとの内面にある核エネルギーのイメージをも守るため、細心の注意を払い業務を進めなければならなかった[10]。

原子力業界の指導者たちは、公的な機関を設置することで原子炉の管理を制度化しようとした。最初の動きとして、最も重要なことが一九四七年にAECによって定められた。原子炉安全委員会の新設である。原子炉安全委員会は、非常勤のアドバイザーとして働く六人の専門家で構成された場当たり的な集団でしかなかった。しかし数年のうちに彼らは、原子力産業全体を思いどおりに動かすようになっていき、最終的には彼らの考え方そのものが社会全般にすり込まれることになった。そして、この委員会の形成期に当たる最初の六年間に議長を務めたのが、テラーであった。彼は、安全問題に対する独自の観点をひたすら追求しながら、すべての決定に影響を及ぼしていったのである。

無関心と表裏一体である過剰な自信から大災害の懸念に至るまで、安全性に関するさまざまな見解が存在したが、原子炉安全委員会の関心は大災害の懸念へと傾いていった。その傾向は、核による破滅のあらゆる可能性に関する、テラーの個人的な執着と軌を一にしていた。さらに重要なことに、委員会のメンバーは、一部の原子炉建設業者の軽率な態度が事故につながりかねず、その事故が一般の人びとをけしかけて原子力産業の成長を阻害するのではないか、と懸念していた。原子炉安全委員会は、作業の一年目が終わるまでにAECの他の大勢の専門家と対立するほど、原子炉建設の現場を重要視した。そして、人口密集地域の周辺での原子炉建設を禁止したのである。そのため、原子炉安全委員会は、議長のテラーの前でさえ「原子炉阻止委員会」と言われたのだ。

この問題の解決策として、アイダホ州にある人里離れた地域に試験的な原子炉を設置することになった。しかし、この決定に異議を唱える者たちがいた。異議を唱えたのは、ニューヨーク北部に位置するゼネラル・エレクトリック

（GE）社の原子炉設計チームである。彼らは、数千マイルも離れた何もない場所への通勤に難色を示した。加えて、彼らの拠点から何百マイルも離れた地域に原子炉の設置を余儀なくされれば、原発の商業利用は、コスト面で大きな犠牲を払うことにもなりかねなかった。したがってGEの社員たちは、万が一の事故の際の放射性物質の放出を確実に食い止めるために、大きな鋼鉄製の囲いで原子炉を覆い尽くすことを提案した。そして、原子炉安全委員会はこの提案を採用したのである。

そう決まると、今度はGEの建築士が重大な問題を提起した。原子炉の格納容器は、具体的にどれくらいの厚さで作るべきなのか？　そのときまで、誰もが事故防止に関心を集中させていたのだが、実際の事故がどのようなものか、詳細に予測しようとした者はいなかった。しかし、建築士たちには正確な数字が必要である。それゆえ、原子炉の設計者たちは、想像できる範囲で最も苛酷な大災害を想定しなければならなかった。そして、それにも耐え得る格納容器が作られたわけだが、そうした極めて低い可能性を考慮して大規模な事前対策を練るということは、従来にはなかった発想だった。GEの社員の一人は、「私たちは、原子力に関するありとあらゆる問題を議論した。私たちの役割はいわば悪魔の代弁者だった」と述懐している。[11]

すぐさま、原子炉安全委員会は、原子炉建設を希望する団体はいずれも、最悪のトラブル（現在では、最大想定事故、と呼ばれている）を想定し、それについて説明しなければならないと主張し始めた。委員会のメンバーたちは提出された大事故のシナリオを審査して、より恐ろしい事態を想定しようとしたのである。そして、設計技士たちは、最悪の事態がどのようなものかを緻密に計算した上で、その防止策を考案しようとした。テラーが率いる委員会は、原子炉の安全性に関するすべての問題のなかでも最重要課題として、最大想定事故を重視したのである。つまり、原子炉の安全性に取り組むということは、筆舌に尽くしがたい大惨事との格闘を意味していたのだ。

この姿勢は、他の産業の技術者たちの安全に向けた取り組みとは異なっていた。他の産業の技術者たちは、派手ではないが場合によっては実際に命を落とす事故をまず想定するものだ。そして、規模は小さくとも数多く存在する悲惨な経験を通して、信頼できる対処法を模索するのである。多くの産業で積み重ねられてきた経験から、大事故は些細な事故と同じ原因で生じることがわかっていた。つまり、身のまわりの失敗を何一つ起こさないよう心掛けていたなら、安全性に思い悩むことはないのだ。しかし、原子力産業はこの方法を採らなかった。いや、採ることができなかったのである。一九五〇年代、原子炉の技術者たちは、あまりに早く原子炉を開発したため、一つの型の原子炉の欠点が導き出されたときには、既にその次の建設工事（新たな設計で、数倍大掛かりなもの）に取り掛っているという状況だった。さらに、五〇年代の原子炉は、教訓として生かせるような深刻な事故をほとんど経験しなかった。

最大想定事故は、核戦略家の先制攻撃のようなものだった。つまり、それは今までに一度も起ったことがなく、純粋な理性を揺さぶるような出来事であり、にもかかわらず、あまりに恐ろしいためにどのような現実の出来事よりも入念に研究されてしまう、そういうものだったのだ。アメリカ空軍がソビエトの能力を推測して「最悪事態」を想定する、そして、その「最悪事態」を想定したテラーたちが、爆撃機とミサイルのギャップを埋めるための軍備拡張を訴えていく。こうした論理が作動していたのである。そうした最悪事態はすべて、厳密に分析を重ねた事実というよりもむしろ、未知なるものに対する恐怖や、統制を失うことへの不安に起因していた。実際に、原子炉安全委員会は、悪質な、あるいは精神的に不安定な人間が意図的に原子炉の事故を起こす可能性を特に危惧していた。そしてSANEもそれと同じように、そのような人間が戦争を起こすのではないか、という恐れを抱いていたのである。

核エネルギーは軍事の慣習を覆しただけでなく、産業における安全工学の慣習をも同様に覆した。なぜなら、原子炉の内容物は、郊外に放たれた場合、数百マイル四方を誰も住めない土地にしてしまうからだ。石炭火力発電所であれば予想されうる最悪の事態に陥っても何とかやり過ごせるだろうが、原子炉の場合はそうもいかない。そして、数千に及ぶ原子炉を建設しそれぞれ数十年にわたって稼働するのであれば、未曾有の大地震や悪知恵に長けたテロ行為のような万一の事態が、いつの日か不意に訪れてもまったく不思議ではない。原子炉はそれに耐えうる性能を備えていなければならないのだ。

最大級の事故に対する懸念は、原子炉の研究所に制度として組み込まれるようになった。テラーたちのグループを除けば、最初の公的機関は一九五二年に原子炉安全審査委員会として設立された。この委員会は、イリノイとアイダホにあるアメリカの研究用原子炉の審査役として発足した。それは、当時の世界における原子炉研究のうちおよそ半分が、彼らの監視下に置かれることを意味した。その委員会は週末も含めかなりの日数をかけて、技術者と原子炉作業員にヒアリングを行い、さらに、すべての原子炉を隅々まで徹底的にチェックした。この委員会は、不注意な人間を解雇する権限を有していたし、実際にそうすることもあった。他方で、原子炉開発に取り組むＡＥＣの研究所や、ゼネラル・エレクトリック、ウェスティング・ハウス、そして他の民間企業も同様に、それぞれの組織内で安全委員会を設立した。これらの安全委員会もまた、原子炉の設計を審査し最高幹部にその審査結果をありのままに報告したのだった。

世界のほとんどの国も、アメリカに倣い、厳格な審査を行う安全委員会を設立して巨大な格納容器で原子炉を覆うようになった。例外は、ソビエトを中心とした東側諸国だった。それらの地域の権威者たちは、原子炉の事故は決して起こらないと公然と主張していた。彼らは自分たちの言葉を信じ込んでいたのだろう。その上、国家主導のテクノロジーを批判することは、国そのものを批判するも同然だった。そんなことはできるはずもなかったのだ。

ソビエトが最も多く建設した原子炉は、黒鉛が収められた燃料棒を用いる黒鉛炉と呼ばれるもので、温度が上昇すると、核分裂連鎖の暴走を招く危険性があった。この設計が選ばれたのは偶然ではない。黒鉛炉が選択されたという歴史には、物理学の法則が関係していた。黒鉛炉は、プルトニウムを生産するのに非常に適している。そのプルトニウムは原爆の材料である。さらに、プルトニウムをつくるためには、原子炉の燃料交換を頻繁に行わねばならない。こうした条件によって、ソビエトの民生用原子炉は、軍事用プルトニウムを生産するために開発された原子炉の流れをそのまま汲むことになった。つまり、ソビエトの原子力関係者たちは、軍事用の原子炉と同じ設計で、民生用の原子炉を建設したのである。そうすれば、時間も開発コストも短縮できたからだ。さらに、一九八〇年代以前に開発されたソビエトの原子炉（後に、チェルノブイリ事故で広く知れ渡ることになったものと同型）の天井部には、燃料棒の交換を行うための仕切り以外何も施されていなかった。文字通り、穴だらけの遮蔽であった。外部を完全に遮断する格納容器なしで作業を進めることによって、コストを削減し、頻繁な燃料交換の効率を向上させたのである。要するに、ソビエトの原子炉設計者たちにとって安全性は二の次だった。彼らがそれよりも優先したのは、軍事用プルトニウムの生産が可能な民生用原子炉を、必要に応じてはコストを抑えつつ開発することだった。

血の滲むような努力をどれほど重ねても、完璧な原子炉は実現しなかった。一九五〇年代、アメリカの原子炉計画は軽度な事故を数多く起こした。一九五二年と一九五八年には、カナダの原子炉で火災事故が発生し、一九五九年と一九六一年にはユーゴスラビアとアメリカのアイダホ州で、原子炉作業員が命を落とすという死亡事故が起こった。どの事故も波紋を呼び、原子炉の安全性に関する新聞記事が数多く書かれた。しかし、これらはすべて実験用原子炉の事故であり、関心を持っていた人びとが予期していた問題だった。そして、一般の人びとがこうした事故に懸念を抱くことは、ほとんどなかったのである。

原子炉から多量の放射性物質が外部へ放出されたとき、その反響は複雑だった。原爆用のプルトニウムを確保するため、イギリスはイングランド北部のウィンズケールに大型原子炉を建設した。その原子炉は、羊や牛が放牧された緑豊かな牧草地にそびえ立っていた。そして、一九五七年一〇月、ウィンズケールの原子炉の一部のウラン燃料棒が火災を起こした。不吉な見出しが紙面を賑わせた。微量の放射性ヨウ素がウィンズケールの施設から数十マイル離れた牧草地で発見され、当局がその地域から牛乳を回収したというのだ。マスコミは原子力の関係機関に対して猛烈な批判を浴びせ、恐ろしい噂が広まった。その事故はその地域の人びとがガンになる危険性をわずかながらに増加させたかもしれないし、ひいてはその後の数十年間で、ひょっとすると十数人の死者を出したのかもしれないが、その事故の時点では、負傷者はいなかった。したがって、ほとんどの人びとは怪我なく事態が収束したと考えた。そして、マスコミはいつものように別の問題に目を移していった。しかし、抗議が一時的なものだったとしても、国民の厳しい目線が、放射性物質のあらゆる漏出に向けられたままであることを、この事件は十分に示していたのだった。

高速増殖炉への期待と不安

原子炉に対する国民の揺るぎない拒否感を初めて浮き彫りにした事件は、一九五六年にアメリカで起こった高速増殖炉の設置計画と、それへの反対運動である。それは、拒否感の本質を明らかにする事件だった。その事件は政治的問題だったが、問題の半分は、中立性を装う議論の蓄積の下に埋もれて、目に見えなくなっていった。それは、原子力業界それ自体の内部から、彼らの意図とは違うかたちで、原子炉への拒否感を裏付けるようなマイナスイメージと証拠が生み出されるということだった。もう少し明かしておくと、これらのマイナス要因はまず、まさにポジティブなイメージを好む大衆の視界に現れるのだった。それは、もっとも理想的な原子炉を開発したという熱狂の裏側にある不安だった。

一九四五年前後、マンハッタン計画の科学者たちは、原子炉内で燃料として使用されるウラニウムから変化して生まれるプルトニウムが原子炉の燃料として使用可能であるという事実に、胸を高鳴らせていた。この事実に熱狂した人びとはすぐに、その過程があたかも際限なく黄金を産み出す賢者の石であるかのように語り始めた。あるソビエトの科学者は、それはストーブで石炭を燃やすと石炭が増えて戻ってくるようなものだ、と語った。このプロセスの熱烈な推進者となるレオ・シラードは、それを「増殖」と名付けた。それは、生命の限りなく繁殖する力を手にしたかのようだった。ロシア人はこのプロセスを素直に「再生産」と呼び、アメリカ人はウラン238が「恵み豊かな」材料だと述べていた。また、後に刊行されたウェスティング・ハウスのパンフレットは、「増殖」炉は「永遠の若さ」を約束してくれると表現した。(12)

増殖炉は産業界のなかでも恐れを知らぬ人間たちを魅了した。そのうちの一人は、ウォーカー・シスラーだった。社会変革の精神を持ち、いつも厳格な表情をしていたこの重役は、増殖炉に興味を示した。それはまず、技術者としての興味、そして次に、デトロイト・エジソン社の責任者と原子力産業協会の創設者としての興味、そして最後に、ここが肝心なところだが、政府の核エネルギー独占を断ち切ることを目標に掲げた、新たな民間企業の生みの親としての興味だった。シスラーは、政府による企業の自由への抑圧、そして自由そのものへの抑圧を阻止したいと考えていた。しかしそれと同時に、増殖炉が、自分の企業や祖国、やがては世界全体に富を授けるだろうと見込んでもいた。ＡＥＣのストローズたちがこの構想に共感を示すと、シスラーは、試作型増殖炉の開発支援をすぐさま決意した。この試作型増殖炉は、デトロイトから二〇マイルの場所に位置するミシガン州のラグナ・ビーチに設置されることになる。

シスラーが考案した「高速」増殖炉は、他のどの種類の原子炉よりも、慎重さが求められた。核分裂連鎖反応が暴走する可能性があったのである。原子炉を急激に熱するため、通常のTNT爆弾級の爆発を起こしかねなかった。原子炉安全審査委員会（現在の原子炉規制委員会）がこの計画を詳細に検討したとき、事故の可能性が彼らを不安に陥れた。もし、ふとしたはずみで核燃料が溶け出し、それが突然に爆発を引き起こして格納容器が損壊したらどうなるのか？　そしてちょうどその時に、デトロイトの方角へ風が吹いていたとしたら？　数日にわたる議論の末、委員会はさらに調査が進むまではそのような原子炉は認められるべきではないと勧告した。

しかし、AECは、規制委員会の勧告に従がわなかった。ストローズは、増殖炉の完成までには安全確保に必要な調査は済んでいると思っていたのである。この決定は、上下両院合同原子力委員会の委員長だったクリントン・アンダーソンを愕然とさせた。民主党上院議員だったクリントンは、核エネルギーを民間に譲るという共和党の政策の中でも、ラグナ・ビーチの件は最悪の手だと考えた。そして、彼はミシガン州で反対運動を巻き起こした。その先頭に立ったのは、選挙を同年に控えたアイゼンハワー政権との対決に積極的な姿勢を示す全米自動車労働組合だった。この組合は、デトロイトにある他の労働組合と連帯し、増殖炉の問題を法廷に持ち込んだ。その組合は、最大想定事故に関するAECの考えを逆手にとった。彼らは、安全審査過程の一環として作成された報告書を突き止め、最悪の原子炉事故は数千人の命を奪うという推定結果を公表した。多くの国民にとって、それは、デトロイト近郊に原爆が設置されるようなものだった。

全米自動車組合と他の原子炉反対派は、原子力全般に対して異を唱えていたわけではなかった。彼らは、政府直属の原子炉、つまり政府が中心となって行うTVAのような原子力開発であればおそらく満足だったのだろう。双方が主として恐れたことは、最も重要な産業になることが有望視される原子炉の独占権を、自分たち以外の人間に奪われることだった。しかしながら、ラグナ・ビーチにおいては、そうした問題は、技術的な安全性の問題と関連付けられるようになった。最大想定事故は、日の当たらない作業報告書から抜けだして、政治的な表舞台に立ったのである。

社会が統制されることに対する懸念から、恐ろしい技術的な不具合に対する懸念への移行は、一九五七年の議会で加速する。原子炉への国民的不安をかき消すことを試みたプライス・アンダーソン法が成立したのである。この法が定める重要な規定の一部は、ラグナ・ビーチ闘争から生まれたものだった。アンダーソン上院議員は、AECは原子炉建設を許可する前に公聴会を開かなければならない、と主張した。公聴会を開くことによって、結果的に原子力に対する国民の信頼度が高まるだろうと彼は考えていた。しかし、結果は、まったく逆だった。その後の一〇年間で数多く開催された公聴会はどれも、AECの職員が原子炉の安全性の問題点を事前に設計者と議論して設置を決めてから、AECが手配した公聴会だった。技術者の疑問は一般人にはわからないところで解決されており、ほとんどの公聴会は明らかに茶番劇以外の何物でもなかった。それゆえ、それらの公聴会は、AECが傲慢で、隠蔽体質であるという印象を強めたのだった。それに加えてAECは、あらゆる法的で官僚的な方法を使って、自分たちの決定に疑問を投げかける者を追い払った。その結果、疑いを持ちつつも中立的な立場だった人までも憤慨させ、自らの敵にしてしまったのである[13]。

プライス・アンダーソン法のもう一つの規定は、国民を落ち着かせるどころか苦悩させることのほうが多かった。その規定は原子力事故の際の損害保険に関するものだ。シスラーや原子力産業の代弁者たちは、原子炉には十分な保険契約の査定がない、と連邦議会に不満を申し出た。保険業界の人間や原子力産業協会でさえも、原子炉に秘められた「多数の命を奪う可能性」は「今日、他の産業において知られているどんな問題よりも深刻だ」と議会に伝えた。さらに彼らは、一部の企業が、事故による破産を恐れるがゆえに、原子力開発の推進から手を引くこともあり得る、と述べていた[14]。原子炉を引き受けることができるのは、政府以外にはなかったのだ。上下両院合同原子力委員会は、「平和のための原子力」を国家規模の大きな戦略として全力で推進することを決議し、五億ドルを要求した。そして例によって連邦議会は、大した議論もなさないまま、委員会の議案を可決したのである。原子炉災害とは直接関係のない案件のように見えたため、マスコミもほとんどこの件を取り扱うことはなかった。しかし、連邦議会は、最大想定事故に公的な判を押していたのだった。

一方、AECは原子力産業の損害保険というアイデアを図らずも現実に近づけるような動きを見せた。当初、上下両院合同原子力委員会は、原子力産業に特別な損害補償は必要なく、それが必要になった場合には、予算を割けばいいと考えていた。したがってAECは、ロングアイランドのブルックヘブンにある研究所に、調査書の作成を依頼した。ブルックヘブン調査チームは、最悪の事態に注目した。もし原子炉の内容物がたとえ半分だけでも、粉になって天高く放出されたらどうなるのか？　それがアメリカの原子炉にどのように起こりえるのか、誰もわからなかった。しかし、それが絶対に起こり得ないということを証明できる者もいなかった。そして、ブルックヘブン調査チームは、最悪の事態を次のように想定した。まず、放射性の内容物が粉状になって原子炉の格納容器から漏出する。それも、部分的に漏出するのではなく、すべての内容物が漏出する事態を想定した。さらに、その時には、風が近郊の都市に向けてまっすぐに吹いており、しかもその風は、都市に到着するまで雲を散らさない程度の速度であると想定したのである。

このように想定された事態が実際に起こるかどうか、それは神のみぞ知るところだった。しかし、心配無用。なぜなら、科学者が太鼓判を押してくれていたからだ。科学者たちは、一方では、議会に対して原子炉の損害補償を手厚く設定するよう意欲的に働き掛け、他方で、技術者に対して細心の注意を払うように発破をかけたのだ。科学者たちは、皆がリスクを真摯に受けとめれば、安全問題は全て解決されると思っていたのだった。

AECの依頼を受けてブルックヘブン調査チームが作成した調査報告の草案を批判したのは、テラーだった。彼は、草案が実際の危険を過小評価していると批判したのである。テラーは、さらに悪い状況について考えていた。たとえばそれは、事故で生じた放射性物質を含む雲が都市の上空に流れ着いたちょうどその時、雨がその粉を雲から地上に払い落とすという状況だった。そうした批判を踏まえ、WASH－740と名付けられたブルックヘブンの最終報告は、原子力事故の損害を次のように見積もった。すなわち、被害総額は七〇億ドル。後発性のガンによる死者を除いても、即死者三〇〇〇人を超える、と。専門家たちは、WASH－740が想定した数字は大袈裟すぎて、信頼に値しないと感じたが、ほとんどの人びとは、原子炉に関して新たに権威付けられたこの「事実」を受け入れたのである。最大想定事故という考え方の起源は、ＳＦのなかで起こる「実験の失敗」にある。その時から、最大想定事故という考え方は、数字に集約されるものだったのだ。[15]

そもそも、ＷＡＳＨ－７４０は、技術者と政策立案者たちを対象にした退屈で専門的な報告のはずだった。しかし、一般の人びとは、慣れ親しんできた破滅的なイメージによく似た、科学者たちの考えを受け入れたのである。ラグナ・ビーチとその後に作られた原子炉に反対する者は、大勢の命が奪われる物語を大量に作り上げていった。そして、ＡＥＣによる調査もまた、そうした物語と同様の効果を持っていた。たとえば、一九六五年に行われたある試算によれば、最悪の場合には、ウィンズスケール近郊で行われた牛乳の回収のような一時的な農業規制が、ペンシルバニア州と同じ規模の地域にも及ぶかもしれないとのことだった。反対者たちは、こうした試算を利用して、一九四〇年に『アスタウンディング・サイエンス・フィクション』誌が描いた、「月のように不毛な広大な土地」というイメージを反対運動に取り入れるようになった。かつての目に見えない不安は、専門家たちが安全を確保してくれるだろうという確信から切り離されて、それ自体で機能するようになったのである。こうして、少数の市民たちは、自分たちの生活地域で設置が計画された原子炉に対して、抗議を組織することを考え始めたのだった。

援軍は、思いも寄らない方面からやってきた。ＡＥＣの委員長の職を退いたデビッド・リリエンソールは、後任の共和党員にますます不快感を募らせるようになっていたのである。彼は日記の中で、栄華を極めた原子力平和利用の「熱狂者たち」を嘲笑していた。そして、一九六三年の始め、彼は原子炉事故に関する懸念を公表した。彼の言う根本的な問題とは、技術者たちが「自分たちと同じ、過ちを犯す存在」だということだった。[16]

一九六三年一一月、リリエンソールは、彼の庭であった米国原子力学会で、昔の同僚たちと再会した。そこは、原子力産業の人間が結集して、情報交換や、原子力の将来性を称賛するスピーチが行われるための場であった。彼は、原子力業界がもっと批判に対して開かれた存在にならなければ、科学とテクノロジー全体に押し寄せる「信用失墜の流れ」から解放されることはないと呼び掛け、聴衆をざわつかせた。しかしリリエンソールが述べたように、原子力産業がその批判者を黙らせようとして声を上げれば上げるほど、国民の疑念はますます膨らみかねない。原子炉をめぐる政治的な駆け引きは、フェイル・セイフに関するより大きな問題のなかで身動きが取れなくなっていた。つまり、核エネルギーを安心して任せることができる人間は、この世には存在しないということなのだ。[17]

第16章　原子炉の恩恵と弊害

原発設置反対運動

一九五八年、パシフィック・ガス・アンド・エレクトリック社（以下PG&E社）は、発電所の設置場所を、サンフランシスコ北部のボデガ・ベイに決めた。そこは、まだ人の手が及んでいない見渡す限り広大な海岸で、岬には波が打ち寄せ、草原が風に波打っていた。一九六一年、PG&E社は、この土地に原子炉を導入することを発表した。清潔で隅々まで管理された核のホワイト・シティに向かって、大胆な一歩が踏み出されたのだ。しかし、すでに地元住民たちは反対運動を組織していた。彼らは、どのような発電施設であっても、「ボデガ・ベイの景観を台無しにする」うえに「不動産価値を低下させる」と訴えていた。[1] 産業に対する不安は、一世紀前から続いていたが、こと原子力産業に関する不安は、始まったばかりだった。

これまで景観を重んじるという理由で、産業の進出が阻止されたことはなく、今回もPG&Eを思いとどまらせそうにもなかった。しかし、核の不安は強い力を持っていた。批判する人びとは、当時議論されていた核実験の不安を意図的にかき立てた。つまり、サンアンドレアス断層付近で発生した地震がその施設を真っ二つに切り裂き「放射性降下物」を出すかもしれない、と警告したのである。そして、建設反対派はボデガ・ベイに赴いて、「ストロンチウム90」と書いた風船をまとめて空へ飛ばすというパフォーマンスを行った。[2] 他方で、地質学者たちは、その敷地一帯にわたって小さな断層が続いていることを探り当てていた。結局、AECのスタッフが原子炉の安全を確信するには至らず、建設計画は認可されなかった。そして一九六四年、ＰＧ＆Ｅは建設計画を断念するに至った。原子炉の設置計画を打ち負かしたのは、地元の反対というよりも、専門家たちの間で共有されていた疑念だった。しかし、この原子炉の設置をめぐる軋轢の細部からは、核に関する新たなイメージが登場していた。人びとは原子炉について、原爆と同様の恐れを抱き始めたのである。つまり、ただ原子炉の爆発だけを怖れるのではなく、原子炉がおぞましい汚染物質を吐き出すということに、恐怖を覚え始めたのだ。

民間の原子力産業による環境汚染に対する問題意識は、まずは数少ない専門家のあいだで芽生え、その後に少しずつ国民に伝わっていった。このように、核についてのほとんどの認識は、少数の専門家から国民へとゆっくり伝わっていくものだ。一九四五年以降、少数の科学者たちは、放射性廃棄物を軽率に漏出させないように警告し続けてきた。彼らは、一九五五年、ジュネーブで開催された原子力平和利用国際会議でこの問題を提起し、初めて世間の注目を集めた。その後の数年間でその問題はたびたび新聞に取り沙汰されることになる。たとえば、米国科学アカデミーの調査班が、放射性廃棄物はどの産業資材よりも有害であり、厳重に取り扱わねばならないと主張したときも、新聞で大きく取り上げられた。しかし、マスコミと一般の人びとは、この話題についてはさほど気にも留めず、核廃棄物の問題は関係当局に任せることにした。そして、関係当局の担当者たちは、この問題を原子力の専門家たちの手に委ねた。委ねられた専門家たちのほとんどは、この問題を放置してしまった。核廃棄物は、汚くて誰にも相手になされないゴミだった。専門家や批評家でさえ、手に負えなかった。ＡＥＣとそれに相当する他の国の機関は、この問題に熱心に取り組んだわけではないが、貰い手のいない放射性物質を保管するための暫定的な措置を見つけ出した。(3)

しかし、核実験論争が激化するにつれて、ますます多くの人びとが、原子炉が産む廃棄物と放射性降下物との類似性に気付き始めた。たとえば、一九五七年一月に出版された雑誌『マッコールズ』の表紙は、切り裂くように斜線が入った赤ん坊の絵に「放射性物質は子どもたちの健康を蝕んでいる」という見出しを添えていた。その特集記事は「核実験によって生じる放射性降下物が人類を死滅させる」という強い調子で始まっていたが、原子力産業の廃棄物が「地球環境を汚染した」という点にも同様の関心を払っていた。そして、一九五九年には、原子力産業を批判的に書いた英語圏で初となる書籍が発行された。二人の環境保護活動家によって書かれた『核による新たな生（*Our New Life with the Atom*）』である。この書籍は、およそ半分の頁を割いて核兵器について論じていた。さらに、放射性降下物の議論と、原子炉から出る廃棄物の議論を一緒に論じていた。他の例としては、放射線の影響で生まれたトカゲの怪物が登場するイギリス映画がある。この映画では、原子力産業の廃棄物の映像に、核爆発のニュース映像を断片的に挿入していた。核の軍事利用をめぐる汚染と有害性という連想が、民事利用にも適応され始めていたのである。ある新聞の編集委員は、一九五九年に「結局、「放射線」は恐ろしい」と述べている。人びとの認識は、二〇世紀の初めからどれほども変わっていないのだ。(4)

第一一章で触れたように、放射性降下物は、リスク認知の研究が重視する要素をすべて内包していた。原子力産業の放射性排水も、放射性降下物と同様、初めて目にする得体の知れないものだった。放射性廃棄物もまた、恐ろしいイメージを聖痕のように身にまとっていた。そして、映画やメディア上で語られたことで、そのイメージは容易に使えるものになった。この変化は、誰も気が付かないうちに起こっていた。放射性廃棄物は、世界全体と将来世代に悪影響を及ぼす可能性のある危険なもので、世界中で不信感を抱かれつつあった組織に管理されていた（いや、もしかしたら管理されていなかったのかもしれない）。核のリスクが他の何よりも大きな嫌悪感を呼び起こすということは、小さな驚きだった。火事や自動車事故は、核の事故よりも死ぬ確率が高かったが、人びとにとっては身近であったため、そのリスクがぼやけたのである。(5)

廃棄物について、人間がどのような観念を抱いてきたのか。その事例は枚挙に暇がない。実を言うと、世界で最も危険な汚染物質は、核廃棄物ではなく、人間の排泄物であった。人間の排泄物は毎年数千万人を死亡させる病原菌を持っていた。アメリカにおいて、一九六〇年代に最も重大な廃棄物問題は、放置されたままの汚物だった。批判者たちが放射性廃棄物を「汚物」と呼ぶとき、そこには排泄物という意味が込められていた。原子力産業はその廃棄物を、核燃料処理の「最終過程」にある生成物、と表現していた。明快な喩えと言えるだろう。他方で、労働者たちは「どうしようもないシロモノ」と呼んでいた。「全く無駄なもの」に関する連想テストを実施したあるフランスの心理学者は、それが嫌悪感を喚起するという結果を得た。なかには、オブラートに包まずに「糞」を連想したという回答もあった。人間の「廃棄物」に対応する言葉は、普段は公の場所では口にされないものなので、使用されるときは主に怒りの表現を伴う傾向がある。したがって、「全く無駄なもの」と嫌悪感とのつながりを議論するのは困難である。(5)

排泄物は敵意と結びつきやすい。その結果、奇妙な話ではあるが、排泄物が爆弾を想起させることもある。臨床心理士は、小さな子どもたちが糞便を不快なものだと見なしているだけでなく、時にはそれを爆発物のように見立て、物事を吹き飛ばすために使うという発想を持っていると指摘した。第二次世界大戦の爆撃機の乗組員たちは、象徴的な意味を込めて、「敵にクソをする」と表現することもあった。そして、簡易トイレが空から爆弾を落としている絵を機体にペイントした「貴婦人用の屋外トイレ」と呼ばれる軍用機も存在した。こうした一連の結びつきを念頭に置くとき、ロバート・オッペンハイマーには敬服の念を禁じ得ない。ある時、彼は、自分の考案した兵器が全く善用されないことに落胆し、シラードにこう告げた。「原爆はクソだ」と。ここで強調しておきたいのは、放射性廃棄物が、核兵器との関連で、物事の然るべき秩序を卑劣に踏み荒らすものとみなされていたということであり、それに関してはあらゆる人間が同様の認識を共有していたということである。(6) 核廃棄物をイメージしたときに生まれる身体的嫌悪感は、道徳的な嫌悪感に容易に変化し得るものだ。つまり、廃棄物に関与している原子力機関は信頼できないという思いこみ、あるいは、原子力機関はインチキ集団だという先入観につながってしまうのである。

原子力産業は、世界に拡大する汚染というイメージと、経済的なエネルギーの安定供給、医学界における驚異的な発見というイメージを併せ持っている。こうした多様で広いイメージを持つ原子力産業について、真正な技術的解決法を見いだすことは不可能に近い。一九六〇年代の中頃までには、恐怖を連想する人びとが少ないながらも存在した。しかしながら、大多数の人びとは、廃棄物の問題に目を向けようとしなかった。それは、「平和のための原子力」という光り輝くビジョンによっておおい隠されたのである。

多様な原発PRとニュープレックス

反対の声の高まりを受けて、原子力業界の人びとは国民を鎮静化するため、活発な動きをみせ始めた。一九六三年から一九六七年までの五年間で、アメリカの政府機関と企業は、数多くのPR映画を製作した。その前の五年間と比較すると、原子炉関連の映画は二倍を越え、原子力の安全と自然環境の関連映画は、三倍にまで増加した。映画の目的は、原子力に対する国民の興味をかき立てるためではなく、国民を落ち着かせるためだった。新しいPR映像は多くの場合、ユートピア的な構想をトーンダウンさせたという点で、一九五〇年代のPRとは異なっていた。そして、医療や農業に関する幻想よりも、一般的な電力生産に焦点を当てて、人びとを安心させるような映像が多く撮られていた。

時折あらわれた原子炉への批判は、影を潜めるようになった。おそらくそれは、PR活動が功を奏したというよりは、反対派を陰で支える力が弱まったからだろう。大気圏内での核実験が禁止されたことによって、科学者や街頭デモによる放射性降下物に対する厳しい批判は消えようとしていた。そして、人びとは原子炉から生じる放射性物質についても意識することが少なくなっていった。さらにアメリカでは、原子力発電の民営化を推進する勢力が政府との争いで決定的な勝利を収めたことで、政治的な小競り合いがいったん中断されていた。その後は両サイドが一体となって原子炉の開発を推進していくのである。

原子力産業への国民の関心は低下し続けた。なぜならば、期待されていた原子力による産業革命はまだ先であることが明らかになったからだ。原発のコストは、ますます疑わしいものになっていった。海洋掘削や露天採掘のような新しい技術が石油と石炭の価格を抑えていたのに対し、原発は、思ってもみない複雑な問題に巻き込まれ経済的な損失を被った。一九六〇年頃、ほぼすべての国が、原子力による発電量について、その後一〇年間の目標値を切り下げている。当初の野心的な試算は、半分から四分の一にまで下がったのだ。

雑誌が核の軍事利用と民事利用に割いた紙面の総量は、世界中で一九六〇年前後がピークであり、その後は着実に低下した。そしてそれは、二〇世紀最初の一〇年におけるラジウム関連記事よりも少し多い程度にまで下がった。原子力の平和利用に関する論文は一九五〇年代後半にピークを迎えた後、姿を消した。前述のように、軍事利用への関心は、核実験、核戦争の恐怖、そして核拡散とフェイル・セイフの議論によって、一九六四年まで持続した。しかし、一九六〇年代の半ば以降は、核兵器に関する議論は、平和利用に関する議論と同様、雑誌ではほとんど取り上げられなくなっていった。

アメリカには、数は少ないが、小さな市民団体が原子炉建設案に抵抗し続けた地域がいくつか存在する。反対運動を支えたのは、国家レベルの問題として闘い続けようという強い意思を持った一握りの批判者たちだった。しかし、細心の注意を払うべきだと学んだ原子力産業は、原子炉の建設用地の選定にあたって、次のような方針で臨んだ。すなわち、どんなリスクよりも税制上のメリットと新規雇用とを欲する人びとが生活する地域をピックアップしたのである。したがって、事故が起きようがほとんど話題を呼ばなかった。シスラーがラグナ・ビーチに建設した増殖炉「エンリコ・フェルミ一号炉」が、一九六六年、試運転テストの際に、金属片が外れ、冷却水の循環が部分的に遮断された。その結果起きたことは、最大想定事故と言うべき核燃料の融解だった。つまり、設計者たちが想定していた最悪の事故とほぼ同じ程度の事故だったため、格納容器はなんとか持ちこたえたのである。放射性物質の深刻な漏出はなく、マスコミはほとんど気が付かなかった。世論調査が示す限りでは、原子力を喜んで受け入れた人びとは、世界中で多数派で、懐疑的な人びとは少数派だった。ラグナ・ビーチでの反対運動が始まった一九五六年も、事故が起こった一九六六年も、終戦直後の一九四六年も、懐疑派が少数にとどまるという意味では同じだった。

しかし、何かが変わろうとしていた。つまり、原子力産業は、致命的欠陥、大量死、恐ろしい環境汚染と当たり前のように結び付けられるようになっていた。驚異的な進歩を遂げるという夢は、未来の靄のなかへと消えていったが、不安のイメージは、依然としてそこに居座っていた。一九五六年前後、「原子力の平和利用」キャンペーンが絶頂に達していた頃、『リーダーズ・ガイド』誌には民事利用関連の記事が多数掲載されていた。これという傾向がないタイトルのものが多かったが、それでも楽観的なタイトルを有したものは優に半分はあった。しかしその後わずか四年で、ポジティブな響きのタイトルは四分の一にも満たなくなった。ネガティブで恐怖を煽るようなタイトルの記事が増え、さらにそれよりも多くの、中立を保ったまま核のリスクに問題提起するような記事が登場し始めた。これらの記事は、潮が満ちるように着実に、人口に膾炙し始めていた。一九五七年に発表された世界保健機関（WHO）の調査チームのコメントによれば、教養ある人びとは原子炉の安全性を表面的には確信し毅然とした態度で臨んでいたが、内面に不安を感じていないわけではなかった。ただ、彼らは自分が非常識だと思われるのが嫌で、内面の不安を口に出さなかったのだという。[7] その五年後、原子炉への不安はまだ一般的とまでは言えなくても、不安を訴えることに遠慮はいらなくなった。

多くの国民が原子力産業に意識を傾けないかぎり、原子力当局は強気な姿勢を崩さなかっただろう。一九六九年二月、上下両院合同原子力委員会のトップは、オークリッジ国立研究所の原子力工学者たちに激励の言葉を送っている。彼は、「スキャンダルを見つけて非難したり、必ずしも真実とは言えない事柄を捏造したりすることで、脚光を浴びたがる批判者たちもいまだ存在する」と述べている。しかし彼は続けて、原子力産業がいかなる重大事故も起こさぬよう十分な安全対策を講じてきたからこそ、「数年前に立ちはだかり国民に広がったジレンマを大きく解消したのだ」と胸を張った。[8]

いよいよ力強い一歩を踏み出す時が来た。オークリッジの研究者たちは、その先陣を切ろうと心に決めていた。彼らは、テネシーの緩やかに起伏する丘陵の合間に点在するように居住していた。原子力発電所や様々な原子力施設と隣合わせの、「原子力都市」のなかで何の不自由もなく暮らしていたのである。そこは、先端技術を象徴する街であり、自立した地方都市でもあるという、まさにTVAの国だった。オークリッジ研究所の科学者たちは、ユートピア的な共同体の実現に向けてこれ以上ないほどの努力を続けてきた。彼らはそのユートピアを「ニュープレックス」と呼んだ。

ニュープレックスとは、ニュークリア・コンプレックス（原子力コンビナート）の略語で、原子力発電所を中心に据えた街を指していた。安全性に関して自信を持っていた設計者たちは、あらゆる工場にエネルギーを行き渡らせるためには、原子炉を街の真ん中に配置するべきだと考えた。実際、核燃料の供給を絶たれたならば、ニュープレックスは、ジャングルあるいはツンドラ地帯に成り果ててしまうと考えられていた。ニュープレックスは、多くの人びとにとって、技術的に優れた構想であるばかりでなく、社会復興へのアプローチでもあった。オークリッジ国立研究所所長のアルビン・ワインバーグは、それこそがまさに、H・G・ウェルズの作品が言う「解放された世界」の夢が現実化したものだ、と誇らしげに語った。ニュープレックスの構想図には、家屋が立ち並び、一面に植えられた芝生の中央には白い半球型の建物がそびえ立っていた。これは、「未来都市」を現実のものとするためにこれまで考案された計画のなかでも、最も具体的な計画だった。しかし、この構想には少なくとも一つの欠点があった。後にリリエンソールが述べたように、専門家たちは、自分たちが最良だと考えたことを、社会から隔絶して「人びとの目に見えない組織」のなかで行おうとする。ニュープレックスはそのような専門家支配の当然の帰結だった。ワインバーグは、危険で脅威に満ちた核の力を安全に保つ立場にある者を「核の聖職者」と呼んだ。「核の聖職者」の立場は、一般の人々よりもワインバーグのような専門家の目に、より魅力的に映ったのだろう。(9)

一九六〇年代にニュープレックスのイメージを主導した主要人物は、原子科学者で一〇年にわたってAECの委員長を務めた、グレン・シーボーグだった。彼は長身で手足が長く、質素な私生活を送り、慎重な性格で物事を秩序立てて考える人物だった。しかし、未来のことに意識が向かうと、科学で世界を良い方向に導こうと懸命に努力するというロマンチックな一面もあった。シーボーグは、H・G・ウェルズが描いた良識あるテクノクラートを体現する人物だったと言えるだろう。マンハッタン計画でプルトニウム関連の研究に携わっていたシーボーグが、プルトニウムが何よりも重要な存在になると信じたのは当然のことだった。シーボーグはアメリカ国民に、まもなく「プルトニウム経済」が訪れるだろうと述べた。プルトニウムは、世界の繁栄の基盤になり得るものだった。もしかしたら、貨幣として金に置き換わる可能性さえあったのかもしれない。その意味では、錬金術による黄金の生成は、原子炉という「大規模な錬金術」とほとんど変わるところがないのである。さらに、シーボーグと彼の同僚は、一九八〇年代までに増殖炉を実用化し、ウラン燃料の供給量を拡張しない限り、経済不況は避けられないと予測した。その結果、ウラニウムを使う原子炉の数は、急激に増え始めることになる。[10]

転機は一九六四年に訪れた。ゼネラル・エレクトリック（GE）社が、石炭火力発電より低コストの電力供給を謳って、ニュージャージー州に原子力発電所を建設予定だと発表したのである。程なくして、GE社とウェスティング・ハウス（WH）社は、原子炉の発注をめぐって激しい競いを繰り広げていく。新型原子炉は、まったく新しい技術であるがゆえに、想像しうる限りの多種多様な難問にぶつかった。そして、それらの難問を解決した時には、GE社とWH社は合わせて一〇億ドル規模の損失を被っていた。しかし、その多額な損失のおかげで、原子力はアメリカ経済を支える不可欠な存在になった。それに続くようにして、他の国々も、数年前に放棄したばかりの雄大な計画に再び取り組むことになった。

その新しい発電施設はどれも千メガワット近くの電力を生み出すと試算されていたが、数百メガワットを超える原子炉を稼働させた経験を持つ者はこれまでの歴史上、存在しなかった。当時を知る関係者は後に、それを航空業界にたとえて「プロペラ軽飛行機からジャンボ機へと、およそ一五年で変わるようなものだった」と回想している。[11]これに不安を感じる少数の安全管理の専門家たちは、楽観的に進んでいく主流派から取り残されていった。

一九六五年以降、AECの安全保障委員会は、従来の最大想定事故を超える事態について、秘密裏に検討し始めた。その巨大な新型原子炉の中にある燃料の大部分が溶けた場合、原子炉建屋の床下へと溶け落ちていく可能性があった。その溶解した塊が地下水脈に達し水蒸気爆発を起こすようなことがあれば、格納容器の破損どころではなくなるかもしれない。ある設計者はその問題を、その溶融した炉心が向かう地球の裏側の方向にちなんで「チャイナ・シンドローム」と名付けた。マッド・サイエンティストが出てくる映画で描かれる深くて暗い竪穴のように、その言葉は不気味な恐怖感を如実に表すものだった。

原子炉の安全調査者たちは、そうしたメルトダウンを防止する方策に着目し始めた。彼らが最も注意を払うのは、やはり、考えうる最悪の事態である。それは、冷却水を循環するために不可欠なパイプが、人間のものとは思えない力で歪まされ、破損することだった。設計士たちは、冷却水が大量に流し込まれた際に、高熱を持つ燃料棒から蒸気が勢いよく吹き出した場合に何が起こるのかを想定した。安全調査者はこの取り組みを通じ、激しい流体挙動の性質に関する、興味深い見識を得た上に、長期間の資金提供も得たのだ。原子炉製作者は皮肉たっぷりにそう述べていた。

経験豊富な少数の設計者たちが指摘するように、また、後に起こることになる事故が示すように、システムが技術的にどれほど優れていようとも、そこで実際に起こる事故の原因は瑣末なことである。そこには、三つの要因が必ずと言っていいほど存在する。原子炉の数千に及ぶ構成部分のなかの、たった一つの不備。お粗末で不十分な設備。そして、訓練が不十分な作業員たちによるミス。事故はこれら三つのうちのいくつかが連携して発生する。しかし、これらの三要素は、なかなか前景化せず、大災害の原因としては想定されにくい。簡単に言うと、人の関心を引きにくいのである。AECが、小さなミスでも逐一報告するように定めていたことは確かだが、現実からかけ離れてはいるが人びとの関心を引く大惨事の研究が進展するなか、小さなミスに関する報告書は、関心を引くことなく、貯まっていくだけだった。

AEC本部には、大惨事への執拗なこだわりに対して異議を唱える一人の男がいた。新型原子炉開発の部門長であるミルトン・ショウは、非常用冷却システムを研究することは、事故のさなかに航空機がどのように大破したのかを究明するようなものだ、と語った。つまり、まずは事故を決して起こさないような取り組みにこそコストをかけるべきだと彼は考えていたのである。一九六五年、彼は強引に安全対策の再建に乗り出した。

ショウは、AECに加わる以前に海軍原子炉の開発に携わっていた、いわばリコーヴァー・チルドレンである。そして彼は海軍大将のように厳格で、休むことを知らない管理者だった。彼の座右の銘は、「規律厳守」である。海軍と同じように、組織にさらに規律を守らせ、そして原子炉製作者をさらに厳しく管理する。それが彼流の安全にいたる道だった。しかし、AECの研究所は、ショウの方針に戸惑うことになる。AECの研究所は、自分の仕事を優先するタイプが多いトップクラスの科学者たちを招聘するため、科学者が自由に振る舞える環境を用意していた。そうした風潮を、ショウは一切認めなかった。各研究所には、ワシントンから研究課題がすぐに押し付けられた。規則に従わない人びとは、自分の仕事がどんどんなくなっていくのに気づいただろう。こうして、ショウは、AECの歴史において、最も勤勉な人間になっただけではなく、最も嫌われた管理者になった。

ショウの戦略は、ある意味では成功を収めた。一九七〇年代の初頭以降、アメリカ型原子炉のバルブと起動装置はすべて、厳密な検査が課された。最も小さいパイプに不備があった場合でも、誰がそれを検査したのか、さらにはそれがどこの企業の製品かを突き止める記録が存在しているはずであった。原子力産業の人間は、ショウの方針によって山積みになる書類仕事とかさみ続けるコストに反感を抱いたが、最終的には従うよりほかなかった。

このような管理方法は、原子力潜水艦の安全に貢献したことは間違いない。しかし、潜水艦の原子炉は統一的な規格が定められており、そこには厳しい訓練を受けた乗組員たちが存在する。他方、アメリカの民事利用の分野には、原子炉の種類は途方に暮れるほど存在する。しかも、それぞれが異なる製造業者による設計で、様ざまな建設業者によって建設され、あらゆる種類の利益に基づいて稼働されていた。そうした多様な実態を、中央集権的な官僚制度の手綱で操るのはそれほど簡単なことではなかった。

厳しくも柔軟で、なおかつ現実にそくした原子炉の安全管理は、独立した安全審査委員会によって一九五〇年代に達成されていた。これらの委員会は、それぞれの研究所のなかから自発的に登場した。しかし、ショウの要求に応じなければならなかった設計士たちは、その問題を研究所内の委員会で、数カ月もかけて再び対処することを嫌がった。しかも、研究所内の委員会が安全方策に関する独自のアイデアを持っていたとしても、AECの厳しい規格の前では門前払いにされた。各研究所の安全委員会は、完全に萎縮してしまうか、あるいは、AECのスタッフに見苦しい欠点を指摘されないよう、事前に設計をチェックすることで手一杯になった。設計者たちは、もはや、研究所内での評価を気にする余裕もなくなっていた。いまや彼らは、自らが手掛けた設計を、ぎっしりと棚に詰まったAEC本部発行の規格書と照らし合わせなければならないのだ。

特に気掛かりなのは、原子力の研究者たちの間で分裂が生じていたことである。オークリッジ研究所などに在籍した数人の研究者たちは、安全保障委員会の後ろ盾を得て、現実とはかけ離れた事故の可能性を研究し続けていた。彼らは、想定するような事故が本当に起こり得るのかを調べるため、さらなる研究費を求めたが、ショウが割り当てる金額はほんのわずかだった。ＡＥＣの幹部たちは、彼らに不都合な安全に関する問題点を揉み消すために、産業界の人間と結託しているのではないか。研究者たちはそう感じるようになった。もし、これらの失望感が表面化して、核全般に関する国民の潜在的な不安と混ざり合えば、爆発的な効果を果たすことになる。その爆発は、思いがけないところからやって来た。核戦争に関する全く新しい考え方が生まれたのである。

第17章　過熱する論争

ABM論争

何千もの核弾頭が北極星の方角から打ち上げられ、降下してくる。核弾頭は大気圏にぶつかると隕石のように燃え、標的に向って炎の線を描く。それらの線の先では、防衛関係者がコンピューターを起動し、結果を見守っている。次に起こる展開はあまりにも速く、人間の反射神経では対応できない。電子機器によって誘導されたロケットが、攻撃を阻止するため、核弾頭に向って隕石のように飛んでいく。何千もの核の火球が大気を照らし、そして……そしてどうなるのか？　一九七〇年代に想定されたこの戦争がどのような結末を迎えるのか、それは誰にもわからなかった。

潜在的な脅威が、イメージ上での攻撃をもたらした。頭のなかにある風景で、幻覚的ビジョンの新たな爆発が起きたのだ。一九七〇年代までは、多くの人びとは、あらゆる技術が人間に適した、扱いやすいものになるだろうと期待していた。世界は、コンピューター画面上に光り輝くパズルが映っているようなものではなく、子ども向けの本に載っているような温かい村のようになるだろうと予測していたのだ。

テクノロジーの問題について語るとき、最も危険な存在として挙げられたのは原子力、原子炉だった。しかし、民間の原子力産業に対する一般からの批判が目立ったのは、なにか問題が起きて、世間を騒がした時だけだった。初期の革新的で新しい技術のなかで、大きく広まり、有効な対立軸として現れたのは、原子炉ではなく弾道弾迎撃ミサイル（ABM）だった。

一九六〇年代の終わりごろ、軍事戦略家が集まった一室で、新たなゲームが開始された。一九六〇年から六六年の間に、アメリカは、ソビエトの領土に確実に爆弾を落とすことができるよう、航空機の数を四倍にした。また、二千以上のＢ－52爆撃機や、地上配備型および海上配備型のミサイルはその数を維持した。それから六年間の遅れをとったものの、ソ連はアメリカに対応した。巨大ロケットを配備し、その数を二年ごとに倍増させていったのだ。その間、両陣営の技術者たちは多弾頭ミサイル（MIRVs）を設計していた。そのどちらも、複数の敵基地を破壊できる威力を持っていた。ひとたび攻撃を受けたら、複数のミサイル格納庫から、多数の弾頭を発射して報復するだろうことは疑うまでもなかった。しかし今では、アメリカとソ連両方の技術者たちが、ＡＢＭを使用すれば敵の核弾頭を打ち落とせると主張するようになった。ＡＢＭの存在によって、核の先制攻撃を行った者が、世界の破滅の責任を問われずに済むようになったのだろうか。[1]

一九六六年、スパイ衛星から送られた写真を凝視しながら、アメリカの分析官はあることを突き止めた。モスクワ周辺で旧式のＡＢＭ基地が建設中だったのだ。この頃、共和党は権力の座にいなかった。共和党員たちは「ＡＢＭギャップ」が国家を脅かしていると騒ぎ立てた。リンドン・ジョンソン大統領はすぐに声明を出し、アメリカも兵器発明を行い防衛に努めると発表した。

聡明な科学者たちは動揺した。なぜなら、アメリカがそのような防衛装置を作ることでロシア人たちが恐怖を感じ、まだ彼らにチャンスがあるうちに攻撃をしかけようとするのではないかと考えたからだ。あるいは、アメリカ人が自らを欺いて、自分たちが絶対的に安全な条件で戦争を始められると思い込んでしまうのではないかと懸念した。分析官たちが技術的な解析を行ったところ、おとりを含んだ多くの弾頭が一斉に発射された場合、それをすべて阻止し、市民を確実に救済する防衛手段は存在しなかった。ミサイルは確実に落ちてくるのだ。一九四六年の原子科学者たちによる運動以来、あまり目立った行動をとってこなかった物理学者たちは、新しい運動を立ち上げ始めた。その頃の彼らは中年であり、大学教授として高い評判を得ていて、なおかつ武器に関する深い知識を持っていた。しかしながら、政府に対する科学者たちのロビー活動は失敗した。ＡＢＭ開発は意味があると考えた専門家たちの力の方が、科学者たちよりも強かったのだ。反対者らは雑誌を刊行したが、こうした記事は当初、世間にあまり影響を与えなかった。世間を刺激したのは、アメリカ陸軍だった。

一九六七年一一月、アメリカ軍によって次のような発表が行われた。ABM基地の敷地として、ボストン、シカゴ、シアトル、その他七つの大都市の近郊を選んだというのだ。この報道は人びとにショックを与えた。ソ連の攻撃の標的に選ばれたようなものだからだ。各都市は急いで僻地を選出した。ABM基地の予定地になると、それぞれの土地の近隣に、ABMロケットの先に設置する水爆の製造工場が建つかもしれない。さらにはそういった工場が爆発事故を起こすかもしれない。一九六九年初頭までに、オーデュボン・ソサエティ（環境保護団体）の支部から町の委員会にいたるまでの地方集団は、そうした恐怖を取り除くことに全力を尽くした。人びとの感情は、新聞の見出しに表れている。「どこでもいいが、私たちの近所にだけはごめんだ。[2]」

科学者たちは、こういった地方に住む人びとの感情を、国家の課題として取り上げた。数百人の献身的な物理学者が、国家の意思に背くことも厭わずに各地で講演を行った。テレビで将校らと議論し、意思表示のためのステッカーを配り、ホワイトハウスへデモ行進を行った。これらの行動は、地下核実験が実施されて以来世界を覆っていた核の不安に対する、初めての激しい抗議だった。ある大学生はこのように語っている。彼は五年間にわたり、核戦争の脅威を意識の外に追いやっていた。しかし一連のABM論争によって、「その脅威が再度現実のものとして迫って来た」。SANEが作成したある新聞広告は、ある有名なポスターのパロディだった。それは、よだれを垂らしたギョロ目の将軍が、ABMの模型を見て歓喜しているという風刺画だった。そこにはこのような文言も付け足されていた。「彼らは気が狂っている。完全に……。[3]」

SANEはこうした将軍らに、「私たちをベトナム戦争に引きずり込んだ者たち」というレッテルを貼った。核を扱う、信用のおけない軍人たちというステレオタイプは、より大きな問題に結びついていった。かつては植民地主義のみを敵視していた世界中の人びとが、それ以外の、軍備競争によって生じた経済的ダメージや、一般的な「軍国主義」に対しても敵対し始めたのだ。初期の論争は、核爆弾のことに集中しており、軍備に関する決定にまつわる社会的要因については、ほとんど触れられることがなかった。しかし、一九六〇年代後期の批評家が核戦争について改めてよく調べた際には、もっと広い文脈で検証するようになっていた。

最初の疑問は、一九六七年に、アメリカ国防長官であるロバート・マクナマラによって提示された。使いものにならないＡＢＭシステムを構築せよという圧力にうんざりして、彼は報道陣に向けた会見で次のように宣言した。この「気が狂ったような勢い」は、国家を、常軌を逸した武装に追いつめていると主張したのだ。その後すぐに多くの者が、これまでにない数に及ぶ兵器の購入は、過度に単純化されたイデオロギーや、政治的野望、そしてビジネスへのあからさまな欲望によって推し進められていると説明した。軍拡の推進者たちが、いかに恐怖のイメージと結びついているかを検討した者もいた。著述家たちは、海外からの脅威を誇張することで軍備の増大を後押しする軍拡推進者たちがいかに広報宣伝活動を行っているかを明らかにした。また、国家のリーダーたちが抱く疑念が、他国による実際の行動とはほとんど関係がないと主張する者もいた。一九六八年から数年間は、「軍産複合体」に関する大量の本や記事が発行された。それらの文章は人びとを刺激し、経済、社会、そしてイデオロギー上の理由で、ＡＢＭや他の武器を取り除きたいという機運が高まっていった。[4]

一九六九年三月、ニクソン新政権はある宣言を行った。都市の近くに水爆を設置することはないが、遠隔操作ミサイルの基地だけは防御するというのだ。一九七二年、ソ連との合意によって、ＡＢＭは放棄されることになった。これは、初めて成功した軍縮合意だった。核兵器は視界から遠ざかり、アメリカはベトナムから撤退した。また、軍産複合体の研究も行われなくなった。研究は、それが盛り上がりを見せたときのように急激な速さで減少していった。

短期間だけに終わったＡＢＭ論争に動揺したのは少数に過ぎなかったが、この論争は核への恐怖がいまだに残っていることを証明した。反対派を行動にかき立てたのは、いくつかの地方が核への恐怖に直面しているという現実だった。彼らは、核を社会から遠のけるチャンスだと考えたのだ。他方で、一連の議論は、核の技術に関する政府の決定は科学的に信用がおけず、また政治的にも脆い場合があるということを、世間に印象付けた。ＡＥＣと原子力合同委員会は、ＡＢＭについては末端で関係していただけだったが、この議論が落ち着く頃にはまた別の議論が生まれた。

その議論は両団体を崩壊させるほどの大きなうねりになるのである。

放射性廃棄物をめぐる論争

新たな議論の発端は、一九六九年九月に『エスクワイア』誌に載った、物理学者アーネスト・スターングラスの記事だった。スターングラスは、子どもの頃から、放射線の問題を意識していた。彼の父親は医師で、X線を頻繁に使用していた。一九四七年、スターングラスの赤ん坊がひどく衰弱したことがあった。そのとき彼は、父親がX線にさらされてきたことが原因で自分も欠陥遺伝子を抱えてしまい、それを息子に遺伝させたのではないかと不安になったのである。スターングラスはまた、爆弾の放射線についても心配するようになった。彼は「すべての子どもたちの死」という記事を『エスクワイア』に発表し、有名になった。

スターングラスは様ざまな雑誌、新聞のインタビュー、ラジオやテレビの番組で議論を展開させた。その内容は、アメリカ南部では、他の地域に比べて幼児死亡率が依然として減少していないという事実にもとづいていた。彼はその原因として、南部が、ネバダ州での核実験による放射性降下物の進路上にあったからだと発言した。また、その推定をもとに世界規模で考えると、一九六〇年代には、核実験による放射性降下物によって、三人に一人の幼児が死亡したのではないかと算定した。さらに、もし戦争が起き、ＡＢＭミサイルで全ての核ミサイルを大気圏で爆発させることができたとしても、ＡＢＭ自体が発する放射性降下物によって、アメリカとロシア両国で、全ての幼児が何十年にもわたって死の運命に追いやられるだろうと結論づけた。要するに、ＡＢＭは「人類を破滅させる凶器」だというのだ。[5]

もし武器の使用が人類の最後を意味するなら、それらをあえて配備する政府はないだろう。しかし、スターングラスの推計はほとんど価値のないものだと判明し、核爆弾の撤廃を切望する人びとは失望した。南部の州が、核実験の風下にあったということさえ本当ではなかったのだ。それらの地域で幼児の死亡率が高かったのは、貧困が原因だった。

専門家はスターングラスの主張を相手にしなかったが、一般市民はそこまでの確証を得られなかった。彼は単に物理学教授だっただけでなく、優秀な教師であり、自身の主張を明確に、説得力を持って話した。あるテレビ番組で、彼とAECの学者が数分間にわたって論戦を繰り広げたことがあったが、どちらが正しいのかを見分けるのは不可能であった。最も印象的だったのは、スターングラスが新たに持ち出したデータである。核実験に関する研究が完全に信用を落としたとき、彼は別の統計値を持ち出した。それは、原子力発電所の近辺における幼児死亡率だった。

原子炉が、周囲の空気や水に微量の放射性物質を放出しているという事実について、人びとは確信を持てないままに不安を抱いていた。スターングラスは議論を通して、現存する原子炉から出た放射線が、すでに無数の赤ん坊を死に追いやったのだと主張した。当惑した公衆衛生の専門家らはスターングラスの計算を精査し、その数値には誤りがたくさんあることを突き止めた。死亡率が高いと彼が指摘した地域はいずれも、放射線の影響というよりも、深刻な貧困の影響を受けていた。しかし、そういった反論がなされる頃には、スターングラスはより説得力のある新説を持ち出した。彼の主張に納得した科学者は一人もいなかったが、常に数名の新聞記者が、スターングラスによる最新の恐ろしい推計を発表していた。[6]

スターングラスは、原子炉が乳児を殺したと信じていた。そして、そのことに苦しめられていた。しかしながら、彼の真意は、核爆弾の信用を低下させることだった。「すべての原子炉計画の後ろには軍の存在がある」と彼は言明した。邪悪な政府は、原子炉から放出される放射能は安全だと人びとに信じさせるためにあらゆることをしている。なぜなら、そうしなければ誰も核兵器を許容しなくなってしまうからだ。スターングラスはこのように信じていた。[7]

スターングラスの攻撃は、原子力の専門家を動揺させた。専門家らは、原発は他のエネルギー源よりかなり安価になり、乳児の真の殺害者である貧困を減らすことができると信じていた。原子力委員会は、同団体の科学者らに対し、スターングラスに反論するよう促した。しかしこの任務は裏目に出ることとなる。

AECの所有する研究所のなかで、最も核エネルギー分野を熱心に研究していたのは、リバモア国立研究所だった。カリフォルニアの中央、フェンスで囲まれた丘の上にある研究所は、テラーによって設立された。設立の目的は、武器を設計する上でロスアラモス核研究所と対抗することだった。放射性降下物について議論されるなか、リバモア国立研究所は健康調査計画を打ち出した。指揮をとったのは、白いあごひげと人懐こい笑顔が特徴の、放射線医療の専門家であるジョン・ゴフマンだった。政府の権威、なかでも核爆発に熱中するテラーを嫌った彼は、リバモア国立研究の精神からは距離を置いていた。ゴフマンは後にあらゆる政府高官は吐き気をもよおすような人物だったと説明している。「彼らは互いをどう蹴落とし、コントロールし、使うかということだけしか考えられないんだ。(8)」

スターングラスが書いたリバモア国立研究所周辺にまつわる記事が、原子力委員会から送られてきてコメントを求めたとき、ゴフマンはもう一人の科学者、アーサー・タンプリンにその調査を依頼した。ABMの反対者であったタンプリンはジレンマに陥った。スターングラスの、核兵器に対する議論がナンセンスであると分かったからだ。タンプリンは、放射性降下物に関するポーリングの議論を持ち出すことで問題を解決した。そして、証明は困難だが放射線は数千の乳児を殺してしまったかもしれないと推測したのである。原子力委員会が、タンプリンによる推論の公表を阻止しようとしたとき、タンプリンとゴフマンは原子炉に目を転じていた。原子炉から、たとえ微量であっても、放射性物質が放出されたとすれば、それが少なくとも誰かに被害を与えるという「可能性」はあるだろうと彼らは主張した。この二人は国中で巡回公演やインタビューをこなし、原子炉から日常的に放出される物質に対し警告を与えた。他方で、彼らは『原子力公害』と題した本を執筆した。(9)

ゴフマンとタンプリンは、スターングラスがすでに引き起こしていた不安をさらに拡大させた。たとえば、この三人はみな、一九七一年にロサンゼルスで放映されたテレビドキュメンタリーに出演した。視聴者は、ナレーターであるジャック・レモンが言ったように、「核エネルギーはただ汚くて頼りにならないだけじゃない……クローゼットいっぱいのコブラのように安全さ(10)」という感想を持った。

AECはイメージ戦略に敗れ、さらに科学的論争においても劣勢だった。ゴフマンとタンプリンに対し、放射能が無害となる分岐点を証明することが出来るはずだという意見があったが、彼らは原子力産業で働く友人に支えられながら、その意見に反論した。閾値がないという仮説を退ける確証はなかったが、放射線の専門家のほとんどは、閾値なし仮説がもう一方の案よりは控えめであったという理由だけで、次第にそれを受け入れ始めた。ゴフマンとタンプリンが行った議論のなかで最も印象的だったのは、ポーリングの提示した、放射線降下物に関する多くの計算をもとにしたモデルを使った主張だった。閾値はない、という主張である。もし、AECが示す、原子炉からの放射性物質に対する最大許容被曝量を、アメリカ人全員が浴びたとしたら、毎年三万二千人も余分のガン患者が生まれるだろうと、ゴフマンらは論じたのだ。

原子力産業の報道官は、彼らの計算は著しく不公平だと反論した。人びとのほとんどは、最大許容被曝量のうちのごくわずかしか体内に入れないからだ、というのがその理由であった。よろしい、とゴフマンとタンプリンは答えた。では、ぜひ規制をしましょう。そうすれば、国中に原子炉が増設されていくなかでも、人びとの被曝量を低く抑えることができるようになるでしょうから、と。一九七一年、AECはしぶしぶながらこの論理に屈した。原子炉から排出される放射性物質の量をより厳しく規制したのだ。ゴフマンとタンプリンが当時計算した人びとが原子炉から受けるダメージは、現在ではその他の日常的な危険因子から受けるダメージよりも低いとされている（実際には、人びとが受ける放射性物質のなかで飛びぬけて危険なものは、タバコの煙に含まれているのである）。放射線に関する議論は姿を消した。だが、それらは新たなイメージを残した。原子炉は知らぬ間に人びとを殺している。しかもそれは自分の近くになくても、どこかにあるだけでその危険は同じである、というイメージだ。

実際に起きた事故が、そのイメージを強化した。最初に有名になった問題は、アメリカ西部にあるウラン鉱山で起こった。そこは州当局による規制が乏しく、放射性の塵で溢れかえっていた。一九六七年、労働長官は次のように発表した。約百名の鉱山労働者が、肺ガンによって死に追いやられ、加えて何百名という者も死にゆく運命にあるというのだ。それから数年間、連邦政府はウラン鉱山に対してより厳しい規制を課した。また同じ頃、政府は炭鉱においてみられる悲惨な労働状況に対する取り締まりも開始した。その一方で、ウラン鉱山労働者の悲劇は、原子力関連の仕事が他の産業よりも上に位置づけられることはないと証明した。原子力産業は、事実として健康被害をもたらすことがあるのだ。

もっと目に見えにくい問題が、人びとをより困惑させた。原子力産業が排出する放射性廃棄物にはどう対処すべきなのか？　という課題だ。一九七〇年代初期、厄介な問題がワシントンのハンフォードから沸き上がった。そこではAECの原子炉から排出された放射性の強い液体が、丘の上に設置された地下タンクに一時的に貯蔵されていたのである。一九五〇年代後期から、いくつかのタンクから液体が漏れ出ており、何十万ガロンという廃液が砂地にしみ込んでいた。AECはこの漏出のことを十年間にわたって隠蔽していた。この報道がなされたとき、当局の公約を信頼した者はほとんどいなかった。安全な場所など、あるのだろうか？

原子炉から出る廃棄物についてゆっくりとしたペースで調査を進めていた研究者たちは、この問題は解決可能だと結論した。まず、それらの廃液を、セメントやガラスと混ぜ、岩のように堅い物質にする。そして、地下水から守るために厚い小型の容器に入れ、地下に埋めるだけでいいというのだ。そもそも、世界各地の岩の中には自然放射能が含まれている。それらの岩は何の予防措置もなしに地上の表面近くに埋まっている。岩は何十億年もそこに横たわっているが、自然放射能が岩盤から漏れ出ることはない。ハンフォードの漏出事故やその他複数の似通った事故に対する批判が沸き起こっていた一九七一年に、AECは慌てて声明を発表した。その内容は、この問題を永久に解決するというものだった。カンザス州の地下にある岩盤ドームに放射性廃棄物を埋める。そのような岩の層は、完全に乾いていて、穴は自動的にふさがるだろうという説明だった。

しかし、カンザス州の当局はすぐに、この地域が穴だらけだと気づいた。岩塩抗の労働者が水を注入したときにできた穴が、たくさん残っていたのだ。AECは、運の悪いことに、湿気があり、水分の漏れやすい岩塩ドームという、珍しい場所にぶつかったのだ。その後、地質学者とカンザスの住民を巻き込んだ騒動となり、AECはこの計画を断念した。今や放射性物質を永久に投棄する場所はなく、また政府が新たな場所を探し出せるという信頼も薄くなった。それから数十年間、政府はこの問題に取り組んだが停滞状態となり、完全な安全性を約束するという専門家らの言葉は、次のような断固たる叫びと対立することとなる。「私の家の裏庭にはごめんだ！（Not in my back yard!）」[11]

アメリカとヨーロッパで行われた世論調査によれば、一九七〇年代初期には、放射性廃棄物を社会問題として提起する者はほとんどいなかった。だが、一九七〇年代中頃までには、世間の大多数がそれを重要な社会問題として捉え、多くの人が放射性廃棄物について、その他の原子力災害以上の不安を持っていた。原発から出る廃棄物は、他の産業における危険物とは異なり、より恐ろしいものだとみなされていたのだ。

一九七〇年代に最も長引いた論争は、原子炉の廃棄物に関するものだった。特にフランスやドイツでは、プルトニウムを抽出するための使用済み核燃料施設の導入に対して猛烈な反対運動が起きた。これほどまでに広い範囲で感情を刺激した核問題は他になかった。最も顕著だったのは、道徳面での反対である。地球を汚染し、罪のない動物を危険にさらし、未来の世代を犠牲にして利益を上げる権利が誰にあるというのか？　他方で、放射性廃棄物のイメージは人びとに肛門期の不安を思い起こさせた。アメリカと日本の批評家は、放射性廃棄物を永久保存する倉庫をもち得ない原子炉を、トイレのない家になぞらえた。ドイツでは、公共広報員が「情報バス」を、核燃料再処理工場の候補地に近い村に送ったが、抗議者らはバスをトイレットペーパーで飾り、そして肥料で汚した。あるフランスのパンフレットは、放射性廃棄物を「糞にまみれたおんぼろ車」と名付けた[12]。

そもそも、放射性廃棄物は他の産業廃棄物とはあらゆる意味で異なるものだと思われてきた。一つの地域にすべてを埋められるほど質量は小さく、また他の地域の人びとにはあまりリスクを与えないと見なされてきたのだ。原子力産業の不注意について当初から指摘し続けていた専門家でさえ、充分に制御されていない他の多くの産業性汚染物質に比べて、原子力廃棄物のリスクは低くて局地的であることに同意していた。しかし、彼らによる試算よりも、地球に埋められた核物質のイメージの方が強力だった。核物質を汚染と恐ろしい運命とに結びつけるイメージは、人びとが何十年も抱き続けてきたものだった。ある世論調査員は、市民のなかには原子炉が「美しい地球に生きる命を徐々に破滅させる」と理解している者がいると、記録していた。放射性廃棄物という「静かな核爆弾」（あるライターはこう呼んだ）は、核兵器と同じように、汚染の脅威を振りまいたのだ[13]。

特徴的だったのは一九七二年に放映されたイギリスのテレビ映画だ。その作品は、海沿いの村の近海に投棄された放射性廃棄物に関するものだった。魚は巨大化し、怪物になった。漁民たちは足をひきずって歩きながら、常軌を逸した暴力を働くようになる。また、これまでの伝統を証明するようなB級ホラー映画も作られた。放射性廃棄物によって生まれた巨大アリを描いた作品だ。一九五〇年代にも、核爆弾によって生まれた巨大昆虫の映画が何本も作られたが、一九七〇年代に巨大アリ映画を作った男は、その頃に活躍した監督の中の一人だった[14]。

一九七〇年代初頭から、アメリカ国内で新たな原子炉候補地が挙げられる度に、主婦や学生らによる地方の集団が結成され抗議活動を行った。それらの集団は少数の専門家によって支援を受けていた。原子力専門家の多くは、こういった反対者たちが厳密な科学的知見を持っておらず、工学的知識も不十分だと感じていた。しかし、一九七一年に、反対者らはAECの内部から、支援者を見つけ出すこととなった。

「憂慮する科学者同盟（UCS）」は、ボストン周辺の大学を中心とした、学生、科学者その他の人びとによって構成された団体である。ABM論争の最中であった一九六九年に結成されたこの団体は、幅広いイデオロギーを持つ人びとと含んでおり、それぞれの目的も様ざまであった。メンバーが共有していたのは、科学技術が人間を退化させたり、あるいは人間を危機に晒したりする可能性があるという恐れだった。科学は今よりもっと民主的な方法でコントロールされなければならないと考えたのだ。ABM論争が終息したとき、UCSは新たな問題にぶつかっていた。メンバー数の減少である。ボストンの近くにある原子炉敷地に関する論争に巻き込まれたとき、メンバーらは情報を集め、「チャイナ・シンドローム」を発見したのである。

この問題は秘密にされていたわけではなかったが、一度も公表されたことはなかった。一九七一年七月、UCSの報告書は、新聞やテレビのニュース放送に対して疑義を呈した。UCSのメンバーは、原子炉研究所の科学者と話し合いをしてきた。すると驚くことに、AECの専門家のなかには、非常事態が起きた時に原子炉の冷却システムが作動するか確信が持てない者もいると判明したのである。それから五年間、UCSは非常時における冷却システムや、原子炉の安全性に関わる様ざまな面に焦点を当てて調査をした。そうするなか、メンバーも急増し、資金も集まるようになった。

UCSとその支援者らは、もし急に全ての冷却水を一度に失う事態になっても、放射性物質の原子炉からの漏出を防げるという確証はまだ得られていないと指摘した。典型的なアメリカの原子炉でそのような途方もない事故は本当に起こり得るのか。あるいはもっと日常的に起こり得る事故についての研究よりも、このような特別な事故に研究を集中させるべきなのか。こういった事柄について、これまであまり議論されていなかったのである。学生の反対者から原子力技術者まで、あるいはテレビのコメンテーターからＡＥＣ当局者まで、誰もが最も恐ろしい事故の可能性に思いを巡らせるようになっていた。

核兵器の恐怖から原発の恐怖へ

一九七七年のテレビ映画『レッド・アラート』は、映画『博士の異常な愛情』と『フェイル・セイフ』のもとになった小説のアメリカ版と同じ題名である。これらの映画と同様、『レッド・アラート』も、人を寄せ付けない技術システムを中心に構想されていた。たとえば、作中のコントロールセンターでは、不安げな専門家たちが、コンピューターに接続された地図のパネルを使って何やら研究をしている。内容は、核によって死の運命を突き付けられるという、これまで何度も繰り返されてきた物語だ。制御不能となった機械や、ロボットのように行動する厳格な高官によって、恐怖の事態が訪れる。しかし、一九七七年のテレビ映画においては、脅威となったのは核戦争ではなく、アメリカのすべての原子炉での同時爆発だった。そして高官は、軍司令官ではなく原子炉の専門家という設定になっていた。映画は、原子炉のイメージが核爆弾のイメージを丸ごと借用できるものだということを見せつけた。世間の不安の中心にある核兵器を、原子炉が代替できることを実証したのである。

スターングラス、ゴフマン、タンプリン、そしてＵＣＳだけでなく、その他多くの者が軍当局に嫌悪感を持ち始めていた。一九七〇年代、彼らは原子炉建設に対し同じ考えを持つようになった。たとえば、最も著名な活動家の一人にヘレン・カルディコットがいる。彼女は精力的で疲れを知らない小児科医だった。若い頃、彼女はオーストラリアで『渚にて』を読み、深く感動したという経験を持っていた。そして大人になると、太平洋でのフランス核実験反対運動の指揮を手伝った。アメリカに移住し、その地ではもはや誰も核爆弾に興味がないことを知ると、原子炉を相手に闘い始めた。各組織も同じ道を辿った。最も目立った団体の一つはセントルイスにあり、生物学者バリー・コモナーの影響を受けていた。この団体は一九五七年に放射性降下物の研究に取り組み始めた。そして、一九七一年、(公共情報のための科学者協会によると)彼らはAECの原子炉計画に対して訴訟を起こすことになる。一九七〇年代初頭、学生の集まるコーヒーハウスの掲示板には「ベトナム戦争反対」のポスターや、「ABM反対」のポスターが貼ってあった。それらのポスターの上には、原子炉に抗議する集会の告知が貼りつけられていた。

世論調査によると、世間の三分の一が、原子炉の爆発は原子爆弾の爆発と全く同じものだという誤った見識を持っていた。知識人でさえ、チャイナ・シンドローム事故によって起こり得る汚染地域について、暗いSF映画に出てくるような核爆発後の立ち入り禁止区域の光景とあまり変わらないイメージを持っていた。そして、ほとんど全員が、原子炉から排出されるものを、まるで核爆弾の一片のように筆舌に尽くしがたい恐怖をもたらす怪物のようなものとして認識していた。

この考え方には、一辺の真実が含まれていた。原子炉は実際にプルトニウムを作っていたからだ。一九七〇年代中頃、マスコミは新たなニュースを報じた。誰かが民間の工場から数キログラムの材料を盗み出し、自身で原子爆弾を作るかもしれないという可能性を報じたのである。たとえば、一九七五年にはアメリカのテレビドキュメンタリーが、核兵器の正確な設計図を作った大学生を紹介した。[15] 専門家は、素人が原爆を造るのは非常に厳しく、トップレベルの専門家がいなければ、たとえプルトニウム装置ができたとしても、広島の大参事よりも大きな威力をもつ核爆弾にはならないと懸命に説明した。しかし、この報道は、テロリストによって街が爆破されるという、何十年にもわたって語られてきたフィクションが、今すぐにでも起こりそうな印象を与えたのである。

それよりもはるかに現実的だったのは、新たな核保有国出現の可能性だった。原子炉からプルトニウムを秘密裡に流用し、核爆弾を作るという可能性だ。一九七〇年頃から、インドとイスラエルがそういったことをしているとの信頼できる手がかりがあった。そして一九七四年、インドは実際に核実験を行い、世界を動揺させた。両国はどちらも、民需産業ではなく、爆発物をはっきりと念頭に置いた研究用原子炉からプルトニウムを流用していた。批評家たちは、原発産業を始めた国家が、プルトニウム爆弾を製造する気になるかもしれないと警告した。

一九四五年以降、核をめぐる議論の賛成・反対の両サイドの専門家たちは、民間の原子力産業が抱えるすべての責務のなかで、最も厄介なのが武器の拡散によるリスクであるという点で一致していた。一九七〇年代中頃、政府高官らは他のあらゆる原子力災害よりもこの点に注目し、ブラジルやその他の国に原子炉の材料を売却するかどうかについて議論するようになった。マスコミは、これらの議論については、経過を気に留めただけだった。一九七〇年代中頃に行われたアメリカの雑誌と新聞記事に関する調査から次のようなことが明らかになっている。武器の拡散に主な焦点を当てた原子力の記事は全体のたった八パーセントに過ぎないのである。窃盗やサボタージュについての記事に至っては、わずか三パーセントに過ぎなかった。同様に、アメリカとヨーロッパの人びとに、世論調査員が原子力にまつわる懸念を訪ねたところ、人びとの懸念の中心は、健康、安全性、そして廃棄物のことだった。はっきりと尋ねられでもしない限り、原子炉が核爆弾の製造に使われるかもしれないという事実を挙げる者はほとんどいなかった。

世界は、驚くほどに、核兵器について考えることを拒否し続けてきた。ミサイルを使用した戦争、隠れた所から飛んできて爆発するロケット、流星のように落ちてくる弾頭といったイメージにまさるほど壮観なものはなかった。だが、こういったイメージはそれ以上に展開することはなかったのである。一人か二人の、ほとんど名の知られていない例外を除いて、その頃の映画やテレビ、人気のフィクション作品は、ミサイル戦争がどのようなものなのか、描こうとはしなかった。一九七〇年代が過ぎてゆくなかで、熱心な反対者は、設計者の賢明な努力にも関わらず原発が爆発するかもしれないと恐れたが、数千もの核弾頭が爆発するかもしれないという彼らの見通しは、ほとんど的中しなかった。多くの国で原発用の核燃料が高速道路で輸送されることに、人びとは反対した。しかし、核弾頭がもっと長い距離を移動することを指摘する者はいなかった。どの機関も、あえて原発から出る放射性廃棄物を永久に地下に保存しようとはしなかった。しかし、核実験が行われる度に、放射性物質を大量に、平気で地中深くに埋めていた。新聞を読んでいた者は誰もがこう思っていたのかもしれない。どこかの国が原発のプルトニウムから核爆弾を作ったとしても、そのニュースに対する興味はもう持続しないだろう、と。

核への不安を原発に集中させるという行動は、核兵器に引き続き取り組んでいた何人かの人びとを妨害することにもなった。リリエンソールは、次のように語っている。「原発にたいする批評はかなり関心を集めていたが、人びとは軍拡競争を止めるという希望は諦めてしまったように見えた。原発は政治的に脆く見えたので、人びとは原発を核爆弾の代理として攻撃したのだ」と[16]。

リリエンソールは、恐怖と敵意の矛先が、兵器から民間の原子力へと置き換えられたと述べた。昔から続いてきた置き換えの要素は、今でもしっかり残っていたのだ。核戦争に対する不安は存在し続けていた。核爆弾をなくすという、唯一誠実な方法で不安を消すというのは不可能だ。ついに、その不満の矛先が現れたのだ。また、核爆弾と原子炉の間には多くの関連性があったため、その転換はいっそう容易だった。もしあなたが、火炎放射器をあなたの頭に当ててしかめ面をしているロシア人と一生同じ部屋で過ごしていたとすれば、誰かがマッチを擦った時、動揺するのではないだろうか。

原発への恐怖を生む社会的なメカニズムを調査するため、世界中で研究が行われた。そして、戦争への恐怖と同様に、原子炉への恐怖は存在するが、それによる最も顕著な結末は、特に何もないということがわかった。それぞれの社会集団の間に見られたわずかな差異は、多様な核への恐怖が個人の性格に深く根付いていることに起因していた。より詳細に見れば、核戦争に関して標準より少し深く心配している集団（若者、社会的・経済的下層階級、そして特に女性、あるいは簡単に言えば、相対的に無力な者たち）は、原子炉に関してより不安を抱いていた。おそらく多岐にわたる不安は、原子炉や核爆弾を越えた、包括的な懸念を反映していたのだろう。

環境保護運動の台頭

科学と技術に関する不安は、学術的な議論から学生のデモ行動まで、いたるところに不意に現れる。世論調査によれば、科学に多大な信頼を抱いていたアメリカ人の数は、一九六六年の半分以上という割合から、一九七三年には三分の一にまで減っている。この問題について詳しく調べた世論調査によれば、科学に関する不安の主な理由は、「核戦争への暗黙の不安」だった。一九七〇年代、原子爆弾は、正直なところ信用できない技術だった。しかしながら、あらゆる形の権力に対する世間の信頼は徐々に弱まってきていた。軍隊、ビジネス、そして政府、すべてが疑惑の対象だった。核事故の恐怖は、権力への疑念という、より大きな社会の潮流に合流した。核の恐怖は、それら潮流を押し上げるのに大きな役割を果たしたのだ[17]。

海底油田の掘削や、石炭の露天採鉱といった新しい技術が広大な土地を傷つけることに人びとは気づいていた。したがって彼らは抗議を開始した。抗議団体の一つに、シエラクラブという団体があった。この団体は昔から、セコイアの保護などといった地方の問題に取り組んできた。しかしこの頃から、国家、あるいは地球規模の産業にも疑問を投げかけるようになっていた。シエラクラブには、より新しく、そして過激な団体であるフレンズ・オブ・アースも参加していた。両団体はマスコミから大きく注目され、それによって世間の関心も飛躍的に高まった。政府は、厳しい法律を定めることで彼らの主張に対応した。また、新しい官僚組織のもとに、法律を強化していった。一九七〇年から七一年だけで、アメリカ、イギリス、フランス、日本、そしてソ連においてさえ、主要な環境団体やプログラムが創設されたのである。

社会運動史が専門の、ウォルター・ローゼンバーグは、この新しい環境運動には連関する三つの要素があると述べている。第一は恐ろしい危機の感覚である。つまり、人類が自ら破滅に向っているという恐怖だ。ノンフィクション作品だけでなく、小説や映画も、人びとに警告を発してきた。それは例えば新たな氷河期や、廃液を地下に注入したことで起きる巨大地震、汚染の要因となる数十の要因、あるいは文明の破壊などである。予想通りに、これら多くの架空の物語は、社会の崩壊を経て、より新しく、よりすばらしい世界をもたらすのだった[18]。

ローゼンバーグが指摘した、環境運動の第二のテーマは、伝統的なファンタジーとはあまり関連性がなかった。それは、システム全体への懸念だった。汚染が地球上の生態系に影響を及ぼしかねないこと。そして、近代文明や経済システムが、その汚染を広めているという事実に基づく懸念である。第三のテーマは、近代的な価値や権威への幻滅だった。

技術的権威やシステムとともに、全世界を死の運命へと追いやろうとしているこれら三つのテーマは、まずは水爆によって世間に広まった。放射性降下物はあらゆる技術への不安を生んだのだろうか？　一九六〇年代にもっとも知られた生態学者の一人で、批評家でもあったバリー・コモナーは、次のように語っている。「私は一九五三年に、アメリカのＡＥＣから環境について学んだのです。」彼の所属する団体は、放射性降下物論争のさなかに『核情報』という雑誌を創刊した。この雑誌は、その後『環境』という雑誌になり、新しい社会運動を代表する媒体になった。しかし一般的な環境保護主義は、一九五八年にレイチェル・カーソンによって書かれた『沈黙の春』から始まったとされる。この本は、農薬を非難する内容であった。彼女は個人的な文章として次のようなことを書き残している。有害な化学物質に関する科学的証拠をよそに、かつて彼女はある信仰にしがみついていたというのだ。その信仰とは、「自然とは、人間が永遠に介入できないものだ。雲や雨、そして風は神のものなのだ」という信仰である。この信仰を踏みにじったのは放射性降下物だったと彼女は述べている。一九六二年に出版された彼女の本は、ある寓話から始まる。ある町が、空から降ってきた白い粉によって滅びかけているというものだ。カーソンは明らかに白い粉を放射性降下物と関連付けていた。他の環境保護主義者による著作も、核の反対者から直接得たイメージを同じように使用していた。(19)

核への恐怖は、環境問題の背後に潜む多くの要因のうちの一つだった。しかし、それは特別な位置を占めていた。その恐怖は、他のどの問題よりも早く、そして直感的なレベルで感情を刺激するものだった。またそれは、誰もが周りに集まることができる理念のような役割を果たしていた。そして、環境保護主義は、原子炉への反対運動に確固たる基盤を提供した。それは、組織や熟練したリーダーシップ、大勢の仲間、そして様ざまな理想などであった。

すでに一九六五年には、他のアメリカ人とは違い、大部分の環境保護主義者らが原子力発電所に反対していると、世論調査の結果が明らかにしていた。非常事態時の冷却システムやチャイナ・シンドロームについてＡＥＣと論争した労働組合に関する研究は、指導者たちの三分の二が、環境保護主義団体のメンバーだったと解明している。これらの指導者たちは、たいてい熟年の中産階級でリベラルだった。つまり、放射性降下物に対する抗議以来、ＡＥＣを信頼せずにきた人びとだ。彼らのほとんどは、最初から民間の原子力を特別嫌っていたわけではない。また、一九六〇年代には、石炭よりも汚染が少ないという理由から、原子炉を受け入れる環境保護主義者も存在した。最初、このような人びとがボデガ・ベイなどの特定の場所にある原子炉に反対したとき、彼らはそれが原子炉だから反対したのではなく、その土地のすべての産業に反対していたのだった。しかし、生々しい核への恐怖は、動機をより強いものとした。

変化は、環境保護主義運動全体に広まった。典型的なのは、ラルフ・ネーダーの変化である。産業や政府に潜んでいる悪に挑む活動家であった彼は、一九七〇年の時点では、石油や石炭による大気汚染に比べて原子力をあまり問題視していなかった。しかし、ゴフマンとタンプリンによる警告が彼を変えた。また、チャイナ・シンドロームに関する論争も同様だった。原子力に関しても、政府は危険を隠蔽していると確信したネーダーは、一九七四年に国際会議を開いた。会議には、二千人を超える原発の反対者が集まった。あるリポーターは次のように述べている。会議に集まった、バックパックからビジネススーツまであらゆるものを身に着けた過激派たちは、「ベトナム反戦運動の、気味の悪い雰囲気と、救世主的な熱烈さを漂わせていた」。ネーダーは、翌年にも国際会議を開き、何百という地方と国家の団体による運動体を組織した。[20]

この闘争に参加した最も力を持った団体が、シエラクラブだった。このクラブは従来からあらゆる発電所を警戒しており、その対象には水力発電ダムも含まれていた。一九七四年、草の根レベルでの自発的な感情の波が、ある白熱した議論を引き起こした。原子炉に関して、環境保護という観点から賛否両論が上がったのだ。最終的に、クラブの代表者は、技術全般に反対するという立場を公式に示した。

その他の環境保護主義の理念は行き詰っていた。一九七〇年代中頃の世論調査によると、世間は通常の産業汚染について以前ほど心配しなくなっていた。理由は単に、新しい法律が効果を上げているからだった。メディアは新しい話題に移った。それでも、原子力に批判的な記事は、次から次へと問題を指摘していた。放射性廃棄物、原子炉事故、核の拡散、自家製の核爆弾などだ。これらは従来よりも大規模に取り上げられ、他の技術問題よりも注目された。

核の恐怖が環境運動を後押しした結果、反核運動は後景に退いたかにみえた。その過程で、その勢力は原発反対に集中していった。世間の人びとは、核爆弾の脅威に慣れたように、石油流出や農薬にも慣れてきていたのかもしれない。しかしながら、原子炉は新しい不安だけでなく、新種の不安、つまり、あらゆる産業社会が行き着く先を表していたのである。

第18章　エネルギーの選択

リスクとベネフィット

一九七三年一〇月、第一次オイルショックが起こった。石油の欠乏とそれによる原油価格の高騰は世界に衝撃を与えた。ガソリンスタンドの前には、苛立った運転手たちが長い列を作り、経済は大打撃を受けた。数十年前までは、ほとんどの先進国はエネルギーを自給自足していたが、いまや原油の輸入に依存するようになっていた。原油の輸入が止まったとき、各国政府は繁栄と安全を守るために異常な政策をとった。数百基の原発を建造する長期計画を策定し、それを経済の基軸に据えようとしたのである。

この計画は大規模な論争を生んだ。従来、原発に関する論争の当事者は、核に関わる様ざまな機関の職員たちと、反対派の支援を受けた地元の人びとだった。彼らは政府が開催する原発の安全に関する公聴会の場で原子炉の技術的な問題について議論を戦わせていた。しかし、一九七三年以降、反対運動は大規模な大衆運動になった。計画通りに世界の国々は原子炉を建てていくことができるのだろうか？　その答えは、世間が抱くイメージと技術面での事実の組み合わせによって左右された。両者は単体では十分に広まる力がなかった。

もし石油で電力を生み出せなくなったなら、原発以外に代替案はないのだろうか。原発に反対する人びとが挙げるのは太陽光発電だ。太陽光による文明という一九世紀の夢は依然として残っていた。その一例として、一九四〇年に『アスタウンディング・サイエンス・フィクション』誌に掲載されたロバート・ハインラインの小説をみてみよう。

ある科学者が発明した太陽光発電パネルを実業家が隠蔽しようとしたため、科学者が戦いを挑む物語だ。ハインラインは、太陽光という無尽蔵のエネルギーが文明に大転換を起こすだろうということを読者が理解すると思っていたからこそ、このような物語を描いたのだろう。[1]

ほとんどの人びと、特に若い世代や教育を受けた人びとは、原発を好むと好まざるとにかかわらず、代替エネルギーとして他のなによりも太陽光に期待しがちだった。著名な原子炉の批評家によれば、太陽光発電の技術は「地方の住民や都市の貧困層などに理想的」だということだった。[2] 少数の歴史家だけが、太陽光発電は、原発に代わって、二〇年早く実現されるべきだったと述べた。

科学者と技術者は、一世紀の長きにわたり太陽光発電の実現を目指してきた。そして、政府からの豊富な研究助成を受けて、一九七〇年代には実用化された。専門家たちは毎年打開策を提案したが、実用化は決して簡単ではないというのが専門家たちの意見の一致するところだった。太陽光発電が必要な電力量を供給できるようになるのは、二一世紀初頭か、あるいは、もしかするとそんなことは不可能かもしれない、というのが専門家たちの予測だった。原発の歴史が示すように、計算上はどれほどすばらしく見えても、実際に稼働させるには数十年以上の歳月がかかってしまい、予期しなかった問題も明らかになるものだ。

環境保護主義者たちは、環境保護というまた別の提案を考え出した。たとえば、家の断熱性を向上させたり、自動車の燃費を向上したりすることで、エネルギー資源を節約できる。しかし、こうした環境保護には限界がある。一九七三年以降、先進国は自国のエネルギー総使用量の削減に向けた指針を定めたが、電力使用量は徐々に増加した。電力は他の動力源のなかでも必要不可欠なものになったかのようだった。さらに悪いことに、人びとが電力を削減して節約したとしても、その削減分の電力は、電力を大量に消費する別の装置によってすぐに補われてしまう。人口の増加に伴い、電力消費量も増える。街に住む人びとは、帰宅すれば電灯をつける。何かがその増加分の電力を補わねばならなかった。

原子力時代においても石油は重要な存在だったが、石油の饗宴は終わろうとしていた。アメリカにある石油の半分はすでに掘り尽くされ、子どもの世代のうちには世界の折り返し点を迎えるだろう――一九七〇年代のなかばまでには、専門家たちはこのように現実を把握していた。世界は石油資源の枯渇を想起し始めていた。天然ガス、タールサンド、オイルシェールは次世代の電力供給の幅を広げるかもしれないが、その見通しは不透明だった。

都市に電力を供給するための公共事業にとって、選択肢として残ったのは、原発と石炭だった。アメリカの公共事業による石炭の使用は、一九七五年から一九八二年までの間に、約五〇％上昇した。石油バーナーは取り替えられ、新たな石炭式の工場が建設された。アメリカと同様の石炭使用料の急上昇は他の国でも見られた。現実は鋭い問題を提起していた。人びとは、石炭と原子力のどちらから電気を生み出すつもりなのか、という問題である。

原発と他産業の比較

原子力産業はその善悪を問われるが、しかしいったい何と比べて善悪を問うているのだろうか。専門家たちは核拡散を憂い、人びとは自分の家から原発までの距離に関心を集中させる。しかし、自分と子どもたちの生命に危機が及んでいると言えるのだろうか。ウラン鉱山での数百人の死者が、危険を証明しているではないかとしばしば指摘される。しかし、原子炉の専門家やその支持者たちは、他の産業においても恒常的に同様の悲劇が起こっていると述べている。たとえば、水力発電のダムが事故を起こし、一度に数百から数千の命が失われた事例などを挙げて反論するのである。ただし、原発と他産業との比較が有益だと考える者は少なかった。

限られた資源を有効に使うための研究を進める技術者のなかには、例外的意見も存在していた。たとえば、原子炉による汚染物質をコントロールする研究に数億ドルを投じても、それによって救える人命は限られているという指摘がある。しかし、貧困家庭における幼児の死亡対策として数百万ドルの予算を市の厚生局に投じるだけで、数百人の子どもの命を救えるかもしれない。このように主張する技術者も存在する。目的達成のために非効率な資源を投下するのは、技術者には耐えがたいことなのだろう。確かに、皆が総合的な見地から問題を把握すべきであり、あらゆる技術の利点を総体的に理解すべきである。しかし、原子炉の建造費と市の予算という異なる物事の比較は、さして有益ではないだろう。

原子力が比較され得る技術、実際に一対一で比較されねばならない技術がある。それは、石炭である。石炭の危険性は、一九五二年、石炭燃料による「殺人スモッグ」がロンドンを襲い、四〇〇〇人の命を奪ったときに明らかになった。石炭からウラニウムへの転換は、それ以上の人命を救えるのだろうか?

反原発運動の起こりは、石炭との比較を急ぎ、一九七〇年代の初頭には、正確な危険と便益（リスク・ベネフィット）を見積もることが可能になった。それは、新しいタイプの分析で、すぐに他の産業にも応用された。原子力の問題は、科学技術に関する詳細な「リスク・ベネフィット」分析という枠組みを提起したのである。一九七〇年代の後半までには、石炭とウラニウムに関する基本的事実が明らかになった。その結論は、原子炉への恐怖の源泉はどこにあるのか、あるいはないのか、という問題を理解する手助けになる。

研究者たちは、原子力産業が有する健康へのリスクは、一般にそう信じられている通り、放射性廃棄物にあることを認めていた。最悪の問題は、数千トンものウラン原石の採掘と精製にあった。石炭に比肩しうるものは何か。それはウラン鉱と炭鉱を訪れたものには明らかだった。数千マイル四方の荒地、いびつな土地、河川は数千マイルにわたって黄色くなり、悪臭を放つ——これが炭鉱の特徴である。他方で、ウラン鉱は元の状態からほとんど変わることはなかった。同じようなことは、石炭の生成過程の最終段階にも言える。炉から除去された物質は小さいもので、それは緻密にチェックされる。数千万トンの石炭の燃えカスは、毎年、地中や廃水ため池に処分しているが、それについての連邦規則は存在しない。

原子力産業の最も厳しい問題は、掘り起こされたウラン鉱石から出るラドンガスにあることは明らかだった。それは、肺ガンを引き起こす可能性があった。放射性崩壊を起こすことでラドンを生むウラニウムだが、ウラニウムは生成された鉱石だけでなく、岩石や土壌にも存在する。アメリカの炭鉱は毎年二万トンのウラニウムを掘り起こしていた。これらは、砂と十億トンの石炭のなかに混ざっていた。ウラン鉱に覆いをかける措置をとったとしても、ラドンの毒性は変わらないのである。(3)

石炭が抱える最大の問題はラドンではなかった。石炭から発見された物質の一つにヒ素がある。ヒ素は、ガンと遺伝子の損傷の原因としてよく知られていた。プルトニウムと同様、専門家たちはヒ素についても、それ以下なら無害かもしれないという閾値について議論したが、プルトニウムもヒ素も、一つの原子であってもガンや遺伝子の異常を引き起こしかねないという従来の仮説が当てはまった。しかし、プルトニウムとは異なり、ヒ素は他の元素への放射性崩壊を起こさなかった。ただし、半減期は二万年を超え、ほぼ永遠に環境内に残り続ける。同様の問題は、石炭に含まれる水銀と鉛にも当てはまった。これらは、発電所の汚染除去装置でも容易に取り除くことができなかった。さらに、除去装置で取り除いた物質は、野外に運ばれ、数十億トンの泥やヘドロとして毎年積み上がっていった。溜まった石炭の燃えカスに含まれるヒ素、水銀、鉛は水に染み出し、人体に有害なレベルになっていたが、何の対策もとられていなかったのである。

石炭の最悪の問題は、それらの金属ではなかった。この問題を研究する科学者がいなかったのである。一九七〇年代になってようやく、空気中やヘドロのなかの灰の研究が始まった。そして、これらの化学化合物もまた、人体に有害で遺伝的悪影響があり、ガンをひき起こすとわかったのだ。放射性物質は、神秘的な魔法によって害をもたらすのではない。化学変化を起こし、体内で分子に分かれることで、害をなすのである。だから、放射性物質によるガンや変異は、化学物質によるガンや変異とは本質的に区別がつかないのだ。

化学化合物も、石炭の最悪の問題ではない。一九八〇年代までに知られていた知識では、最も重大な健康被害は、煤煙のなかの単体の化学物質と微細な粒子が引き起こすとされていた。放射性同位体と同様、それらは、あまりに撒き散らかされすぎて、科学的な証拠にはなりにくく、数百の疾病の原因になるということがわかっただけだった。しかし、アメリカの中部と北東部、ヨーロッパの大部分、そして経済が発展している中国とインドで石炭が頻繁に使用され、ガンや肺病によって数万人の死者を出していると指摘された。石炭の煤煙に含まれる極小の粒子がアメリカで毎年約一万人の早死の原因になっており、当然世界中ではそれ以上の数の人びとの寿命を縮めていたということが、わかったのは、ずっと後の、二一世紀初頭のことだった。(4)

にもかかわらず、世界は石炭の燃焼には良心的だった。先進国は一九七〇年代に大気汚染への対策を取り、石炭の使用を増やしながらに、数十年のうちにはで石炭による汚染を減らすことができるようになった。最悪の公害でさえ、病んで死んでいく人の数に、ごく少数の死を付け加えるだけだ。他方で、貧困は人を殺し続けている。最も産業化された国は、これまで最も健康な国民を有していた。健康問題としては、そして環境問題としては、どのような基準をとっても、石炭は原子力よりも数倍注目されるべきだし、用心するに値するのだ。

環境上の危険には一つの範疇がある。比較が難しく、人びとを悩ませる範疇だ。それは、最大想定事故である。これまで前例のない破局の確立を見積もることは不可能である。しかし、AECはそれに挑戦した。工学者のノーマン・ラスムッセンの下での研究を組織して、最大想定事故の確率を計算しようとしたのである。一九七四年に完成したラスムッセン報告は人びとを安心させるために作成された。頻繁に言及された結論部は、原子炉の事故で死ぬ確率よりも隕石に当たって死ぬ確率の方が高いだろうと述べていた。この報告書が発表されると、反原発運動だけでなく科学者たちからも非難を受けた。科学者たちは、この報告書には方法論的な問題が多いとし、明らかに楽観的過ぎると主張した。この報告書のテーマそのものが、明らかに不明確だった[5]。核に関わる技術者や評論家たちは、一九七〇年代を通して、チャイナ・シンドロームという人目を引く問題に注目し続けてきた。同時に、毎年、数百もの小さな事故が起き続けていた。こうした小さな事故は記録されているがほとんど関心を引かなかった。もし、これらの出来事が連続しておこったならば……。

一九七九年、単体では無害なミスが連鎖的に起こり、中規模の事故を引き起こした。ペンシルバニア州ミドルタウンの近くにあるスリーマイル島の原子炉で、核燃料が部分的に溶解したのである。原子炉は使い物にならなくなったが、原子炉の格納容器によって放射性物質はほとんど外に漏れ出ず、怪我人等も出なかった。しかし、格納容器が何日持ちこたえられるか、明らかではなかった。マスコミは叫び、学校は閉鎖され、専門家は妊婦の屋内待避を警告した。数百マイル圏内に住む人びとは、ほとんどパニックに陥った。このときの民衆の反応については次章で述べる。では、技術者たちの目には、この事故はどのように映っていたのだろうか。

のちに、技術者たちは、ラスムッセン報告のなかの詳細な分析から計算して、スリーマイル島のような中規模な事故が世界のどこかで起こるということは、一九七〇年代の後半までに、かなり正確に予測されていたことを突き止めた。スリーマイル島の原子炉では、複数のミスの連鎖が起きた。こうした複数のミスは、すべてが全く同時に起こるということはなかったにせよ、この数年のあいだに、すでに一つか二つの原子炉で起こっていたのである。しかし、こうした欠陥やミスの報告は、最大想定事故の議論の嵐と、日常的な事務書類の山のなかで、見過ごされてきたのだった。スリーマイル島の事故に不意を打たれた関係者たちは、ようやく原子炉の安全をめぐる現実的な問題に関心を払いはじめた。ウィンズケールやスリーマイル島などの深刻な事故ごとに数百に及ぶ目立たない個人的なミスや欠陥がある。また、巨大な災害では、格納容器のなかの原子炉で部分的に核燃料が溶けるという事態が起こる。そして、ミスの連鎖が放射能の雲を生み出すのだ。アメリカと西欧で実用化された典型的な原子炉には、スリーマイル島のような事故を起こす可能性があった。もちろん、事業者は、恐るべき事態が起こる前に、原子炉を信頼できるものにするか、使い物にならなくなった原子炉を、十億ドル以上の損害を覚悟した上で廃炉にせねばならないだろう。

さらに苛酷な事故の後、問題はよりわかりやすくなった。さらに苛酷な事故とは、一九八六年にソ連のチェルノブイリの原発が燃え上がった事故である。小さなミスの連鎖は、ぞんざいなソ連の産業においては日常的なことだった。原子炉の過熱が手に負えなくなるソ連の原子炉の設計が、このミスを拡大した。それは、格納容器のない、最大想定事故だった。後述するように、チェルノブイリは、専門家たちが警告してきた事態に似通っていた。即死者多数、数百万人の健康への悪影響、数百マイルに及ぶ汚染。しかし、一九八六年以前には、ロシアの原子炉が格納容器を欠いていることを人びとは知らなかった。これに比べたら、世界のほとんどの原子炉は安全だった。

チェルノブイリの大災害は、想像できる限りで最悪の原発事故であり、格納容器がある原子炉では同様のことは起こり得ないものだった。石炭による火力発電も、事故の可能性はあり、それは計り知れないほど大きな事故になる。化石燃料の燃焼は、二酸化炭素を大気に排出する。一九五〇年代後半から、少数の科学者は二酸化炭素の温室効果により、地球温暖化が進むと主張していた。もし、温室効果ガスを何十年にもわたって排出し続け、利用可能な石炭が燃やされれば、地球温暖化は明らかに深刻な問題となり、文明の破局を招くかもしれない。しかし、科学者たちは、地球温暖化の問題がはっきりと認識されるのは、二一世紀の初頭になるだろうと予測していた（それは正しかった）。一九七〇年代には、それは遠い未来のことのように思えた。多くの科学者は、温暖化が起こるということさえ、疑っていたのである。ほとんどの人びとは、温暖化の問題を知っていた人でさえも、この問題を受け流した。一九八〇年代の後半まで、このリスクは広く報じられず、世界の首脳も二〇〇〇年代の最初の十年までは、真面目に受け取らなかったのである。[6]

実際、石炭と原子力発電のリスクを比較することさえ、人びとは知らなかった。グレン・シーボーグと彼の同僚は、石炭火力発電は原発よりも多くの放射性物質を日常的に排出していると主張した。また他の専門家の計算によればウランの代わりに石炭を使えば、一つの発電所あたり数百名の人命が失われるという計算もあった。彼らは石炭の制限を求めた。科学者と技術者は、大衆の動向に合わせて、民間技術を嫌うことはない。結局、長く使われてきた技術は人命を損なうよりも助けてきたのだ。原子炉を好む者は、石炭火力をも好んだ。政府の関係者や公共事業に関わる重役たちも、自国が石炭火力発電を使うことで、発電所の風下数千マイルの地域に住む人びとにリスクを背負わせているとは感じていなかったのだ。

環境保護主義者たちは、リスクの比較の必要性を訴えることに関心を示さなかった。原子炉に反対する者たちは、成功の見込みが少なくても、同じ確信を持って石炭火力発電所にも反対した。どちらも同じように非難する限り、比較の必要はなかった。石炭は原子力よりも「はるかに環境に良い」と主張する者もいた。ある有名な作家は、無知なことに、長い半減期をもち遺伝子に損傷を与える唯一の化学物質が、放射性同位体だと思っていた。核は他の何よりも恐ろしいと、単純に考える者もいた。さらに、原子力発電への反対者たちは、原子炉に代わり得るものについて、勉強しようとしなかったし、それを宣伝しようともしなかった。[7]

若者たちの異議申し立て

一九七八年、反核運動の過激派がアンドレ・ゴーブネと私的な会合を持った。ゴーブネは、年長の紳士で、工学の教育を受けており、長年フランス原子力委員会で働き、安全部門のトップになった人物である。穏やかで洗練され、とても上品なゴーブネは、相手が適する技術的な批判について、一つ一つ反証した。過激派はすぐに議論に疲れた。特に苛立っていたのは、「地球の友達」という団体の若きリーダーだった。彼は家族と勉学を捨て、コミューンと反核運動に自らを捧げた人物だった。「安全をめぐる技術的な議論を問題にしたいのではない」と彼は述べた。「これは政治的問題なんだ！」(8)

白髪の権威者と苛立った過激派の二人は、あらゆる問題で対立した。両者は、単に原子炉に関する考え方だけでなく、より根本的な社会的・政治的態度でも、正反対だった。核に関する議論は、二〇世紀をまっすぐに貫く亀裂の存在を明らかにした。

一九七〇年代の反核運動の指導者たちと同じく、この若い過激派の価値観は、約一〇年前に世界中で盛り上がった対抗文化運動に負うところがおおかった。テレビの出現、戦後のベビーブーム世代が学生になったということ、などが原因になって、対抗文化運動が起きた。しかし、重要なのは、原子炉との結びつきである。対抗文化運動の担い手たちは、核戦争の影の下で成長してきたのだ。

ある若者は、民間防衛の教科書を思い起こして次のように述べた。「一九六〇年代の対抗運動のスタイルと盛り上がりは、高校のボイラー室の近くの、ジメジメとした地下廊下で育くまれた。そこで、年長世代は信じるに値しないと決めたのだ。」一九六〇年代半ばの若者たちに関する心理学の調査は次のように述べている。若者たちは核攻撃が差し迫っていると考え、大人は不誠実で破壊的だという思春期の空想は現実世界によってますます強くなっている、と。若い過激派たちを目にした人びとは、有名な一九六二年の民主社会学生同盟（ＳＤＳ）の宣言に同意した。その宣言は、「自分たちが人類最後の世代なのかもしれないという意識に導かれている」と述べていた。著名な知識人たちは、若者の反乱の背景には核戦争の恐怖があると指摘した[9]。

若者の反乱の、政治運動としての最初の兆候は、放射性降下物への反対運動にあった。もっとも本質的な例は、ドイツで起きた。そこでは、放射性降下物反対運動が、軍縮運動を生んだのだ（イギリスのCNDとは異なる）。ますます若くなり、ますます過激になる抗議者たちは、数万人で意思表示を行い、軍備一般に反対し、政府の強権に反対し、ベトナム戦争に反対し、現代資本主義の「ファシスト」的側面に反対した。他の国でも一九六〇年代初頭の反核運動が、政治運動の実践を学ぶ機会であったと同時に、後年のより広範な反対運動の指導者たちを生む土壌になった。

一九七〇年代半ば、対抗文化運動は原子力に関心を集中させた。関心を変えたのではなく、元来の関心に立ち返ったのだ。初期の反核運動は反核戦争の運動だったが、いまや科学技術とそれを管理する人びとへのより広範な不信にもとづく運動になった。核に関わる人びとは、自分たちが全く新しい事態に直面しているということをなかなか認められなかった。シーボーグが述べたように、彼らはそもそも原子炉の批判者たちが事実を正確に理解していないと考えていた。確かに、関係者のほうが信頼に足る情報を持っているのは当たり前である。しかし、一九七〇年代の反対運動は、一九五〇年代の原子力への不安とは異なり、若者や教養ある人びとが担い手だった。原子力産業は反対運動に関わる人びとを不良と呼び、過激なマルクス主義者と呼んだ。ともかく、原発に反対する人びとに共通するある類型が存在するようだ。それは、自分自身の価値観への強い自信である[10]。

反核運動に関わる人びとは、この類型に当てはまった。彼らは民主的で、思いやりがあり、自発的で、率直で、そして自由であると自任していた。彼らは、敵を階級的で、冷酷で、人間性を持たない窮屈な官僚的秘密主義者だとみなした。多くの反対者たちは、環境保護運動を越えて、現代社会への根本的な批判に傾斜していった。その先駆者である経済学者のE・F・シューマッハは、一九七三年の著書『スモール　イズ　ビューティフル』のなかで、個人や小さな組織が管理できるレベルにまで産業を制限するべきだと述べていた。シューマッハが思い描いていたのは、多様で、つつましやかで、相対的に自律した集団が、簡単な技術で生活し、互いが互いの人間的で精神的な価値に気づき合えるようなつながりだった。したがって、彼は、現代の桃源郷をつくるという中央政府によるTVAのような事業を冷笑していた。彼らは完全な分権化によってのみ、経済の繁栄が、正義が、そして世界平和が、達成されると考えていた。[11]
特に説得力があったのは、一九七六年のエイモリー・ロビンスによる記事だった。彼は、広い額と小さなあごを持ち黒縁メガネの奥に穏やかそうな目をした知識人だった。エイモリー・ロビンスは、原子炉には高度な中央制御システムが必要だが、そのシステムは融通が利かず、理解が困難で、一般の人びとには反応しにくく、不測の事態には脆弱だと指摘していた。ドイツ人ジャーナリストのロベルト・ユンクは、さらに一歩進んだ主張を展開した。一九七〇年代後半の反核運動のなかで国際的に最も広く読まれた本『新たな専制（*The New Tyranny*）』のなかで、ユンクは終末論的な戦いとして、原発反対運動を記述している。原子力産業は、人間をロボットのような奴隷社会へと駆り立て、ヒトラーの帝国よりも恐ろしい死の帝国へと導こうとしていると述べたのである。[12]
ユンクやそのほかの人びとは、原子力産業を、遠隔地にいる不注意な権力者の意思決定の恐しさを表す究極の実例だとみなしていた。実際、原子力の関係者は、原子炉の安全に不安を感じる非専門家たちを奨励したり、無視したり、監視したりしていた。彼らは、軍事国家への道を進もうとしていたのだろうか？　再び、私たちは岐路にたっていた。原子力か太陽光か、「これは、協力的なルールか社会民主主義か、あるいは、死ぬか生きるかの選択なのだ」とある作家は述べた。[13]

ヴィール原発反対闘争

反原発運動が最も高まったのは、西欧だった。転機は、一九七四年、各国政府がオイルショックに対応するために合計で数百の原発を建てると発表したことによる。アメリカと同様、ヨーロッパの反原発運動もその起源は軍縮運動や環境保護運動だったが、直接の契機はアメリカの反原発運動による刺激だった。ヨーロッパの反原発運動はスターングラス、ゴフマン、タンプリンの警告を端緒とするアメリカでの論争を翻訳してそれをなぞった。

ヨーロッパの反核運動は、まず独仏のラインランドで成功を収めた。そこでは、主婦から町の職員にいたるまでを動員し、「放射能の明日より、行動の今日」というスローガンを掲げてデモ行進をおこなった。一九七五年、ライン川のドイツ側の町ヴィールで、運動は最高潮を迎えた。二万人が原発立地予定地に集結し、フェンスを取り囲んだのだ。警察による制限にもかかわらず、群衆は予定地に押し寄せ、バリケードをたてて、森にテントをはった。翌月までには、学生たちや活動家たちが西洋のあちこちからヴィールの野営地に集まってきた。地域住民やスタディツアーも合流した。議論は、原発の技術だけでなく、警察国家などの政治的トピックにまで及んだ。野営地やデモの現場には、一九六〇年代の対抗文化運動の遺産があった。花があり、歌があり、ブルジョア社会への拒絶があり、コミューンを志向する自発的な組織があった。しかし、コミューンの志向性は、ドイツの農民への保護と結びついた。農民たちは、原発がブドウ畑に悪影響ではないかということだけを恐れていた。この闘争は、法廷へと移り、ヴィール原発が設置されることはなかった。[14]

その後の数年間、ヨーロッパでは原発設置予定区域を占拠する運動が続き、その動きはアメリカでもみられるようになった。特に、ニューハンプシャーのシーブルックの原子炉は、クラムシェル同盟の反対をうけた。この運動は、ヴィールにおける市民的不服従の戦術を借りたものだった。他方で、フランスでは、気候に関する議論が起こり、それは原発産業を後押しした。

もし、ヴィールの野営地が、アナーキストの理想の生けるモデルだとすれば、その反対が、フランスの電力会社であり、フランスの原子力委員会だった。それらは、閑静な並木道にそって人びとが散歩し、カフェで休むことができるパリの繁栄した一角に位置していた。広い並木道は、一九世紀のホワイト・シティの夢をモデルにしていた。オフィスは整然としており、コップはきちんと磨かれ、制服に身をつつんだ警備員がドアに立ち、有能な秘書がいて、静かなエレベーターがあった。こうした秩序の断片が、フランス南部のローヌ渓谷のマルヴィルで、巧妙な装置として完成されつつあった。フランスは他の燃料と比べても、かなり多くのウラニウムを持っており、政府は自国の将来のために完全な増殖炉を立てる計画だった。そのプロトタイプが、マルヴィルだった。元素転換（トランスミューテーション）の象徴としてこれまで数えきれないほど言及されてきた神話に出てくる灰のなかから蘇る鳥にちなんで、「スーパーフェニックス」と名づけられた。

一九七七年七月三一日、マルヴィルは雨だった。五万人の抗議者たちが、要塞化された原子炉の敷地に前進していた。悪天候のなか、黙って列をつくり、トボトボと歩いた。環境保護主義や平和主義を背景にもつ反原発運動は、そもそもが、非暴力的で、厳密な組織を持たなかった。しかし、なかには鉄のクラブとヘルメット、赤や黒の旗、そして「モトロフ・カクテル」と呼ばれた火炎瓶を手にした小集団も交じっていた。警察はデモを警棒と高水圧の放水、催涙弾で迎え撃った。悲鳴と混乱が終わったとき、一〇〇人以上が負傷し、デモ参加者の一人が死んだ。スーパーフェニックスと、十数基に及ぶ他の原発の設置計画は予定通り進んだ。

反対者たちは、路上でも、法廷でも、勝利をあげることができなかった。公聴会で反対者たちが妨害活動を続けることができたアメリカとドイツの原子炉認可システムとは異なり、フランスの認可システムは政府の専門家だけで物事を決定していくという単純なものだった。フランスの仕組みは、アメリカやドイツとは異なり、反対者には閉ざされていた。路上でバリケートを築くような者がシステムに入り込むスキがなかったのである。フランスの原子炉は、国民の大多数が国家を信用する限り、稼働し続けるのだ。

多くの国では、反対派の要求は効果的だった。アメリカの反対運動は、最初の大きな政治的目標を達成した。AECの解体である。原子炉の技術を進化させ、規制してきたAECは、政府機関として定着していたが、原発が生む特殊な事態に徐々に対応できなくなっていた。一九七四年、議会はAECを分割することで、批判に対応しようとした。一つは、原子力規制委員会に、もう一つはエネルギー省に統合された。議会が、原子力合同委員会から、権限を奪ったのである。原子力産業は、強力な組織による支援を失った。

さらに重要な政治的達成が続いた。一九八〇年、スウェーデンで行われた国民投票が、スウェーデンでの原発設置計画を白紙に戻したのである。一九七八年のオーストリアでの国民投票は、原発の即時停止を決めた。民主的な方法による原発計画の白紙化や原発の停止は、イタリアやオランダ、アメリカの各州でもみられた。これらの国や地域では、少数派に拒否権が与えられる政治的・司法的な制度があった。この意思決定プロセスが最もわかりやすかったのがドイツである。ドイツでは、反原発を政策の基調に置いた緑の党という全く新しい政党が勢力を拡大していた。従来の政党は、次第に原発政策をためらうようになった。一九八〇年代の初頭、世界の新規原発の受注は、一〇年前と比べるとはるかに少なくなっていた。

新規原発設置のスローダウンは、単に政治的な問題ではなかった。主に、原油価格の上昇により、世界経済は停滞し、金利は上昇し、大規模な資金が必要な事業は自制された。そのなかで、原子炉の建設は、故障や遅れによって、さらなる打撃を受けていた。その理由は、巨大原子炉の技術がまだ新しく検証が足りなかったからであり、政府による安全規制が、たえず制度変更を迫られたからだ。一九六〇年代に完成した原発の費用と比べて、はるかに高くつくようになったのだ。ＴＶＡのように、自らの将来を原発に賭けた組織は、深刻な経営危機に見舞われた。他方で、アメリカ企業やフランス電力のように、実績のある原子炉を建てる動きも存在した。経済的観点からすると、原発は破たんしたわけではなかったが、成功したわけでもなかったのだ。

企業の重役たちが、経済合理性という観点から石炭、ウラニウム、その他の選択肢から何かを選ぼうとしたとき、イメージが強く作用していたことは否めない。電力システムの計画は、三〇年から四〇年後の未来を見据えていなければならない。しかし、わずか数年先のことでも、燃料費の状況、金利、電力需要を予測できる者はいない。原発のコスト計算も、計算を専門家が変われば、劇的に変わり得るものだ。一九八〇年代の中頃までには、アメリカの企業は原発計画にしり込みするようになり、すでに建設中のものを完成させるだけになった。さらには、建設を途中で放棄するケースも出てきた。しかし、フランスは違った。フランスは、二〇世紀の終わりごろまでに、全電力の五分の四を原発でまかなう電力システムを打ち立てようとしていた。さらに、原発を近隣諸国に輸出することで、相当の利益を得ていた。その他の国々は、原発を徐々に増やしていくかどうかをためらっていた。

確かなことが一つあった。原発を建てるかどうかという決定は、国家と地元住民がいつか無理をしなければならない可能性が付きまとうということだ。それゆえ、経済計画は、指導的立場にある政治家から寄せ集めの反対派にいたるまで、一人ひとりの態度の上に成り立っているのである。大上段のエネルギー論争は、人びとのイメージに火を点け、イメージに作用するほとんど知られていない力を起動させたのだ。

第19章　文明か解放か

対立が二極化する要因

原子炉の支持者らと反対者らが面と向かって議論すると、それまで不明瞭だった力が開放され、傍観者らを刺激した。多くの反対者は、怒りと不安を率直に表現した。また原発支持者たちが、平静で理性的な態度で自説を述べるときも、その意見を慎重に聞いたなら、そこから不安と怒りを見出すことができた。両サイドは苛立ちを募らせ、相手が不快きわまるナンセンスを押しつけていると言って非難し合った。時には、非常識な態度をとることもあった。公式な議論において、他人の主張を反証できる者は一人としていなかった。互いの意見は、相手に触れることすらなく、横を飛び去って行くばかりだった。

議論が長引くほど、どちらの側も、社会学者のいうところの「社会的増幅」に落ち込んでいった。「社会的増幅」とは、ある集団のメンバーが、同じ意見を抱いて連帯していく傾向のことである。こういった傾向は、えてしてその立場を過激なものへと走らせる。各自が、自分の属する団体で他メンバーよりも目立とうとするからだ。その傾向を強めるのが「確証バイアス」である（それは大抵、他人には見つけやすいが、自分では見つけにくい）。もし同じ事実を相手に投げかけても、自分たちに利するような事柄だけに注目する。そして、自分たちの意見に反するような事象については無視するか信じないかのどちらかの態度しかとらないのである[1]。

原発の賛成・反対両陣営が、原子炉だけではなく他の多くの物事に関しても多様な仮説を持っていた。意見を戦わせる者たちは、しばしば、外国語を話しているかのようだった。相手が使わない表現を使い、相手とは違った様式で議論したのだ。論戦は現代社会の奥深くにある大きな意見の相違を暗示していた。

一九七〇年代半ばまで、多くの反核運動家は次のように述べていた。自分たちが闘っている対象は原発産業だけではない。現代に存在するあらゆる階級制と、それらが持つ技術とも闘っているというのだ。連綿と続く論議について世論調査が行われ、その結果は、ある矛盾した側面を明らかにした。自らを「保守」と見なし、規制の秩序を支持している者は、新しい技術を受け入れる傾向にあった。それに対し、自らを「革新」と見なし、社会の変革を好むと言う者は、前者より新技術を拒む傾向にあったのだ。しかし、実際はこの現象は矛盾とは呼べなかった。技術的な変化は、現代社会の中心に根付いていた。そのような技術革新を支持するという行為は、現存する社会権力や思考を支持するのと同じ意味を持っていたのだ。

多くの事実から様ざまな調査結果が見つかった。そして、個人が原子炉について賛成か反対かを見極める一つの事実が明らかになった。対象者が基礎的な社会構造に信頼を置いているかどうかという点だ。この観点は、個人の政治的イデオロギーを間違いなく反映していた。加えて、その人物が、様ざまな技術に付随するリスクや利益に対してどう思っているかということにも影響されていた。確証バイアスは、こういった側面をより強める機能を持っていた。最終的に、人びとは原子炉のような物事に対し、根本的に「善い」か「悪い」かといった、強い感情を反映させるようになった。また別の調査では次のようなことが明らかになった。原子炉を安全と捉えるか、はたまたリスキーと捉えるかを決定するのは、個人が持つ明確な世界観というよりも、「感情的な反応」だというのである。また、原発が経済的に信頼できるかどうか、という問題までもが感情に左右されるというのである。論争の両側にいる人びとが、世間の感情的な反応に影響を与えたのには、もっともな理由があったのだ[2]。

反原発運動は、ただ環境に対してだけ恐怖心を持っていた人びとが「政治的意識を確立する」契機になると期待した活動家もいた。原子炉の危険性は、そういった人びとに、資本主義に対する「革命運動」の必要性を教えるだろうと考えたのである。もちろん、普通の原子炉反対者は、そうした根本的な政治批判を行わなかった。ただし、そういった根本的な政治批判は、反対運動を持続させる一つの要素だった。[3]
おそらく、核エネルギーについて最も鋭い分析を行ったのはフェミニストたちだった。軍事用か民事用かに関わらず、核エネルギーを男性上位の構造として捉えたのだ。彼女たちの一部は、ジャーナリズム界で長い間隠されてきた、原子についての陰険なメッセージを明らかにし、それらを不名誉な真実だと考えた。彼女たちによれば、自然への支配は、男性による女性支配の変形に過ぎないというのだ。「地球がミサイルによってレイプされる」と主張する者もいた。また、原子炉からの放射能漏れは、父親から加えられた汚染としての近親相姦と同じ意味をもっていると言う者もいた。「家父長制は……放射線を「射精」する核エネルギーというレイプ主義者を生んだ」というのだ。反核運動を支持する人の多くはそこまで過激な分析はしなかったが、権力の手による迫害といったイメージは皆が共有していた。[4]

私が本書でこれまでに描写してきた曖昧な構造――科学者と犠牲者、怪物とヒーロー、見境なく性的にたわむれる場所――は、反核主義者には単純化されたパターンとして受け止められた。原子力関係のすべての事故は、二極構造のシンプルなレンズを通して捉えられ、「権威」か「被験者」のどちらかに判別されたのだ。彼らによると、一方には科学者や技術者がいて、危険な装置を携えている。それは横暴な男性（特に政府、産業、軍当局者）、権威的な父親、規制の厳しすぎる技術社会から広まった脅威の象徴だった。他方には、実験台のモルモット、奴隷労働者、支配された女性、拒絶された子どもといった、現代社会によって打ちひしがれた個人がいるとされた。

邪悪な原子力学者というステレオタイプは、社会のいたるところに浸透していた。そのイメージは、戦略理論専門家、空軍将校、その他政府当局、はたまた民間産業にも広まっていた。冷酷で利己的なビジネスマンという、これまた何世紀も昔から続くステレオタイプは、従来は科学とはあまり関係がなかった。しかしそのビジネスマンのイメージも、冷血な科学者という心理パターンのイメージに似ていることが明らかになった。産業が科学との結びつきを強めるほどに、物語のなかの技術者は、産業奴隷の支配者や、暴走する原子力発電所の所有者になぞらえられるようになっていった。冷血な科学者というイメージはたとえば、一九三六年に『フラッシュ・ゴードン』シリーズに登場した「ミン皇帝」が体現していた。また、一九六二年の映画ジェームズ・ボンドシリーズに登場した「ドクター・ノオ」というキャラクターもその一例だ。一九七〇年代には、そういったステレオタイプはより明白な意味合いを持つようになった。反対者が、邪悪な技術を使って自然と産業の両方を汚染しようとする実業家を訴えはじめたからだ。

反原子力の感情は、一九七四年に決定的なものとなった。原子力産業に従事していたカレン・シルクウッドという女性が初の殉死者となったと、反核運動団体が公表したのだ。シルクウッドは、勤務先の処理工場から漏れた放射性物質により被曝し、その後不自然な自動車事故で死亡した。彼女は、不適切に取り扱われているプルトニウムに関する秘密を探っていた組合活動家であったため、それは事故ではなく、匿名の政府高官からの命令で殺害されたのだと多くの人が信じた。様ざまな記事が書かれ、彼女は完全なる犠牲者だとされた。彼女は女性であり、抑圧されたプロレタリアだった。また、雇い主の邪悪な秘密を知った子どものように無垢な人間であり、有害な技術によって汚染され、悪意ある政府から死に追いやられたのだと言われた。

最も印象的なイメージを与えたのは、シルクウッドの事件をもとにしたテレビドラマ『プルトニウム事件（*The Plutonium Incident*）』だった。一九八〇年以降、多くの視聴者を得た作品である。若く純真なヒロインが燃料処理工場での犯罪に気付いたとき、官僚は故意に彼女に被曝させ、最終的には放射性物質の爆発によって殺害する。話のなかでは、泣き叫ぶ彼女が無理やりベッドに押しつけられ、技術者によって「子宮モニター」を挿入されるシーンがある[5]。これは原子力産業によるレイプというイメージをあからさまに表していた。イメージの世界では、事実はさほど重要視されなかったのだ。一九七九年公開の人気映画『チャイナ・シンドローム』では、危険な核のパワーを持った冷酷な男性支配者が、電気事業委員会の長として描かれていた。

こういった映画や、その他の原子炉に反対する作品には、もっと微細な事柄が含まれていた。スムーズで理に適った自信をもつ当局者と、何か非常に間違ったことが起きているに違いないと思う主人公の間に、緊張が生まれる。こうした、権力者と犠牲者という位置づけは、私がこれから述べる「論理」と「感情」の区分に一致している。

これまでの章で書いたように、人類の思考には、理性と感情という二つの状態がある。そこに優劣はなく、的確な判断をするうえではそのどちらもが必要となる。[6] 社会評論家らは、これらの違いを昔から認識していた。技術者の成功は、個人的な思いや人間的感情を排除した、論理的なシステムによって達成される。対照的なのは芸術家や詩人といった、個人的な感情に没頭していた人たちだった。こういった個人のアプローチにおける差は、社会的な意味を持っていた。階級制をとる大きな組織（会社など）では、論理的な思考が優るということが証明されている。そういった組織のメンバーは、各セクションごとに、合理的な関係性に基づいて仕事を進めなければならないからだ。したがって、原子力技術者たちは純粋な知識を強調した。また、彼らの思考には、それまでの訓練や従来備わっている傾向だけでなく、社会的立場も反映されていた。[7] そのような見方は、感情に重きを置く人びとにとっては欠点に思われた。科学者や技術者にとどまらず、実業家や軍当局者、政府の高官らも、ますます機械的で冷酷な性格だと見なされるようになっていった。そういった者たちと比較されたのが、女性、子ども、未開の人びと、小作人、そして肉体労働者といった人びとだった。なぜなら、これらの者は伝統的に感情や本能に忠実で、自発性や直感を大切にするとされてきたからである。彼らは権力、とりわけ技術によって生み出された権力からははっきりと除外された集団だった。[8]

実際は、権力者が科学的合理性をほとんど気にしないのに対し、女性の小作人ほど合理的な者はいなかった。それにもかかわらず。権力と合理性は切り離せず、それらは両方とも人間的な感情を抑圧しているということが当たり前だと思われていた。対抗文化的反逆者や、反核運動に携わる多くの人は直感に従った。設立された施設を口撃するだけでなく、苦労して確立された科学の構造や実証された知識そのものさえ批判するようになっていった。

論理と感情の区別が常に明確だったわけではない。社会における階級制の解消を望んだ人びとの多くは、特定の技術については好意的であり、風力発電や太陽光発電の推進には貢献した。また、原発の反対者らは、印象的な事実によって裏付けされた合理的根拠を頻繁に利用した。さらに、反原発運動の上層部には専門家らも迎え入れられた。一九七五年にフランスで起きた原子力に対する異議申し立てには、四千人以上の科学者と技術者が署名した。推進側が非難したように、このような動きは反合理的な運動だったのだろうか？

原子炉反対に共鳴したフランス人社会学者が、活動家や、請願書にサインした科学者らを対象とした調査を行った。そして、調査対象者たちは自分自身のことを、合理性の支持者だとは一切思っていないということがわかった。反対者らは、討論の戦術として技術的な主張を集めたが、心の奥では、専門的技術に対しては極めて懐疑的だった。反核科学者は、研究所における官僚的な組織についてことさら懸念を抱いているようだった。その他の反対者たちも、直感や、魔術への素直な信仰から、様ざまな近代科学を否定した。[9]

それでも、多くの原発の反対者たちは様ざまな技術的論争を駆使して、自分たちを客観的な存在として提示した。実のところ、彼らは原子力の権威者たちから、「不合理」で「感情的」だと表現されることに辟易していた。問題はこうだ。秘密、はぐらかし、「科学的な」主張が疑わしいと分かったという噂、そして定期的につかれる明白な嘘。これらが何十年も続いたことによって、反対者たちは、当局から発表されるいかなる事実や理由も信頼できなくなっていたのだ。[10]信頼は脆い。一度失ったら、取り戻すことは難しい。論争のどちらの側にいる者も、自分たちが論理的だと信じていた。それぞれの見解は、自分たちが本当だと信じる情報にもとづいた良識ある推論なのだという信念を持っていたのだ。

しかしながら、人が誤った情報を信じるということもある。特に、一般の人びとは、人間が様ざまな形で死亡する頻度について、ひどく誤解をしているということが調査で明らかになった。実際の統計と比較すると、人びとは、(核災害かどうかにかかわらず)大災害の起きる可能性を過剰に高く見積もっていたのだ。その一方で、心臓発作など、日常的に起きやすいリスクについては過小評価をしていた。[11]このような傾向は、食べ過ぎなどの、誰もが普段行うことについてはあまり危険に思わないという本能的な傾向と一致していた。加えて、メディアにおける大災害のイメージの「使い易さ」は、専門家によって導き出された結論から、「常識」を取り除く圧力として機能した。

常識は、素早く、そして直感的に作り上げられた信仰を形成する方法の一つである。その信仰は、私たちの記憶に残された経験に関連していた。私が本書を通じて述べてきた、こういった根本的かつ原始的な過程に加えて、人類は決定に関わる第二の過程を持っていた(一九九〇年代まで、このことは調査で解明されなかった)。動物が、従来の直接的な経験によってのみ行動するのに対して、人類は言葉を持っていた。私たちの決定は、これまでに語られてきたことによって影響されることがあるのだ。これは、直線的で、論理的な決定である。そしてその決定を下すときに使われる脳の領域や経路は、感情にもとづいて結論に辿り着く経路とは別のものなのだ。それは、直接的ではなく、また元々脳に組み込まれていたものでもない。学びによって得られるものである。原始的な過程は、すばやい決断を下すために設計されている。それは言うまでもなく、動物の祖先にとっては大切だった。その後、その決定を評価、あるいは修正するために、ゆっくりと理論的思考が現れるのだ。

この第二の過程は、イメージや感情に頼らない。その代り、論理的なルールや、図表、統計値、そしてときには統計式から出された結果にもとづいている。この事実は、科学者や技術者といった者たちにはごく自然に受け入れられた。彼らは何年も、この方法によって自らを鍛えてきた者たちだからだ。さて、ここで、ある小さな疑問が浮上する。テレビやニュース、映画、風刺漫画などから信念を形成してきた人びとと、科学者や技術者とでは、あらゆるリスクについて見方が異なるのだろうか?[12]

経験にもとづく過程を別にしても、多くの人びとは、死亡率や、その他のリスクを計算する組織に、ただ単純に興味を持っていなかった。論理よりも、直感や人間的な感情を優先する人びとにとっては、事故の統計は問題ではなかった。大切なのは、価値観の問題だった。

原子炉の建設者は、自分の気持ちを表に表さない傾向にあった。しかし、プライベートな会話では、心苦しさと孤独感を吐露していた。実のところ、反対派も支持派も、この世の終末を予言する人びとにおいてよくみられるような被害妄想を時折吐露していた。どちらの側も、平和と豊かさをもたらすための自分たちの計画が邪悪な集団によって妨げられ、包囲されているように感じていたのだ。どちらの主張をするにしても、熱心な討論者は次のように考えていた。自分自身は、単に政治的論争に参加しているだけでなく、死をしりぞけて、世界を変革させる使命を帯びているのだ、と。このように極端な発想は、どのような変革を望んでいるかによって二つに分かれていた。牧歌的な理想郷なのか、あるいはホワイト・シティなのか、という違いだ。

社会の未来について議論した人びとは、大きく分けると二つの考えにわかれていた。なかでも最も力を持っていたのが、文化と自然という対極に位置するものだった。西洋では、都市対田舎、あるいは文明対自然という対立構造があり、その二極性は、民話から社会思想まで、どこにでも存在していた。個人が表現として使うとき、「自然」とは、形式よりも親密さに関連する意味で使われた。また、自制心や計画よりも直感的で衝動的なものとして、あるいは、論理に対する感情として、そして階層的権力に対する個人としての意味も持っていた。こういった関連付けに正当性はなかったが、西洋においては、このような伝統的な関連パターンはあまりにも広く定着していて、多くの人がそれを当然のこととして捉えていた。自然と文化という対立構造は、感情に対する論理、女性に対する男性、解放に対する規律、自由に対する安全保障、生物に対する機械というように、際限なく存在した。

文化と自然は、ときに、善悪を兼ね備えるものだとみなされた。しかし、それとは別の考え方も広まった。獣や無法者の温床としての野生に対する不信である。使い道がなく無秩序な荒野や森林（そして「原始的」な植民地）を飼い馴らし、秩序だった風景へと文明化し、変形させることが、人間の使命だった。一九世紀まで、「進歩」という概念は、政府や産業などの大規模で合理的な組織構造と一致するものだった。

価値観は、反対の方向にも割り当てられる。すでに一九世紀には、知識人たちは未開拓の野生を、自律的で自由なものとして称揚した。「進歩」へのこうした批判は、二〇世紀末までには、自然と文化のバランスが逆転したため、大きくなった。一方で、野生は私たちのひ弱な村を取り囲んで脅かし、他方では、世界中の都市が、残された自然を取り囲んで脅かした。

こうして、反核運動は広く共有された考え方の上に立つことになった。あるアメリカの調査は、反核運動に関わる人びとは、推進派と比べて、「美しい世界」「内なる調和」「平等」という自然に関わる価値観を重視し、「快適な暮らし」「国家の安全」「家族の安全」を軽視しがちであることを明らかにした。[13] しかし、中心的課題はより明確に権力構造に関わっていた。一九九六年の研究によれば、福祉と権力は広く分配されるべきだと考える平等主義は、一般的に環境のリスク、とりわけ原発を憂慮するという結果が出ている。階層的な社会構造を信じる人びとには、そうした関心は薄い。これは第一一章で確認したような放射性降下物をめぐる「左翼と右翼」の違いと、ほぼ一致する。

反原発派の人びとは、左翼の伝統にのっとり、政府のより積極的な関与について議論した。もっともそれは、社会正義のために法的枠組みのなかで産業を規制するという意味での政府の積極的な関与である。推進派は、政府の規制を最小化することを好んだ。しかし、推進派は、産業界のリーダーや政治的リーダーなど、強権的な指導者を高く評価した。彼らは、個人が社会秩序のなかで正当な位置を勝ち得るためには、規制を受けない独立した経済組織が不可欠なのだと感じていた[14]。

二〇〇八年のある研究によれば、年齢、ジェンダー、教育、収入、さらに個人の明確な政治的志向性は、原発のリスクへの態度を方向づける要素にはならないとのことである。重要なのは価値観なのだ。この研究では、「伝統的」価値と「利他的」価値（すなわち平等主義）とを区別していた。この研究が明らかにした他の唯一の要因は原子力行政への信頼だった。つまり、共和党員の白人男性が（その傾向はあるにせよ）特別に原発に賛成しているわけではなく、そうした集団が持つ、より保守的な価値観と既成の権威への信頼が、原発支持の要因になっていたのだ[15]。

原子力施設への態度に関するある研究は、通常の社会変数と原子力施設への態度との相互関係の弱さを明らかにしている。イデオロギーや価値観との関係さえ、ほとんどみられない。原子力の専門家や組織が、自らの仕事を十分に公正におこなっていることを信頼するかどうかが、個人の原発への態度を規定する重要な要因なのだ[16]。もちろん、それは彼らが原子力の専門家たちに好意的であるかぎりにおいて、言えることだ。平等主義にとっては、忌まわしい権威的な機構は、忌まわしい汚染を意味していた。一九七〇年代の半ば以降、論争はますます道義的なものになった。

どちら側も、自覚していたかどうかは別にして、自分たちの支えになる信念や価値観を選択した。結局、専門家や当局の人間は、自分たちが決断を下すのが合理的だと考えていたのである。原発が給料の良い技術者や管理者を求めているという事実は、彼らにとっては問題ではなかった。

原子炉や大規模な技術に反対していた人びとはどうだろうか？　伝統的な階層構造から権力が取り除かれるとして、その決断は誰によってなされるのだろうか？　反核運動の指導者たちは、一人残らず、次のように主張した。その決定者は、地域、小規模集団、独立したネットワーク、つまり、広義には大衆である、と。このような状況で、社会に選択を迫るパワーは、理念と感情との相互作用のなかで自己形成した人びとに宿るとされた。ジャーナリストや小説家、テレビのプロデューサー、映画製作者、芸術家や俳優、教師や教授、法律家、司教、活動家たちである。中央集権的ではない社会において、彼ら・彼女らは、何を受け入れるのかを最終的に判断する人びとだった。

こうした集団は新たな階級を創り上げげた。もっとも、批判者たちによれば、それは新しくもなければ、階級でもなかった。この集団は、産業生産からは遠く離れ、概念やシンボルを創り出す独立集団であり、伝統的な階級の区分とも異なっていた。テレビ映画の監督や製造会社の副社長たちは、隣り同士で生活し、同じ収入をもらい、子どもを同じ学校に入れながら、しかし互いの価値観はまったく両極端だったのだ。

社会学者のステファン・コットグローブは、イギリスの世論調査から二つの観点を析出した。科学技術に不信を持つ側は、環境問題を深刻に受け止め、産業の成長に反対していた。もう一方の側は、まったくの逆で、経済成長に賛成し、産業生産の場で職を得ている人びとだ。つまり、技術者、企業に勤める科学者、経営者などである。環境保護思想を持つ者は、生産の現場にはおらず、市場経済の場にもいないことが多い。研究者や教師、聖職者、ソーシャルワーカー、芸術家などである。同様に、影響力のあるアメリカ人に調査をすると、技術者ほど原発推進に熱心な者はおらず、大学教師ほど反核運動に積極的な者はいない、ということがわかった。[17]

反核運動における新たな階級の構成員の職業はとても多様だった。こうした人びとは、他の反体制運動と同様、とてもわかりやすい存在だった。そして、彼らはその職業的技術において、運動のなかで最も影響力のある存在になった。

産業界の高官らは、全体的に確固たる権力を握っていた。また、「感情」とコミュニケーションの専門家たちも、影響力を持ち始めていた。彼らの主張は、農業従事者、独立した職人、学生、主婦といった、反核嘆願書の署名者の大半を占めていた人びとにも訴えかけるものだった。そういった人びととは、ひとたび技術官僚が信頼をなくしたら、あるいは自分たちが地域社会である程度の社会的決断を下せるようになったならば、自分たちの考えが世界を導くチャンスも増えるだろうと考えていた。全ての権力のなかで、最も信頼されていなかったのが原子力行政であった。そのため、これまでの章にも書いたように、それらを最初のターゲットとすることは、いたって自然な流れであった。

反核運動は、通常、政治的左派と同義だった。そのため、労働団体や、欧州の共産党のほとんどが原発推進であったことを不思議に思う者もいた（少なくとも、そういった団体のリーダーたちは原発推進派だった）。労働団体や共産党のリーダーが原発を推進した理由は、彼らが合理的な組織や、経済発展の確立を重要視していたからである。他方で、共和党員の妻たちが、ラディカルな詩人や学生らと並んでデモ行進をしていることもあった。この種の人びとは社会の変革に夢中になっていた。また、農作物の保護だけを目指していた保守的な農民らとも、迫害や感情、自然という点で、共通の利害を有していた。

核エネルギーへの態度についての歴史は、より大きなものを計る繊細な指標ともなった。理論的知識、技術の進歩、組織化された意思決定などである。核に関する論争は、こういった物事についてどれほど信頼を置く傾向にあるかを、特に明確に表した。そうした信頼は、この千年間、あらゆる場所で確立されながらも、二〇世紀の後ろから三分の一にあたる時期には、よろめきつつあったものだった。

スリーマイル島での原発事故

論争において、明らかに重要だったのはレトリックの違いである。一九七三年に、原子炉の安全性に関する議会公聴会について調べた政治学者は、次のようなことを明らかにした。原発推進者は、自分たちの発言時間のうち五分の四を、技術的な真相と管理についての専門知識について費やした。一方で反核派が証言する際は、そのような話題については五分の一の時間しか割かず、行政官らの軽率さへの警告に重点を置いていた。そういった公式の場以外においては、原子力産業は膨大な数値と図表を用い、精密な証拠を積み重ねていった。他方、反対派は、人びとを奮起させるようなフレーズやスローガン、風刺画、歌などで意思表示をした[18]。もちろん、核反対の根拠となる計算や、原発推進を歌う詞も存在した。しかし、それらを読む人間はあまりいなかった。ヘレン・カルディコットのような原子炉反対者は、推進者が、ある一人の子どもがガンによって痛々しく亡くなっていく様を観察するといった行為を非難した。しかし原発推進者は、病気についての統計を活用しながら意見を主張した。彼らはどんな案件に関しても、感情的に語ることを拒んだのだった。

反核派は、感情を重視することを美徳と見なし、感情イメージを故意に利用した。彼らの運動で最も広く読まれた書物に、一九六九年に上梓された『原子力平和利用の危険（*Perils of the Peaceful Atom*）』という本があった。その序文は「恐怖による防御」とあり、そこで筆者は、「我々の苦痛のいくつかが、読者に伝わる」ことを望むと書いていた[19]。放射性廃棄物についての風刺画には、頭の二つある赤ん坊や、巨大なネズミが描かれた。反核思想を持つ作家は、原子炉を指す時に「ニューク」という言葉を使った。それは、元々は核爆弾を意味していた。そうすることで、原子炉という装置が、核爆弾と置き換えられるような印象を与えた。邪悪な科学者というイメージについては、先例がいくつもあるが、このときもやはりそのようなイメージが使用された。反核派は、核エネルギーを悪魔との「ファウスト的な契約」と呼んだ。小説や風刺画にはサタンが登場して、原発を信奉した。反対者らは、彼らの行動が、悪魔と死そのものに対する闘いであると主張した。デモ行進では、骸骨のマスクをかぶり、柩（ひつぎ）を担ぎながら、偽物の墓を組み立てるパフォーマンスが行われた。

反核運動の表現方法には、多様なイメージが混ざり合っており、それは感情のシステムをはっきりと反映するものだった。しかし、同時に、それらの表現は、運動そのものの社会的性格も映していた。運動の方針を変えようとした部外者は、より感情的な主張を取り入れようとした。それまでの提言には、産業の発展のなかで確立された価値観を黙認する傾向も含まれていると考えたのだ。活動をボランティアに頼っていた反核運動が、基金調達のためにダイレクトメールを送る際には、統計値を利用するよりも、恐怖を熱心に煽った方が効果的だった。そういった方法により、新しいメンバーを増やし、資金を得ることができたのである。

原発推進派もまた、シンボルを使うことも試みた。一九七〇年代後期、米国エネルギー啓発委員会は、産業団体から巨額の資金を受けて宣伝活動を展開した。一方で、独自のキャンペーンを展開した独立企業もあった。これらは大抵、論理的なシステムを採用していた。ニュースリリースは、技術者だけが理解できるような専門用語を使って書かれ、すべてはうまく進んでいるといった内容で人びとを安心させた。しかし、読者が本当に内容を理解していて、その上に信用がなりたっていたかと言えば、それは心もとなかった。信頼性は、何十年間も脆弱なままであり、オッペンハイマーの事件や放射性降下物の事件などによって崩されていった。多くの人びとにとって、原子力産業の高官による発表は、全く信頼のおけないものとなっていった。

推進派による宣伝は、世間の態度に直接的に訴えかける内容で、愛国心や、進歩への希望を掲げていた。しかし、そのようなキャンペーンは抽象的であった。石油をめぐる戦争の際に、アメリカは「エネルギーの自給と世界平和」というスローガンを掲げたが、それに通ずるような曖昧さだったのである。[20] もっと具体的なイメージを採用しようとした広報担当は、産業界で確立されたプロパガンダに倣おうとした。光輝くウラン燃料棒や、牧草地に建設された原子力発電所、あるいは設備の整ったキッチンなどの、核エネルギーの恩恵を受けた非の打ちどころのない設備。そういったものを見せることで進歩を称賛する内容の映画や広告、展示が利用されたのだ。多彩な非難が、政府機関や産業界の高官に届くことはほとんどなく、ましてや原子力科学者や技術者には全く届かなかった。結局、技術者や科学者らの目的は、刻一刻と変化する個人の感情を、確固とした規則や論理に置き換えることだったのだ。

人間は、リスク評価と意思決定に関して二つの異なる考え方を持っている。上記のような二種類の表現方法は、それぞれが、異なる考え方の、どちらか一方にしか訴えかけなかった。また、それらは原発論争に大きなインパクトを与えた。原子力産業が安全で有益だと説明する記事のほとんどは、物理学、保健物理学、エンジニアリング関連といった、難解な専門雑誌に掲載された。書店のペーパーバック書棚にある核エネルギー関連書籍は、その多くが原発産業を恐ろしく描き、堂々と敵対的な議論を展開していた。しかし、フィクションの世界では、両者の闘いは依然として不平等だった。一九七〇年代には、原発をテーマとしたスリラーものが、約十冊出版され、一時的なブームとなった。題名からは、それぞれの視点がうかがえる。『事故』『メルトダウン』『核の大災害』などである。[21] 典型的な筋書きは、ロバート・ハインラインが一九四〇年に『爆発のとき』という小説として作り上げたものと変わらない。

進化した原子炉。それを稼働し続けようと固く決心した権力者たち。破滅から目を背けようとする人びと。日々の核エネルギー運用を支持する、同等のスリラー小説は存在しなかった。危険性についての派手な議論は、単調なものだったが、技術に対するイメージに大きく影響した。

医療用放射線の分野で非常に尊敬されていた科学者に、ローリストン・テイラーがいた。彼は、一九五〇年代以降、編集者から次のようなことを単刀直入に頼まれたと報告している。心を落ち着かせるような説明を求める読者はいない。よって、恐怖を抱かせるような主張をしてほしい、と。彼は憮然として不満を言った。放射線に関する話になれば、メディアはいつでも「故意に虚偽的な」主張をとりあげたがる。そのような主張をするのは、いつも同じ、六名ほどの反核派の科学者だった。彼らは、同僚からの評判が途絶えて久しい者たちだった。同僚らに認められた信頼性のある何百人という専門家らよりも、この六名の意見はニュース記事として載せられていた。[22]

もちろんマスコミが、非日常を強調するのは当たり前のことだった。核エネルギーを支持する専門家からは、何も刺激的な意見を得られなかったのである。ジャーナリストも同様に、部数を伸ばすような攻撃や、人びとの感情を大々的に扱うよう求められた。しかし、原発推進派は、ジャーナリストたちが持っている露骨な反核バイアスを告発し始めた。

アメリカの新聞、雑誌、テレビに関する詳細な研究や、ヨーロッパのマスコミに関する簡単な調査は、次のようなことを明らかにした。一九七〇年代、反核の主張は、原発推進のそれよりも二倍かそれ以上存在していたのだ。しかし、同時期に行われた世論調査は、世間の大半が徐々に原子炉を受け入れ始めたという調査結果を出していた。つまりマスコミは、世間の考えを単に再現しているだけではなかったのだ。マスコミはまた、その多くが原発推進論者であった政府高官やビジネスリーダーらの考えも反映していなかった。しかしそれらよりさらに反映されなかったのが、科学者や技術者らの考えだった。科学者や技術者は、たとえ産業界との繋がりがない者でも、他のどの集団よりも多くの割合で核エネルギーを支持していた。マスコミが、多くの原発推進派よりも、少数の反核の専門家たちに紙幅を与えたわけだが、そこで提示される科学コミュニティーの意思は、必ずしも実態に即したものではなかったのだ。

アメリカで行われた研究では、そうした記事を書いたジャーナリストたち自身が熱心な反核論者であったと指摘されている。極端だったのがテレビ・ジャーナリストであり、彼らは反核派であることを公然と認めていた。このような偏向した状況は、次のような結果をもたらした。たとえば、一九八五年に放映されたABCテレビ特集は非常にバイアスが強く、原子力産業が地球上の生命を終息させかねないと示唆した。その後に行われた調査では、視聴者の多くが核エネルギーに反対するようになり、その態度が長く存続することになったと分かった。要するに、原発に関する論争は、近代社会を特徴づける二つの集団間の大きな分裂を反映していて、またその分裂が世間の論議に影響を与えていたことが証明されたのである。[23]

これより前のいくつかの章では、意思表示ができて行動的なマイノリティに焦点を当てた。では、その他の人びとはどう考えていたのだろうか。一九四五年以降、核エネルギーに関する世論調査が実施されたときに、多くの国に共通してみられた現象があった。世間は、おおよそ五つの、同じような大きさの集団に分かれていたのだ。第一集団は、強硬な原発推進者である。専門家は原子炉を安全に保つことができると信じ、経済成長から得られる利益に感銘を受けていた。しかし、そういったものを直接的に拒否した反核論者も同じような数だけ存在し、最初は沈黙していたが、徐々に主張をするようになっていった。上記二つの集団の間にいたのは、どちらの主張にも傾く者たちだった。一方では、原子炉に不安を抱きながらも、それらの存在を受け入れ、他方では、原子炉をかなり恐れながらも、それらが禁止されるべきだという確信は持てない。こういった中間の人びとは、どちらも、権力者が決めたことには何でも従った。一九四〇年代から一九七〇年代にかけて行われた世論調査が示すのは、政府が原発計画を推し進めた時には、こういった中間グループはその過半数が原発推進論者を支持し、核エネルギーを好んだということだった。ところが、権力者らの意見が二つに分かれた時、こういった中間グループは行動を控え、多くの者が静観した。第五番目の集団は、特別な立場を持たない人びとだった。どのような問題に対しても、さして興味を示さないといった集団だ。

反核キャンペーンにはある程度の効果があった。一九七五年にドイツとフランスで行われた世論調査では、原発の安全性についての話題がトップ記事にない時期には、原子炉支持者は数を減らし、かろうじて過半数を得るという状態にまで落ち込んだことが明らかになった。アメリカ人の支持者も、同様に減少した。原子炉支持者は、スリーマイル島の事故後にその数を減らした。原子力機関が持っていた信頼を大幅に削ぐ出来事だったからである。これらは、大きな流れというよりは、ささやかな揺らぎだった。好意的な態度と同様に、否定的な態度も、ここ何十年間、どの場所でも見られてきたものだ。

世論調査や投票ブースにおいてだけ意見を表明できた一般人らにおいては、原発（あるいは核兵器）の推進者や反対者は、伝統的な社会集団のなかでおおよそ同じシェアを占めていた。教育さえもさほど違いをもたらさなかった。核の専門家は、しばしば、反核運動が無知の上に成り立っていると主張した。その一方で、反核論者は、人びとに真実を教える事さえできれば、自分たちは支持を得られると感じていた。しかし両者はどちらも間違っていた。人びとが核エネルギーについてどう感じるかということは、核についての知識をいくら持っているかということとは関係がないということが、多くの調査で明らかにされたのだ。それぞれの態度を決めたのは、各自に作用している確証バイアスだったのである（もっとも、ほとんどの人は初歩的な知識しか持たず、しかも様ざまな誤報も信じていたわけだが）。

どの国の、どの時期に行われた調査でも大きな分岐点となった要素の一つは性別だった。たとえば、アメリカにある原子炉の近くで実施された調査では、人びとに、次の文を完成させるように質問した。「原子力発電所について考えるとき、私は（　）という気持ちになる」という文章だ。女性に対し、二倍の数の男性は、成長や経済的利益について言及した。そして男性に対し、二倍の数の女性は、危険性に対する不安について語った。調査を綿密に分析した結果、この現象はある傾向に関連していることが分かった。あらゆる技術について触れられたとき、女性は安全性や、自分の子どもについて考えがちなのだ。しかしなぜ核エネルギーは、その他の技術によるリスクよりも、女性と男性の意見を大きく分けたのだろうか。私が思いつく唯一の理由はこうである。多くの女性にとって、あらゆる技術のなかで、核エネルギーは最も攻撃的で男性的なイメージに結びついているからだ。武器、神秘的で強力な機械、自然の支配、レイプのような汚染といったイメージである。性的イメージがこれほどまでに徹底的に確立された問題、また、女性の観点に立った時、これほどまでに本能的に不安を生じさせる科学技術の問題は、他になかった。[24]

イメージは、世間の中心に残り続ける。それは、一九八〇年代まで、古くからの通説が力を持ち続けたことからも分かる。東ヨーロッパ、南アメリカ、そしてアメリカ国内ですら、多くの人びとが、放射能を帯びた水には治癒力があると宣伝された鉱泉に通い続けた。その一方で、反核のライターたちは、原子力施設の近くで発見された奇妙な生物について記述していた（残念なことに、こういった驚くべきものの標本は残っていない）。大抵の場合、こういった生物は、一九五〇年代に作られた怪物映画ほどではないにしても、異常に巨大であった。小説や人気映画は、様ざまな突然変異のイメージを描き続けた。薄気味悪いパワーを持った光線のファンタジーを見たい者は、土曜日の朝に放映されていたアメリカの子ども向けテレビ番組を数時間見れば事足りたのだ。

いつものように、最も強烈なファンタジーは、人間の突然変異に関するものだった。これに関しては、スタン・リー以上に成功した者はいない。彼は、マーベルコミックに突然変異するキャラクターを登場させ、毎年一億冊以上を売り上げた。またそれらの作品は、子どもだけに人気だったわけではない。リー作品で最初に人気を得たのは『ファンタスティック・フォー』である。一九六一年に発表されたこの作品では、宇宙放射線からパワーを得るという設定であった。次の年には『スパイダーマン』が登場した。主人公は、放射能を帯びた蜘蛛に噛まれたという設定である。そして、フランケンシュタイン博士とジキル博士を念頭に置いて、リーは超人ハルクを作り出した。ハルクは、核光線を浴びた物理学者であった。核エネルギーは、スーパーヒーローだけでなく、怪物を作り出した者たちをも連想させた。たとえば、一九八一年に発表されたコミックで、『スーパーマン』と『スパイダーマン』は、怪物を倒すために団結する。怪物とは、実験用のアイソトープにさらされて突然変異した原子力施設の職員であった。その後、ヒーローたちはほとんどためらいもなく、巨大な原子炉を鎮圧していった。その原子炉は、世界征服を企む悪者によって、地球を破壊し灰にすると脅すために建てられたものだった[25]。

イメージの歴史がもたらした結果は、一九七〇年代半ばにフランス人の心理学者によって実施された連想実験からも見出すことができる。「アトム」という言葉への連想を問われたとき、多くの人びとは、まるで自分の感情を表明するのを拒むかのように、陳腐な描写をするにとどまった。感情のこもった返答をした者のなかでも、「成長」や

「未来」といった希望に満ちた言葉を用いたのは少数であった。その他の者は、恐怖に満ちた言葉を並べていた。「広島」「災害」「死」などである。また何人かは、たとえば「父親」といったような、「問題の根源に位置する個人的こだわり」と心理学者が呼ぶ事柄を挙げていた(26)。

他のインタビューからは、原発推進派も反対派も、原子炉についての明瞭なイメージを共有していることが分かった。フェンスの向こうにそびえる白い建物は、産業や科学といった、ほとんど制御が不可能な巨大で神秘的な力を象徴していた。ある原発の近くに住む者は、まるでコミックに出てくる天才たちの研究所のように、原発は巨大な地下設備を備えていると信じていた。つまり、原発に対して、好意的であれ、敵対的であれ、またあるいはそれらが入り混じった気持ちを持っていたとしても、人びとにとって、原子炉は自然を支配する秩序としての力を象徴的に表していたのだった。我々の生活を危険にさらす可能性という観点から見れば、原発は、例えば化学工業よりもわかりにくいものだった。原発が、他の何よりも強く投げかけたのは、「自然」と「文化」という対立したものを全て巻き込んだ、統一されたイメージだった。

スリーマイル島の原発事故は、一般の人や、特にマスコミが、原発についてどう考えているかを測るリトマス試験の役割を果たした。何百人というレポーターがこの事故に集中し、新聞の見出しやテレビのニュースは、一週間連続してその話題で持ちきりとなった。報道は大変な恐怖を煽り、その地域に住む住民の半数に当たる約二十万人が一時避難をした。研究者は後年、こういった反応について詳細に調査した。そして、マスコミが恐怖を煽ったことは非難できないと結論付けた。なぜなら、レポーターたちがインタビューした人びとのなかには、すでに恐怖が蔓延していたからである。インタビューを受けた者のなかには、原子力規制委員会の職員も多数含まれていた。原子炉の技術者から当局者へ、当局者からレポーターへ、レポーターから民間人へと、情報が伝わる各段階において、人びとは最も恐ろしい可能性に関心を寄せたのである。

しかしながら、当然そこには、単なる煽情主義も見受けられた。ジャーナリストは、最も恐怖に怯えている人びとにインタビューをしたがった。その一方で、国営テレビ放送では、ウォルター・フロンカイトが、フランケンシュタインと人間が「自然界の力を改悪すること」について哲学的に考察していた。世界のメディアは広島、核戦争、人類の終焉とともに、怪物、ロボット、悪魔といったことを書き続けた。その上、映画『チャイナ・シンドローム』が、まさにこの時期に劇場公開されていた[27]。反核運動によって準備されていた物語を採用したプレスは、スリーマイル島の事故を、それまでに起きた産業事故のケースよりもかなり激しく報道した。

事故現場の住民は、報道によって非常に動揺し、なかには自分たちのことを「生存者」と呼ぶ者も出てきた。彼らは、実際に死に至る災害によってトラウマを与えられた被害者のように、長期間にわたる心理的問題に苦しめられていると主張した。訴訟が起きた時、この心理的危害は、人びとが訴えたなかでも最も深刻なものの一つだった。

事故から八カ月後、人びとが、今後原子炉事故が起きた際に近隣の人びとを避難させることの実現可能性について激しい議論が続けていた時、オンタリオ州当局は二五万人を緊急非難させていた。タンク車から、人を死に至らしめる可能性のある塩素ガスが漏れたのだ。危うく起こりかけたこの災害は、新聞のいくつかのコラムで触れられただけだった。そして話題は、将来、もし原子炉事故が起きたらどうするかという仮定の話に素早くすり替えられた。スリーマイル島の事故から一年後、より教訓的な出来事が起きた。ニューヨーク港の隣に位置する、ニュージャージーの化学廃棄物処理場で火災が起き、有害な煙が大気中に立ち上ったのだ。スタテンアイランドの近隣にある学校は生徒を家に帰し、住民は化学物質を含む霧が晴れるのを、閉じられた窓の向こうで待った。もし、人口が密集している地域に、直接風が吹いていたとしたら、何百万という人が毒素に晒されていただろう。その毒素は、ガンやその他の被害を引き起こす放射性粒子に近い性質を持っていた。つまり、廃棄物処理場の火災は、スリーマイル島の事故よりもよほど甚大な健康災害になり得たのである。この火災は、一日か二日間新聞の見出しにのぼっただけで、すぐに忘れられた。大統領諮問委員会は、スリーマイル島の事故を調査するためには招集されたが、ニュージャージーの火災については招集されなかった。原子炉に反対して、十万人の人びとがワシントンDCに向かってデモ行進をしたが、もっと至る所に存在して、制御もされていない科学廃棄物処理については、そういった運動は起こらなかった。このバイアスは、メディアによってだけ生まれたのではない。人びとの間には核に対する恐怖が蔓延し、それは他に目を向けなくさせ、鎮めることができない状態になっていたのだ。[28]

スリーマイル島の事故への反応は、アメリカや、その他いくつかの場所で、今後新たな原発が発注される見込みはほとんどないということを示していた。闘う対象が減ったことで、反核運動は休止状態となり、世間は運動への興味を失っていった。またマスコミは、どのような問題に関しても、数年間以上にわたり熱烈な興味を維持するということがない。新たな一面が発見されたり、出来事が起きたりして、核エネルギーから新奇なものが見出されない限り、特に話題はなくなり、人びとを退屈させるだけになってしまうからである。『リーダーズ・ガイド』を利用して計測したところによると、一九八四年までに、民間の原子力産業に関連する記事は、その十年前と同じ数にまで減っていた。ピーク時の半分の量である。同じような傾向は、他の資料からも明らかであった。アメリカのニュース記事のほとんどが、グーグル・ニュース・アーカイブに載っているが、この資料からも、核エネルギーへの興味は、一九六〇年代初期に大きく高まったあと、一九七〇年代初期には低調になり、そして一九七九年にピークを迎えて、一九九〇年代初期に向って着実に下がっていくことが確認できる。[29]

興味の減少は、原子炉への反感が落ち着いたから起きたのではない。『リーダーズ・ガイド』の見出しからは、原子炉への疑念や、率直な敵意が変わらずに増長していたことが分かる。一九五〇年では、見出しの十分の一だけが、原子力産業についての危険性を示していた。しかし一九八六年までには、そういった見出しの割合は十分の九にまで増えていた。グーグル・ニュース・アーカイブからも、原子力事故に関連する内容が、よりネガティブなものへとなったことがみてとれる。核エネルギーについて何か新しいことが提示される度に、それまで静かに待機していた反対派が声を上げたのである。

これまでに得られた知見を要約すると、人びとが核エネルギーに対して抱く感情に影響を与える、四つの主要なテーマを摘出することが可能である。原点には、（一）「経済性と危険性の両方を含む、原子炉が抱える技術的な現実」が、科学者によって検証され世間に伝えられた。これらの現実から、最大想定事故が起きても、低レベルの放射線しか拡散されないという、特定の「事実」が選ばれ、強調された。

そのような特別な強調は、主に（二）「特に、技術と権力という概念を含む核エネルギーの社会的・政治的つながり」によってもたらされた。これらのつながりは、原子炉がすべての近代産業社会の圧縮されたシンボルになったときに起こった現象を説明してくれる。しかし、このつながりは、核エネルギーがなぜこの役割に選び出されたのかについては説明してくれない。ただし、（三）「汚染、宇宙の神秘、マッドサイエンティスト、黙示録に関する古い神話」は、原子力と放射線と、歴史的に関連性を持ってきており、心理的に深く共鳴していた。このことが、先述の、核エネルギーが近代産業社会のシンボルとなった大きな要因なのだ。また、（四）「一度たりとも忘れられたことのない、核戦争の脅威」も、同じく重要な要因であった。

第20章　時代の転換

新冷戦と反核運動

広島と長崎への原爆投下直後の様子を、勇敢な日本人のニュース映画カメラマンが撮影していた。アメリカの占領当局はそのフィルムを没収し、隠した。一九六六年に日本に返却されることになるそのフィルムを使って、ドキュメンタリーが作成された。そのドキュメンタリーは、ひどい傷を治療する医者や、骨で覆われた道を映し出していた。一九七〇年代にはいくつかの国のテレビでそのドキュメンタリーから抜粋した映像が放映された。また、大学や教会ではより壮絶な映像パートが上映された。一〇分か一五分の映画を見た後、観客は唖然とし、しゃべるのがやっとという状態だった。なかには気絶した人もいた(1)。

ドキュメンタリーによって、多くの人びとは、核戦争の恐怖を現実的なものとして理解するようになった。一五年ものあいだ、多くの人びとは、核戦争の問題を国家権力に任せて、核戦争の恐怖や空想を、自分には関係のないものだとみなしてきた。大気中での核実験を禁止する部分的核実験禁止条約が一九六三年に締結されて以来、軍備拡大競争を抑制するための外交が人びとの支持を得るようになった。その期待は、一九六八年の核拡散防止条約によって、いっそう高まることになる。この条約によって、核兵器のためのプルトニウムを作っていないことを証明するために、外部団体による原子炉の視察を行うという国際的な体制が確立した。戦略兵器制限条約（ＳＡＬＴ－Ｉ）のための最初の交渉は一九七二年に最終段階に入った。その年、リチャード・ニクソン大統領とソ連の首相レオニード・ブレジネフが対弾道ミサイルの制限に合意した。一九七七年には、実際に核兵器の数を減らすためのＳＡＬＴ－Ⅱに向けて話が進められた。

これらは確かに核軍縮の進展ではあったが、何年も前から核兵器に反対していた人びとにとっては、満足できるものではなかった。人びとは、軍備縮小のための首脳会談は、ただ大衆を鎮めるための見世物に過ぎないのではないかと考えるようなった。熱意に満ちた努力は、一九五〇年代の日本で始まった。広島と長崎の生存者たちは、終わりの見えない軍備拡大競争を黙認する世界に対して、彼らのメッセージを広める努力を始めたのである。彼らの苦しみを題材にしたドキュメンタリー映画は、世界が核兵器について考えるよう促していた。

マサチューセッツ州のケンブリッジ大学や他のいくつかの反対派の拠点では、従来はほとんど無視され続けた軍備縮小支持者たちが、一九六〇年代の初頭から、支持を集め始めた。社会心理学者たちは次のように主張する。「人間の心配事の総量は一定だ」というのである。つまり、もし一つの心配事に少しの精神エネルギーしか使わなければ、他の心配事により多くのエネルギーを割けるというのだ。[2] 核戦争に対する懸念が減少しはじめた一九六〇年代に、彼らは様ざまな種類の環境の危機に気付きはじめた。さらにメディア評論家たちは、真新しい話題で埋められるべき限りある「記事のスペース」が存在すると言う。編集者が「原子炉はもういい！　その記事はいくらでもある。何か新しいものを持ってこい」と言っているのは容易に想像できる。世界的な原子炉産業が衰えるにつれてメディアは他の問題に関心を寄せ、原子炉反対者たちには他の問題を考える余裕ができる。

ヘレン・カルディコットは「核戦争と比較すると、原子力の論争などはくだらない」と警告し、原発に対する論争に終止符を打った。一九七〇年代頃、カルディコットと、「憂慮する科学者同盟」や「地球の友」のような他の数多くの昔からの原発反対派たちは、自分たちの関心を軍事へと変えた。そして、人びとの関心は元に戻った。これは、原発に対する懸念は核兵器に対する懸念の代替的な構成要素を含んでいたという顕著な証拠ではないだろうか。そして核兵器への反対は再び最優先目標へと変わった。[3]

核兵器に対する議論が魔法にかかった眠りから目覚めた後、反核運動の主導者たちは大衆や報道機関との関係を切らさないために熱心に走り回った。『リーダーズ・ガイド』の総目次にみられるような核兵器を取り扱う雑誌記事の数や、グーグル・ニュース・アーカイブにみられるような新聞文書のなかの「核戦争」という言葉の数は一九七〇年代以降、着実に上昇した。

当初、これは原子炉の論争に刺激されたものであり、原子爆弾の激増やそれを使ったテロ行為についての討論の続きかと思われた。これらをテーマにした小説が登場し、そのなかには一〇年前のような平凡な作品ではなく、スリラーものの巨匠による作品もあり、それぞれが以前のものよりよく売れた。一九七八年の『さらばカリフォルニア』には、国を爆弾で破壊すると脅迫する狂ったテロリストが登場する。一九八〇年の『第五の騎手』には、ニューヨークを恐怖に陥れる狂った独裁者が登場する。一九八二年に最も売れた『狂気のモザイク』には、世界大戦を引き起こすと脅迫する狂った政治家が登場する。『狂気のモザイク』の言葉を借りれば、これらの物語が暗に伝えるのは「たった一つのすばらしい考えで小説家は名声を博することができる」というメッセージに過ぎないが、実際のところ、これらの作品は、一九四五年以来、いや、実際には一八九五年以来のSFスリラー作品にそっくりだった。[4]

しかし、新しい事態も起きた。爆破マニア系スリラー作品のすぐ後に続いて、核兵器を直接的かつ現実的に取り扱う著作や記事が登場し始めるのである。一九八〇年代初期までに、核兵器を扱う現実のアメリカの雑誌記事やニュースの話題の数が、一九六〇年代初期に一度だけ達成された高水準にまで跳ね上がった。他方で、数年前まで原子炉の危険に関する本が詰め込まれていたアメリカやヨーロッパのペーパーバックの棚は、扇情的なフィクションや戦争を警告する現実的な著作であふれかえった。最も重要なものは一九八二年のジョナサン・シェルのエッセイ『地球の運命』である。その本は核戦争に関するノンフィクションとしては一九四六年のハーシーの『ヒロシマ』以来のベストセラーとなった。シェルは「昆虫と草の共和国」を生み出す戦争を描いている。彼は、私たちの種は絶滅しうる存在で、それは個人的な命に対してだけではなく人間全体の将来に対する終焉なのだと雄弁に主張していた。様ざまな言語で何百ものフィクション・ノンフィクションの本が、一九六〇年代を優に超えるほど一気に現れはじめた。児童文学者のドクター・スースでさえ、二つの架空生物のグループ間の危険な軍備拡張競争についての子ども向けの本に意欲的に取り組んだ(5)。

なぜ一九八〇年頃に再び核戦争が懸念されはじめたのだろうか。不毛な懸念が徐々に薄れていくように、そのようなことにはサイクルがあるのかもしれない。しかし直接的な原因があった。市民はいつも兵器に関する新事実に敏感に反応した。そして、この時期恐ろしい新事実が明らかになったのだ。

アメリカは敵国に発射可能な弾頭の数を急速に増やしていた。その数は、爆撃機に積まれた二千のミサイルの他におよそ七千の大陸間ミサイルに装備された核弾頭を所持していた一九七七年と同じ程度に達そうとしていた。ソ連も、いつものようにアメリカに五年遅れてミサイル核弾頭の増加に着手し、一九八二年には七千を超えた。一方で、短距離兵器も着実に数万にまで数を増やしていた。

一〇年前の反ミサイル論争以来の重要な兵器論争の期間中であった一九七七年、人びとのなかにはこのこと全てに気づきはじめている者もいた。米国議会は、かなり直接的な放射線を生み出すが放射性降下物は少ない中性子爆弾の製造を許可するかどうか討論していた（放射性降下物と汚染物質の十分に確立された関係を反映して、それらは「クリーンな」爆弾と呼ばれた）。討論は主に、最も中性子爆弾が使われそうな西ヨーロッパで荒れた。ソ連が新しいタイプの中距離弾道ミサイルを配備しはじめ、ＮＡＴＯが独自の新しいタイプで応戦すると決めたとき、ヨーロッパでもっと過激な抗議が勃発した。はじめアメリカはヨーロッパの恐怖を嘲笑っていた。しかし、ソ連がアフガニスタンに侵攻して緊張が増し、アメリカの上院がＳＡＬＴ－Ⅱ（戦略兵器制限交渉軍備協定）の提案を拒否すると、ほとんどの市民は外交関係が軍備縮小に近づいてすらいないと気づいた。

一九五〇年代のような軍事予算の増額を願う人びとが、核の危険を警告する敵対勢力に加わった。保守的なアメリカのグループは、「現在の危機に関する委員会」を立ち上げた。それはロシアの攻撃の恐怖を思い出させる広報活動を行うものであった。軍事支出を抑制するために動く経済勢力（他の用途にお金が必要なグループ）がいた一方で、多くの大きな勢力はより多額の資金を必要としていた。この委員会は、軍事契約を頼りにしている会社とのつながりを絶った。そして、活動に対する資金提供や献身に恵まれ、委員会はアメリカの世論に強く影響を与えていった。

ロナルド・レーガンは委員会の見解の代弁者であった。一九八〇年、彼の大統領選挙を観た人びとは、レーガン新政権は核戦争を恐れていないという懸念を持った。確かに核戦争をどのように戦い、どのように「勝つ」か（一九六〇年代中頃以降、そのアイデアを耳にすることはほとんどなくなっていたのだが）という話は、行政役員や外部の支持者たちのあいだで急増していた。一九八二年にレーガンは、ソ連が主導権を握ってはいるが、彼らには「無防備な時間帯」が存在すると発表した。この発言は、核時代の最初の数十年における爆弾やミサイルや反ミサイル・ギャップの欠陥に関する主張と同じ程度に見当違いなものだったが、多くのアメリカ人は大統領を信じた。ジミー・カーター大統領のもとでこの風潮は加速し、レーガン政権は軍事支出を少なくとも五〇％増加させた。それは、連邦政府から民間産業へできるだけ多くのお金をまわそうという共和党の方針にも合致するものだった[6]。

レーガン政権は本当に核戦争に備えていたのだろうか。過激な反対とともに恐怖が増した。大気汚染や水質汚染に関する規制、黒人の公民権、原子炉建設の停止などに対する一九七〇年代の運動は、少なくとも部分的には勝利をおさめた。社会評論のエネルギーは、兵器を、突然に切迫した話題に戻した。活動家の多くは他の活動を刺激した。そして、特に原発に対する戦いにおいて手柄を立て、現代社会や権力に対する全体的な不信を維持した。しかし原発反対派や一九六〇年代の反核運動と違い、この活動は主婦や学生、知識人たちのような比較的周縁の人びとには、ほとんど依存していなかった。とはいうものの、その活動には、エリートたちも合流した。市長や年配の政治化、さらには何人かの将校や提督までも。医療専門家の反戦団体は、「核兵器と核戦争の医学的結果」について会見を開き、一九八〇年に爆発的に成長した。アメリカのカトリック司教は、軍備拡張競争や無垢な市民が住む都市を標的にすることを非難する司教教書を一九八三年に発表した。この新しい動きは、爆破実験や放射性効果物質の予想される恐怖に焦点を当てていたわけではないが、問題の核心である軍備拡張競争自体への注意を喚起するものだった。

一九八一年秋、北ヨーロッパの主要一〇都市で一〇万人以上の群衆が新型中距離弾道ミサイルの配備に対してデモを行った。アメリカでは、反核運動が政府に対し「すべて」の新型核兵器の凍結を要求した。彼らの結集は、空前絶後の大規模なものになった。一九八二年、ニューヨークで大規模なデモが起こった後、アメリカ中で核兵器凍結決議に対する一連の投票があった。議会や何百という町や都市、七つの州において、たいていは大差で凍結を要求する側が勝利した。一九八三年の世論では八一％のアメリカ国民が凍結に賛成したという[7]。

核戦争に対する緊張の急激な高まりは、社会の意見の全体的な変化を反映しているわけではなかった。世界中の世論をみると、核戦争への恐怖は、一九六〇年代にいくぶん弱まり、一九七〇年代末から八〇年代初頭に再び盛り上がって、五〇年代の水準にまで上昇したが、それでも、これらは全人口に対して一〇％の上昇に過ぎなかった。ほとんどの人びとは、話題に取り上げたかどうかは別として、初めから核兵器は危険だと気付いていたのだ。

大多数は未だに沈黙を続けていた。将来の戦争についてどのように感じるかというアメリカ人に対する一九八一年の世論調査で、「核戦争が起こる可能性を懸念してはいるが、考えないようにしている」という回答を選んだ人が半数もいた[8]。大人が学生に将来についてどう思うかと尋ねると、学生たちは一九五〇年代や六〇年代初頭のような困惑した反応をみせた。しかし、核戦争への強い恐怖は六〇年代後半から七〇年代初頭よりも大きいとはいえ、それでも否定される傾向があった。「私たちは最後の世代だ」ある若い男性はこう語り、仕事に戻っていった。一つの明確な違いは、この世代は一九四五年から一九六五年に子どもだった世代より、兵器について耳にすることが少なかったということだ。一九八〇年代のアメリカの高校生の多くは、アメリカがかつて日本に原子爆弾を落としたことさえ知らなかった[9]。

メディア業界の人びとは、核に関する無関心や無知と戦うために力を結集した。一九八〇年代初頭、テレビのスペシャル番組が、ミサイルによる核戦争の物語を放映したのである。たとえば、一九八一年のCBSのニュース・スペシャルでは、ネブラスカのオマハ上空で爆発するミサイルの映像が、短時間だが不安を掻き立てるようなリアルな描写で放送された。主要なテレビ番組は、これまでそのような映像を流してこなかった。一九八三年には、よりあからさまな作品が様ざまなメディアに登場し、一般市民に戦争の現実的影響を見せつけた。これらのなかでもABCテレビの『ザ・デイ・アフター』は核を取り扱う番組の中で最も有名なものである。ニュースの題材として大きく宣伝され、初回放送では一億人の人びとが現実の核戦争はどのようなものかを、恐ろしい爆発や死体の映像とともに初めて目撃したのである。[10]

これらと並行して、旧態依然たる派手な物語も引き続き放送されていた。一例として、一九七七年に上映された、爆弾投下後を描いた映画『地球が燃えつきる日』を挙げることができる。残忍な仕打ちを受けた生存者が巨大な昆虫の群れと戦い、最後には主人公とヒロインが青い空と「新しい命」の地へ到達するという物語をもつこの映画は、一九五〇年代に作られたと言っても不思議のない作品だった。最も人気を得たのは、一九八四年の『ターミネーター』だった。この映画は、ヒーローが殺人ロボットと戦い意外な結末で終わるという物語だった。このような意志の強い生存者たちのファンタジーは、くだらないペーパーバックや「生存」マニュアル、銃に特化した「救命具」を売るマイナー産業を刺激することになる。[11]

入念に情報収集された本や映画であっても、その内容にはファンタジーの名残があった。公的な調査から『ザ・デイ・アフター』にいたるまで、こうしたコンテンツは、戦争を数日以内に使われるであろう数千個の核兵器の問題として構成していた。もちろん、歴史をふりかえれば、ほとんどの戦争が予想以上に長引いてきたことがわかる。しかし、軍の外には、ひとたび核戦争が始まれば、生存者を追い詰めるために何万という弾頭が追加され、戦争は数カ月から数年続くだろうと気付いている人もいた。そのようなシナリオは、この世の終わりの日の光景よりも耐え難いものだった。

五万発もの核爆弾から生き延びる人間はほんのわずかにすぎないだろうという推計がなされてきたが、それはほんとうに確かなのだろうか。実際に核戦争を戦うと、数千もの燃え盛る都市や森からの煙が、一カ月にわたって空を曇らせるだろうと指摘する科学者もいた。一九八三年には、ある科学者グループが「核の冬」を警告する綿密な広報活動を始めた。

世界が凍ってしまうような大いなる冬という発想は、数千年前から存在するが、今ではミサイル戦争と同じ程度の現実味を帯びている話になってしまった（核戦争によって氷河期は起きない。しかし、数百回の核爆発による粉塵が太陽光をさえぎって「核の秋」が到来し、世界の農業が荒廃して、何億という人が飢餓するかもしれないという研究結果が後に発表されていた[12]。人類が完全に絶滅してしまう可能性は少ないと専門家は考えていた。しかし、なかには、その可能性は確かに存在するし、毎年核弾頭が増えるたびにその可能性も増えているのだと考える者もいた。

スター・ウォーズ計画と核の冬

一九八〇年代に核戦争の恐怖が再来した。これは、一九五〇年代後半や一九六〇年代前半のような一時的な高まりの無意味な再現だったのか？　そうではない。これは新しいものだった。八〇年代初頭の核の恐怖は、核に対する古い考えやイメージの意味をよりよく理解していた。たとえば、ロバート・リフトンが述べた、学習性無感覚という否定の心理的メカニズムを示す「無感覚」という言葉は、より広義に使われるようになっていた。心理学の学術研究の一覧をみれば、人の考えに対する核戦争の恐怖の影響（これは一九七〇年代後半以前にはほとんど完全に無視されていたテーマだった）について、数多くの精緻な研究が生まれていたことがわかる。原爆に関する初期の芸術作品が消え去ったあと、素晴らしい詩や絵画、短編物語や小説などが表れたが、それらの作品内では、より深い洞察がみられた。

人気映画もまた、一九五〇年代に製作された核を扱った映画よりも理解しにくく複雑になっていた。また、無意識による動機に自覚的になってもいた。たとえば、一九八三年の映画『ウォー・ゲーム』は、危険な不良少年というテーマをより明確に描いている。この作品では、無責任な科学者や子どもっぽいコンピューター、反抗的な少年が、核の大惨事を引き起こす。この作品や他の作品において、戦争を始めた人たちは傍観者でしかない。彼らは邪悪な狂人ではなく、親しい個人や社会から圧力を受けた人たちだった。他方で爆弾投下後の世界を描く映画は、一九八五年の人気映画『マッド・マックス／サンダー・ドーム』でピークに達した。こうした映画は、暴力とテクノロジーとを意図的に結び付けた。爆弾から逃れた人びとの残忍な戦いは、もはや現代文明の敵としてではなく、すでに社会に存在する問題の表象として理解された[13]。

一九七〇年代初頭、核戦略の中心的な考えが、今まで以上に注目を集めていた。核戦争において、両者が数百個のミサイルを保有すれば、より多く、もしくはより最新型のミサイルを持ったとしても、それで相手よりも優位に立つということはほとんどないと言われていた。戦争に勝利することではなく、戦争を防ぐことが唯一の合理的な目標なのである。しかし、もし敵より多くの武器を所持することが本質的には無意味なことだとしても、人びとがそれをいかに理解するかが問題なのである。より多くの武器を所持することで、誰かが思い切ってひとつでも使用するという事態を防ぐのではないか。核抑制のパラドックスは、「最悪の選択がより良い選択だ」とチャーチルが言ったように、軍事的ではなく心理学的な難題なのだった。(14)

このような考え方は、一九六〇年代初頭以降、たとえ誰も口に出さなくても、多くのアメリカ軍人や政治主導者たちに受け入れられてきた。彼らは、ソ連の幻影やアメリカの社会の動向に従って行動した。ソ連の決定がぐらつき、アメリカの決定が強まることを期待して、これらの幻覚を助長すらした。たとえば、彼らは、ヨーロッパに現代的なミサイルを早急に配備する必要があり、ミサイルの存在によって同盟国は安心し、敵は躊躇する、と主張した。彼らは、ミサイルの配備は軍の状況に効果的な影響をほとんど与えないということには言及しなかった。これは、兵器を「より良い」精神的抑止力にするために、兵器の物質的破壊力を「より悪く」することだった。兵器はそこから連想されるイメージが重要なのであって、実際の兵器それ自体は、核政策との関連が薄い。このことは、一九八〇年代までに、思慮深い思想家の人たちにとっては明白な事実だった。

一九五〇年代以降、「核の冬」という際立ったイメージが存在した。煙で覆われた地球のイメージは、核弾頭の大量配備が、どこかの段階で(いや、すでにそうなっていたのかもしれないのだが)世界破滅装置になるだろうという考えを表していた。しかしその考えは公式な戦術的政策主義に影響を及ぼすことはなかった。結局のところ、世界破滅装置、またの名を相互確証破壊(ＭＡＤ)は、ずいぶんと前から抑制のパラドックスの根本原理として受け入れられてきたのである。

従来の核イメージの最もあからさまな利用法を、一九八三年五月のレーガン大統領のスピーチから見出すことができる。レーガンは、核兵器を「無力で時代遅れ」にする戦略的防御システムを作るよう、国に要求した。多くの他の防御声明と同じように、動機は主に政治的なものだった。そのスピーチは「大々的なＰＲ」の欲求が生んだものだとある大臣が後に語った。より正確に言えば一九八〇年代初頭の反核運動の驚くべき盛り上がりが示したのは「社会は、戦争抑止力としていつまでも核に費用を割き続けることを望んでいない」ということだった。それゆえレーガンはゲームのルールを変更したのだ。[15]

レーガンのスピーチは政治的に抜け目がなかっただけでなく、感情的な公約をも反映していた。大統領になってから、彼は核戦争の概要を説明するのを渋っていた。彼は『ザ・デイ・アフター』を鑑賞したあと、彼らしくもなく大いに意気消沈した。ついに彼は国の戦略計画の打ち合わせに出席した。それは映画と同じくらいに、彼を打ちのめした。そして彼は、アメリカの科学者たちが、敵のミサイルを打ち落とす装置を発明してくれるだろうという考えに逃避したのである。[16]

アメリカ政府の関係者たちは、そのスピーチに驚いた。戦略的防衛を推し進めた力は、金持ちの右翼に支持されたエドワード・テラーが陣頭に立つ外部のロビー活動団体からきたものであった。プロジェクトに参加したある科学者は、後に「カネのためだよ」と告白した。「多くの団体のために多くのお金を稼ぐ」ことがこの計画の唯一の成果だった、と前防衛省長官は公言した。[17]

しかし、報道機関はその計画を支持した。アメリカ市民の大多数がすぐに安堵し、国会は何十億ドルの予算を割り当てた。一九六〇年代後期の対弾道ミサイルをめぐる論争のときと比べると、反対派運動は盛り上がらなかった。一九六〇年代の後半、反対派たちの闘争相手は、指定された近辺へ配備される予定の核兵器そのものだった。しかし、八〇年代になると、彼らは、ＳＦが描く驚異的な未来像だけを非難せねばならなくなった。これは、イメージが歴史を作るということを、証明するような事態だった。

スター・ウォーズ計画の中心にはイメージがあった。様ざまな評論家が、レーガンのスピーチから数時間もしないうちに、自発的にそのプログラムに名前を付けたことが、その証明である。当時ハリウッドで最も人気があった殺人光線が出てくる宇宙戦争映画が頻繁に言及されたのだ。しかし、第三章で示したように、驚異的な光線は何千年ものあいだ人びとを魅了し続けてきた。

『スター・ウォーズ』は、はるか彼方の宇宙での戦争と太古の力というテーマで、大衆に訴えかけていた。それは、空に浮かぶ霊と格闘したという呪術師がみせる魔法のような浮遊や、天国での天使の反乱にまでさかのぼることができる。一九五〇年代初期以降、兵器化した飛行ロボットは、日本の『鉄腕アトム』に始まり、マンガやテレビの中心要素であり続けた。レーガンのスピーチに直結する研究をしていた、リバモア研究所の若い科学者たちのあいだでは、SFの宇宙飛行や殺人光線が強い関心を引き付けていた。「反核活動家やミサイル防衛に熱中する人びとは、希望のイメージを持っているようにみえるが、実際は世界の根本的な変化というイメージに魅了されている。それは深い絶望と隣り合わせだ」とある歴史学者は述べた[18]。

政府の戦略防衛構想、またの名を「スター・ウォーズ計画」（公式につけられた名前である）が、意図的にイメージにもとづいて進められた。一九八〇年代中頃以降、光線兵器や防衛ミサイルに数百億ドルという金額が費やされ、大陸間ミサイル攻撃から身を守るシステムを作ろうとしたわけだが、四半世紀後の現在から見返せば、このスター・ウォーズ計画は全く無駄だったということが分かる。しかし、ミサイル防衛システムが機能しないと知っていた戦略家は、スター・ウォーズのイメージが敵に警告を刷り込むだろうと考えていたので、新しいものを作りたがっていた。実際に何かを作る必要はなかった。誰かがいつか作るかもしれないという考えは、外交や国内政治において強い印象を与えるのに十分であった。とにかく、その主張は現存する兵器への批判を、いまだ計画の段階ですらない兵器に関する不毛な討論へとそらすことができたのだ。

その結果が意図されたものであったかどうかはさておき、アメリカにおける核の凍結運動は弱まりはじめていた。デモへの参加者数や、アメリカの雑誌記事のタイトルや新聞の引用の数によって測定すると、一九八三年以降、核兵器凍結への社会的関心は急激に低下した。その間、ミサイル防衛に関する雑誌記事の数は急上昇した。一九八六年までに、それらの記事の数は、「核の冬」と核実験、そして核兵器に関する他の否定的側面をすべて合わせた記事よりも多くなっていた。

核兵器と直接関連した記事数が低下した理由は、スター・ウォーズ計画だけではなかった。一九六〇年代の反核運動を徐々に衰退させたある事実が原因でもあった。その事実とは、反対運動が役に立たないものにみえてきたという現実である。政府は、アメリカ国民の大多数の黙認とともに、より多くの兵器の製造を決定し続けた。ヨーロッパにおける活動も、ミサイルを抑制できないことが明らかになったとき、同じように活気を失った。

さらに政治家たちは一九六〇年代のように緊張緩和に向けて、大衆を安心させる必要があった。レーガンの側近たちは実際の戦争に関する話を控え、大統領自身も共産主義者たちの兵器の危険性を非難するのを止めた。国会はアメリカの軍備増強を鈍らせた。そう考えると、結局のところ、反核運動はそこまで無駄ではなかったということになる。

レーガンは、他方で、彼の反ソ連のスピーチや軍備強化が、ソ連政府で大真面目に取り上げられたことを知ってうろたえた。一九八三年のＮＡＴＯの大演習は、ソ連の指導者レオニード・ブレジネフとその同僚を震え上がらせた。というのも、彼らにとってそれは先制攻撃の準備のように見え、それを迎え撃つ準備が十分でなかったからである。彼らは全軍を戦争警戒態勢に敷いた。数名の歴史家は（ずっと後になって初めて明るみに出たが）、世界は、全く偶然に、キューバ危機の頃と同じくらい核戦争に近づいていると示唆した。一九八四年までに、両者は委縮して妥協を求めるようになった。新しい改革指向の主導者がソ連に誕生すると、この努力はいっそう強まった。

レトリックが穏やかになると、西欧の国々の世論から、戦争への切迫した恐怖は減少した。しかし、核戦争の脅威に関するスパイ・スリラーや、サバイバル・ファンタジーは、依然としてペーパーバックの棚に溢れていた。より入念な世論調査によると、大衆の爆弾に対する潜在的な懸念はなおも高いままだったようだ。

チェルノブイリ

一九八六年、ウクライナのチェルノブイリ原発のメルトダウンが、大気中に非常に多くの放射性物質を放出すると、原子炉は再び社会の注意の的となった。新聞は、何千人もしくはそれ以上が死に、ヨーロッパ中で危険な放射性降下物質が空気中をさまよっていると伝えた。チェルノブイリから何千マイルも離れたところで、イングランドやイタリアに住む母親たちは、子どもを外で遊ばせてかまわないのかと心配しており、遠くに避難するために転居する者もいた。ギリシャでは、胎児への恐ろしいリスクの噂に比例して妊娠中絶率が急上昇した。

報道機関や一般市民は、錯綜するわずかな情報を最大限に利用した。実際、当面の死亡者数は、主に原子炉の労働者や消防隊員など、たったの三〇人前後だった。長期的な被害は、二〇年前の核実験の際の放射性降下物質の被害と同程度のものになるだろうと専門家は推測した。つまり、今後五〇年のあいだに、何百万という人びとがガンにおかされるということだ。いまだに知られてない低線量被曝の影響をいかに見積もるかによって、総死者数は左右されるが、いまのところ、チェルノブイリでの総死者数は数十人から数万人のあいだであったとされる。[19]

最も問題なのはイメージであった。報道機関は、比較対象として、農薬製造工場から化学物質を含んだ煙が漏れ出た一九八四年のインドのボパールでの惨事をしばしば取り上げた。その煙によって即死した人は数十人におさまらず、二千人を超えたとされる。長期的な健康への被害を受ける人が、他に一万人程いるというのは、仮説ではなく、すぐに目に見えるものとなった。しかし、報道機関やほとんどの市民にとっては、チェルノブイリの事故はより深刻だった。それは、わずかながらも広く拡散した放射性物質に不安が集中していたからである。ボパールでは、人口の大部分に広がった微量の化学物質による長期的影響について、ほとんど言及されなかった。『ニューズ・ウィーク』が「悪魔との契約」だと知らせたのは、農薬ではなく原子力であった。[20]

チェルノブイリ近辺の住人たちが、数十年以上にわたって過剰な甲状腺の異常に悩まされるという、平凡かもしれないが最も可能性の高い健康への影響については、ほとんどのリポーターが報道しなかった（専門家によるこの推測は正しかった。唯一の目に見える長期的被害は、手術が必要ではあるが致命的ではない、何千という甲状腺ガンだったのだ。ソ連の権力者が、その地域産の牛乳を飲まないように市民に警告していたならば、これらは防ぐことができただろう）。西欧の報道機関は、北に住むラップ人の苦境にとても関心をよせた。そこでは、放射性降下物質によってトナカイが汚染され、もはやトナカイを食べることはできないと政府当局が判断した。穢れのない自然と牧歌的に暮らすラップ人や動物たちは、原発の犠牲の格好の例だった。それは同様に、現代文明が恐れるシンボルとしての役目を果たした。

さらに、チェルノブイリは核戦争と関連付けられ、世界の終わりも言及された。『ニューヨーカー』にしてみれば、その事故は「世界の終わりを知るために私たちに与えられたもの」だ。ソ連の指導者ミハイル・ゴルバチョフは、その事故を、核兵器拡大競争に対する「他と違った警鐘の音色であり残酷な警告」と呼んだ。原子炉はただの原子炉ではない[21]。

チェルノブイリは、多くの国で起こっていた原子力をめぐる論争を解決した。計画が停止されたのである。アメリカでの反対勢力の拡大や一九七九年のスリーマイル島での事故は、電気を生産するための新しい原子炉を作るという計画を過去のものにしていた。一九七〇年代から九〇年代までで、アメリカの公共事業は、発注済みの七〇件の原発計画をキャンセルし、二二基以上を閉鎖した。原子炉に対する戦いを先導してきた環境保護団体は、今度はより喫緊の問題に関心をよせた。反核運動は、原発を重視してこなかった「憂慮する科学者同盟」のように、地方の監視団体に縮小した。

他方で、反対勢力の高まりは、スウェーデンからエジプトまで各国の野心的な計画を取りやめるように要求し、現存する原発を段階的に廃止するように促した。特にフランスや日本などのいくつかの政府は、原発の建設を主張し続け、大衆の抗議がエリートの決定を覆すのを防ぐ政治体制を持っていた。反核団体は、無力感のなかで、静かになっていった。ここにおいても、産業の急激な成長はストップした。一九八〇年代後半以降、世界中の建設開始は一貫して低い水準に滞っていた[22]。反対勢力に恐ろしいイメージを投げつけるものは、それほど存在しなかった。

チェルノブイリもまた、原子力の夢想的な伝道師を黙らせた。その産業は拡大し続けたが、一九七〇年代の石油危機が記憶から薄れていくのにともない、一九八〇年代初期にはすでに熱狂は衰えていた。一九八六年以降、核の支持者はもはや大げさな計画で論争を激化させることはなくなった。「核に関わる職業は先が見えなくなってしまった。私たちが感じていた、あの表現しがたい独占的な歓喜の感覚は消えてしまった。最先端の核技術は、異常なまでの退屈さに代わってしまった」と、あるベテランのエンジニアはため息交じりに言った[23]。

反対勢力や原子力産業の弱さを考慮すれば、もしかすると、チェルノブイリの事故がなくとも原発建設は衰退していたかもしれない。石炭は容易に入手でき、安価でめったに汚染規制に引っかかることもない。石油も安価で、国民は国のエネルギー自給に対する懸念を忘れることができる。いかなる理由であれ、一九八〇年代後半がターニングポイントであったことは疑えない。原子力産業の膨大な努力と、それが引き起こした反対勢力は、沈黙のなかへと消えていった。

私が主張したように、もし原発の恐怖が部分的に核戦争の恐怖に置き換えられていたとするならば、核戦争の恐怖を弱める手段は進行中だった。ゴルバチョフは、レーガンと同じくらい、自分自身のミスが世間に知れ渡ることを恐れていた。そしてゴルバチョフは、レーガンのように、核の危険性に対して手段を講じるべきだという国内の圧力を受けていた。チェルノブイリの事故は彼にさらなる圧力を与えた。共産主義の権威者は信頼できるのかという疑いを増したことで、チェルノブイリはソ連の崩壊を促進したのだという評論家もいる。一九八六年、チェルノブイリの事故の陰に隠れて、ゴルバチョフは、アイスランドのレイキャビクでレーガンと会っていた。

政治顧問たちが困惑したことに、二人はもう少しで核兵器保有量の徹底的な減量を約束するところだったという。過去にはレーガンのミサイル防衛の魔力への傾倒が、いくつかの同意を防いできた。しかし、両国は本当に核戦争を回避することを決めていたことを、世界は知ることができた。翌年、彼らは中距離核ミサイルに関する同意書にサインした。初めて、核兵器の実際の削減が行われたのだ。また、一九八九年にソ連のブロックが崩壊してはじめて明らかになったが、両者の会談にはもうひとつターニングポイントが含まれていた。冷戦の終結である。

敵意の弱まりは、研究者の注意を何十年にもわたって引き付けてきた議論を復活させた。その議論とは、核兵器は平和の継続の助けになるのかという、議論である。一九四五年以降、主要国間での大きな戦争がないことを意味する「長い平和」には、説明が必要であった。もちろん歴史家は、もっと長い大きな戦争がなかった期間があることを知っていた。しかし、ライバルであるその二国間の緊張やイデオロギー的な敵意は極限に達していた。最高レベルの政府も評論家も、しばしば、世界は戦争に向かってまっしぐらに傾きつつあると信じていた。政治学者は、この戦争はどうしたら避けられるかという様ざまな理論を練っていたが、彼らの多くは、主な要素は核の抑止力だということで意見が一致していた。より正確に言うと核の恐怖である。

複雑な競争の過程で、シグナルとして核兵器を使うことも可能だと助言するRAND戦略家もいたが、もはやその提案は指導者たちに感銘を与えることはなかった。アイゼンハワー、フルシチェフ、ケネディ、ブレジネフ、レーガン、ゴルバチョフ。国際的な危機は、人類の絶滅とまではいかない荒廃した世界のイメージほど、彼らに強い感情を呼び起こさせなかった。そのイメージは、一世紀の間に二つの世界大戦を引き起こした従来の外交関係から、全く別の領域へと問題を委ねた。著名な歴史家が言うように、核兵器は「実際の戦争がどのようであるかという現実、そして彼ら自身が死ぬ可能性に、毎日彼らを無理やり直面させるのだ[24]」。

もちろん核爆弾は、警告だけでなく、時には敵意を悪化させるような深刻な危機をも引き起こす。核の恐怖なくして歴史がどうであったかなどと知ることはできない。しかし、それは確実に違ったものであっただろうし、もしかしたらより暴力的なものだったかもしれない。

第21章　第二の核時代

「原子力ルネッサンス」と最終処分場

核問題にとって、従来とはいくつかの点で根本的に異なる、新しい時代が到来した。文化史の研究者たちは、この時代を「第二の核時代」と呼んだ。一九八六年のレイキャビクでの会議が象徴した米ソのデタントは、三年後のベルリンの壁崩壊によって追認された。全滅を意識しながら冷え込んだ日陰に四〇年間立ち尽くしたあとに、ようやく太陽の下に出たかのようなものだった。その間に起こったチェルノブイリの災害は、多くの論争を決着させた。チェルノブイリの直後に起こった恐怖と抗議の大騒動から数年の間に、反原発勢力を抱えた国々は、原発計画を断念したのである。本章では、さしあたり兵器の歴史は横に置いて、民間の原子力産業界にとって「第二の核時代」が何を意味したのかを探求していきたい。

流行の後も、原子力産業は繁栄を続けていた。新たな原子炉が設置されることはほとんどなかったが（アメリカではゼロだった）、原発の維持と設備向上のために、巨額の金が動いた。原発の維持と設備向上が、人びとの関心をひきつけることはほとんどなかった。新奇で人びとの関心をひきつけるような災害は起こらず、原発のニュースは新聞のビジネス欄に引っ込んでしまった。

災害がなかったのは、偶然ではない。原発産業のリーダーたちは、どこかでもう一度恐ろしい事故が起これば経営が成り立たなくなることを、よく理解していた。より率直に言うと、電力会社も銀行も単に自分たちの資金を守るために都合の良い体制を求めていた。スリーマイル島では、技術者のトレーニングのために、三〇分当たり一〇億ドルの負担が企業にかかっていた。しかし、それでも政府による規制を全て満たすことはできなかった。原子力産業が生き残るためには、本当に信頼に足る存在にならねばならなかったのだ。

一九七九年のスリーマイル島原子力発電所事故のあと、アメリカでは直ちに独自の監査機関である原子力発電所運転協会（ＩＮＰＯ）が設立された。原子力産業が自立していた一九五〇年代に立ち戻るため、各企業の技術者たちは自分たちで厳しい手続きを定めた。それは、時に政府の規制よりも厳しい基準だった。他の産業における同様の組織とは異なり、ＩＮＰＯは効果的な規制機関となった。一九九〇年代半ばまでに、ＩＮＰＯは四〇〇人を雇用し、その規模は連邦政府の主要な機関に匹敵するものになったのである。初代の最高責任者は、ユージン・ウィルキンソンで、元司令長官だった。リコーヴァーによって選ばれたウィルキンソンは、潜水艦乗務員のあいだで育まれた狂信的なまでの安全管理の伝統を「海軍の核」に持ち込んだ。ＩＮＰＯが責任という思想をたたき込もうとしたとき、企業の重役や技術者たちは、同僚の横で自らを恥じるかのようにビクビクと行動するようになった。

一九八八年、フィラデルフィアの電気事業者が、従来の緩慢な訓練でも自分たちの原子炉の安全は守られると主張したとき、ＩＮＰＯは自分たちが本気であることを内外に示した。原子力規制委員会に働きかけて、最高経営者を解雇するように取締役会を説得したのである。そして、責任者たちは他の職場を見つけて去っていった。(1)

チェルノブイリ以後、ヨーロッパ人も自分たちの方法を修正した。そして、一九八九年、他の百以上の国々とともに、世界原子力発電事業者協会を設立し、ＩＮＰＯの成功に追随しようとした。時折起こる深刻な事故は、人びとの関心を引き続けていた。たとえば、二〇〇二年、オハイオ州トレド近郊のデービス・ベッセの原子炉が腐食していることが幸運にもわかったが、それはメルトダウンの手前だったことが明らかになった。しかし、その事故は、小さな注目を集めただけで、すぐに忘れ去られた。一九九九年に日本で起こった事故では、二人の従業員が死亡し、何百人もの人間が放射線にさらされた。他の事件では、日本の原子力事業者が、定期的に事故の規模を小さく見積もり、検査報告を改竄していたことが明らかになった。(2) 日本以外では、このような出来事はほとんど報じられなかった。

主要な原発事業者は、怠慢やうぬぼれ、自己満足が、原子力産業を危険な状態にしていると警告し始めた。こうした警告は、少なくともこれまでのところは、途方もない失敗を防いできた自己点検が、依然として機能していることを意味していた[3]。

二一世紀の初頭、原子炉への関心が再び盛り上がろうとしていた。アメリカでは、原子力産業は静かに発展していた。ほとんど人びとの関心を引かない問題が時折生じてはいたが、アメリカで稼働している一〇三の原子炉は、着実にその効率と信頼性を向上させ、国の電力の五分の一を供給するようになっていた。世界には四四〇以上の原発が稼働しており、世界の電力の七分の一を生産していた。なかでも、日本の電力の三分の一、フランスでは五分の四近くが、原発からの電気だった。他方で、技術者たちは、より効率がよく、事故にも強い新種の原子炉を六基開発していた[4]。科学者も他の専門家も、原発の新規建設を支持していた。産業界は、原発建設の新たらしい波が来ることを期待し始めた。

このような楽観主義は、昔の非現実的な夢想からではなく、単調な経営計画から生まれたものだった。世界のエネルギー需要は増大し続けていた。特に、発展途上国の経済は、空前の速度で上昇していた。いまや、石油ではエネルギー需要を満たせないというのは、疑う余地のないことだった。しばらくの間は天然ガスが代わりになるかもしれないが、その見通しはまだ立っていなかった。太陽光発電や風力発電は急速に拡大したが、本格的に電力を供給するにはまだ小規模だったし、なによりコストがかかりすぎた。世界の発電計画に残された現実的な選択肢は二つだけだった。原子力と石炭である。

一九七〇年代後半以降、石油価格は上昇していた。原発の増加を拒んだ国や地域で、新たに電力施設として浮上したのは、ほとんどすべて石炭火力発電だった。しかし、石炭の隠れたコストが明らかになっていった。科学者たちは、石炭の燃えかすによる健康被害、特に公害の規制には該当しない微小な粒子の存在を明らかにした。そして、二〇〇〇年代初頭に、最悪の結果が出た。世界中で、石炭の燃焼によって、毎年一〇万人もの人びとが寿命を縮めていたのである[5]。しかし、人びとは石炭の煙に慣れていたし、規制は不十分なままだった。そして、より間接的な問題が前面に出てきたのである。
一九六五年にはすでに、気候の専門家たちの委員会は、石油や石炭を燃焼した際に排出される二酸化炭素ガスの温室効果によって、地球温暖化という新たな危機が訪れるだろうと、アメリカの大統領に警告していた。しかし、多くの科学者たちがこの問題を懸念するようになったのは一九八〇年代になってからだった。一九八八年の夏、気候科学者たちの国際会議は、世界各国の政府に、ただちに温室効果ガスの排出を厳しく制限すべきだという声明を出した。地球温暖化は、国際社会にとって深刻な脅威なのだと科学者たちは主張した。[6] その間に、猛烈な暑さ、日照り、山火事がアメリカ各地で起こり、人びとは突然、気候変動というリスクに気が付いたのである。環境保護団体は、原発の問題からこの問題に関心を移し始めた。しかしながら、化石燃料の関係者や規制反対の人びとからの圧力を受けた政府は、調査団に調査を指示しただけだった。それから数十年たち、科学者たちの委員会は化石燃料の規制をいっそう激しく求めるようになった。
科学者たちが何十年も予測してきた通りに、二〇一〇年までのあいだに、地球が暖かくなっているのは明らかだった。二〇〇三年の前例のない熱波で、何万人もの人びとがヨーロッパで死亡し、北極海を取り囲む氷は、急速に減少していった。二〇一〇年には、ヨーロッパを空前の熱波が襲い、日照りが続いたため食品の値段が急騰した。世界の優れた科学者たちは、今世紀のうちに、穀物の不作が飢饉をもたらし、海岸線の浸水により何百万もの難民が生まれ、海が酸性になり、無数の生物が絶滅する恐れがあると警告した。一九九〇年から二〇〇九年までの二〇年間のグーグル・ニュース・アーカイブをみれば、アメリカのメディアにおいて、地球温暖化を世界の終わりと結びつけた記事は、原発や核戦争と世界の終わりとを結び付けた記事の四倍もの量に及んだ。[7]
確かに、地球温暖化は耐えられなくはないし、核戦争のような緊急性もない。しかし、積極的な気象科学者は、温暖化は核戦争よりも危険なのだと力説した。核戦争はいつか誰かが故意に起こすかもしれないが、温暖化は誰もが何もしないことで進展し、大惨事をもたらすのだ。[8]
人類は、化石燃料を燃やさずに文明を持続するための手段を持っていた。太陽光発電や省エネルギーがそうである。

しかし、経済の専門家は、世界中が同時にすべての方法を行わなければ手遅れになるほどの早いスピードで、温暖化が進んでいると考えた。その方法のなかには原発も含まれていた。原発は温室効果ガスを排出しない。たとえ、原発の建設や核燃料の補給を考慮に入れても、温室効果ガスの排出は化石燃料による発電所よりもはるかに少ない。こうして、二〇〇五年頃から、ビジネス誌は期待を込めて「原子力ルネッサンス」を語り始めたのである。

人びとは、原子炉の新規建設という新たな波を許容したのだろうか？　反核運動は一九六〇年代に地域の問題の一環として始まり、一九九〇年代に再び地域の問題に戻った。定期的に注目を集めたのは、放射性廃棄物の処分場の選定だけだった。グーグル・ニュース・アーカイブを確認すると、一九九〇年から二〇〇九年までのあいだに、原発事故に関する記事は約一万二千本だったが、原発の放射性廃棄物に関する記事は約八万七千本も存在した。二〇〇七年のアメリカでの調査では、事故の目算と原発の増設とのあいだに影響関係はなかったが、廃棄物に関しては、もし放射性廃棄物の問題が解決するならば原発を受け入れても良いと答えた[9]。

放射性廃棄物をめぐる政治問題のなかで、政府は、ネバダ砂漠のユッカ山に地下道を掘って最終処分場を造るという計画を立てた。一つの地域に国家規模の問題を背負わせるという不器用な試みは、ネバダの有権者の支持を得られなかった。毒物は、地下に隠されたとしても、不評なのだ。調査では、有権者たちの憎悪と怒りが明らかになった。エネルギー省が二〇年の歳月と約一〇〇億ドルの研究費を費やした結果、リスクは無視できる程度だとほとんどの専門家が指摘したが、バラク・オバマ大統領は、ユッカ山への処分を断念した。この問題は現在も法廷で争われているが、最終処分場の調査は再びふりだしに戻ったかのようであった[10]。

放射性廃棄物の処理計画は、ヨーロッパでも抗議行動を受け、進んでいなかった。ヨーロッパの国々は、プルトニウムを取り出す再処理のため、放射性廃棄物（使用済核燃料）をフランスに送った。当然ながら、フランスは、放射性廃棄物は元の国に返却すると述べた。二〇〇四年には、一時保存するためにドイツに返却された放射性廃棄の輸送に、何千人ものフランス人とドイツ人が抗議した。輸送自体が地方のリスクだとみなされたからである。

この問題で前進していたのはスウェーデンとフィンランドだけだった。専門家たちは、スカンジナビア半島に横たわる古代の岩盤のなかに、放射性廃棄物を安全に封印できるという見通しを持っていた。十分安全で、人びととの反対がほとんどない場所を見つけ出したのだ。事実、すでに核関連施設を受け入れている地域は、廃棄物の処理場を受け入れる傾向があった。近隣住民は、そうした状況に慣れていたし、原子力産業は仕事と金を持ってきてくれたからだ。[11]

放射性廃棄物は、人目につかない忘れられた場所に貯まり続けていた。原子炉の横のプールのなかに山積みになっているか、大きな缶のなかに密封されていた。処分場を常設することに人びとが反対し続けた結果、奇妙なことに放射性廃棄物は何百もの場所に分散された。実際のところ、専門家たちは、放射性廃棄物の地層処分が惨事を招く可能性は、核武装を目指す国やテロリストがプルトニウムを手にする確率と同じくらい低いと主張している。ある役人は、自分たちと人びととのあいだで、問題の捉え方がこれほどまでに異なる産業はないだろうとため息をついていた。[12]

このあいだにも、強烈な反対運動が起きていない地域や、反対派が無視されたり制圧されたりした地域では、新たな原発が建設された。最も熱心だったのは中国で、二〇一〇年以降は毎年二基の原発を建設する計画を立てていた。同様に熱心なのは、インド、韓国、そしてその他の新興国だった。石炭が人気を失ってからは、アメリカとヨーロッパの国々では、原子力産業と政府が結託して、原子炉建設の新しい波を後押しする計画を立てていた。二〇〇七年、アメリカの原子力規制委員会は一九七九年以来、初めて原発の新規設置申請を受け付けたのだった。

退潮する核のテーマ

「第二の核時代」は、結局のところ、原子力産業にとって新たな黄金時代の幕開けになったのだろうか。その結果は、安全対策の進展や経済状況、地球温暖化の進展、政治などの要因が複合的に作用するので、まだ見通すことはできない。ただし、あるジャーナリストは、二〇〇六年に、ほとんどの国が技術的な判断ではなく、政治的判断によって、原発の行く末を決めるだろうと述べた。[13] 政治的判断には、イメージが作用する。「第二の核時代」は、「第一の核時代」よりは安心かもしれないが、現実が一九六〇年代に後戻りすることはない。一九六〇年代には、原子力によるバラ色の未来図が、原子力の不安を上回っていた時代だった。もはや、原発の支持者でさえ、新たな千年期を予期する者はおらず、誰もそれを信じなくなっていた。同時に、反対派によるイメージ戦略も広まりつつあった。

原子炉格納容器が白く輝き、冷却塔が空にそびえているなじみのある映像を思い出してみよう。原子力産業は、美しく効率的な科学技術の楽園を期待させるために、こうしたイメージを多用していた。しかし、巨大な建造物と冷却塔の白さでさえ、メルヴィルの白鯨のように、多義的だった。それは、不可解なエンブレム、圧倒的で非人間的な力を秘めていた。スリーマイル島の事故の際のメディア報道は、目に見えない放射線の恐怖を代理するために恐ろしさを直感できるイメージを探し、それを冷却塔に決めた。一九八〇年代の半ばから、マンガ家や報道写真が冷却塔を描いたとき、それは不吉なものを意味していた。ほとんどの石炭火力発電所でも同様の冷却システムを使用しているのだが、それを指摘する者はいなかった。

より直接的なイメージを喚起したのはチェルノブイリの事故だった。煙があがった原子炉建屋の残骸のイメージである。さらに、より重大なイメージは、人口が減少したチェルノブイリ近郊の姿だった。本書の第一二章で、昔話や絵画が文明の破綻を象徴するものとして廃墟を使用していたと指摘した。それは、頻繁に道徳の頽廃と結びついていた。廃墟は、死や忘却の象徴になった。さらに、物質的、精神的な死の象徴でもあった。事故当時は、プリピチャ川と打ち捨てられたアパート、物音のしない道路という、ゴーストタウンがあった。その後の数十年間で、人びとはテレビのドキュメンタリーや芸術作品、インターネット上の写真で、チェルノブイリを観た。廃墟はキツネやフクロウのたまり場となり、森林にもどりつつあった。これは原子力の特別な特徴の一例である。強い神話的イメージが現実から立ち上がりつつあった。

核戦争後の世界を描くSFでは、無人の町は放射線に汚染された立ち入り禁止区域内に存在する。それは、文明と生命とを徹底的に否定するシンボルの一つだった。これは現実に即しているようにみえる。実際、チェルノブイリ周辺の数千平方マイルでは、人びとは滞在を禁じられ、その代わりに野生動物が繁栄した。しかし、反原発運動に関わる人びとは、汚染された場所で奇形の動物がいるかどうかに関心を絞っていた。東ヨーロッパには、化学薬品によってダメージを受けた野生生物がおり、植物がなくなった広大な産業荒廃地があったが、それを話題にする者はいなかった。人びとに強烈な印象を与えたのは、放射性物質による汚染だった。それは、恐しい突然変異体の誕生や傲慢な権力者が隠す秘密といったイメージと共鳴した。

放射線への恐怖は、結果でもあった。ウクライナでの事故の直接的な影響は悲惨だった。放射性物質に起因する死は、数百から数千と見積もられた。当事者たちは、自らを生存者とは呼ばず、犠牲者と呼んだ。こうした人びとは、広島・長崎の被爆者や他のトラウマをもった集団、何らかの烙印を押された集団に見出されるあらゆる問題を抱えていた。何十万人におよぶウクライナの人びとが、放射線に永久に汚染されるという可能性を恐れていた。多くの人びとが、心因性の障害を患った。それよりも多くの人びとは、運命だと諦めてアルコールや他のリスクに無頓着になり、自殺願望を抱えるような者もいた。最終的な研究によれば、チェルノブイリ事故が引き起こした悪影響のなかで最も深刻だったのは、精神に与えた影響だった。それは、放射線そのものよりも、病気や経済的損害の要因になった。不相応な精神的ダメージは、スリーマイル島事故にも当てはまった。そこでは、放射線による実質的な被害はほとんどなかったが、汚染の恐怖が数万人を苦しめたのである。

人びとが抱いた放射線への恐怖は、当然のことながら、民間の原発計画にも影響を与えた。一九七〇年代とは異なり、この影響は、反核運動に携わる人びとよりも、金融業者や資本家たちにより強く作用した。原発の立地計画において、もっとも重大な不確実性は、科学技術上の問題ではなく、申請の許可や規制方法の変化によって、計画が修正を迫られたり、遅れたりするかもしれないという問題だった。約一〇億ドルの支払い義務は軽々しく受け入れられるものではなく、新たな規制によって訴訟が起きたり計画を修正せねばならなくなったりしたら、そのときに支払う利息の金額は民間企業にとっては致命的だった。

それは、ニューヨーク州のロングアイランドのショアハム発電所の教訓でもあった。一九六六年に、未来を夢見た人びとによってこの原発が提案されたとき、費用は七〇〇〇万ドルだと予想された。しかし、管理ミス、技術者たちのミス、さらに構想の修正は、この原発の完成を遅らせ、費用も余分にかかった。そのあいだに、この原発は自治体から法律上の問題を指摘されるようになった。メルトダウンが起きた際、ロングアイランドの全住民をすばやく退避させることはできないと結論付けられたのだ。一九九二年に完成したものの、この原発は一キロワットの電力を生み出すことなく、廃炉が決った。ショアハム原発には、結果的に六〇億ドルもの莫大な金額が費やされた。この経験の二の舞を演じたい事業者など、存在しないだろう[15]。

「第二の核時代」において、反核運動は下火になったのだろうか。二〇〇八年にある研究者が「原子力」という言葉で何を連想するかという質問調査を行ったが、その結果は三〇年前の似たような実験の結果とそれほど変わらなかった。ただし、三〇年前のように圧倒的に否定的な意見が多いわけではなかった。「良い」「悪い」という言葉はほぼ同じ割合だった。また、「電気」「電力」という言葉も、「死」「戦争」「爆発」という言葉と同じくらい言及された。「きれい」という言葉は「廃棄物」と同じくらい当たり前の言葉になっていた（特異な団体への調査では、相変わらず「キノコ」「世界の終わり」という回答があった。「愛」「セックス」という回答さえ存在した[16]）。

原子力産業と世論調査会社は、慎重に人びとの態度を測定してきた。一九八〇年代の終わり、チェルノブイリとスリーマイル島に関する報道の結果、原発に反対するアメリカ人が、賛成する者よりもわずかに上回った。その後、「第二の核時代」は人びとの意識に緩やかな変化をもたらした。二〇一〇年には、大多数のアメリカ人が原発に賛成するようになっていた[17]。他の三〇カ国での世論調査の結果によれば、化石燃料による発電を原発に変えることを望む人びとはほぼ半数だった。内訳をみると、発展途上国で強く支持され、西欧では最も低かった[18]。

「第二の核時代」の最初の二〇年で原発を受け入れる人の割合が徐々に増えたのには、多くの理由があった。原発がすでに新しい技術ではなくなったことが第一に挙げられる。人は新しい技術を警戒するものだ。また、恐ろしいニュースや原発の危険性を強調する映画、広告が定期的に公表されてから、時間がたったことも原因の一つである。反原発のデモも久しく行われなくなっていた。終わりがなく、不可能に思える努力は、反対派の人びとに妥協をもたらしたのかも知れない。「原子力による素晴らしい未来」というイメージが衰えるにつれて、反対派もまたエネルギーを消耗していった。原子力は平凡なものになり、一つの産業施設に過ぎなくなった。もちろん有害ではあるが、そうでない産業などあっただろうか。

二〇世紀の反原発運動は、技術や合理化された階層システムに対する一般的な批判に代わっていく傾向があったと述べたが、それは一九八〇年代末には終息した。もっとも、科学者や新しい技術への疑念は、遺伝子工学や、ワクチンから気象科学にいたる懐疑が示すように、消え去りはしなかった。しかし、自己表現が制限されていない社会における将来のビジョンは、この「第二の核時代」においては、地域のコミューンや集団行動との結びつきを弱め、インターネットという際限のない領域への個人的な熱中との結びつきを強めていった。反核運動が掲げていた、企業や政府の中央集権システムの拡大を止めるという戦略は、明らかに失敗した。

新しい時代の新しい考え方は、長年続く人気テレビアニメ『シンプソンズ』のなかにも容易に見出すことができる。「シンプソンズ」という言葉は、数十年前の調査には表れなかった言葉で、二〇〇八年の調査では繰り返し表れた唯一の言葉である。オープニングや多くのエピソードからわかるように、アニメのなかの架空の町スプリングフィールドの中央には原子炉が設置されていた。そして、いつも注意不足の操縦者が壊滅的なメルトダウンを起こし、三つの目を持つ魚や怪物が生まれた。しかし、このアニメをみて、恐怖や嫌悪を感じた人がいただろうか。原発を所有する腐敗した資本家、頭の悪い技術者、まぬけな魚は、あらゆるものを風刺するこのアニメ番組の要素の一つでしかなかった。あるエピソードでは、原発爆発後の終末的光景を揶揄し、エンディングではきのこ雲が世界中に発生する始末だった。もちろん、翌週の放送では、スプリングフィールドも町の中央の原発も、いつも通り存在した。この作品のなかでは、原子力産業だけでなく現代社会のあらゆるものが機能不全を起こし、愉快なのだった。[19]

二〇一〇年のハリウッドでは、原子力産業を舞台に映画をつくるという試みでは、観客を集められなくなっていた。『復讐捜査線』という映画は、一九八五年にBBCが放映した連続ドラマを翻案したものだ。元のドラマは、カレン・シルクウッドが悪人を探り当てるものだった。うんざりした評論家は、二〇一〇年のこの作品について、元の構想が改変されず時代遅れだと述べた。[20]

熟練したメディア製作者たちは、多大なエネルギーを割き、象徴的な登場人物の設定を再構築して、核のイメージを取り除いた。放射線を帯びた蜘蛛に噛まれて超能力を得たという設定のスパイダーマン（一九六二年）は、二〇〇二年の作品では、遺伝子操作された蜘蛛に噛まれたという設定に変わっていた。超人ハルクのような他の怪物の起源も、物理学から生物学へと変更された。

二〇〇二年版の映画『タイム・マシン』では、一九六〇年版の特徴でもあった核戦争の描写がなくなっていた。二〇〇一年の『猿の惑星』では、一九六八年のオリジナル版の核戦争ではなく、遺伝子工学によって人類が滅びたという設定になっていた。二〇〇八年の『地球が静止する日』では、一九五一年版の核戦争が、環境破壊に変わっていた。一九六八年のゾンビ映画『ナイト・オブ・ザ・リビングデッド』では、放射線被曝が示唆されていたが、ゾンビが人気になるにつれて、ゾンビ誕生の起源は生物学の実験だということになった。あるゾンビ映画の監督は、核エネルギーとそれが人間にどう作用するかという恐怖は、もはや重要ではないと説明した。[21] 要するに、荒唐無稽な魔力を探しているクリエイターたちにとって、原子物理学はもはや神秘の対象ではなくなったのだ。

若い世代が、放射線や原子力の危険性に気付いていないと言いたいわけではない。彼らが、マンガの枠内で、怪物や核爆発といった古いイメージにさらされたのならば、それは一種の被曝と呼べるだろう。年齢層ごとに調べられたいくつかの世論調査では、若い世代は年上の世代に比べて、原子炉に反対しがちであることがわかった。しかし、イメージの持つ強い力は、日常で触れる娯楽やニュースメディアではめったに確認することができなかった。

一九九〇年から二〇〇九年のグーグル・ニュース・アーカイブを確認すると、「原子力」に関連した記事の見出しは、その大部分が好意的、もしくは中立なものだった（それらの多くは原子力産業の経済面に大きく関与していた）。スリーマイル島やチェルノブイリで事故が起きた時には、記事のほとんどがネガティブなものであったのとは対照的だった。「原子力事故」という言葉を含む記事は、「石油流出」という言葉を含むものより、九倍多かった。一方で、「遺伝子操作されている」ものに関する記事などは、それらよりさらに沢山あった。「水質汚染」に言及した記事は、「放射性廃棄物」へのそれより二倍多く、また「大気汚染」に触れたものよりも四倍多かった。「地球温暖化」についての記事は、その他すべての記事を足した数と同じだけ存在した。人びとは、限られた量の不安しか結集できないということが、ここでも再度確認できる。また、それは様ざまな活動への取り組みについても同じことが言えた。抗議の対象が別のものに移る時、一つの課題に対する懸念は次第に減少していくのだ。結局、新しい問題は正当な理由があって沈静化していったのだ。人口、産業、そして様ざまな汚染の急激な増加は、文明が依存してきた生態系全体を目に見える形で脅迫していた。

科学者のジェームズ・ラブロックは、過激な環境保護主義者たちの英雄だった。彼は、二〇〇九年に、自分たちの技術が「地球上からすべての生命を抹殺するかもしれない」と述べた。その時彼が言及していたのは、核戦争ではなく、彼が言うところの「地球温暖化」であった。ラブロックは、放射線に対する「誤った恐怖」を激しく非難しつつ、原子炉のさらなる増設を要求した。[22]『ホール・アース・カタログ』を創刊したスチュアート・ブランドも同じことを主張した。この雑誌は、一九七〇年代の、自立した、小規模な運動のバイブルとなった。グリーンピースの創設者パトリック・ムーアは、かつては原子炉に対し熱烈に反対していたが、ラブロックらと同様に主張を変更した。同じような変化は、年長世代の環境保護主義者らにもみられた。彼らは環境保護活動を、一九七〇年代初期の分断状態に再び投げ込んだ。原子力産業は、こういった変化を好意的に受け取った。

その頃の経済は、成長状態になかった。原子炉は、運転させる費用は安くついたが、建設費はとんでもなく高額だった。また、より確実な安全性を求めるなかで、技術は日々進化し続けていた。石炭は、より馴染みがあり、より安価だった。他方で、シェール層から天然ガスを抽出する新技術が、別の安いエネルギー源を期待させていた。ただし、環境保護活動家たちは、シェール層から放出される有毒物質によって上水道が汚染されると指摘していた（石炭廃棄物と同じく、シェール層からの放出物にも放射性元素が含まれていた）。環境保護活動家が動くと、化石燃料を使う発電所の費用は急激に上昇した。公衆衛生に直接降りかかるダメージ、放射性廃棄物の放出、そして温室効果ガスの制御を、運動家らがそれぞれの工場に約束させたからだ。化石燃料産業にそういった問題に関する費用を強要したことは、原発がエネルギー業界のなかで優位性を持つという結果に繋がった。「原子力ルネッサンス」が起こっていたとすれば、それは伝統的な経済が要因ではなく、環境への関心が主な要因となったのだ。

それでも、もし予定されているすべての原子炉がスケジュール通りに建設されたとしても、当時運転されていた世界中の原子炉が使用期限を迎えれば、廃炉される原子炉の代わりとなるには、ぎりぎり足りるかどうかという状態であった。原子炉の建設業界は長らく眠りについていたが、世界の電力シェアでより大きな存在になろうとするなら、何十年分という単位のスピードアップを求めねばならなかった。「第二の核時代」が、核分裂によって支えられるまでには、まだ道のりは遠かった。

フクシマがもたらしたもの

楽観的な予測は、二〇一一年の大災害によって裏切られた。巨大地震と、それに続く津波によって、日本の福島県にある老朽化していた原子炉が大破したのである。今になってようやく、世間は、原子炉がそのような巨大な津波に耐えられないということに気が付いた。津波の規模は、千年に一度起こるか起こらないかというほどのものだった（世界にある何百という原子炉のどれかをそのような危機が襲うという可能性は、十年ごとに一度あるとも考えられていた。それにもかかわらず、危機管理は十分でなかったのだ）。原発作業員たちは、危機一髪のところで大参事を食い止めた。現場の英雄的行動がそれを可能にしたのだ。しかし結果として、政府が十万人以上の市民を避難させねばならないほどの放射能が漏れた。また、その地域の漁業や農業も停止に追い込まれた。地球の裏側近くにあるアメリカでは、テレビのニュースキャスターが、放射性物質が漂っているとおどろおどろしい口調で伝えた。また、ヨウ化カリウムを急いで集めている家庭もあると報道した。カリウムは、放射性降下物が大量に降った際に、体内に入れると良いと言われている。中国では、ヨウ素添加食卓塩をため込む動きがあった。放射線被曝から体を守るという迷信があったからだ。日本からの輸出は激減した。「消費者が、日本産の魚や野菜から、日本産の食品を口にすれば、ほぼ一〇〇パーセント、放射性物質を取り込んでしまう可能性はごくわずかです」とジャーナリストは語った。「しかし、人びとは、放射性物質のことを心配してしまうのです。」（記者たちは、より深刻に健康被害の可能性を記述していたかもしれない。測量できないほどの化学廃棄物や有毒廃棄物が、巨大な津波によって農地にまき散らされ、海へ流された。しかし、そのことに言及した者はほとんどいなかった。[23]）

中国、インド、その他いくつかの新興国の政府は、今後も原子炉を作り続けると公表した（ただし、より慎重に計画を運ばねばならなくなった）。これらの国は石油を買う余裕がなかったし、石炭は病気をもたらすので利用したくなかったのだ。しかし、ドイツ、イタリア、そして日本といった先進国のいくつかは、計画段階にある原子炉の建設を中止すると発表した。さらには、経済的に実現可能な範囲で、現存する原子炉をできるだけ早く廃炉することも示唆した。福島から得た教訓は、各地でより厳しい規則を敷くきっかけとなるだろう。それは、原子力がさらに高額になるということも意味する。アメリカでは、原子炉の一時停止は、直接的な衝撃をさほど与えなかった。その理由を、専門家は次のように述べている。「アメリカにおいて、いわゆる原子力ルネッサンスは、どうにもならない状態にあった。それは、日本での地震が起きる以前からすでに行き詰まっていたのだ。」[24]

福島での事故は、原子力を容認する人びとを必然的に減少させることになった。世論調査では、原子炉容認の割合が、一九九〇年代初期と同レベルにまで下がった。各地で、多数の者が、新しい原子炉の建設に再び反対したのだ。それでも、環境保護主義者の多くは次のように考えていた。原子力が、いかに不愉快なものであったとしても、それは他の選択肢よりは好ましいものであると。もし多くのアメリカ人が原子炉事故を恐れたのだとしても、それとおおよそ同数の人が、恐れを感じなかったと言えるだろう。原子力産業に対するメディアの論調が、一方的にネガティブであることはほとんどなかった。その傾向は、日本での事故が進行中の時でさえ変わらなかった。原子力産業の廃止を期待するという記者はあまりいなかった。それよりも、こういった事故のニュースがあったあとでも、世界全体で見た時に、その産業がこれ以上拡大するのか、あるいは現状のままとどまるのかといった観点で報道する者が多かった。現在世界には、成長しつつある国と、停滞、及び衰退しつつある国が存在する。このような現状のなかで、「第二の核時代」は、少なくとももしばらくはこのまま維持されるのだろう。

福島のイメージは、チェルノブイリのそれと類似していた。事故、及びそれに関してよくわからない状況が何週間も続いたこと、崩壊した原子炉の写真、そして長期間残り続ける放射性物質による立ち入り禁止区域といった点が共通していたのだ。しかしながら、世間への衝撃は、チェルノブイリより圧倒的に小さかった。一つの理由としては、チェルノブイリが、完全な安全性を求める世間からの要求に終止符を打っていた、ということがある。二つ目の理由として、二〇一一年の事故で撒き散らされた放射能汚染の規模は、チェルノブイリの時と比べれば小さかったという事実が挙げられる。チェルノブイリ事故は大変なパニックを引き起こし、そのうえ事故の翌年である一九八七年には、ヨーロッパ中で農業規制が敷かれたほどであった。日本人は、津波が何百マイルにもわたる海岸線にもたらした汚染に直面した。それでも大多数の国民は、そういった核の問題に関して、いつもと変わらぬ冷静さで対応した。不安な気持ちを抱いたことは強く感じられたが、それを表出することはあまりなかった。つまり、私がこれまで書いてきたように、現代における一般の核イメージは、一九八〇年代に比べると、本能的な恐怖を呼び起こすことがあまりなくなったということだ。

「第二の核時代」において、世間は部分的に原子力を受け入れていた。しかし、その主要な理由の一つについて、本書はまだ触れていない。それは、恐らく、あらゆる理由のなかで最も根深いものだと言えるだろう。原発が、核兵器の光によって照らされてきたことはすでに述べた。ここでいう光とは、恐ろしい爆弾との深い関連から生じた、原子力産業に対する恐怖、嫌悪、そして不信のことである。冷戦の終結にともなって、戦争への恐怖が次第に減少した。すると核爆発や放射性降下物への恐怖は人びとの意識から消え去り、それと並行して原発への不安もなくなっていった。イメージの複合体の中心にあったのは、原子力ではなく、原子爆弾だった。注目されるべき問題は、原子爆弾に対する人びとの考え方において何が変化したのか、そして、こういった変化が、どのような事実によって定着したのかということだ。

第22章　核兵器の脱構築

継承された核の物語

いったい彼らはプルトニウムを用いて何をしようというのだろう。二〇〇二年までに、アメリカとロシアは総計三四トンの核弾頭の撤廃に合意した。プルトニウムという物質は途方もないほどに高密度であり、兵器として三四トンあろうともそこで使われているプルトニウムの量は一般的なクローゼットに収まりきる。しかしながらこのクローゼットサイズのプルトニウムからは、一万三千個の爆弾を精製することができる。それを使っていったいなにをするのだろうか。この物質は原発の燃料となり、放射性廃棄物に変化していく過程で電気を生み出す。あるアメリカ人は、プルトニウムを、爆弾としての再利用が困難な酸化物原子炉用の燃料に加工するための工場を設計した。しかしこの工場は、二〇一〇年までに、その他多くの野心的な原子力計画案と同様、延期、予算超過、顧客不足という問題に直面した。こうした状況で、米ソが核兵器の保有量削減に合意したため、各国が追加の九トンのプルトニウムを押し付けられる結果となった。利用する見通しもなければ、放棄することもできないプルトニウム。まるで邪悪な精霊からの贈り物だった。

冷戦の終結は、「第二の核時代」の始まりでもあったが、それは単に大きな歴史の転換期の始まりに過ぎなかった。次に訪れたのは、ソ連の崩壊という驚愕の出来事と、西欧資本主義と中国共産主義との間の関係修復である。これにより、一九五〇年代から八〇年代までに幾度となく訪れた戦争の脅威は遠ざかり、一九八六年に七万発という驚異的なピークを迎えた核弾頭の総数は、急激に減少していった。新たな条約の下、二〇一二年までには、配備される核弾頭は四千発にまで減るだろう（そのほか、一万五千発が、主に合衆国とロシアの保管庫に保管された）。

一般民衆とメディアの関心は別の事象に移っていった。関心の低下はイギリスで繰り返し行われた世論調査に裏付けられている。一九八〇年代中盤にかけては、一五％から三〇％にあたる国民が自発的に核兵器への関心を持っていた。しかし、一九九一年以降、そうした国民の割合は四％を上回ることはなかった。[1] この分野における国民の興味関心の低下は、核兵器関連の報道の減少と並行して起こっていた。「グーグル・ニュース・アーカイブ」をみれば、「核戦争」や「核兵器」といった単語の使用頻度は一九八二年から一九八三年にかけてピークを示し、その後一九九〇年代にむかうと着実に減っていった。

ギャラップ社は、今後一〇年間での核戦争が発生する可能性について、アメリカ国民への個別質問調査を実施し、アメリカ人の核に対する不安を綿密に調べた。一九八一年から二〇〇一年にかけて、核戦争は「十分に起こりうる」と回答した人の割合は一九％から八％まで減少した。他方で、核戦争は「起こりそうにない」と回答した人の割合は二三％から三三％まで上昇したのだ。際立った変化ではあるが、理解可能な変化だと言える。核兵器に注目が集まるようなことが起これば、多くの大人が核戦争の恐怖を感じるだろうが、多くの報道機関はほとんどそうした話題を取り扱わなかったからだ。[2]

しかしながら、世界は決して安全ではなかった。アメリカとロシアは、命令すればすぐさま発射可能な、数千を超える核弾頭を保有していた。加えて、まだ数万発の核兵器を格納庫に保有していた。ロシアがある種の終末兵器を設置したと報じられることもあった。報道によれば、危機的状況が到来し、モスクワとの伝達が途絶え、また核爆発が感知された場合、あるシステムが下級の指揮官に、すべてのミサイル発射の命令を自動的に伝達するとのことである。[3] もしも警戒態勢にある実弾頭の数が、もはや全ての先進社会を根絶させるほどの量で存在していないのだとすれば、核は我々の文明を全滅させることはなく、せいぜい数十年退化させるだけで満足するのだろう。

その他の核保有国は、多くてもせいぜい数百の核兵器を所持することで満足していた。それだけの数があれば、正気をもった競合相手を牽制するには、十分だった。しかし、かつての冷戦の当事者たちは、必要数の何百倍もの核弾頭を持っていた。核弾頭の大量保有は、「破滅というものは、破滅そのもののそのおぞましい悪夢、そのイメージ像により避けられるものである」というパラドックスにもとづくものだった。その意味では、米ソは「合理的」に核兵器を「使用」してきたのだ。

核戦争のイメージは、依然として人びとに強い影響を与えていたのだろうか。新たな文学作品で『ああ、バビロン』、『黙示録三一七四年』、『渚にて』に匹敵するような冷戦の象徴は、コーマック・マッカーシーによる『ザ・ロード』だけであった。しかしながら、こうした一九五〇年代と六〇年代の作品は、二一世紀においても入手可能であり、ペーパーバック版は、しばしば、ソール・ベローやジョン・アップダイクの様に高く評価されていた著者をしのいで、Amazon.com の売り上げで上位に位置していた。[4] 他方で多くの作家たちは、核による世界の終わりを描いた三文小説を出版し続けていた。特に長続きしたものは、核戦争の生き残りを描いた英雄譚『サバイバリスト』だった。この作品はジェリー・アハーンと彼のゴーストライターによるペーパーバックのシリーズで、終わりなき暴力と右翼的な独善的ヒロイズムを特徴としていた。一九八一年に始まり最終巻の二七巻は一九九三年に発刊された。この作品は非常に多くの読者を得、多くの模倣者を生んだ。たとえば、ウィリアム・ジョンストンの『灰 (*Ashes*)』シリーズは新刊が発刊され続け、一九八三年に始まり二〇〇二年まで続いた。[5]

文化史家は、何が世間の人びとの不安の種になっているか観察するため、特に映画に注目する。二人の学者、ジェローム・シャピロとミック・ブロデリックは核をテーマとして取り扱った映画を徹底的に研究し、こうした映画作品が一九八〇年代末以降、著しい衰退をたどったわけではないという事実を明らかにした。数百万の核関連の映画及び、その他作品が冷戦終結後の十年間で世に生まれたわけだが、その多くはアメリカの作品だった。[6]

そのなかでも、『ターミネーター』(一九八四年) の続編や、潜水艦での核恐怖を描いた『レッド・オクトーバーを追え!』(一九九一年)、あるいは『クリムゾン・タイド』(一九九五年) などは、国家ではなく、悪意ある集団やコンピューターシステムの誤作動から発生する恐怖を題材にしていた。それらは、核戦争がもたらすものとして想像しやすい恐怖だった。[7] その他の映画、『ポストマン』（一九九七年）や『ザ・ロード』（二〇〇九年）、『ザ・ウォーカー』（二〇一〇年）などは、世界が終焉した後の社会の崩落に関する古くからの物語を進化させた作品だった。生き残りをかけた状況を強調して描くことで、こうした映画は核戦争の脅威とそれによりもたらされる世界の終末がどのようなものか、示唆したのである。こうした映画の存在は、計り知れない荒廃のイメージを感傷的に語り継いでいく新たな世代の存在を明らかにしたのだ。

テレビというメディアもまた、広く知られた筋書きを題材にしている。二〇〇一年に放映されたアメリカの人気テレビ番組『ザ・ホワイトハウス』は、ロシアで発生したミサイルサイロ危機を取り込んでいる。そして、二〇〇六年の冬、テレビの視聴者は、一九七〇年代にすでに使い古された核兵器の物語を、三つ同時に視聴することができた。『ジェリコ』では、中米の都市部が核攻撃を受ける。そしてその翌日、街に犯罪者が溢れかえり、主人公たちが難を逃れるという場面があった。『24』では、機密工作員が核兵器をロサンゼルスの街で使おうとするテロリストと闘う場面がある。『ヒーローズ』は強大な力をもったヒーローたちが、ニューヨークで核爆発を阻止する活躍を描いた。[8]

他方で、コンピューター・ゲームの人気も上昇していた。コンピューター・ゲームは、まったく新しいイメージを人びとに与えた。たとえば、人気ゲームの『デューク・ニュッケム』シリーズ（一九九一年から二〇〇二年、改作も存在する）では、自分が操作するキャラクターの視界が、自分のスクリーンの視界と一致する。自分の対戦相手となるのは、放射線被曝によって脳の機能に異常が生じた「ドクター・プロトン」が作り出した殺戮ロボットや、悪の科学者により生み出された放射性スライムなどの凶悪な怪物であった。その他の多くのゲームでも、無法者のギャングや突然変異した怪物との戦闘舞台となるのは核兵器が爆発した後の荒地であった。

もし、これらすべてのイメージに見覚えがあるならば、それは重要な神話的イメージが不滅であるということを意味する。紙の本の普及以来、いかなるものでも後世に残すことが可能になった。魔法や魔力、占星術やその他何百と存在する古代の想像力の産物が、もしいまだわれわれの思想に根強く生き残っているのなら、核のイメージをなくすことは期待できない。結局、私たちの主題は、最も頑固なイメージの複合体であり、それは宗教から生み出されたものとは異なるのである。

核のリアリティーの希薄化

では、一九八六年以降、世界には何の変化もなかったのだろうか。いや、むしろ、何もかもが変わった。一九八〇年前後に生まれた人びとを中心とする新しい世代が、変化をもたらしたのだ。一九八〇年代初頭、ある調査員がアメリカの青年に核戦争のことを尋ねると、彼らは今に比べると、より頻繁に、より真面目に核戦争について考えていた。若者たちの大多数は、自分たちが生きているあいだに核戦争が起こる可能性があると信じていたし、その場合に生き残れるかどうかを思案していたのだ。[9]しかし、一九八六年以降、そのような調査を行った者はどこにもいなかったようだ。恐らくではあるが、若者問題の研究者たちは、以前には明瞭であった青年が抱える不安というものを、一九八六年以降には見つけられなくなったのではないだろうか。私は、若者に対するインフォーマルな面談のなかで、戦後の時代に浸透していた核に対する不安を、今の学生が口にしているのをみたことがない。

近頃の若者世代は不安に覆われた世間で、核戦争だの放射線だの原子炉だのという単語が取り立てて使われていた時代、まして個人間での会話において使われていた時代のなかで育ってきたわけではない。この世代の若者にとって、初めて核戦争という題目と出会ったのは、教室という退屈な空間だった。核戦争という事実を取り上げるにあたって、教室と同じくらい生徒に影響を与えたのは、教師による指定図書だった。それは一九四六年に発表されたハーシーの『ヒロシマ』だった（この本はAmazon.comで売り上げの上位を維持している）。この著書は、一九四五年に核分裂爆弾がどのような災害を引き起こしたかを若い世代に教える上で、効果的な役割を果たした。しかし、この本は、複数の核融合爆弾を搭載したミサイルについても、核の抑止力がもたらす底知れないパラドックスについても言及していない。学ばなければいけないことが多い学校で、科学と歴史の教師が原子力産業に割くことのできる授業時間は、いったい何分ほどだろうか。

一九九〇年から二〇一〇年にかけて、核爆弾が出てくる優れた映画が数多く制作された。そこでは、一九六〇年代と一九八〇年代の核関連映画にあったような終末的な核戦争の物語よりも、破壊行動を企む凶悪な個人が登場する傾向があった。核の脅威は、「現実の悪夢ではなく、安っぽい脚本の設定」になってしまったと、ある文化歴史学者は述べている。核爆弾を題材とした映画は現実逃避的なものになっており、時として、「文化的回避、置き換え」を象徴するサイエンス・フィクションになっていた[10]。

情報や、感傷的な心的イメージを積極的に拡散する社会集団は、もはや重要ではなくなった。原子力産業から発信された教育用映画やプレスリリースにより、反核兵器や反原発を歌う歌手やポスターは消え去った。メディアももはや核エネルギーの情報啓発を行うという社会的義務感（またはその他多くのことに関しても）を強く感じることはなくなった。煽情的な情報ソースに対しても、いまやメディアはより賢明な選択を常に迫られている。時として起こる政府の段取りの悪い核廃棄計画は別としても、原子力産業は特にスキャンダルを引き起こすこともなかった。軍事に関しても、胸躍るニュースといえば、標的となる敵を個別に正確に抹殺することができる高性能ミサイルくらいであった。核に関するニュースが新聞の見出しを飾ることもなくなった。そもそも若者が新聞の見出しを読む機会さえ減ったのだ。まして核兵器の情報や意見が集まってくるようなウェブサイトやブログを探し出そうとする者など、もはやほとんどいない。

調査によると、若者が電子機器に接触する時間が、読書や学習時間などに費やす時間（当然これは短時間）をはるかに上回り、その差は十年毎に大きくなっていた。テレビやコンピューターの液晶画面が、今となっては核を表象化する主な機器になった。テレビやコンピューターは、若者にとって、数え切れないほどの新しい模倣作品の中から、核に関する古臭い映画を選択して閲覧できる唯一の装置なのだ。

明るいリビングルームで見る小さな液晶画面は、私たちの現実感覚を奪う悪名高い電子機器である。録画された映画は、視聴者を急激な感情の変化から遠ざける。視聴者は鑑賞中に映像をコマ止めしてコーラを取りにいくことだってできるからだ。またコンピューター画面が映し出す背景の細かなニュアンスをつかむために、繰り返し再生することもできる。さらに、滑稽な未公開映像や、特典映像が解説してくれるような映画内の特殊効果の作り方も、視聴者は閲覧できる。これらすべての要因が映画体験というものを表面的なものにし、感動や衝撃といった感情を視聴者から奪ってしまっている。しかしながら、私たちの太古の脳の中枢には、あの忌まわしい爆風と死の怪物がいまだに記録されている。無意識の刷り込みと、無害な娯楽体験とは、全くもって異なるものなのだ。

現実世界との乖離経験は、一見非常に中毒性が高いと思われる新たなメディア、ビデオゲームにおいても現れる。このメディアは一九九〇年代に急速に普及し、多くの人びとの時間を奪った。たとえば、二〇〇八年に、五〇万人以上の人びとが発売当月に購入した『フォールアウト3』という作品を挙げることができる。一九九七年から一九九八年に作られたシリーズの続編であるこのゲームは、腐敗し、蔓で覆われたワシントンDCで、放射性の食屍鬼と闘うという内容のゲームである。こうしたゲームをプレイする若者（その多くは男性で四〇歳以下である）はゲームの最中、その緊張や興奮から、心臓の躍動や額に湧く汗を感じることができるのだろう。しかしながら、彼は一度ゲーム始めるとトイレにたつこともできない。ゲーム最中に興奮すればするほど、内容を飲み込めなくなっていくのだ。テレビ以上にゲームというものは、プレイヤーを現実から引き離してしまう。

私見では、突然変異の怪物や獰猛で堕落した野蛮人を攻撃するビデオゲームは、『放射能X』の様な怪物映画を観るよりも、無意識に、より強烈な感情的刻印を残すであろう。しかしながら、劇場を出るときに巨大蟻の発生が起こりうると信じていた『放射能X』の観衆と異なり、二一世紀のゲームプレイヤー達は、このようなマンガ的冒険が単なる空想に過ぎないことを知っていた。『デューク・ニュッケム』の登場人物になり代わり、突然変異した豚警官を狙撃することには非常に熱心だが、少し休む際にゲームを一時停止するため、どうしても現実味に欠けてしまう。

核戦略を題材としたゲームがいくつかあったことは確実である。しかし陰鬱なチェスの様な戦略ゲームでは、プレイヤーは核戦争の現実に向き合うことができない。そのようなシリーズで最も人気を博したのが一九八九年から一九九七年に製作された『核戦争』という名のゲームだった。このゲームは、「サクサク遊べること」やたくさんの「いかれたユーモア」が「楽しい」と評価された[11]。そうしたゲームを通して湧き上がる感情は、多くの人が実際に感じたものとはかけ離れていた。たとえば、一九五九年の映画『渚にて』の結末では、カメラが死した街の人気のない通りをゆっくりと捉えて終わった。他方で、戦略ゲームでも、狙撃ゲームと同様に、プレイヤーは犠牲者ではなく、主役の勇敢な戦士と自己を同一視して操作する。この自己同一視こそが、人々の深層心理にある核兵器の心的イメージを紐解く手がかりとなるのである。これについては次章にて徹底的に議論を進めることとしよう。

ポストモダンの核イメージ

ゲームの新たなアプローチは、大きな変革の一部分にすぎなかった。文化批評家たちの多くは、二〇世紀が終わる最後の一〇年間に、新たな時代が訪れたと口をそろえる。しかしながら彼らはその期間を、「第二の核時代」とは呼ばず、一九八〇年代後半にかけて初めて世に知れた「ポストモダニズム」という言葉を使うのだ。「ポストモダニズム」という言葉は、いくつかの思想の集まりを表している。本書にとって、この言葉が内包する意味で最も重要なのは、「参照すること」の一語に要約できる。幼児のアニメからヒップホップ音楽に至るまで、ポストモダンの生産物は、作品を面白くするために過去の関連作品を改変したものだ。幼児はいまや、マッド・サイエンティストとの初めての出会いを実際のホラー映画のなかで果たすことは少なくなった。むしろマンガ本のなかのわずかな言及か、日曜日の朝のアニメでマッド・サイエンティストと出会うのだ。あの可愛らしいが愉快なまでに無能な原子炉技師の登場する『シンプソンズ』のオープニングで、人生で初めて原子炉を観たという人が、どれほどたくさんいるだろう。実際の原子炉と『シンプソンズ』の原子炉は、似ても似つかぬものだ。これだけ実物からかけ離れたものを観ていては、実際の核原子炉を理解することなどできはしないのである。

「参照」は、それが皮肉を意味するとき、特に原型からかけ離れる。確実に言えることは皮肉が、冷戦終結のはるか以前より増加傾向にあったということだ。詳しくは後述するが、冷戦時代にも随所に皮肉描写はあったが、そういった表現は社会権威の主潮に対するブラック・ユーモアや軽蔑を元として存在していた。しかしながら、ポストモダンの時代になると、このような皮肉表現というのは、もはや反体制的な知識人層によってのみ使用されるものではなくなり、冷笑的な表現や徹底的なあざけりとして標準的な表現になったのである。

この風潮は、子どもたちにさえ、売り出された。一九九〇年代半ばに玩具メーカーのタイコ社が発売した名物商品「博士の死の放射線実験」がある。典型的なのは、シリーズの第三代目の商品「核爆薬ミックスキット」だ。それは、黄色いベトベトした混合物であるが「見た目はひどいが味は美味い」と謳われたていた。偶然の一致か、この商品はマテル社のミニカー「ホット・ウィール」シリーズでミニチュア化されたホーマー・シンプソンの核廃棄用トラック（宅配用）の後部についている、核の漏洩物を表す黄色い染みと酷似していた。[12]

嘲笑というのは恐怖を引きずるのではなく、払拭する術である。エンターテイナーというものは聴衆に「クールですね」と媚びへつらい（聴衆が冷めているという意味の「クール」と、かっこいいという意味の「クール」の両方を意味している）、また特定の対象を軽蔑し、それを聴衆と共有する。核の漏洩物は放射性廃棄物とは外見を異にするが、奇妙な概念（私たち自身ではなく、私たちの両親が怖がるようなもの）を象徴するのである。

このような核に関する文化へのアプローチを先駆けとなる作品が、一九八二年に、すでに誕生していた。『アトミック・カフェ』という名の、定期的に学校で上映されていたドキュメンタリー映画である。この映画は、今や風変わりで極めて異常に見える「ダックアンドカバー（かがんで頭をおおう）」の訓練の様子を映していた。事実この訓練法は、一九五〇年初頭に、核爆弾の投下を想定した実践的護身用手段として用いられていたのである。しかしながら水素爆弾が幾千と配備されて以降、こうした一九五〇年代の核に関する文化は、馬鹿らしく見え始めたのである。

若い世代の多くは、昔の作品を、ただそれを参照する作品を通して間接的に知るのではなく、実際に原物を観ることもあった。たとえば、一九八九年から一九九九年にかけて放映されたカルト番組『ミステリー・サイエンス・シアター3000』がある。過去に製作された質の低いSF映画を再現し、皮肉や冗談を散りばめたこの番組を観た若者が、もしも別の機会にこうした古い映画に出会ったならば、その質の低さに嘲笑を抑えずにいられなくなるだろう。

しかし、もしも、思考のなかのすべてが空想的で滑稽なものだったとしても、映画やテレビ、ゲームとの接触は、記憶の最下層において、関連性を生み出し続けていた。子ども向けの漫画に登場する馬鹿げたキャラクター、悪の科学者や奇怪な生命体を例に出すまでもなく、誰もが、前世紀までに発展してきた様ざまなイメージの関連性を、数え切れないほどに経験してきた。多くの若者たちは、『シンプソンズ』に登場する三つ目を持つ魚に対する自発的な嫌悪に気付いていなかった。連続ドラマ『24』のなかで、きのこ雲がロサンゼルスの上空にあと少しで昇りそうになったわけだが、このシーンはキューバ危機を経験していた老年世代には、何の緊張感もなかっただろう。しかし、それでも、関連性は形成されるのだ。『フォールアウト3』のプレイヤーが、生き残る方法を決め、ゲームを小休止したとき、プレイヤーの脳裏では、恐ろしい食屍鬼と放射能のつながりが生み出される。多くの若者にとって、核兵器と原子炉は何か恐ろしいものだと認識されてはいる。しかし、それは、若者にとって、核にまつわるものが「何となく悪いものだから」に過ぎない。

イメージの根源的な連関と社会との乖離。両者の奇妙な融合は、日本人の若者に始まって、いまや世界的な影響力があるオタク文化のなかで、極限に達した。オタクは、漫画やアニメ、ビデオゲームや個人的な妄想に耽るために自身の部屋に閉じ篭もる。これらの作品には、放射線や壊滅した都市、ロボット等が往々にして登場した。ある研究者は、こうした若年層が抱える核兵器やその他諸々に対する不安は、政治的な行動に発展し得るものだと述べている。しかし、その代わりに、「そうした不安は、漫画やアニメの奇怪な世界に描かれる途方もない大惨事や終末世界の幻想へと変貌し、非常に強い精神的な抑圧となったのである」と述べた[13]。

核による破滅というイメージは、社会と乖離したポストモダンのアプローチと奇妙なくらいに馴染みやすかった。他の論者も指摘しているように、核による破滅のイメージは、核兵器が行使した影響力を正確に表している。ヒロシマやナガサキへの原爆投下でさえ修辞的行動として表現されたのだ。後に、多くの政府は他国を牽制し、怯えさせるために水素爆弾を製造したが、都市の破壊を目的にしていたわけではない。それが虚偽の情報であったとしても、他国が核兵器を製造したという情報が流れれば、地政学的バランスが崩れるのだった。ポストモダンにおける最初の重大な物体は、単なる核兵器ではなく、そのような核兵器だった。いや、もしかしたら、物体という言葉よりもイメージという言葉の方がより的を射ているかもしれない。しかし物体とイメージは、あまりに互いに密接に関連しているために、区別できなくなったのだ。

ポストモダニズムの主導的解説者であるジャック・デリダは、一九八四年、こうした混同が「全面核戦争」という概念においてより顕著に見られたと述べている。というのも、核による全面戦争というものはいまだかつて発生していないために、「途方もなく文章的」で、経験から語られることのない、「書き、話すことでのみ伝えられる」ものだからである。しかしながらそれは、「全面核戦争」が寓話以上の何物でもないということを意味するわけではない。この「全面核戦争」という概念が国際関係を統御し、各国に武器の貯蔵を促したのだ。デリダの解説によると、物語と現実というのは「個々に分離した二つの事象ではない」。核実験による放射性降下物や、チェルノブイリのような原発事故によってもたらされたと主張される「何十万にも及ぶ死」についても、全く同じことが言える。それらは、目には見えないし把握されないが、しかし強い影響力を持っている。(14)

もう一つの例は、「対弾道弾ミサイル」である。敵による一斉投下を前にして国を防衛する能力を備えた兵器など存在し得ない。各国政府は、ただ敵のボスと自国民に、自分たちは大国だという印象を与えるためだけに、何千万ドルという大金をかけて兵器を製造するのだ。「対弾道弾ミサイル」の果てしない魔力は、表象として機能した。すなわち、核爆弾は、その実質的威力だけでなく、それを保持している国家の力をも表象したのである。

時として、私たちの脳内で最も強力なものに、私たちは気づいていない。文化的象徴の無視や嘲笑といった態度は無意識下におけるその機能を助長する。核に関する様ざまな意味のつながりと、そのもつれの全体像は、ポストモダンの抽象的空間のなかでも、その古き形態を維持し続けた。どのような軍事協定が締結されようとも、核に関する強い感情というものは社会において反響し続ける。ほんのいくつかの出来事が起これば、核のドラマというのは新たな形で再び形成されるのだ。

第23章　暴君とテロリスト

独裁者によるテロリスト集団への支援

それは、車のトランクに入るくらい小さな、たった一つの核爆弾だった。狂信者の一団がその爆弾をイスラエルから盗み出し、アメリカに密輸入した。そして、フットボールスタジアムにいる何万もの人びとを殺すために爆破させた。これは、一九九一年に小説として書かれてベストセラーとなり、二〇〇二年には映画化もされてヒットした作品、『トータル・フィアーズ』の筋書きだ。[1] 小説から映画になった際に、いくつかの変更がなされた。テロリストはパレスチナ人からネオナチとなり、スタジアムはデンヴァーからボルチモアに移った。しかし、そのような細かい変更はさして問題とならなかった。同様の筋書を持つ多くの作品では、核爆弾はアメリカかロシアから盗まれる。そして大参事はロサンゼルスかマイアミで起きる。問題となるのは、二つの似通ったテーマだ。世界各国への核の拡散と、爆破に没頭する悪人たちだ。これらのテーマは密接に関わっていた。「第二の核時代」は、冷戦の不安から解放された一〇年間に始まった。しかし、一九九〇年代後半には、核への恐怖は再び高まっていた。[2]

一九四五年から一九八〇年代においては、核兵器拡散を考える人びとが懸念していたのは、各国が戦争でそれらを使用するかどうかだった。もしアルゼンチンや南アフリカが核爆弾の保有に興味を示したとしたら、その目的は威嚇、抑止、あるいは隣国を打ちのめすためだった。こういった理由が、各国の核保有を促進すると予想されていた。しかし、現実にはそうはならなかった。二〇〇九年にある学者が指摘したように、「核の拡散は、何世代にもわたる人騒がせな人びとが、日常的に行っていた切迫感のある予測よりも、はるかに遅いペースで進んだ」のである。また、入念に行われた研究によると、アメリカとソ連を除いては、実際に核爆弾を手に入れたいくつかの国家は、「非常に限られた、場合によっては気づかれないほど微細な結果しか得られなかった」。核爆弾を保有したことで、威嚇や抑止、もしくは隣国への勝利に成功した国はなかったのだ[3]。

こういった安心感を与える歴史に反し、多くの人が、どこかの独裁者が必ずや核兵器を所有したがるに違いないし、もし手に入れたらそれらを隣国に落とすだろうと心配した。そのような地域的な残虐行為が、世界戦争の引き金になりうるだろうか？　核に関するあらゆる恐怖のお蔭で、核兵器使用は、なにか神聖なタブーのようになっていることに人びとは気がついた（たとえば、世界の大国が極めて高い関心を抱いている中近東などで）。もしある一線を超えたら、一つの紛争が過激化し、すべてを全滅させるようなミサイルの応酬になったりするのだろうか？　核のタブーを冒すことへの恐怖。それは、ほぼ間違いなく、一九四五年以降に生じた、多くの緊迫した危機や残忍な地域紛争において、たった一つの原子爆弾さえも使われなかったことの主な理由だった。

だが、もしどこかの悪人が、核攻撃の応酬を意図的に引き起こしたとしたらどうなるだろう？　「ロシアとアメリカに、互いに攻撃させ合うのだ。」『トータル・フィアーズ』の悪党はこのように言う。「そして、両方とも破滅させるのだ！」たった一つの爆発で、ミサイルによる全面戦争を誘発するというシナリオは、冷戦の終わりとともに現実味を失った。それでも、そのような展開が人びとの頭から完全に消え去ることはなかった。その事実はまるで、一つ一つの核爆弾が、完全な黙示録を内側に秘めているかのようだった。

その一方で、いくつかの出来事が新たな恐怖を刺激した。一九九一年、湾岸戦争に敗北したイラクを訪れた国連視察団が、イラクが核爆弾の製造に着手しようとしていたことを発見した時には、世界中がショックを受けた。さらに悪いことに、爆弾の材料はプルトニウムではなく、遠心分離装置で生み出されたウラニウム２３５だった。それは、原子炉よりも建てるのが簡単で、隠しやすいのだ。イラクの計画が強制的に廃止された後、この問題は世間の意識から消えていった。しかし、その状態は長くは続かなかった。

核拡散への不安は、一九九〇年代後半に復活した。イラクが国連査察団の活動を妨げ、原爆製造に再び着手しているのではないかという疑念が浮かび上がったのだ。そして一九九八年には、二四年ぶりに、インドが二度目の核実験に踏み切り、その後も実験を続けた。パキスタンがそれに反応し、一連の核実験を行った。これにより、核拡散に対する懸念は高まった。二〇〇二年頃には、「グーグル・ニュース・アーカイブ」によると、「核戦争」に言及している記事の量が史上三番目のピークを迎えた。ただしその量は一九六〇年代初期や一九八〇年代初期の量と比べればかなり少なかった。その後も世間の不安をあおるような報告が続いた。イランが、遠心分離機からウラニウム235を抽出する大規模な取り組みを行っているというのだ。二〇〇六年には、北朝鮮が、原子炉から取り出したプルトニウムを使った核爆弾を実際に爆発させた。

アメリカ人の二〇パーセント以上がニュースに関心を持つのは、珍しいことだった（アメリカ人は、海外のニュースに関心がないということで悪名高い）。しかし一九八〇年代後期の調査では、アメリカ人はパキスタン、イラク、イランそして北朝鮮における核兵器の拡散についてのニュースに平均以上の関心を寄せていることが明らかになった。特に、一九九一年に締結されたアメリカとソ連間の第一次戦略兵器削減条約（START-I）の後、民事か軍事かを問わず、核に関連したニュースは、第三世界対する継続的な兵器査察に関するものばかりだった。[4]

これらの政権が持っていた核兵器への野心には、不合理、狂信、専制政治という三つの要素が組み合わさっていたので非常に厄介だった。こういった特徴は、リビア、イラン、イラク、北朝鮮といったいわゆる無法国家——一九九〇年代に顕著になった、残忍で孤立していて、制御できない野蛮国家というイメージを想起させる呼び名——に関するニュースで度々取り上げられた。もしこれらのなかの一国でも、核爆弾の在庫を持ったとすれば、それを自国の支配下にある国に譲渡したりしないだろうか？　さらには、これら各国は、その支配者たちによって、野蛮なテロリストだと見なされていた。もしイラクの残忍な暴君、サダム・フセインが何らかの兵器を手に入れて、テル・アビブを破壊しようとした時に、それを妨害することはできるのだろうか？　また、北朝鮮の奇怪な独裁者である金正日が、核爆弾をソウルやワシントンへこっそり持ち込むのを防ぐ手立てはあるのだろうか？

何世紀にもわたり、テロリズムの根元的イメージは、理性の欠如や狂信だとされてきた。イメージの第三要素である専制政治は、より現代的なものだ。一八九〇年代や一九六〇年代における無政府主義者の爆弾製造者は、自分たちは民主主義か社会主義いずれかの理念と闘っていると主張していた。たとえば、一九九五年に、オクラホマシティの連邦政府ビルを爆破した右翼の過激派は、自分たちが、抑圧された個人に代わって、そのような行為に及んでいるのだと考えていた。しかし二一世紀の初頭から、テロリズムは、抑圧的な独裁主義システムとより深く関わるようになっていった。『トータル・フィアーズ』で犯罪者として登場する、イスラム原理主義やファシズムなどがそれに当たる。今や、独裁者がテロリスト集団を支援していると考えるのが妥当なようである。

核関連の事件が大抵そうであるように、それに対するイメージは、薄気味悪さを補強していった。その最たるものが、二〇〇四年にパキスタンで発覚した恐ろしい事実だ。国家の兵器計画の創設者として敬愛された、原子核科学者であるアブドゥル・カディール・カーンは、次のような告白を行った。彼は、精巧に作られた弾頭や遠心機に関する技術を、リビアやイラン、北朝鮮に頻繁に移していた（つまり、売っていた）のだと。この出来事は、それまでのスリラー小説の筋書とは全く違っていた。小説のなかの科学者は、宗教的熱情や、単純な欲望を動機として、国家の機密を盗み、テロリストに渡していたからだ。

カーンは、機密を独裁政治国家には渡したが、テロリスト集団には渡していないと訴えた。しかし、それらの違いは何なのか？　境界線は不明瞭だ。多くの人は、カーンが、パキスタン政府や、その政権下に最低一つはあるだろう軍事派閥についてよく知らないままに、そういった無法行為を行ったのではないかと考えた。独裁者とテロリストの境界線が曖昧だっただけでなく、専制政治の指導者のイメージも、邪悪な科学者といった古いイメージと混ざり合っていた。

そういった関連性は、決して新しいものではなかった。科学技術に精通した指導者を持つ、組織化された犯罪組織系統や国家は、『００７』の第六作目（一九五八年）に登場するドクター・ノオ、『フラッシュ・ゴードン』（一九三四年〜）の皇帝ミン、イギリスの作家が創造したフー・マンチュウ博士（一九一二年〜）、シャーロック・ホームズの強敵ジェームズ・モリアーティ（一八九三年〜）にまで遡る。これらのキャラクターは、彼ら自身が科学者だったわけではないが、最新の科学技術を駆使していて、われわれにフランケンシュタイン博士やファウストを想起させた。ここからは、錯乱した科学者から、現代のテロリストへと話を戻そう。というのは、架空の悪役らが、自分たちの陰謀は世界戦争を起こすことだったと説明しているからだ。それはまるで、惑星の爆破を企んだ、古いマッド・サイエンティストの物語のようだった。

現実の世界では、国際情勢の専門家は、国家の指導者が死への狂気的欲望から核爆弾を爆破させる危険性は少ないと考えていた。彼らが恐れていたのは、テロリストが、核の材料を盗むことによって、核爆弾を手に入れることだった。これまで見てきたように、そのような恐れは、一九五〇年代から一九八〇年代にかけては比較的小さな規模でしか実現に至らなかった。しかし一九九〇年代に起きたいくつかの事件が、そういった不安を表面化させた。

ソビエト連邦の崩壊は、核の専門家たちの意見を根本的に覆した。旧ソビエト圏内では、何トン――キログラムでなく、トン――もの核爆弾の材料が行方不明であった（どれくらいのプルトニウムや、濃縮ウランが消失したのかを推測することすら不可能だった。なぜならソビエト政府は、生産目標を達成していたと嘘をついており、正確な数値がわからないのである）。もっと悪いことには、実際に招集された何万個という兵器の、正しい記録がなかった。いくつの「ルース・ニュークス」が存在するのかを知る者はいなかったのである（「ルース・ニュークス」という言葉は、一九九〇年代半ばに一般的となった）。その一方で、何千という弾頭が、南京錠と、眠たそうな警備員による保護のもと、金網フェンスの後ろに配置されていた。

新聞は何十回と、誰かが（それは大抵ロシア人だった）核兵器級のウラニウムやプルトニウムの少量サンプルを密売しようとして捕まったという事件を報道した。核に関する事件は、またも従来のフィクションを再生産した。もしかするとそういった事件は、フィクションを模倣していたのかもしれない。盗んだ者が持っていた商品の買い手を見つけるという望みは、昔ながらの空想によって引き起こされた可能性があるのだ。

アメリカでは多くの政策専門家やジャーナリストが、声高に行動を求めていた。上院議員たちが、旧ソ連による核物質の除去や保護への資金援助を要求した。記事や政治広告は、致命的な脅威について警告していた。これは、核への恐怖を人びとに意図的に広めた新たな事例だった。

一九九三年、イスラム過激派は、ニューヨークにある貿易センタービルを、核を用いない従来型の爆弾で爆破させようとした。それに続き、一九九五年には、オクラホマシティで一六八名を爆弾で死亡させた。直後にアメリカで行われた世論調査では、三分の一の人びとが、テロリストが「大量破壊兵器」でアメリカの都市を襲う可能性があると信じていることが明らかになった。一九九八年に実施された別の世論調査では、アメリカ人の半分が、今後十年以内に、テロリストがアメリカ国土内で核爆弾を爆発させるだろうと信じているという結果となった。専門家は、核テロについて考察した本を書いた。コラムニストや政治家は、現代社会は甚大な危機に直面していると訴えた。それにもかかわらず、一九九〇年代の大半の人びとは、個々の深い問題としては捉えていなかった。冷戦期とは違い、もしどこかに核爆弾が落ちるとすれば、それは自分がたまたま生活している場所以外に落ちるだろうと考えたのだ。[5]

二〇〇一年九月一一日、ニューヨークとワシントンDCを襲った攻撃は、新たな不安というよりは、より刺激的な行動を引き起こした。誰もが目にし、耳にした、ひどい写真や話は、本能的な恐怖心を拡大させた。曖昧な懸念は、ほとんど個人的なトラウマのようになった。一連のギャラップ調査によると、テロリズムを深刻に心配している市民の割合は、二〇〇〇年には四人に一人だった。同時多発テロ以降、その割合は一〇人に六人へと拡大した。その後数年間は、一〇人に四人という、相対的に高い割合での横ばい状態が続いた。さらに細かく言えば、二〇〇三年のギャラップ調査では、アメリカ人の一〇人に四人が、テロリストが核兵器によってアメリカを攻撃するという事態を「頻繁に」心配していると答えた。

最も緊張状態にあった冷戦期にアメリカ人の大部分が感じた戦争への不安よりは軽度であったとはいえ、同時多発テロによって呼び起こされた恐怖は深刻なものだった。ただし、他の先進国においては、テロリズムは、環境問題や教育問題と同じく、二次的な懸案事項だった。経済への不安の方がはるかに大きかったのだ。発展途上国に至っては、ほとんどの市民が、テロリズムを大きな問題として捉えていなかった。[6]

冷戦終戦後の新たな敵

二〇〇六年一一月、ロンドンに住む、かつてロシアの諜報部員だったアレクサンドル・リトビネンコが、放射性物質ポロニウムにより毒殺された。『タイム』誌は、「リトビネンコの異常で悲惨な死」は、彼の体内にあった「チェルノブイリ」の結果だと書いた。また、彼の父親は、息子が「小さな核爆弾によって殺された」と述べた[7]。それは、放射性物質、原子炉、そして核爆弾を混同した、昔ながらの連想だった。しかしこのエピソードには、また別の側面があった。それは、過去数十年にも存在していたが、「第二の核時代」により顕著となった事象、つまり、毒性のある放射性物質と、スパイという伝統的な世界の密接な関連だ。結局、スパイと毒は古くからのチームメイトだった。歴史だけでなく生理学もそれらを関連づけている。どちらも直接的かつ代理的な経験である。また、物質的な毒と、裏切りという行為は、どちらも本能的な嫌悪感を引き起こすものだからだ。

一九四〇年代以来、専門家らは次のようなことを警告してきた。よく訓練された集団が、たとえば原子炉近くに格納された放射性廃棄物から放射性物質を盗み、毒として利用するかもしれないと。そして、いわゆる「汚い爆弾」により数多くの町を汚染するだろうと。我々は、汚染（汚れそのもの）という最も根本的な概念への言及を避けることはできず、道徳と物質的な嫌悪感とを結びつけてしまう。テロリストは、わざわざ数トンもある従来型の爆発物や、それと同様の力を持つ性能の悪い核分裂装置を使って核物質を空に打ち上げる必要はないかもしれない。ただ単に、放射性廃棄物をまき散らすこともできるからだ。しかし「核爆弾」という言葉は、より大きな恐怖と、核への反響をもたらしたのだ[8]。

「汚い爆弾」とは、死に至らしめる放射能を流出させることだと慣例的に理解されてきた。何百という人びとを瞬時に毒し、それから何十年もの間、何千という人びとをガンになる可能性と隣り合わせにさせる物質。そのようなものをまき散らすことを決心した者は誰でも、次のことに気づくだろう。それは、多数の有害化学物質は、放射性廃棄物よりもはるかに簡単に手に入れられるということだ。それでも実際には、知性のあるテロリストは核物質を選ぶとみられる。チェルノブイリやその他の事故が証明したように、放射性物質の拡散は他のどんな化学物質よりも圧倒的に効果的だ。なぜなら、核物質はなによりも人びとの恐怖を誘発し、精神的にも経済的にも大きなダメージを与えるからだ。メディアの注目を最も集めるということは言うまでもない。

核兵器とテロリストとの関連が顕著になってきたことは、冷戦の終結とも関係しているかもしれない。ささやかではあるが重要な結果として、古くから身近にあった敵意が消滅したことが挙げられる。ソ連が去り、中国が取引の相手になっただけでなく、世界的な共産主義運動もなくなっていった。すると、資本主義者の強い憎しみも消え去ったのだ。一九九〇年代には、原子力産業への反対運動も衰え始めたが、それは一般企業への敵意の弱まりと並行していた。

なぜそれが問題なのか？　理由は、人びとには敵が「必要」だからだ。社会科学者は、集団は、ある「他者集団」と敵対した時に、その団結を強められると報告している。他者は、嫌悪と自衛の気持ちを引き起こすので、集団内の人間は互いに親しくなるのだ。また、多くの心理学者が、個人の自我には「他者」が必要だと指摘している。他者は、自分がなるべきではないすべてのものを表象している。人間は、自分が何を軽蔑するかによって、自らを定義するのだ。

冷戦が徐々に鎮まるにつれ、多くの国では、人びとの敵意が犯罪者に向けられるようになった。ロシア人は、当たり前のように「腐敗」に没頭していった（そのうえ、「腐敗」という言葉は、生物学的な、あるいは社会的な毒という意味も含んでいる）。アメリカでは、一九八〇年代半ばから、いくつかの面では理不尽ともいえる、激しいキャンペーンが繰り広げられ始めた。標的となったのは、麻薬常用者、児童性虐待者、またはその他の不愉快な気持ちにさせるような犯罪者たちだ。[9]投獄率は、一九三〇年代から一九八〇年にかけて、千人に二人の割合だった。しかし、一九九〇年代の末までには、千人に七人という割合にまで急上昇した。他国でも多くの市民が、移民や部外者を敵として標的にすることが多くなっていった。こういった外国人たちは長らく、国家の清浄を汚す侵入者であり、また、とりわけ犯罪に走る傾向があると考えられてきた。盗みを働く犯罪テロリストのイメージに、「外国からきた者」という新たな要素が登場したことも無理はない。
一九九〇年代、右記のようなイメージは、核爆弾や放射性の毒物を装備した暴君やテロリストに対する恐怖の拡大を助長した。サダム・フセイン、金正日、イランのアヤトラ、アブドゥル・カーンとその仲間、オサマ・ビン・ラディンと彼のアルカイダ・ネットワーク。これらはすべて、驚くほど正確に、古くからの典型的イメージと合致する。邪悪な首謀者による犯罪テロリスト集団と邪悪な独裁者が心理的に関連していることは紛れもない現実性を帯びていた。

理性のある指導者なら、独立したテロリスト集団に核爆弾を渡すことはもちろん、テロ目的の核爆弾の使用を得策だと思うことはほぼなかった。しかし、そういったことが問題なのではなかった。恐怖は、「理性のない」指導者がそういったことをするかもしれないという可能性からきていた。人びとには、実際の国の指導者たちが、冷静な判断能力を持っているかどうかまだ分からなかった。政府の反テロ専門家による慎重な警告と、テレビドラマで見られるような激しい抗議とを区別することは難しくなってきていた。

テロリストとスパイ

実際の指導者たちは複雑で、多くのプレッシャーにさらされていた。小説やテレビのなかの指導者たちは不思議なほどに表面的で、一世紀前にすでに書かれていたような役割が多かった。話のなかでテロリストは、政治的譲歩を得るために核爆発を起こすと脅した。あるいは実際に街の破壊を企て、その目的は世界大戦の誘発などであった。テロの要因は、強欲・復讐・政治的イデオロギー・狂信的な宗教心・精神障害など多岐にわたった。『007 トゥモロー・ネバー・ダイ』(一九九六年)では、ジェームズ・ボンドはあるメディア王の計画を阻止する。メディア王は、中国にある自分の会社の地位を向上させるために、ミサイルを盗み、恐ろしい戦争を起こそうとしていたのだ。作家たちの唯一の目的は、ヒーローが活躍できるように、悪役を身の毛もよだつような恐ろしいキャラクターに仕立て上げることだった。

そのテーマを、純粋に（あるいはポストモダン特有の皮肉めいた参照項として）巧みに扱ったのが、一九九六年の風刺映画『オースティン・パワーズ』だ。ドクター・イーブルが自身の仕組んだ非道な計画に失敗したとき、彼は同僚にこう告げる。「なんてことだ。仕方がない、いつもの手を使おう。核兵器を盗んで、世界全体を人質に取るのだ。」多くのフィクション作品に登場する非現実的なテロリストは、象徴的な意味において、世間に大きな影響を与えなかった。ぼんやりとしたモンスター像や純真無垢な子どもの生存者といった、古くからある核の象徴、そうした複雑さを含んだ物語に、世間はほとんど何のイメージも抱くことがなかったのである。実際のテロリストは、しばしば、社会の黙示録的な転換や、殉教といった形での個人的な転換を行った。しかし、こういった主要なテーマは、テロリズムを扱ったポピュラー文化のなかではあまり言及されなかった。確かに、無政府主義がはびこった時期から、何人かの作家は、平凡なテロリストの心境を描こうと試みた。[10]だが、核を伴ったテロリズムが、偉大な作品となることはなかった。小説、映画、その他どの芸術分野においても、核戦争が起きたという展開自体に魅力がなかったのだ。「第二の核時代」という典型的な物語は、スパイであるヒーローと対峙する個人や集団のテロリストという、ただの空想となった。

では、スパイはどうだったのだろう？　彼（または彼女）は、象徴的な意味において、敵と同じように奥行きがなかった。その歴史は、冷戦期に活躍したジェームズ・ボンドとその仲間たちや、第一次世界大戦の前後に増加したスパイ作品をみれば、簡単に辿ることができる。冷戦後、スパイの敵は、国家から、粗暴な悪党に導かれた秘密の集団へと変化した。その組み合わせを、曖昧に関連づける作家はほとんどいなかった。一方は正義、他方は悪の策略と暴力。物語はそれでおしまいだった。

人間性回復のための再生という、希望と死が混ざり合った黙示録的な道。スパイたちはそういったものを取り組もうとはせず、暴力という子どもじみた世界にとどまっていた。この点においてスパイは、世界の破滅から生き残る男らしい英雄像に近いところがあった。そういった英雄は、その頃においてもなお、ペーパーバックのスリラー小説やコンピューター・ゲームに引き継がれた原爆投下後の空想世界で、突然変異体や残忍なギャングと対峙していた。スパイはまた、あらゆる種類の脅迫に打ち勝った生存者でもあった。しかし、こういった早撃ちのヒーローたちが、自らの経験によって成長することはなく、より下品で攻撃的になるだけであった。

成長の不在は、ポストモダンカルチャーに適合していた。なぜなら、人びとは、超越はもとより、真のヒロイズムへの欲求についても懐疑的になっていたからだ。受け手は、マンガで表現されるようなヒーローに楽しませてもらうことだけを望んだのだ。歴史家のポール・フォアマンは次のように指摘した。一九五〇年代の作品には、怪物を倒す科学者や、スパイを追うFBI捜査官といった、秩序立っていて私心のない、社会的責任のある専門家らが多く登場した。しかしポストモダンの文化は、そういったキャラクターをあまり重んじなくなったと。そのような人物は、称賛されるヒーローというよりは、風刺の対象へと変わった。新たな理想となったのは、意欲的な企業家や反逆者だ。彼らは、勝利を得るためなら、どんな手段をも使い、ルールを破った。テロリストやスパイ、銃を持った生存者たちで社会を作り上げることはできない。しかし、そういった要素で魅力ある物語を作ることはできたのだ。[11]

テロリストの話は人びとの感情を強く刺激した。彼らがもたらす予想外の核爆発や恐ろしい毒物は、根深い恐怖を生み出した。その恐怖は、「第一の核時代」に飛び交っていたミサイルや、放射性を帯びた生物などによって誘発された恐怖とは違っていた。一方で、通常テロリストのイメージは、科学技術を持った独裁者や、一九世紀のマッド・サイエンティストなども含む、昔からある関連性からなんら離れてはいなかった。そういったもののなかに核爆弾が加わったことは、当初は、我々が核への恐怖を抱くようなシンボルや精神に深みを与えたようにはみえなかった。それにもかかわらず、表面下の深層心理は、報道される出来事によって再び動揺していた。

九・一一の衝撃

核の恐怖の核心にあるのは、死の恐怖というよりも、自分が殺人者になるという恐怖だった。とりわけ、自分自身を殺すこと、すなわち自殺の恐怖だ。「第二の核時代」の最初の一〇年において、テロリストのイメージとの最も強力で新しい関連性をもたらしたのは自殺だった。確かに、従来のテロリストやマッド・サイエンティストは、自分たちのコミュニティを攻撃しながら、進んで死んでいったのかもしれない。つまり、彼らは狂っていた。しかし、彼らは自殺を、合理的な目標へ辿り着くための合理的な方法として受け入れていたわけではなかった。この考えは、一九八三年に、現代史の一幕として登場した。過激派が、レバノンにあるアメリカ海兵隊の兵舎を自爆テロで攻撃したのだ。その後数十年にわたり、自爆テロは一般的な戦法となった。主にはイスラム文化圏においてだったが、その他の地域にも普及し、特にスリランカにいるヒンドゥー教のタミール族に広まった。

研究者が指摘するところによると、自爆テロの主な問題は、「意図的に、戦争抑止政策を転倒させるということだ。（中略）抑止政策への挑戦をより完全なものとするため、自爆テロリストはそこに居合わせた無実の人びとを殺すことをいとわない」。そのような意欲は、犯人と同じコミュニティにいる者に対しても向けられる。なぜなら、犯人は居合わせた者の死を、「殉教者」仲間の死として歓迎するからだ。核を使った大規模な報復という脅しですら、死者が増えれば増えるほど効果があると信じている集団を抑制することはできないのだ。[12]

第一二章で書いたように、自殺という考えは、あまり意識されていなかったが、一九五〇年代以降、核兵器のイメージの重要な構成要素となっていた。核を持った戦士が死を信奉するといったイメージは、ある有名な映画のなかで一つの完成をみる。映画『博士の異常な愛情』のなかで、大参事へと向かって、核爆弾を積んだ飛行機を操縦する、カウボーイパイロットだ。一九八三年に「核の冬論争」が起きるまで、多くの人びとは相互確証破壊（ＭＡＤ）戦略がうまく機能していると信じていた。なぜなら、そういった行為は自殺と同じくらい常軌を逸していたからだ。現代のテロリズムは、そういった未熟な論理を覆した。自爆テロは、合理的な政治方策として企てられただけでなく、繰り返し実行されるようになったのだ。

多くの大人にとって、（自爆テロはもちろんのこと、）自殺への言及は、個々の気持ちを大いにかき乱すものだった。しかし、その恐ろしい概念から目を逸らせられる者はいなかった。なぜなら、大虐殺を写した残酷な写真は、毎年のようにニュースに登場したからだ。それらは人びとの脳裏に、フィクション作品に出てきた怪物たちよりも恐ろしいものとして刻み込まれた。今やすっかり蔓延したテロリストに対する恐怖は、核爆発に関するあらゆる予測によって刺激された。また、この思考は古くからのテーマとも関連性を持っていた。アブドゥル・カーン博士の影にはフランケンシュタイン博士が潜んでいるようであり、また、人びとには、遠くから、ゴジラが発する絶望の叫びが聞こえるようだった。

テロリストが一度に奪う命の数が数名分だけだとは思えなかった。たいていの人びとは、何億の命が失われると想像した。人間がそこまで凶悪な欲望を持つことは不可能なのではないか？ そういった希望的観測は、いくつかの出来事によって覆された。まず、一九九五年に起きたオウム真理教事件が、深刻な例の一つとして挙げられる。オウム真理教の信者らは、東京の五つの地下鉄車内で毒ガスを同時に散布した。このガスにより十数人が死亡し、何百人もの負傷者が出た。しかし、信者らはもっと多くの人びとを殺そうとしていた。彼らの最終目標は、世界規模の混乱を引き起こすことだった。一つの狂信的な集団が、その意志と手段を結集して、それ以上の規模での殺人を起こすことが可能なのかを疑う人もいただろう。その答えとなったのが、アルカイダによって行われた九・一一テロ事件である。

私が思うに、世界貿易センターの崩壊が人びとに与えた最大の衝撃は次のようなものだった。つまり、現実だとは到底信じられないほど恐ろしい人間の意思を見せつけられたということだ。AECは、後日このように言い表した。「九・一一テロ事件以降、邪悪な目的のために自爆しようとするテロリストの意思は、核を用いたテロの脅威を格段に現実的にした。」この事件を振り返った記者はさらに深く踏み込んだ発言をした。「九・一一テロ事件がこれほどまでに人びとのトラウマとなった理由――それは、世界貿易センターがすさまじい砂ぼこりのなかで崩壊する様子が、人類が何世代にもわたって抱いてきた、核のキノコ雲を連想させたからではないか。[13]」

ビルに突入する旅客機の様子は、テレビで絶え間なく放送された。渦巻く砂ぼこりや、煙を上げながらの倒壊は、人びとに爆撃のイメージを呼び起こした。記者たちは、核兵器による世界の終末と関連するような古くからの言葉をすぐさま利用し始めた。「地獄の門」「核の冬のようだ」と。[14] 数日後には、攻撃されたニューヨークの土地は「グラウンド・ゼロ」と呼ばれるようになった。その呼び名の起源は、一九四五年のロスアラモスにあった。それは、原爆が爆発した場所の真下の地点を意味する専門用語だった。ニューヨークでは、「ゼロ」という言葉はより神秘的な意味を含んでいた。それは、なじみのある広島の写真のように、完全な破壊による「空っぽの場所」という意味だ。[15]

数カ月間のうちに、「核の九・一一」という言葉は一般的に使われるようになった。それは、多くの人びとがかつてないほどに恐れるようになった攻撃のことを指していた。グーグル・ニュース・アーカイブで、「核」と、「テロリスト」もしくは「テロリズム」という組み合わせでアメリカのニュースの数を調査すると、一九八〇年代からずっと一定の数量だった記事数が、二〇〇一年一一月に急激に増え、それ以降その高い数字を維持していることがわかった。

確かに、核爆弾の盗難や密輸は、そう簡単にできることではない。より難しいのは、自分自身で核爆弾を製造し、倉庫に保管しておくことだ。大量殺戮を企むテロリストや独裁政権にとっては、化学薬品や生物兵器を手に入れる方がよほど簡単だろう。各国政府がこれらの脅威すべてについて語る時、「大量破壊兵器」という表現が使われるようになった。この表現は、「第二の核時代」に現れ、一九九〇年頃に一般的になった。「大量破壊兵器」という言葉には、化学兵器と生物兵器も含まれていた。しかし実際には、「破壊」という言葉は、率直に核兵器のことを指していた。「大量破壊兵器」という言葉は、もっぱら核爆弾だけを表す婉曲表現というわけではなかったが、その意味合いを少なからず含んでいたのである。[16]

九・一一テロ事件が国家規模のトラウマとなった時、ディック・チェイニー副大統領は、側近の一人に次のように言った。「これほどの計り知れない事態が起き、多くの人が考えたのは、『もしテロリストが大量破壊兵器を持っていたなら、より深刻なことになっていただろう』ということだ」と。何年か後に、彼は演説のなかで同じようなことを言っている。「われわれの頭のなかに真っ先に浮かんだのは、最悪な事態となり得た予測だった。つまり、九・一一テロ事件が大量破壊兵器による殺戮を含んでいたらどうなっていただろうということだ。」あらかじめ配布された資料には、「大量破壊兵器」という言葉は載っていなかった。その代わりに、「核兵器」と書かれていた。[17]

九・一一テロ事件後、世間では、核を伴うテロリズムが一番の関心事だった。その事件の直後、炭疽菌の入った手紙がアメリカ各地に郵送された。この事件は、生物攻撃が大きな危険性を秘めていることを証明したが、一年か二年たたないうちにすっかり忘れ去られた。「生物兵器による九・一一」や、「化学兵器による九・一一」といった言葉は、メディアではほとんど見られなくなった。ウェブ上のページを調査したもののなかで、次のような結果がある。二〇〇六年時点で、「テロリスト」と「核兵器」に関連する言葉を含むウェブページ数は、六〇〇万だった。一方で、「テロリスト」と「生物兵器」（あるいは「炭疽菌」「細菌」など）の関連語句を含むものはたった二百万だった。また、「化学兵器」や「毒ガス」という言葉にいたっては、さらに少なかった[18]。つまり、二一世紀初頭において、テロリズムと結びつけられた最も大きな恐怖となったのは、テロリストが何らかの形で核兵器を手に入れたらどうなるのかといった予測だった。例えばそれは、一般的なアメリカ人が抱える不安の最たるものであった。

「大量破壊兵器」の嘘とイラク侵攻

核兵器によるテロリズムへの恐怖は、その他の核への恐怖と同じように、実際的な結果をもたらした。一九五〇年代以降、各国の政府は、核物質密輸の摘発・放射性廃棄物への対策・弾頭の廃止・プルトニウムの再処理などに何十億ドルもの予算を投入してきた。また、その投資額は一九九〇年代にさらに膨らんだ。それらは、化学攻撃や生物攻撃などへの対策費用をはるかに上回っていた。多くの専門家は、テロリスト集団が実際に使用可能な核爆弾を入手したり製造したりすることはほとんど考えられないと主張したが、予算の状況は変わらなかった。また、もしテロリストたちが核以外を使った攻撃にあまり興味を持っていないとしても、可能性がある限りは、核関連の予算のうちの少しでも他の対策に充てるのが有効だという説も重視されなかった。他の対策には、例えば化学物質の放出や、自然発生的な疫病出現の際に、人びとの健康を保護するといったことが含まれていた。多くの予算や関心を集めたのは、恐ろしい核のリスクであり、それは九・一一テロ事件の前にすでに存在していた。

一九九九年、ある研究者が次のような予測をした。それは、エンパイア・ステート・ビルディングを崩壊させるような千トンの原子爆弾による攻撃がもし起きたら、世間はどのような事態になるかというものだった。彼は、「人びとは市民の権利を妨害しかねない方策を求め、電話は盗聴されるようになり、外国人の行動は監視下に置かれるだろう――数日間のうちに、アメリカ人の生活は大きく変化するだろう」と考えた[19]。彼の予想は当たっていた。アメリカのマンハッタン計画から始まった大統領の権限は、冷戦中に広まったが、その後さらに拡大し、現在でもその傾向は続いている。

活動範囲の拡大を狙う政府（そもそもそれを望まない政府などあるのだろうか？）は、しばしば、自分たちが守っている市民にとって最も恐ろしい脅威を強調しようとする。統合参謀本部議長は、一万人の人びとを殺害できるような攻撃が一つでも成功したら、「われわれの日常はなくなってしまうだろう」と発言した。また、あるアメリカ上院議員は、テロリズムが国家に「実存的な」リスクをもたらしたと語った。[20]

監視と規制の強化は、テロリストと疑われる者への拷問にまで拡大した。時限爆弾（それはたいてい原子爆弾の類を意味した）を発見するためには拷問が必要だという神話を、多くの人びとが鵜呑みにしたのだ。歴史の知識を有する少数の者だけが、次のことを懸念していた。監視や強制が制度化されたときには、それはえてして政治上の敵対者や、現政府の立場を脅かす者に対して行われるようになるということを。自由が永久に失われるのではないかと恐れる者もいた。冷戦は終わったが、核への恐怖はなくならず、政治指導者や官僚たちは、自分たちの権力を増大させたがった。[21]

テロリズムと核への恐怖の関連は、対テロ戦争の助長にも大きな役割を果たした。アメリカはそういった行為を、国内だけでなく、海外でも推し進めた。ジョージ・W・ブッシュ大統領は、こういった脅威を「世界で最も危険な人びとの手にある、世界で最も破壊的なテクノロジー」だと繰り返し定義した。チェイニーは後日、政府の見解を次のような簡潔な言葉で要約した。「核兵器を持った何人かのテロリストをアメリカ国外に追放するだけでは足りない。核兵器を持つテロリストは一人残らずアメリカ国外に追放しなければならないのだ。[22]」

核に対する不安がこのように喚起されたことで、ブッシュとチェイニーによる政権は、二〇〇三年のイラク侵攻に対する民衆の支持を集めることができた。大統領や官僚は、イラクの暴君があらゆる種類の「大量破壊兵器」を製造していると口にした。しかし、人びとにより大きな衝撃を与えたのは、大統領らが特に「キノコ雲」について警告したときだった。これらの警告は、イラクが化学兵器、あるいは生物兵器を持っているかもしれないという諸説よりも説得力に欠けた根拠に基づいていた。何よりひどかったのは、ブッシュがイラク侵攻に先立って行った一般教書演説だった。大統領は、イラクがアフリカからウラニウムを調達しようとしたと語ったのだ。しかし、アメリカ諜報機関は、そのような説に根拠がないことを事前にホワイトハウスに伝えていたことが、その後明らかになった。ブッシュ政権は、核への恐怖を呼び起こすためなら、事実を故意に捻じ曲げ、自分たち、及び国家の評判を危険に晒すことをいとわなかったのだ。[23]

秘密兵器への懸念は、政権がイラク侵攻を行ったいくつかの理由のうちのたった一つでしかなかった。多くの官僚たちにとっても、それは最大の理由ではなかった。代表的な侵攻の支持者は、後にこう説明している。「われわれは、大量破壊兵器だけを論点に選んだ。なぜなら、それだけが、誰もが合意する理由だったからだ。」元情報高官は、イラクが核兵器を準備していると言う主張は、「政治的には意味をなしていたが、実体のあるものではなかった」と述べた。もし人びとが、イラクに原子爆弾がある可能性のないことを理解していたとしたら、ブッシュ政権がイラクに侵攻するということに関して、議会と世論の十分な支持を得られていたかどうかは不明のままである。[24]

この章では、「第二の核時代」における、恐ろしく嫌悪感をもよおさせるイメージ（悪の暴君、秘密カルト信者、犯罪に手を染める科学者、核毒物、英雄的なスパイ、自爆テロの実行者など）と政治的行動との結び付きについて論じた。それらは、ただ文章として印字されたり、スクリーンに映し出されたりしただけではなかった。それらの複雑なイメージは、世界の歴史を変えたのだ。

第24章　現代の秘薬

秘薬となった核エネルギー

賢者の石の別名は、偉大な秘密を意味する「秘薬」であった。錬金術師は、この謎に多くのシンボルを与えなかった。女王らと対になった裸の王様たち、太陽を飲み込む緑色のライオン――それらをはじめとする何千という絵は、その意味を世俗には閉ざしていた。二〇世紀、核エネルギーは現代の秘薬となった。それでもやはり人びとは、そのイメージを完全には理解していなかった。私はこの章で、広島への原爆投下以降、核エネルギーがどのように扱われてきたかを調べようと思う。ただし、対象となるのはジャーナリストや政治家、映画関係者などではなく、もっと身近な人びとだ。一般人がもつ不明瞭な情報から、謎めいていながらも抵抗できない、様ざまなシンボルが現れたのである。

「第一の核時代」の初期、多くの者は新しい科学技術を暗黒の荒廃の証と見なしながらも、同時に、まぶしい輝きとしても捉えていた。なかには宗教的な畏敬の念を表す者もいた。「原子力！　原子力！　それは神の御手によってもたらされた！」カントリー・アンド・ウェスタンの歌手フレッド・カービーは、一九四五年にラジオでこの曲を披露した。曲は大ヒットし、原子力ソング流行の起源となった。多くの人びとが、この新たな力は、人類の領域を超えたところから生まれたと考えた。一九四五年以来、牧師や聖職者は、政治家や学者と協力し、超自然的な力や、それを管理するという神聖な義務について語り始めた。[1]また、用心深い識者たちは次のように警告した。畏敬の念、自分が無意味な存在であるという心境、そして魂の救済への希望といったものは、聖なる存在につながるものとされている。そして核エネルギーも、それらと同列で扱われている、と。その頃、トップの科学者たちは核エネルギーのことをこう呼んでいた。「全宇宙の力の源。」[2]

雑誌やマンガや広告のイラストレーターたちは、核エネルギーを描くときに、例えば原子核から放射されるまばゆい光の表現などを頻繁に利用した。あるいは、核実験の目撃者が、火球を見て立ちすくんだ時のことを表現したとき、そこには何も目新しい言葉はなかった。白熱の玉や円盤、後光などといった放射する光によって、神聖な力を表現している絵は、古代エジプトから中国にいたるまで、世界のどこにでも存在した。太陽の火の玉もまた、金、神秘主義の総体、あるいは秘薬といった、錬金術師や神秘主義者の目標を表す伝統的シンボルだった。輝く球体は、神聖なる畏敬の念を呼び起こした。その球体自体に、とてつもなく激しい、非現実的な神聖さが宿っていたのだ。[3]

神聖なエネルギーに関してよく言われるように、核エネルギーもまた、単なる太陽光ではなく、地下世界の物体だと考えられた。オッペンハイマーは、トリニティ実験で見たキノコ雲に、いかに破壊の神々しさを見たのか――それについて再度述べようとする作家は一人もいなかった。破壊の神々しさは、風刺画家が核爆弾を不合理な軍神として描いた絵にも見られた。心理学者によると、一九五〇年代までに、多くの人びとにとって「核爆弾」がさらに重要なことを意味するようになった。つまり、「死」そのものの象徴、あるいは「死」の極致として捉えるようになったのだ。

一部の人びとにとっては、核爆弾と黙示録の関連は、はっきりとキリスト教的な意味合いを持っていた。一九五〇年のあるゴスペルソングは、最後の審判の日に、神は「原子爆弾のように光臨するだろう」と警告していた。その予言を文字通り受け取った人びともいた。一九五〇年代以降の牧師や宗教的パンフレットは、次のように予言した。キリストの再臨は、核ミサイルによって布告され、星の落下、焦げるような熱、血に染まった川などという聖書のお告げが現実のものとなるだろうと。もちろん信者たちは、自分たちが最後の審判の日に、神により救済される者として選ばれ生き残れるよう願った。千年王国説の信者たちのセクトは、生存を確実なものとするために、遠くの地へ住居を移したり、あるいは放射性降下物をよけるためのシェルターを作ったりした[4]。

これは、決して少数の者だけに限った動向ではなかった。一九七〇年代にアメリカで最も人気のあったノンフィクション作品は、ハル・リンゼイの『地球最後の日』だった。この作品は、一五〇〇万部も売れたといわれている（それは、私がこれまでに言及してきた、聖書以外のどの本の、少なくとも三倍の部数だ）。物語は、核によるハルマゲドンや奇跡、その他すべてのことを含んでいる。この本をもとにした映画が製作され、後にはシリーズが四作品も作られた。また、他の多くのペーパーバックに影響を与えた。それらの物語のなかでは、核による最後の審判の日が予言され、キリスト教徒の持つ希望や恐怖が描かれていた。一九八〇年代には、レーガン大統領をはじめとする、五〇〇〇万から一〇〇〇〇万のアメリカ人が、聖書に書かれているハルマゲドンが、核爆弾という形で、今にも起ころうとしているのかもしれないと考えた。こういった思想は、二一世紀になっても存続していた。『レフトビハインド』という作品から始まる、地球の終末を描いた全一二巻セットの小説（一九九六～二〇〇四年）は、二〇〇五年までに六〇〇〇万部以上を売り上げ、またそのスピンオフ作品も多数作られた[5]。物語のなかでキリスト教原理主義者は、最後の戦いに備え、イスラエルのユダヤ人が第三神殿を建築することを熱望していた。核によって土地が荒廃すると予期していたからである（結局、ハルマゲドンが起きる場所こそが聖地だとされていたのだ）。

原爆投下後の物語に鮮明に描かれた世界の終末は、まさにこれまで予言されてきたように、苦難、罰、そして浄化の時間であった。中世以降、牧師による過酷な試練とは、悪人を焼き討ちにし、善人を清めることだった。それはまるで、錬金術師がかまどで金を精製するプロセスだ。しかし、一九五〇年代以降には次のような説がさかんに論じられるようになった。すなわち、原爆が落とされる前に、純潔のキリスト教信者は体が宙に浮かび、「空間に漂う神に出会える」のだというのだ（テサニロケ人への第一の手紙 4：16–17）。

あるいは、神はすべての者を救うのだろうか？　相当数のマイノリティ集団は、「神は絶対に世界の破滅を許すはずがない」という信念のもとに避難をした。原爆問題に対するその考えは、熱心な信仰者にとってさえ不完全であり、ましてやそれ以外の者にとっては慰めにもならなかった。現世では、救済のシンボルは、科学のオーラをまとっているときにこそ、印象的なものとなったのだ。

UFO現象が意味したもの

一九五一年、アーサー・C・クラークは、月面植民地についての小説『火星の砂』を出版した。それは、ある核戦争が起きたあと、生存した人びとが、リン光を発する廃墟と化した地球を離れて月に赴いたという物語だった。生存者がロケットで宇宙に進出するというのは、典型的なストーリー展開だった。それはまるで、終末を避けるために空に浮かんで行った聖人の、現代版であった。ソビエトが一九五七年にスプートニク号を打ち上げてから、多くの者が衛星を測定し出した。星の間を周遊する光は、宇宙飛行への思いをかき立てたが、同時にミサイルも連想させた。これら、空の科学に関連した、危険や救済についての物語は、天国における魔術の飛行や戦闘などといった、太古からの伝話を大いに刺激した。(6)

そのような想像は、宇宙での生存へと結びついていった。もし宇宙人が地球を攻撃すれば、各国はそれぞれの違いを忘れて団結し、人類同士の戦争を解決するだろうというのは、SF物語の定石となった。クラークによる別の有名小説でも、新たな解決法が登場している。一九五三年に発行された『幼年期の終り』だ。宇宙人は、ウェルズの小説に出てくるような、高潔な官僚となり、世界中の都市の上を見降ろす位置に巨大な飛行船を浮かべる。目的は、戦争を禁じることだ。(7) 物語の終焉では、黙示録的情景が現れる。新たに生まれた種族が空に向かってそびえ立ち、彼らは、ほとんど修道者であるかのように描かれている。一九五一年に製作された人気映画『地球が静止する日』では、宇宙からやってきた使者が、人類同士が協力して平和を作ることを要求する。その異星人は、まるで奇跡を起こすキリストの姿として捉えられた。

最後の使者は、核エネルギーを燃料とした、銀色に光る円盤に乗ってやってきた。「空飛ぶ円盤」だ。一九四七年以降、空に浮かぶ奇妙な物体の情報がなだれのように報告された。アメリカで最初に発見され、その後世界に広まったこの物体は、世間の大きな注目を集めた。その現象を、原子爆弾への恐怖からもたらされた「原子精神病」であると説明し、調査に値すると言う者も現れた。

空飛ぶ円盤は、れっきとした一大現象だった。一九六〇年代から、それら未確認飛行物体（Unidentified Flying Object）はＵＦＯと呼ばれるようになった。ＵＦＯの目撃情報は、毎年数百件にものぼった。目撃と、それにともなうメディアの注目は、一九七〇年代、八〇年代、そして二〇〇〇年代という、様ざまな時期にピークを迎えた。また、宇宙からの訪問者を取り扱った多くの映画がヒットした。一九六〇年代の調査では、全人口の約半分がＵＦＯの存在を信じていた。そして一九七〇年代にはアメリカ人の一〇人に一人が、自分自身で目撃したことがあると証言した。二一世紀初頭には、アメリカ人の三人に一人が、依然としてＵＦＯは存在するだろうと考えていた。

この現象もまた、社会階層や教育レベルに関係なく多くの人びとに見られた。ＵＦＯの目撃情報は、真面目なビジネスマンから、修理工まで、あらゆる立場の人から寄せられたのだ。説明の困難な数例を除けば、無数の一般人が、星や気象観測気球、その他ありふれた物質を見て、何か不思議な物体を目撃したように考えた。これは、文化的イメージの集団投射が、外界の刺激を誘発した一つの例として挙げられるだろう。

特に、目撃情報が現れ出した最初の一〇年において、その物体は核エネルギーと密接に関連づけられた。核エネルギーがＵＦＯの燃料であることは常識とされ、円盤が近くにいるときには、放射線モニターの針が激しく反応するという噂が流れたほどである。人びとは、そのような目撃がとりわけＡＥＣが所有する施設の近隣で起きると指摘した。一九五〇年代まで、円盤のパイロットは宇宙人であるに違いないと思われていた。その宇宙人は、技術面だけでなく知識面でも人類より遥かに進化した、火星人のエンジニアだと信じられたのだ。核実験が、彼ら宇宙人の注目を地球に向けさせたのか？　それとも、彼らは人間が戦争をしないように助けに来てくれたのだろうか？

心理学者のカール・グスタフ・ユングは、そういった目撃行為は、冷戦と深く関係していると結論づけた。世界が敵対する二つの陣営に分裂するといった不安のなかで、人びとは神の答えを得ようとして祈る。しかし、多くの者が、そのような奇跡は訪れそうにないと察する。よって、彼らは超人的な技術と憐れみを通して、神の代わりとなる救世主を探し出そうとするのだと。(8)

そのような反応は広い範囲において受け入れられ、多くの人びとの信仰を揺るがせた。アメリカでは、百を超える数のカルト集団が登場した。大作映画やヒットした著作の内容は、統合失調症患者の抱える妄想に似ていた。人びとは、多くの秘密や、脅威であると同時に寛容な優れた使者の物語に夢中になっていた。その使者が宇宙レベルの贖罪といったメッセージを伝えてくれると考えたのだ。UFOといったテーマは、近代テクノロジーに関する不安を提示していた。一九七〇年代まで、何人かの男女は、宇宙からのメッセージとして次のようなことを報告していた。核戦争だけでなく、環境危機（とりわけ原発による危機）を防ぐために、地球を改造すべきだと言うメッセージだ。

UFO現象は、歴史的に見て珍しいものだった。つまり、世間の主流に、有名なシンボルが出現したのだ。多くの一般人たちが、崇高なものを創造した。それは、個人的、あるいは社会的な転換にまつわる危険や希望を新しく体現するものであり、言うなれば、現代社会にとって最適な神話でもあった。この神話の誕生は、核への恐怖と密接に関わっており、潜在的な反応を含んでいた。UFOの物語は、恐ろしい近代テクノロジーが、文明や人びとの徹底的な転換をもたらすはずだと示唆していたのだ。

核エネルギーを表す様ざまなシンボル

核エネルギーが、「転換」や「神聖なもの」といったテーマとかなり類似しているということは、上手に隠されることもあった。多くの作品に、核のシンボルが登場したが、それらシンボルのなかでも最も印象的だったのは、「そびえ立つ白い雲」といった明白なイメージだった。一九七〇年後期、心理学者のマイケル・ケイリーはある現象を発見した。前述したような雲の写真は、彼がインタビューした人びとのうちのほぼ全員に、忘れがたい印象を残していたのだ。その印象とは、圧倒的かつ超自然的なものだった。『プラウダ』が述べたように、「キノコ雲」は「人類の未来の上に覆いかぶさり続けていく」ようだった。[9]

なぜキノコ型なのか？　他の言葉で表現される可能性もあったはずだ。最初のトリニティ実験を目撃した者は、次のような言葉を使った。「ドーム型」の柱、「日傘」、「大きな煙突」、「間欠泉」、「渦巻き型の脳」。あげくは「ラズベリー」という表現もあった。広島の原爆を見たある日本人は、雲の形が「クラゲ」のようだったと言った。一九四六年のビキニ水爆実験では、正確には「カリフラワー」型の雲だと表現された。しかし、実験を見ていたあるリポーターは、「今や核時代の共通シンボルであるキノコ雲」という言い方をした。そして、「キノコ雲」という言葉は、核爆弾とほとんど同義語となった。トリニティ実験の時点で、目撃者たちは、「キノコ」という言葉を最も頻繁に使っていた。どういうわけか、人びとが、「カリフラワー雲」という表現に同様の畏怖を抱くとは考えにくかったのだ。[10]

キノコ雲は民衆のシンボルだった。それは、誰か特定の者が創造した言葉でもなければ、その理由がきちんと説明されたわけでもなかった。それにしても、キノコ雲とは、正確には何のシンボルなのだろうか？

一九五〇年代、高名な学者であったR・G・ワッソンは次のように言った。西洋文化では、キノコは湿っぽさ、暗い場所、腐敗、毒といったイメージと関連しており、それはつまり死を意味していたのだと。しかし、もしそれが核実験に対して人びとが抱いていたイメージだったのならば、特に有毒な菌を表す英語表記である「毒キノコ」を使ってもよかったはずである。ワッソンはその問いに対し、「キノコ」は食べ物を連想させ、それは命との関連をも意味するのだと指摘した。この有機体が神秘的なほどに成長が早いという事実は、民間伝承でもよく言及される。またもちろん、トリニティ実験で見られた雲は、単に静止した形としてだけでなく、「キノコ状にわき上がった」という描写をされたのだ。腐った丸太の上で成長した、ただのコブであったとしても、キノコ雲は「死」に対しての「生」を意味することもあった。それは、死のさなかにわき上がる生でもあり、言い換えれば「転換」でもあったのだ。[11]

キノコのイメージは伝統的に次のようなものと関連してきた。雷電、魔女、妖精といった、いずれも魔術的な力を連想させる言葉たちだ。ワッソンは、そういった関連性は、特にある種のキノコに強くみられると示唆した。そのキノコとは、ベニテングタケだ。民族学者のあいだでは、ベニテングタケはその毒性、あるいは魔術的な力との関連がよく知られていた。また、シベリアのシャーマンは、それを幻覚剤として使用した。治療や、神秘主義的なヴィジョンを見る際に、トランス状態を作るためだ。古代のヒンズー教の聖句や、中世の中国における道教の教義のなかでは、未確認種である「マジックマッシュルーム」が顕著に表れた。それは宗教にも、また不死の霊薬とも関連していたのである。[12]

一九五五年、ワッソンはある発見をした。周囲から隔離されたメキシコの村で、ホワイトサイロシビンというキノコが、宗教的なトランス状態を引き起こすために用いられてきたという事実だ。一九六〇年代の麻薬文化は、「マジックマッシュルーム」を、神秘的な恍惚状態との媒介物として取り入れ、それらは個人と社会の再生へと導いてくれるだろうと期待した。

同様に、原爆のキノコ雲も楽観的に捉えられることがあった。一九五二年にゼネラル・エレクトリック社によって製作されたアニメ映画『AはアトムのA』は、核爆発の場面から始まる。その後、その雲は形を変え、筋骨たくましい腕を組んだ、正体不明の大男となる。その男は、不吉な戦士か力強い従者であるようだった。また、一九五七年に作られたウォルト・ディズニー映画『我が友、原子力』には、ある漁夫がコルク栓を抜いて、キノコ雲の精霊を登場させるという場面がある。原子力の精霊というイメージは、より明確で身近なものとなった。とは言え、すでに一九〇八年に、アナトール・フランスは原子兵器で爆破された街に立ち上る雲を、『千夜一夜物語』の一場面、漁師の持つ瓶から現れる雲になぞらえていた。[13]

原子の精霊は、もちろん、ゴーレムの親戚であった。痛ましく窮屈な監禁状態を経た後で世界に再生すること。あるいは、善意の力に転化される、圧倒的な怒り。精霊は、そういったイメージを含んでいることにより、精神的転換の危難や契約のシンボルとなったのだ。

もう一つのイメージは、さらに深い段階へ人びとをいざなった。『AはアトムのA』のある場面で、精霊は徐々に小さくなっていき、原子そのものとなる。その描写は、完全に型通りの絵図だった。電子が周囲をグルグル回っている原子核を表す、楕円の輪に囲まれた小さな玉である。一九二〇年代以降、核エネルギーの図像は数えきれないほど作られたが、このような輪に囲まれた原子は、それらのなかで最も一般的なものとなった。

世紀の初頭、物理学者たちは、原子核の周りを回る電子が、太陽を周回する惑星のようだと想像していた。しかし、一九二〇年代に、そのイメージは覆された。電子は、実際には既定のパターンに沿って振動しており、太陽系の仕組みとはなんら似通っていないことが発見されたからだ。どちらにしろ、電子は原子核の内にあるエネルギーとは何も関係していなかった。核エネルギーの象徴として考えた時、輪に囲まれた原子の図は、魔法のランプの精と同じくらい、現実離れしていた。

本来の物理学とは切り離されたところで、輪に囲まれた原子のイメージは、大きく展開していった。元の太陽系モデルは左右対称ではなかった。しかし、作家たちは、四つの軌道が描かれた、左右対称の図を載せ始めた。それは、科学的根拠の全くないものだった。そのイメージを決定的にしたのは、原子力委員会がその公印に使用した図だった。多くのデザイン案から、委員会が選んだのは、中央の原子核の周りを四つの楕円が回っていて、さらにその全体が一つの円で囲まれているというものだった。「私は科学者たちと協議をした」デザインの考案者は後にこう語っている。「科学者たちは、それはただのデザインであり、何も意味しない。単なる象徴なのだと言った。[14]」

シンボルを研究している者は誰もが、左右対称で、しかも四つの輪に囲まれ、時には全体が一つの円のなかにすっぽりと収まっているその物体が何を表しているのかを、すぐに特定することができた。それは曼荼羅だ。この種のパターンは、全人類が持つシンボルのなかで最も重要なものである。

ユングは、曼荼羅の重要性について指摘した。彼は、研究対象であった難解な錬金術師の聖句にそれらのパターンを発見していた。また、彼の患者の夢にも、それらのパターンは現れていた。後世の多くの学者によって、曼荼羅は、次のようなケースでも見られることが発覚した。世界各地の子どもたちが幼児期に描く模様。中部アメリカから中国にいたる各地での、神聖な都市の設計図。鉛筆を一度も持ったことのない部族民の絵、統合失調症患者が治療するなかで描いたスケッチ。大聖堂のバラ窓といったような高貴な宗教美術。キノコを食べた者が見るサイケデリックな幻覚、などである。曼荼羅は、地球に住む万人にとってのアーキタイプ（元型）であることが証明されたのだ。[15]

曼荼羅は、スピリチュアルな、あるいは精神的な探求に関する文脈でよく現れる。曼荼羅に最も精通していた、高名なインド・チベット系の賢人たちは、それらを地図として利用した。すなわち、それらは性交から全宇宙にいたるまでのすべてを受け入れる神秘的状態における道しるべだった。ユングが述べたように、曼荼羅は、男と女といったあらゆる正反対の組み合わせを表す、賢者の石だったのだ。要するに、輪に囲まれた原子は、核エネルギーを表す典型的なシンボルであり、かつ、転換を意味する世界中のパターンの一つとなったのである[16]。

一九六〇年代、アメリカのすべての都市や町に、あるシンボルマークが現れた。それは、放射性降下物シェルターの位置を指し示すために使われたもので、黄色と黒で配色されていた。丸のなかに三つの三角形があるこのマークは、インド・チベット系の曼荼羅模様にとても似ていた。恐らくデザイナーは、なにかの手引書から、三つの三角形という図案が「神を表す古代のシンボル」だと学んだのだろう[17]。

火球、空飛ぶ円盤、キノコ雲、精霊、輪に囲まれた原子、核シェルターなどといったシンボル。これらは異なった方法で、ある同じものを指していた。もし誰かがそう解読できたなら、それぞれの絵は、次のような標語と共に、核エネルギーのイメージとして掲示されただろう。「シンボルの持つ高い影響力に注意！」核エネルギーは、個人、社会、そして宇宙の破壊と再生といったテーマを一括した大きな象徴となった。ここで言う象徴とは、世間に広く蔓延したイメージ群を意味している。その一群とは、象徴的な意味と力を帯びた無数の事物が集まったものだ。核エネルギーはまさに新たな秘薬となった。それは人類の持つ、最も恐ろしく、魅惑的で、また神聖なテーマ群と、永久に関連性を持ち続けるだろう[18]。

第25章　美的な元素転換（トランスミューテーション）

「不安の時代」の到来

我々は、この核エネルギーという想像を絶する力にどう対処することができるだろうか？　一般的な思想のなかで作り上げられたシンボルたちは、その疑問にはほとんど答えてくれず、ただ不明瞭で大袈裟な変異を指し示しているだけである。作家や映画製作者たちはこの課題に立ち向かい、道徳的勇気を喚起する高尚な芸術を創り上げた。しかしそれらのメッセージは徐々にしか理解されない難解なものであった。

一九四七年、詩人W・H・オーデンは、戦後を「不安の時代」と表した。芸術家や文芸家の精鋭たちのあいだには、殺伐としたムードが漂っていた。詩人、画家、社会評論家、神学者はみな苦悩に満ちた空虚感を訴えた。歴史学者や心理学者たちは、二〇世紀を通じて、思慮に富んだ人びとのあいだには不安が着実に広まってきたと報告した。またそれにより、何百という影響によって実存的ジレンマが生み出されてきたというのだ。しかし、有能な思想家の多くは、そのような問題に最も関連するものとして、核爆弾を想定してきた。[1]

ほとんどの人は、現代における不安の源が唯一爆弾だけだなどとは主張しなかった。しかし、私たちの世代の問題に対する、これ以上に適切なシンボルなど存在するであろうか？　現代の苦悩や無益性に関する議論を完成されたものにするためには、核爆弾への言及は必須である。概して、核爆弾への言及は簡潔で典型的なものであり、一つや二つの台詞で事足りてしまう。原発と同様に爆弾（もしくは一般に核エネルギー）は、現代における最悪な存在のシンボルとして要約されてきた。

広島からのニュースを聞いたとき、敏感な思想家たちは、「最後の審判」はもはやただの宗教的な、もしくはSF作品上の神話ではなく、明日の朝食のように現実に起こりうるものとなったことにただちに気付いた。より悪いことには、未来が空虚な無に帰す可能性があった。「死」そのものが意味をなくしたと言明するものもいた。核攻撃による大災害は、我々から命だけでなく、子孫や、これまで積み上げてきた世界の記憶まで奪ってしまうからである。ばかげた災難があらゆるものを全滅させる事態においては、何が必要となるだろうか？　これは詩や音楽、ダンスなどにおいて繰り返される主題となった。爆弾は、言うに堪えないほどの虚無感の基盤に据えられたのである。[2]

そのような絶望は、往々にして否認へとつながった。現代の戦争へ目を向ける人びとは、現実から目を逸らそうとしたがために、巨大な虚無感を抱くことがあった。たとえばカート・ヴォネガットがそうだ。彼は、ニヒリズムを論じた第一級の詩人であったが、何でも機械的に拒絶してしまうという典型的な心理メカニズムを患っていた。一九四五年の夜、彼は捕虜としてドレスデンにいたが、その時に落とされた焼夷爆弾によって街は灰の砂漠へと姿を変えた。後日、彼はその経験の詳細をどうしても思い出すことができなかった。彼が持っていた科学と人間性に対する無垢の信仰は崩壊したが、それはドレスデンでの経験からだけではなかった。広島のニュースを聞いたときにより大きな影響を受けたのである。一九五〇年代と六〇年代に書いた小説のなかで、ヴォネガットは、無意味性と、爆弾を直接経験することなく滅びた文明のイメージを模索し続けた。[3]

核に関する絶望をとりわけ率直に表現したのはイギリスの詩人ジョン・ブレインである。彼は、核兵器のことを忘れてしまわない限り、本を書くなど不可能であると言った。「水爆のことを考えるといつも絶望するしかなくなってしまい、できることと言えば考えることをやめることだけなのだ」と彼は語っている。映画製作者たちもまた同様に困惑していた。一九六二年、ある雑誌が世界の偉大な映画監督たちを相手に調査を行った。映画のなかで、どのように水素爆弾を扱いたいかという質問であった。ルイ・マルは、「水素爆弾についての映画をいたずらに撮ることはないだろう」と返答した。エリア・カザンは「私には大きすぎる主題だ」と言った。ジョン・カサヴェテスは「率直に言って、核戦争という考えは私をパニックに陥れる」と語った。[4]

この主題に取り組むことのできた者たちの多くが絶望についての作品を創った。たとえばパット・フランクは、核戦争小説を書かせたのは、彼自身の義務感だったと告白している。フランクが書いた核戦争に関する三つの小説のどれもが、その前の作品より悲観的であった。フィリップ・ワイリーも同様の不幸への道を辿った。洗練された核フィクションの特性は、批評家の尊敬を集め、世界中で何百万人もの読者を得た小説であったということだ。一九六〇年のモルデカイ・ロシュワルトによる『レベル・セブン』もその一つである。登場人物は、目に見えない権力の支配下で、不毛のトンネルに閉じ込められた没個性的な兵士たちである。彼らは不注意からミサイル戦争を起こしてしまい、地球上にあるすべての生命を破壊してしまう。そして順応で軽率な彼ら自身も一人ずつ自滅していく。最後には誰も生き残らない。そのような作品は現代の境遇に空虚感のみを感じ取っている。[5]

ロバート・J・リフトンをはじめとする数人の心理学者たちは、核による破滅という亡霊によって引き起こされた「麻痺」について語っている。「麻痺」とはつまり、極限の盲目状態ともいえる拒絶反応の状態である。恐ろしい現実への拒絶という態度は、一種の感染症のようなものであった。リフトンは、その種の無感覚は世間一般の思考全体に広がり、それは国境を超えた政治から、個人の死についての思想にまでわたっていたと論じた。確かに、そのような無感覚への非難は、非難する者が望んだような、政治活動家への支援を拒んだ者たちに対して向けられることが多かった。しかし、多数が爆弾を無視したのは、必ずしも自覚的な選択としての結果ではなく、恐ろしい光を凝視することに耐えられなかったためであったとの多くの証言も残っている。以下では、核戦争の持つジレンマについて熟考した人びとについて考察する。ただ、多くの人びとにとっては、核戦争への不安が高まった数年を除いて、主要な反応は「回避」であった。[6]

当初は、「平和のための原子力」という希望を反映して、楽観的な反応が見られた。知識人たちによる未来を描いた論文は、核の活力を肯定的に表現しようとした絵画によって彩られた。これらは、ミサイルや水素爆弾が増加するとすぐに消え去った。文学研究者は、ＳＦ小説について、次のように述べている。一九五〇年代において、核戦争を主題とした小説は、ハッピーエンドになるのが典型であった。しかし六〇年代になると、「ムードとして最も支配的であったのは「虚無感」であった[7]」。

一九四五年から八〇年代にかけて、音楽から彫刻といったあらゆる芸術で、不安や崩壊といった感覚が蔓延していた。ただし、その傾向が、核への恐怖というものにどれほど明確に関係しているのかを測るのは不可能であった。たとえば、芸術家のジャクソン・ポロックによる爆発的に無秩序な「ドリップペインティング」は、分裂や不確実性といった新しい感覚に対する返答のようであった。しかしながら、ポロック自身や批評家は、そのペインティングがどれほど具体的に核エネルギーと結びついているかを説明することができなかった。ある学者は後年に「第一線で活躍する抽象的印象主義画家のあいだには、原子爆弾が持つ恐れやオーラが広がっていた」と回想したが、これは鑑賞者としての見解であった[8]。時折現れる、芸術性よりも政治的メッセージを多く含んだ反論調の絵画や文献を除いては、多くの創造者は、爆弾に積極的に関わろうとはしなかった。

確かに、多少の個人と団体は、自分たちが「原子力時代」の代表であると主張した。超現実主義者サルバドール・ダリは、広島への原爆投下が、個人的に抱いていた不死への幻想を打ち砕き、「私を恐怖で満たした」と語った。この体験は彼の芸術作品に「核」の時代をもたらし、支離滅裂で神秘主義が増長された絵画が生まれた。「核芸術」のムーブメントは一九五二年にミラノで発足した。それは奇形人間や広島などを表現した、思慮のない絵画であった。そのムーブメントの後継者であるイヴ・クラインが、一九五八年にパリで開催した悪名高い展示「空虚」において表現しようとしたことは非常に明確であった。空のギャラリーは真っ白に塗られていた。クラインは、「我々は今、原子力時代に生きている。すべての物質的・物理的なものは、いつ消滅するかわからないのだ」と説明した。さらに一歩先を行っていたのが、クラインの友人であるジャン・ティンゲリーである。一九六〇年、ニューヨーク近代美術館で彼の個展が開かれた。観客の前には、モーター、騒音、煙によってできた皮肉で珍妙な装置があり、その唯一の機能が「自滅」だった。しかしながら、作品における崩壊イメージへのインスピレーションが核爆弾であると、間接的にでも指摘したのは、芸術家、音楽家、脚本家などのなかでもわずか少数の者たちだけであった[9]。

兵器は、芸術の手が届かないところにあったのではない。一九八〇年初頭から、戦争への恐怖が蘇るにつれて、何百もの若い画家や彫刻家たちが核兵器を主題とし始め、評価の高い作品を創った。例えば一九八三年、ニューヨークで九〇人の芸術家によって開催された展示会では、考えられるありとあらゆる手段で、核戦争に具現化された攻撃的衝動が表現されていた。しかも表現対象はそれだけではなく、核戦争がもたらした恐ろしい結果にも触れられていた。巡回された同展示会は、四四の「核」をテーマとした作品を取り上げていた。そのなかの一つが、一九八〇年のアレックス・グレイ作「核の礫」であった。核爆弾によってできた雲にキリストが突き刺さっているという恐ろしいイメージ画であり、ついに核を、死への元素転換的移行という西洋文化の最も偉大なイメージと結びつけてしまった。その他、古くからのシンボルがはっきりと作品の前面に押し出されていた。つるで覆われ、荒廃した街や、黙示録に出てくる騎手などである。騎手は、男根の象徴としてのミサイルにまたがった骸骨として描かれていた。ある芸術家たちは、心を打つ主張を行うための新しい方法を考え付いた。たとえば、爆弾シェルターによってできた墓と、子宮とを結びつけることである。これらの作品の主題の多くは依然として(グレイが告白したように)「精巧に造られた絶望」であった。それでも、明白な絶望を創造するという行為は一九八〇年以前には滅多に公に行われておらず、重要なステップであった。それは詩人たちにとっても同じことが言える。一九五〇年代には、いくつかの作品を除いては核問題について沈黙を保っていた詩人たちだったが一九八二年に、「世界の終末に逆らう詩人たち」という大きなグループによってニューヨークで行動を起こした。この出来事に引き続いて、一九八〇年代初頭に、核兵器に関するアメリカの詩の選集が少なくとも五つ以上出版された。[10] 芸術分野におけるこのような高まりは、冷戦の終結と共に短命に終わった。

一九九〇年に始まる「第二の核時代」には、言及と疑似といったポストモダニズムの流行が前面に出てきた。芸術家たちはマンハッタン計画の魅惑的な技術を回想し、初期の爆弾の大量生産品を集めたり再生産したりした。もしくは、計画用地の写真を撮ったりもした。特に有名なのは、中国系アメリカ人のアーティスト、蔡國強(ツァイ・グオチャン)である。彼は一九九〇年代初めに日本に滞在し、その時に受けたインスピレーションから、アメリカで「キノコ雲」と題した作品シリーズを展開した。彼は、「キノコ雲の形状はこの世紀を象徴する視覚的な産物であり、当時の他の芸術作品を圧倒していた」と話している。蔡のその後の作品では、テロ爆弾から核によるアポカリプスといったものにまで関連した、爆発に焦点を当てたものが頻繁に見られた。その他で彼が展示したものとしては、何世紀にも渡って道教信者が不死のキノコと呼んだ「霊芝」という乾燥キノコがあった[11]。

爆弾そのものに直接取り組もうとしない者たちは、アイロニーというフィルターを通してそれらに関心を向けた。ポストモダニズムを論じた批評家の多くは、核への恐怖が、アイロニカルなモード（特に核と距離を置く傾向）に寄与したと結論づけた。芸術における、皮肉な社会批判と悲観論及び徹底した不条理の組み合わせは、第一次世界大戦のダダイズムにまで遡ることができる。そして、一九六〇年代には、「ブラック・ユーモア」が一大ブームとなった。このジャンルのなかで有名な作品に、『猫のゆりかご』がある。このなかでヴォネガットは、宗教から第三世界の独裁者まで幅広く風刺している。ただし、本来この作品は、偶然に、そして滑稽な理由によって世界を破壊させる発明をした原子科学者についての物語である。アイロニカルなモードに最も影響を与えたのは、ジョセフ・ヘラーの『キャッチ-22』である。軍部の愚行に対する嘲りに隠れて、ヘラーは、ある男についてのアイロニカルな話を潜り込ませた。男は典型的な否認論者で、死という現実に直面しようとしない。「冷戦こそが私が本当に書こうとしていたことである」とヘラーは語る。核への懸念は、最も成功したブラック・ユーモア映画『博士の異常な愛情』でより明白になっている。また、アイロニカルなモードのなかで多くの偉大な絵が描かれた。一九六五年作、ジェームス・ローゼンクイストによって描かれた『F-111』では、軍用機やキノコ雲などのイメージ図の上に、魅力的な日用品などが貼り付けられていた[12]。

二一世紀に、このアイロニカルなモードは過去にないほどの隆盛を極め、その遊び感覚具合も予想をしのぐほどであった。著名な日本人芸術家である村上隆は、『リトル・ボーイ』という名の巡回展示と本を世に送り出した。これは、ポストモダン芸術における核の影響をテーマとしていた。展示には村上自身の作品も並べられていた。頭蓋骨の形をしたキノコ雲の絵であるが、一見するとそれは「死」を青ざめた人間として擬人化しているような外見である。

実際、そのデザインは子ども向けアニメを利用したもので、頭蓋骨は悪者の死の合図である（でも子どものみんなは笑っていいんだよ、悪者は来週には復活して帰ってくるのだから）[13]。

要するに、現代社会への非難を不条理な死といったイメージと組み合わせることで、新しいテイストが多く生み出されたのは間違いなく、なかでも最も明白な影響を与えたのは核への恐怖だった。死に関した皮肉は、単なる拒絶や絶望からの前進であった。多くのブラック・ユーモア作品は、われわれの現代社会を、より理性的で寛大になるという可能性を秘めた社会と潜在的に対比させていた。しかしこれらの作品は、苦笑いして個人的に逃避するといったアドバイスしか提供しなかった。ヴォネガットが言ったように、「大虐殺についての知的な話法は存在しなかった」のだ[14]。

核兵器の問題は、「人類はときとして危険を引き起こしたくなる」ということである――それ自体は古くからある問題だが、危険の範囲を計り知れないほどに拡大させたという点が新しかった。この新しい規模の危険に対応するため古くからの答えに修正を加える必要があった。したがって、第二次世界大戦以前に核兵器への対処法を説いた有名作品の作者は、広島からのニュースを聞いたことから大幅な改定を行った。ベルトルト・ブレヒトによる演劇『ガリレオ』の戦前のバージョンでは、科学者は欠点のある英雄であり、真実の闘士だったが、間違いを主張して責められる立場にもあった。しかしブレヒトの戦後バージョンでは、科学者は完璧な教養を持った裏切り者であり、邪悪な権力に彼の発見を悪用することを許す人物となっている[15]。

問題を科学者に押しつけることは一般的になった。ハイナー・キップハルトによる演劇『ロバート・オッペンハイマー』では、ある物理学者が、その知識を無頓着に支配者に引き渡し社会を裏切ったとして、明確に有罪とされていた。これは、道徳的責任から切り離された傲慢なパワーというファウストの罪に対する古くからある警告であった。深刻なフィクション作品には、原子科学者は単にファウスト的なだけでなく、もっと常軌を踏み外した人物として描かれたものもあった。たとえばマッド・サイエンティスト映画に出てくるような、女性に容易にアプローチできないといった設定である[16]。

科学者の物語は、核エネルギーに関する著作物の流行のなかの一つであった。その流行は、冷戦の終結後にまで存続し広まった。アメリカ人の「原子科学者」に関する歴史書や伝記は、一九四〇年代に最盛期を迎えた。ちなみに、二〇〇五年から〇八年のあいだにも、オッペンハイマーについての主要な伝記研究が、少なくとも七つ以上は発表されている。最も重要な作品は、書物以外の媒体から生まれた。サンフランシスコ・オペラの監督が、作曲家ジョン・アダムスに、『ファウスト博士』の現代版のために作曲を依頼した。オッペンハイマーが「悪魔と契約を結ぶ」という内容の戯曲である。アダムスはその依頼を引き受けた。彼は引き受けた理由について、核エネルギーの爆発が「その時代において最も神話的な物語だった」からであると語っている。さらに、原子爆弾は「幼少期における私の精神を支配していた。実在する恐怖の源だったのだ」、そして「それはポジティブな気持ちや希望といったものを徹底的に破壊したようだった」とも証言している。彼はそのとき、ニヒリズムに立ち向かう準備ができていた。アダムスのオペラ『原爆博士』は、二〇〇五年に封切られた。その作品では、核に関する多くのテーマが断片的に組み合わされている。また、オッペンハイマーの謎めいたパーソナリティへの探求も組み込まれている。数名の批評家にとっては複雑すぎ、また神秘的過ぎたようだが、『原爆博士』は芸術が融合した貴重な一作であった[17]。

さらに、ドイツとソ連の原子科学者についての歴史学や伝記も急増した。それらは多くの芸術作品に影響を与え、その作品群は高く評価され、また驚くほど人気となった。マイケル・フレインの演劇『コペンハーゲン』は、ナチスが原子爆弾を製造しようと試みた過程におけるヴェルナー・ハイゼンベルクの道徳的役割を慎重に追究している。この作品もまた、主題自体が、複雑で不明瞭なものであった[18]。

科学者を、内面に葛藤を抱えるファウストとして描くことは、最も大きな道徳的問題から逃れることでもあった。学究的・芸術的作品は、科学者たちを、異常な願望によって突き動かされた例外的人物として描いた。実際には、核兵器を製造した国々の多くの市民は、その兵器を喜んで迎え入れたのである。

作家たちは、一般市民たちの責任感というテーマに取り組んだ。明確に核爆弾と関連した、高い文学的価値を持つ作品『蝿の王』においても、それは主要なテーマであった。一九五四年にウィリアム・ゴールディングによって書かれたこの小説では、原子爆弾の砲撃から逃れようとした少年たちがある孤島に取り残される。その島ではほとんどの少年たちが、殺人も辞さない凶暴性を身に着けていく。その凶暴性とは、すべての戦争の裏に潜む、根源的な悪である。しかし、少年たちを待っていたのが、完全な絶望だったというわけではない。わびしさゆえに少年らは、人間の悪には限界があることを学びつつ、独自の倫理感を身につけていった。[19]では、一般の大人たちが、罪のない町全体の殺戮を共謀して行うことははたして妥当であったであろうか?

その質問に対する答えがある。ドレスデン、東京、レニングラード、広島。そしてもし、これらが戦争の副産物として仕方のないものだと考えた場合でも、そんな風には片づけられないものがある。アウシュビッツだ。あらゆる現代思想が指摘するように、核エネルギーのイメージは、ヨーロッパにおけるユダヤ人の組織的根絶を連想させた。知識人が、広島とアウシュビッツを同じ文脈で語ることは一般的になっていた。集団殺戮を表すのに最も頻繁に使われた言葉「ホロコースト」さえ、未来の核戦争を描写するときに広く利用された。アウシュビッツでの虐殺は、広島の一〇倍だったというだけではない。それは、一つの場所で起きた虐殺としては最大のものであった。ナチ収容所から得られた教訓は、次のようなものだ。知性があり教育を受けた大人が、罪のない犠牲者に対して、文字通り想像も及ばないほどの拷問を加えることができたということだ。ユングはこのようなサディズムの急激な増加を、広島の破壊よりはるかにひどい影響をもつ「紛れもない精神的惨事」だと適切に表した。ナチスによる残虐行為は、二〇世紀に行われた集団殺戮のなかでも最大の恐怖であり続けている。[20]

核の恐怖を研究した心理学者たちは、世界中の人びとが、自らを破滅させかねない人類の力について理解することを拒否していると警告した。その難局を理解しようとした人びとは、その研究が、彼ら自身を恐ろしい旅路へ導くと気づいたときに、ためらいを示した。破壊行為への強い衝動は、マッド・サイエンティストと自分の創った怪物との結びつきといったテーマ、あるいは核エネルギーのコントロールに関連した何百といった作品のテーマに馴染みのあるものだった。ほとんどの作品が、なんらかの外部の存在を危険に感じる気持ちを投影していた。外部の者とは、原子科学者でないとしたら、冷戦の戦略家、共通の悪者、テロリスト、もしくは遠くに住むロシア人（あるいはアメリカ人）などであった。

より明確なシンボルがすぐ近くに現れた。内的な破壊という伝統が急増したのである。一九三〇年、精神分析家のメラニー・クラインは、幼少の子どもたちが、しばしば文字通り「怒りで爆発する」という考えを持つことに気づいた。そのような爆発は、核エネルギーととても類似している。しかし、私の知る限りでは、一九八〇年代の若い画家集団が現れるまでは、それを探求する者はいなかった。一九四六年、常套句の達人であるアーバスノット氏は、その問題を次のように仄めかした。彼はインタビュアーに、「親指の爪ほどに小さな原子エネルギーは、もし抑制を解かれたら、街さえも破壊させるだろう」と語ったのだ。インタビュアーはこう叫んだ。「お願いだからやめてくれ、アーバスノット氏。君は、まるで世界の安全が、国際的な権威によるコントロールを緊急に必要としていると言っているようだ！」ここで一つ付け加えるとしたら、一九二四年に、カレル・ペチャックが描いた虚構の原子爆発専門家は、このような指摘を受けた。「それがあなたの内側になかったのなら、それはあなたの発明にも組み込まれなかっただろう。」[21]

核関連のアートは、希望を失うことなしに、正面から人類の大罪について触れようとした。数は少なかったが、その時代では最もパワフルな作品群だった。作品が力を持っていた一つの理由として挙げられるのは、個々の愛を通して贖罪を描いたということだ。それらの愛は、生来の善意からではなく、苦しい努力を通じて得られたものだった。第二の理由としては、作者はイメージの転換を利用したからだ。

そのイメージは、批評家に絶賛されたラッセル・ホーバンの一九八〇年の小説『リドリー・ウォーカー』にはっきりと表れている。青年リドリーは、核戦争後の残忍な世界で、犠牲者として生き延びなければならなず、他方で、危険な父との愛憎入り混じる関係をなんとか解決しなければならなかった。その父親像は、核を持った権威的指導者を思い起こさせた。原爆投下後についての似たような小説が一九八五年に出版された。デニス・ジョンソンによる『フィスカドロ』は、同じく少年と父親の関係を描いている。それに加えて、個人と、退廃した戦後社会における理性の喪失を扱っている。

個人の再生というテーマに言及した文章はほとんどなかった。両作品のストーリー内では、そういったテーマは展開されなかったのだ。しかし、別の象徴的意味を見出すことはできる。犠牲者で生存者である無垢の子どもといった、昔からある比喩の具現化である。リドリー・ウォーカーは魂の再生に心を奪われていた。科学的な「賢さ」と直観力のあいだで葛藤し、引き裂かれていた。巡礼の旅のなかでリドリーは、次のようなシンボルに出会っていく。突然変異でテレパシーをもつ共同体、廃墟と化したイギリスに広がった曼荼羅、そして傲慢な科学技術者による個人的な爆破。『フィスカドロ』の少年は、より露骨な転換のシンボルに巻き込まれる。初期の通過儀礼と、黙示録的な宗教運動である。[22]

そのような象徴は、コーマック・マッカーシーが二〇〇六年に書いた類似小説『ザ・ロード』にも深く埋め込まれていた。それは、「第二の核時代」を舞台にしており、彼の描く原爆投下後の世界は、それまで存在した作品のなかでも最も暗いものの一つだった。灰色の崩壊都市には鳥の姿さえなく、海ですら灰に覆われていた。人間性の描写も、それに等しく悲惨だ。それでも、作品の中心人物は、父親との関係にきつく縛られた、無垢な少年である。少年は、善に対する絶対的な探求心を抱いた、はかない生存者を象徴していた。最後の数ページでは、少年自身が救世主であることがかすかに仄めかされるこの少年が、よみがえった家族、社会、そして自然界のなかで成長していく。それは、暗闇にある恐ろしい道を通り抜けることによって再生するという、古くからある物語だ。そういった作品は、核エネルギーをともなった転換という多くのテーマが、深刻で芸術的な見識と共に織りなされるということを示していた。[23]

これらの物語は、一見すると世界の破滅を描いているように見える。しかし実際は、大変な努力をして愛を獲得することによる個人の再生に、話の軸を置いている。こうした、外部の社会問題から、個人の精神的な問題への視点の移行は、核をテーマとしたある有名な作品の構造にもなっている。その作品とは、『二四時間の情事』という、アラン・レネ監督による一九五九年の映画である。上映開始早々、廃墟となった街の身の毛もよだつような光景が再現される。話はどんどん進んでいき、ついに結末を迎えるが、それは再建された街での、明るい光に包まれての情交という、ありきたりなものだった。話の中心は、ある一人の女性に置かれている。戦時中のフランスで、彼女は暗い地下室に閉じ込められ、狂気に陥っていく。最終的に、彼女はその象徴的な墓から姿を現す。しかし彼女は、その時、広島出身の恋人が、どのように生き残ったのかを知ることとなる。彼女は過去を葬り去り、真の意味で再び生き始めるのだ。

転換というイメージのなかでは、国家の救済は、一時的な崩壊への苦悩といった混乱を経ることによって達成される。その経過こそが、先述した映画の主題でもあった。精神的な救済のためには、破壊が必要だと主張したのだ。過去の記憶と向き合うように強いる恋人に向かって、彼女は三度、次のようなセリフを口にする。「あなたは私を壊す。それがいいの。」

これらの良質な小説や映画は、核兵器を支持するための動機を探していた人びとを助けることとなった。多くの人が、個人的な贖罪は、愛への多大な貢献によって達成できると考え、その道のりを動機として捉えた。しかしながら、これらの作品は、個人と社会の転換のあいだの類似から、芸術的な強さを描いたとき、話が逸れる傾向にあった。個人的な破滅の苦しみと、社会全体の苦しみは、似て非なるものだ。文明を混乱に陥れるという行為は、何を望むにしても好ましいものではない。前進するためには、人びとは技術社会の持つ特殊な構造を探求しなければならないのだ。

地球温暖化という新たな不安

核をテーマにした作品では、心理面での分析は鋭く行われたが、社会面での分析はあまり行われなかった。数少ない初期の優れた小説は、組織化された暴力の社会的根源を探求していた。例としては、軍の階級制度を描いた『レベル・セブン』や、種族の残忍性を扱った『蝿の王』などがある。それらの作品が提示していたのは「個人を尊重する社会の重要性」というメッセージだった。ただし、その他の似通った作品群は、現実の社会組織との明白なつながりのない寓語であった。人びとが、核戦争と近代文明の構造との関係に目を向け始めたのは、一九六〇年代の終わりに近づいてからだった。その上、彼らの興味は、環境と原発についての論議へとすぐに移行していった。原子炉に関する論議や、異議を唱える活発な環境保護論者らは、何か新しい論点を提供したのだろうか?

原発は、芸術で言及されることが滅多になかった。しかし、一九七〇年代になると、有名な詩人らがそれをテーマとして扱うようになった。ほとんどの詩人がそうであるように、彼らもまた、人びとは抽象的な論理よりも、もっと自分たちの気持ちに従った方が効果があると信じていた。つまり、彼らは反原発の立場を好んだのだ。幾人かの画家たちと並んで、詩人らは、反原発運動が有する理想から刺激を受けて作品をつくった。その理想とは、非人間的な権力に対抗する、自発的かつ直感的なものであった[24]。核エネルギー擁護派は、そういった作品を一切生み出さなかった。しかし、きれいな見かけで効率の良い原子炉が建設されると、それがどこであっても、その建物自体が、どの詩にも劣らず印象的な声明となり得るのだった。

反原発を唱えた作品においては、自然対文化、感情対論理といった原子炉論争における象徴的な対立構造がみられた。それは、核戦争について述べた作品にみられるテーマともつながっていた。もっとも明白に共有された関心事は、権力であった。そういった関心は、社会構造の問題、及び原子炉論争において核心となる課題と、人間の持つ攻撃性といった核戦争において核心となる課題とを、組み合わせて同一化してしまう可能性を秘めていた。しかしながら、核について書いていたほとんどの作家は、近代社会がいかに破滅的な力を推奨し組織しているかについては、漠然としか言い表さなかった。彼らの多くは、判断を誤った科学者や、あるいは腐敗した会社の幹部などが持つ権力を描写したにとどまり、重要な社会問題からは目を逸らしていた。

真の問いは、我々は今後どのような社会を追い求めるべきなのか、ということであった。原子炉論争のさなかに、先の問いに対する新たな回答が浮上した。反原発派のビジョンだ。反原発論者は、合理的に組織された理想都市といったビジョンに反対し、牧歌的な個人主義を好んだ。それは、個人的な再生という彼らの目標と合致していた。つまり、人間の感情は非人間的な論理に勝るというのである。

人びとの関心が他のことへ移るにつれて、「第二の核時代」の論争は沈静化していった。原発反対派・推進派のビジョンは、折り合いをつける以前に、どちらも実現不可能に思われた。一九八〇年代以来、世間は環境問題全般への興味を失い、未来を舞台とした科学物語さえ、単なる諷刺の材料となっていった。しかし、それらすべての問題を一般市民の関心事にしてしまうような、新しい論点が浮かび上がってきた。核による破滅という古めかしい不安がなくなり、その空間にはまた別の不安が生まれたのである。それは、気候災害である。[25]

小説家のイアン・マキューアンは、二〇一〇年に発表した作品『ソーラー』のなかで、二一世紀初頭における典型的な知的市民の見解を丁寧に要約した。主人公は地球温暖化を「漠然と非難する」。しかし、「資源の減少につながる干ばつ、洪水、飢きん、暴風雨、絶え間なく続く戦争――それらが原因で世界が危機状態にあるとする一連の激しい論評に対し、彼は関心を抱かなかった」。「そこには、事態を前もって警告するための旧約聖書のリングがあった。それは、深くて不変の性質を予測していた。」主人公は、核戦争という脅威が消失したときには、「黙示録的な風潮が、また新たな獣を作り出す」と想定した。そしてその獣については、深刻に受け止める必要がないと思っていたのだ。[26]

実際に、かつて核戦争や核のテロリズムなどが人びとを騒がせたほどには、気候問題は皆の関心を呼び覚まさなかった。ほとんどのアメリカ人は、懸案事項のリストについて尋ねられたとき、地球温暖化をそのリストの下位に位置づけた（アメリカ以外の地域では、それはもう少し上位にランクインしていた）。世間の大多数は、気候に関する深刻なリスクはないと確信し、安心していた。安心だという主張は、化石燃料関係者や、保守層に資金提供を受けた広報キャンペーンから生まれていた。さらに、核イメージとは違い、気候変動には古代神話や精神的なテーマと結びつくような要素があまりなかった。しかも、リスクが深刻になるには、何十年もかかるというのだ。結果として気候変動は、二〇世紀の人びとが核エネルギーに対して示したような、狂乱的な反応といったものは呼び起こさなかった。何百という小説、映画、そしてテレビ作品が気候変動をテーマとして取り上げて、世間の注目を集めるということもなかったのである。

世界のイメージメーカーたちは、人びとに対して、気候変動が現実的にどのようなことを意味するのかを伝えるだけの説得力のあるイメージを作り上げることができなかった。メディアは、暴風雨による洪水を映したテレビ映像や、干ばつに襲われた農地の写真などを使って、温室効果ガス放出についてのニュースを流した。一方、新聞の風刺漫画家は、やせ細った砂漠地帯、渦巻く大竜巻、半分が水面下に沈んだ建物などを描いた。これらのイメージは、創作者が気候問題について知っている一般知識に頼っていたため、その広がりには限度があった。しかしながら、気候変動についてのより正確がイメージが現れつつあった。温暖化は北極地方で最も早く進んだため、気候変動の兆候を語る際には、氷や氷河の写真が意図的に使われ始めた。このイメージは、地球温暖化は距離的にも、また時間的にも、遥か遠いところで起きている問題なのだという印象を強化しただけだった。温暖化は、海外に住む人や未来の世代に限った問題だという印象を与えたのだ。ある批評家は、気候変動について描かれた芸術的ではあるが凡庸な絵画を展覧会で見た際に次のように語った。「より説得力のある事柄」は、科学者が持つ地球温度の上昇を示す簡素なグラフに詰まっている、と。[27]

現実的で個人的な話に基いた気候変動に関する小説や映画は、二〇一〇年後期になってようやく登場した。ある物語は、気候変動がどのような苦難をもたらそうとしているのか、あるいは、いくつかの地域ではすでにもたらされているのかについて書かれていた。荒廃した森林やサンゴ礁、人を死に至らしめるような熱波や干ばつ、そして猛烈な豪雨。浸水した地域から押し寄せる難民の群集。イアン・マキューアンは、それらを初めてきちんと描いた小説家なのである。彼は地球温暖化を正しく扱おうと奮闘した。「人びとに気候変動のことを知らせる最良の方法は、ノンフィクションというジャンルで訴えることだ」と、彼は後に述べている。[28]

フィクション作品や芸術は、核や環境変化によって、社会がどのように変わり得るかを伝えるにはあまり有効ではなかった。他方で、多くのノンフィクションの記事や本が、同じことを試みていた。核と環境変化、これら両方の問題について話すとき、解決策は二つの極端なものになりがちだった。それらはまるで、原子炉論争の際に見られたもののようだった。論議は、二一世紀になって再び表面化したのだ。地球温暖化を食い止めるためにわれわれが実行するべきなのは、次の二つのうちどちらだろうか。何千という原子炉を建設するという方法か（あるいは、もっと現実的に言えば、日光を遮るための人工的な雲を作り出す装置を作るという考え）、あるいは、巨大化した今の科学技術を昔の規模に戻すのか。

多くの作家は、よりシンプルで、そして恐らくより人道にかなった生活方式に戻すべきだと提案した。再利用、資源の節約、あるいは地方の産物を利用することなどが、往々にして語られた。科学技術の利用は必要最低限にとどめ、その管理は地方ごとで行われるべきであり、また、本当に人道的な目的だけに限られる。個人も社会も、これまでより非合理で、そして厳しく統制された状態に移行するよう勧告された。そこで目指されたのは、人工的な物があふれておらず、より自然界と協調したスピリチュアルな社会だった。

そういった考えに対抗したのは、世界を昔に戻すのではなく、さらに前進させることにより、個人と社会の再生を達成しようと試みるビジョンだった。著作や演説、広告において、技術者や行政官が主張したのは、科学技術の前進が、より満足のいく生活をもたらすだろうという考えだ。彼らは、科学的知見に関する盲信から解放されると、次のようなことが実現されると説いた。電子通信機器による、国家を超えた人びとの共鳴、あるいは、物質的な貧困から起こる衰退や暴力の回避だ。そうすれば、我々皆がより善良な人間になるだろうというのだ。そしてこれらの主張に気付けない者は、多くのものに入り込んでいるイデオロギーに逐一警戒しなければならなくなるということでもあった。イデオロギーは、広大な道路、地球中に張り巡らされたインターネット回線のグラスファイバー網、あるいは小ぎれいに並べられた木々のあいだに燦然と輝く塔のある広場といった都会的な場所など、ありとあらゆるところに入り込んでいるのだ。

私の意見としては、社会の転換に関するどちらの案も有益だが、同時にどちらも不完全である。我々の時代の作家や芸術家は、そのほとんどがバランスを欠いていた。一方では、自然との交わりといった神話に重きを置き過ぎ、合理的な組織を否定した。他方で、あまりに多くの科学技術者は、作家たちと正反対の態度をとった。すなわち、金属製の建築物を作る際に、自然を拒否して科学に重心を置いたのだ。しかし我々の芸術は、完全に説得力のある社会のイメージをいまだに提示できていない。そのイメージとは、理想的田園（アルカディア）と、理想都市（ホワイトシティ）を解け合せたものである。言い換えれば、生態系を傷つけることなく、豊かさの追求を自制する社会。そして、自分たちの敵を見定めてそれを滅ぼしたいと願う、人類の持つ悲惨な欲求を後押ししない社会だ。ただし、そのような状態を目指した人はこれまでにも多く存在するし、またそれは部分的な成功の積み重ねでしか達成できないのだ。

特に興味深いのは、二一世紀の初頭に書かれた、気候変動に関するいくつかの著作だ。[29] それらの作者たちは、物質の消費に心を奪われない、よりシンプルな生き方は避けられないだろうと述べた。もし、我々の社会が自発的にその道を選ばない場合には、地球物理学の法則によって、その道を選ばざるを得なくなるだろうと主張した。しかし、彼らは文明社会や科学技術、合理的な組織体系からの方針転換を求めていたわけではない。それどころか彼らは、人類が今、壮大な科学技術との関係を築けるか否かを問われていると訴えた。我々が、今までよりも、地域ごとの社会での生活や、本来の人間的な欲求に従って生きることに満足を見出すとする。それでも、化石燃料の蓄えを今までのように消費しないような、高度な文明の構築を目指せるはずだ、と。

科学的理解は、人口や汚染の拡大よりも速いペースで増していった。風力タービン、太陽光発電所、そしてもちろん原子炉の、より効率が良く、環境面で安全なデザインが毎年のように開発された。これらの装置を、地域ごとの監視下に置くこともできただろう。でも実際は、電力を効率よく行き渡らせるために、大陸規模のネットワークと連携していた。他方、仕事やレジャーの質を高める新しい機器が毎年のように登場している。もし化石燃料や、その他減少しつつある資源に頼った活動が削減されなければならないとしたら、先見の明がある者は、もっと満足を与える答えを思いつくことだろう。隣人を訪問したり、世界の向こう側にいる同僚とおしゃべりをするための労力は減少しているのだから。

人工的に作られたものは、それが絵画であろうがタービンであろうが、前進するための方法を曖昧にしか示すことができなかった。人びとが感情やアイデアをより明確に表現できたもう一つの媒体があった。それは政治活動だ。感情や知性によって作られたもののなかで、政治ほど巨大で効率的なものはない。それは近隣から国際的な規模にいたる、あらゆるレベルの何百万という市民で構成された組織だ。その原型は、一九六〇年代から八〇年代にかけて起きた、核施設に対する抗議運動のなかで作られていった。数十年経ってから、地球温暖化は多くの人びとの関心を集めた。抗議する者は、原子炉の代わりに石炭火力発電所の前に立った。なぜなら彼らには、化石燃料の消費こそが地球をより厳しい状態（優れた気候科学者たちはそれを「別の惑星」と表現した）へ変化させるという言説の方が、以前にも増していもっともらしく聞こえ出したからだ。[30] 持続可能な技術の向上に努め、お互いに協力し合うことで、市民にすばらしい人生を保証する。そういった気づきを、この地球温暖化というリスクが各国の政府にもたらす可能性はあるだろうか？　あるいは、環境の悪化は、我々を、核兵器の拡散、絶望的なテロリズム、そして新たな戦争による大参事といった、さらなる危険へと引き戻すのだろうか？

訳者あとがき

本書は、二〇一二年にハーバード・ユニバーシティー・プレスから刊行された *The Rise of Nuclear Fear* の全訳である。各章に付した小見出しは訳者によるものである。

著者のスペンサー・R・ワートは、アメリカを代表する科学史家の一人であり、これまで科学と政治の関係を様ざまに問うてきた。ワートの研究は多岐に及ぶが、そのなかでも「核時代と科学者」という問題意識にもとづく研究が彼の経歴の中心をなすと言える。

ワートはすでに一九八八年に、同じくハーバード・ユニバーシティー・プレスから *Nuclear Fear: A History of Images* を上梓しており、*The Rise of Nuclear Fear* はこの改訂版にあたる。前著は一九八〇年代までの分析で終わっていたのに対し、改訂版では福島における原発災害以後までを射程に入れつつ、本の分量は前著よりもコンパクトになっている。

本書におけるワートの挑戦は、旧版の副題にあるように、イメージの歴史を描こうとした点にある。イメージという概念で歴史を叙述する試みは、野心的であると同時に極めて困難で、ときとして危ういものでもある。なぜなら、人びとが核エネルギーについて何らかのイメージを持ってきたということは確実だとしても、そのイメージがどのようなものだったのかを措定するための資料が、あまりに多すぎるからだ。新聞記事、雑誌記事、小説、詩、戯曲、コミック、映画、音楽、科学者や政治家の著作など、膨大な資料に当たった上で、人びとが抱いたイメージをいくつかに整理し、さらに、どの資料に代表性を持たせるのかを見極めなければならないわけだが、ワートは職人芸ともいえる手つきで、膨大な言説と表象からイメージを析出していく。核兵器や原発や放射線に関する恐怖のイメージが、核兵器の登場以前からある「害悪」や「危険」のイメージといかに関連し、いかに核の恐怖（あるいは魅力）を規定していったのかが、明らかにされるのである。

また、前述のような多様な資料は、単一の方法では処理しきれない。これもワートが直面した困難の一つだった。しかし、ワートは歴史学の手法だけに固執せず、社会心理学や文化人類学、精神分析学の知見を積極的に応用することを選び、その困難を乗り越えている。ロバート・リフトン、メアリ・ダグラス、ユング、スーザン・ソンタグなど、他分野にわたる研究・批評を参照しながら、イメージの歴史を描いたのである。自ら作ったイメージに、自らが縛られるという事象は人間社会にしばしばみられるが、核エネルギーに関するビック・サイエンスとそれを管理する諸機構、さらには様ざまな反対運動も、例外ではない。一見、合理的にみえる核問題への過去の議論や決定が、往々にして先行するイメージに左右されていたということが説得的に論じられている。二〇一一年三月一一日の東日本大震災とそれが引き起こした津波による原発災害後の日本社会で、原発と放射性物質に関する様ざまなイメージの奔流を経験した私たちにとっては、ワートの問いは、ある意味では身近な問題だと言えるだろう。

本書の醍醐味は、核エネルギーと人びととの想像力との関係をマクロな視点から一大絵巻として展開した点にあるが、一方では見過ごすことのできない問題もある。それは、原子力発電所の評価である。ワートは地球温暖化対策のため、現状では原発もやむなしと主張している（したがって、反原発運動についてはやや冷淡な個所もある）。『温暖化の〈発見〉とは何か』を著したワートの個人的信条なのだろうが、本来であれば、「原発問題と温暖化問題とをトレードオフの関係で語る方法」そのものを相対化し、そうした語りがなぜ生み出されるのかを分析する必要があるだろう。これはワートが身をもって提示した課題として、受け止めておかねばならない。もっとも、ワートの主張が、核のイメージの歴史を振り返る本書の分析を曇らせているわけではないということも、強調しておきたい。

私事になるが、訳者がワートの研究を知ったのは、大学院の修士課程に在籍しているときだった。小野澤透先生から本書の旧版あたる*Nuclear Fear: A History of Images*を勧めていただき、私としても必要があったので、懸命に読んだ。前述のように、いまでもワートの主張には違和感が残る部分もあるのだが、それでも、核の恐怖の起源を、錬金術や魔女をめぐる人類の想像力にまでさかのぼって記述しようという壮大な試みは、とても刺激的だった。ワートの研究に出会っていなければ、私自身の研究もいまとは少し異なったものになっていただろう。こうした経緯があったため、その改訂版として*The Rise of Nuclear Fear*が二〇一二年に出版されたとき、是非とも自分で翻訳したいと考えたのである。その後、人文書院の松岡隆浩さんに相談して、企画の意図を理解していただき、実現の運びとなった。

しかし、翻訳作業は難航し、約束していた期日を大幅に遅れてしまった。遅れる作業を見捨てることなく、粘り強く導いてくださった松岡隆浩さん、ようやく終わりました。ありがとうございました。また、翻訳作業の途中では、たくさんの人に助けていただいた。特に、ゴーマン・マイケルさん、松永京子さん、中尾麻伊香さん、小谷七生さん、前田聡さんには、記して感謝申し上げます。最後に、いつもすばらしい研究環境を整えてくださっている神戸市外国語大学の外国学研究所のみなさまにも、お礼申し上げます。

山本　昭宏

著者の個人的ノート

本書は、イメージの持つ力と、それが現実の政策に与える影響について、書いたものである。歴史上の全ての作品は、暗黙のうちに、現代の諸問題に何かを語りかけている。そして私は、我々がどのような政策に従うべきかについて、個人的見解を明確にしておく責任を感じている。

これまで読んだ作品のなかで私が最も感心したのは、一九六〇年代以降にデイビッド・E・リリエンソールが記した思想である。AECの代表であり、また、のちに核エネルギーの幻想と奮闘したリリエンソールが最終的に行き着いた結論は、諸問題と対峙する際には通常の方法を捨てねばならない、というものだった。我々は核エネルギーに熱中するあまりに、少しずつの妥協を重ねることを認めず、「一つの大きな解決策」を見つけ出そうとしてしまったのだ。そのように彼は語っている。ある人たちは、世界的な制御システムのもとで、すべての核爆弾を廃止することを夢見た。また他の人びとは、爆弾を際限なく作ることで、敵をうろたえさせることを望んだ。あるいは、原発に関しては、代替エネルギーが何になるかはともかく、原子炉を全て取り壊すことが解決策であると訴える人たちがいた。それに対し、核エネルギーによって、文明は続いていくのだと主張する人びともいた。リリエンソールは、これらの極端な見解は、神話によって支えられているとし、より慎み深いアプローチを選ぶことで両方の意見を退けた。我々は、理想としている場所へは、一つの大きな一歩で辿り着くことはできない。小さな何千歩を積み重ねることが必要だと説いたのだ。[1]

まず、エネルギー供給についてであるが、全世界が最低限の繁栄を手に入れるまでは、まだより多くの電力が必要となる。この電力を生む方法に、一つとして完全に満足のいくものはない。家族と環境の健康、その両方を考慮に入れたとき、私は、石炭などの化石燃料発電所よりも、原発の側に住むことを選択する。新世代の原子炉は大幅に安全性を増しており、チェルノブイリや福島のような事故に対しても耐えられるものである。また、社会を様ざまな問題から守るという観点において、放射性廃棄物は、廃石炭やその他の危険な工業製品より扱いやすいだろう。新世代の原子炉が抱える唯一の、そして本当に深刻な問題とは、それらが悪意のある集団や国家に盗まれ、恐ろしい武器を作らせてしまう可能性があるということである。しかし、そのようなリスクは、スリラー小説が描くほどには大きなものではない。また、新たな原子炉を増築していくことで、そのリスクの規模が大きく増えることもないだろう。

右記のようなリスクは、もし地球温暖化が大きな脅威でなかったとしても存在するであろう。しかし、温暖化が脅威であることはもはや確実である。全世界の一流科学団体や協会が、これまで化石燃料を燃やし続けてきたことが気候変動の主要因だと提唱している。どうすれば燃料消費量を減らしながら、この世界を繁栄させていくことができるだろうか。部分的な解決法なら数多くある。たとえば、より効率の良い交通機関や住宅整備、太陽・風力発電の利用、二酸化炭素の回収などである。しかしながら、もし事態が非常に危険な局面を迎えたら（実際に今から二、三〇年以内にはそうなりそうなのだが）、「上記の解決法のすべて」が必要となるだろう。解決法の一つとしては、多数の原子力発電所の建設も含まれる。エネルギー体系の増強には、膨大な時間がかかる。世界の人びとが、この巨大な負担を共有するしかないとなれば、先進諸国は今すぐにでも各国の原子炉産業を復活させる必要があるのだ。

最初のステップとしては、実現可能とされる様ざまなエネルギー産業間で、不平等のないようにすることが考えられる。確かに原子炉は政府から、秘密裡、あるいは公に、巨額の交付金を受け取っている。しかし、化石燃料に対する補助は、それらよりはるかに多い。政府は化石燃料産業に、燃料の生産や利用への助成金を支給する代わりに、社会や環境に対する実質費用を負担させるべきである。例えば石炭の煙により、世界中で毎年数万人が死亡し、また数百万人が健康を損なっている。それらは、煙を放出した工場設備によって補償されるべきなのだ。

さらに言うと、すべての産業は、各々の廃棄物処理を義務付けられるべきである。化石燃料から生み出された一グラムの発ガン性物質も、原子力発電所から生み出された一グラムのそれのように、慎重に隔離されるべきではないだろうか？　実際に、もし政府が放射性廃棄物の長期保管場所の建設よりも、石炭灰の投棄や石油の掘削、天然ガス産出の際に発生する発ガン性物質の漏出にもっと注意を向ければ、放射性廃棄物を慎重に処理するよりも約一〇倍の成果を上げることができるだろう。もちろん、そのような実用にかなった政策を実行するためには、それぞれのエネルギー自体を明確に認識して、核に対する誤った恐怖心を取り除くことが必要となる。

二つ目は、戦争である。テロリストによる攻撃という考えがいかに身震いさせるものであるかを、我々は決して忘れてはならない。気候変動を除いて、全ての文明を破滅させることができる要因はたった一つ、全面戦争である。何万もの核兵器が、その任務遂行の瞬間を待ちながら存在している。しかしそれらは、原子炉と同じく、これまでのように、偏執的あるいは全面的な世間の関心を集めることはなくなってきている。今日、先進国間での戦争では、核を使わない通常兵器（それらは計り知れないほどに殺傷能力が進化している）を使わなかったとしても、甚大な被害をもたらしてしまう。コンピューターシステムが盤石で、精密なターゲットミサイルがはびこるこの時代、核兵器が敵を脅迫するのに最も有効な手段だとは考えられない（核兵器は、国内政策における守護神としての役割以外に、実際に役立ったことがあるかどうかさえ確かでない）。したがって、世界が完全に核兵器をなくすことができるかどうかは、決定的な要素ではない。ただ、いかなる国も、抑止装置として二、三〇〇〇個以上の爆弾を保有する必要がないことは明白である。アメリカとロシアは、武器削減に関して長大な道のりを歩むこととなるだろう。

　我々に課せられた主要な任務は、戦争勃発の理由となる、国内・国際的要因を理解し、根絶することである。本書は、現実の問題については全く触れてこなかった。むしろ、現実的問題からいかに人びとの関心が逸らされてきたかについて論じてきた。リリエンソールが強調したように、我々が真の安全保障を確立すべきは非軍事的なエリアにおいてである。そこでは、敵対的な思想をめぐらす代わりに、生産的な仕事への喜びを知ることができるだろう。

　我々の長期間にわたる取り組みは、民主的に統治された国同士ならば、互いを破壊しようとはしないという事実に基づいて始められるべきである。[2] 現在、民主主義国における軍事的脅威は全体的に減少してきているが、この流れが全世界に広まれば、人類は一時的にではなく、永久に平和でいることが可能となるだろう。したがって、文明が存続するかどうかは、政治権力が軍事力にではなく、自由や協調性に頼るような社会制度を構築できるかどうかにかかっているといえる。

　そのような取り組みは、核兵器によっては達成されない。事実、我々がそのような武器に依存するほどに、民主主義からはかけ離れてしまうだろう。選挙で選ばれていないものに権力を与え、彼らに情報を検閲させて、反政府側の意見を抑圧し、その上に生存に関わる直接的決定権をも握らせてしまったとしたら、民主主義からかけ離れることは避けられない。また、裕福な企業（とりわけ化石燃料産業、および軍事産業）のために動くロビイストたちによって、財源分配が歪められることを回避するためには、より民主的な政府が必要である。安全性と繁栄を獲得するためには、各国内において、そして国際的にも、より民主的な政治を目指して積極的に取り組むべきである。

　その一方で、合理的な使用目的を超えるほどの兵器を所有しようとする我々の傾向についても、何らかの対策を取らなければならない。それと同時に求められるのは、地球の生態系が許容できる範囲を超えた温室効果ガスの削減である。兵器の開発や維持、そして化石燃料への助成金に対する年間予算、それらのうちのわずかに相当する数百億ドルを、エネルギーの供給と使用に関するシステムの向上につぎ込もうではないか（ここ数十年間、それらの研究予算は嘆かわしいほどに不足していた）。このような提案は控えめに映るかもしれないが、研究や開発が今後の未来像を決定づける要因になることは、これまでの歴史が証明してきた。このわずかなギアチェンジを試した者は、将来とてつもなく強大な力を得ることになるだろう。

　最後に、そもそも核の恐怖とはいったい何なのか？　そして、時に有害で極端な結果を生み出してしまう核への希望とは何なのだろうか？　私は、そのような感情を駆り立てる誇張されたイメージを停止させることが可能であったなら、と願う。原子炉が驚異的なパワーを有しているという主張は、一般市民たちを恐怖に陥れる。また、爆弾にはすべての国家を荒廃させる力があるという言説も、人びとがより多くの爆弾を求める要因となる。

　イメージに影響を与える最適の方法は、現実を変えることである。たとえば、科学や技術に関する才能の重要部分の使い道を、武器や化石燃料の開発から、より良いエネルギー源の研究に少しでも移すことで、それはまず意思表示として働き、直ちに希望をもたらすだろう。そして、数十年のうちに、研究が現実社会に変化をもたらすごとに、その希望は膨らんでいくに違いない。そして、もし我々が真実に対して充分な敬意を持ちつつ課題に取り組むならば、イメージに対して直接的に働きかけることも可能である。いつか世界のどの街も、一九四五年八月の広島中心部のようになりかねないという真実を、新しい方法で新世代の人びとに向け伝えていこうではないか。より重要なのは、世界のどの地域も、地方の人びとの健康を害することなく、パリの最も繁栄した地区のようになれるという約束を世界に発信することである。自然と文明、秩序と自由、感情と論理、それらが全て相互に連携できれば、それは実現可能なはずだ。核エネルギーとそのイメージは、我々人間自身が放出できるエネルギーの獲得や損失へのめざましい可能性を身近なものにした。長期的に見れば、それらが、我々が求め続けている真の変化へと近づくための一助となったと気づくことになるかもしれない。

索　引

人　名

ア 行

カ 行

マ 行

ヤ 行

ラ 行

ワ 行

事　項

ア　行

カ　行

サ　行

タ 行

ナ 行

ハ 行

マ 行

ヤ 行

ラ 行

ワ 行

原　注

注には下記の略語が使用されている。

BAS：「ブレティン・オブ・ジ・アトミック・サイエンティスツ」（雑誌）

DDE：アイゼンハワー大統領図書館

JCAE：上下両院合同原子力委員会

MB：ニューヨークの The Paley Center for Media 内にある The Museum of Television and Radio のこと。1991年に Museum of Broadcasting から改称した。1988年に本書の原版が発行された時点では，旧称だったため，略語が MB になっている。

NYT 『ニューヨーク・タイムズ』（新聞）

日本語に翻訳されている著作については，最も手に取りやすい版を併記した。

第1章　放射線を帯びた希望

1. Muriel Howorth, *Pioneer Research on the Atom: Rutherford and Soddy in a Glorious Chapter of Science; The Life Story of Frederick Soddy* (London: New World, 1958), 83-84.
2. "Inexhaustible": Frederick Soddy, "Some Recent Advances in Radioactivity," *Contemporary Review* 83 (May 1903): 708-720. "Dragonfly": Soddy, "The Energy of Radium," *Harper's Monthly* 120 (Dec. 1909): 52-59. "Race which could transmute": Soddy, *The Interpretation of Radium*, 3d ed. (London: Murray, 1912), 251.
3. "World's demand": Soddy, "The Energy of Radium," 58; "Coming struggle": Soddy, "Transmutation, the Vital Problem of the Future," *Scientia* 11 (1912): 199, as quoted on Thaddeu J. Trenn, "The Central Role of Energy in Soddy's Holistic and Critical Approach to Nuclear Science, Economics, and Social Responsibility," *British Journal for the History of Science* 12 (1979): 261-276.
4. W. Kaempffert, "Science Presses On Toward New Goals," *NYT Magazine*, 28 Jan. 1934, pp. 6-7.
5. "Famous problem": John A. Eldridge, *The Physical Basis of Things* (New York; McGraw-Hill, 1934), 330, 333. Ernest Rutherford, *The Newer Alchemy* (Cambridge: Cambridge University Press, 1937).
6. One introduction to the enormous literature on alchemy is Betty Jo Teeter Dobbs, *The Foundations of Newton's Alchemy*,〔B. J. T. ドブズ，寺島悦恩訳『ニュートンの錬金術』平凡社，一九九五年〕or "*The Hunting of the Greene Lyon*" (Cambridge: Cambridge University Press, 1975). See also Carl G. Jung, *Collected Works*, vols. 12-14, trans. R. F. C. Hull (Princeton: Princeton University Press, 1968-1972).
7. Mircea Eliade, *The Forge and the Crucible: The Origins and Structure of Alchemy*, trans. Sthephen Corrin (New York: Harper & Row, 1962), 169.〔ミルチャ・エリアーデ，大室幹雄訳『エリアーデ著者集 第5巻 鍛冶師と錬金術師』せりか書房，一九七三年〕"Divine furnace": Evelyn Underhill, Mysticism: *A Study in the Nature and Development of Man's Spiritual Consciousness*, 12th ed. (1930; reprint, New York: Dutton, 1961), 140-148, 221 and chap 9.

第2章　放射線を帯びた恐怖

1. As reported in *New York Press*, 8 Feb. 1903, and other clippings, box 42, William Hammer

Collection, Museum of American History, Smithsonian Institution, Washington, D.C.

2. Soddy to Rutherford, 19 Feb. 1903, Rutherford Papers, Cambridge, microfilm copy at Niels Bohr Library, American Institute of Physics, College Park, Md.

3. Wyn Wachhorst, *Thomas Alva Edison: An American Myth* (Cambridge, Mass.: MIT Press, 1981), 102-103.

4. H. G. Wells, *The World Set Free* (1913, New York: Dutton, 1914), 222.〔H・G・ウェルズ著，浜野輝訳『解放された世界』岩波文庫，一九九七年〕

5. W. Churchill, *Pall Man*, 24 Sept. 1924, as quoted in Raymond B. Fosdick, *The Old Savage in the New Civilization* (Garden City, N.Y.: Doubleday, 1931), 24-25. Sigmund Freud, *Civilization and Its Discontents*, trans. J. Rivière (London: Hogarth, 1930), 144.〔ジークムント・フロイト著，中山元訳『幻想の未来／文化への不満』光文社古典新訳文庫，二〇〇七年〕

6. *The Times* (London), 11. Nov. 1932, p. 7.

7. George H. Quester, *Deterrence before Hiroshima: The Airpower Background of Modern Strategy* (New York: Jhon Wiley, 1966). For fiction of the period, Bruce H. Franklin, *War Stars: The Superweapon and the American Imagination* (New York: Oxford University Press, 1988).〔H・ブルース・フランクリン著，上岡伸雄訳『最終兵器の夢：「平和のための戦争」とアメリカ SF の想像力』岩波書店，二〇一一年〕

8. "Lady down their arms": F. W. Parsons, "Stupendous Possibilities of the Atom," *World's Work* 42 (May 1921): 35.

9. Soddy, "Some Recent Advances in Radioactivity," *Contemporary Review* 83 (May 1903): 708-720. W. C. D. Whetham, "Matter and Electricity," *Quarterly Review* no. 397 (Jan. 1904): 126. "Some fool": Whetham to Rutherford, 26 July 1903, Rutherford Papers.

10. Jean-Baotiste Cousin de Grainville, *Le Dernier Homme* (1805; reprint, Geneva: Slatkine, 1976); Mary Shelly, *The Last Man* (1826; reprint, Lincoln: University of Nebraska Press, 1965).〔メアリ・シェリー，森道子・島津展子・新野緑訳『最後のひとり』英宝社，二〇〇七年〕

11. Mary Shelly, *Frankenstein; Or, the Modern Prometheus* (London, 1818), chap. 19.〔メアリー・シェリー著，芹澤恵訳『フランケンシュタイン』新潮文庫，二〇一五年〕

12. E. M. Butler, *The Myth of the Magus* (Cambridge: Cambridge University Press, 1948).

13. Jules Verne, *For the Flag* (1896; reprint, Westport, Conn.: Associated Booksellers, 1961).〔ジュール・ヴェルヌ著，鈴木豊訳『悪魔の発明』創元推理文庫，一九七〇年〕

14. H. A. Kramers and Helge Holst, *The Atom and the Bohr Theory of Its Structure*, trans. R. B. Lindsay and R. T. Lindsay (New York: Knopf, 1926), 103.

15. "Shambles": Joseph Conrad, *The Secret Agent* (1907; reprint, Garden City, N.Y.: Doubleday, 1958), 303. Anatole France, *Penguin Island*, trans. A. W. Evans (New York: Dodd, Mead, 1909, book 8.

16. Robert Nichols and Maurice Browne, *Wings over Europe: A Dramatic Ectravaganza on a Pressing Theme* (1928; reprint, New York: S French, 1935).

17. Waldemar Kaempffert, *Science Today and Tomorrow*, 2d ser. (New York: Viking, 1945), 266.

18. Ibid., 90-91; see also 73.

19. Daniel Kevles, *The Physicists: The History of a Scientific Community in Modern America* (New York: Knopf, 1983), 180-183.

20. For a review of the vast literature see Daniel Lawrence O'Keefe, *Stolen Lightning: The Social Theory of Magic* (New York: Random House, 1982).〔ダニエル・ローレンス・オキーフ著，谷林真理子他訳『盗まれた稲妻：呪術の社会学』上下，法政大学出版局，一九九七年〕Note also Mary Douglas, *Purity and Danger: An Analysis of Concepts of Pollution and Taboo* (Harmondsworth,

England: Penguin, 1966).〔メアリ・ダグラス，塚本利明訳『汚穢と禁忌』ちくま学芸文庫，二〇〇九年〕
21. Raymond. B. Fosdick, *The Old Savage in the New Civilization* (Garden City, N.Y.: Doubleday, 1931), 23-24.
22. Robert Millikan, *Science and the New Civilization* (New York: Scribner's, 1930), 58-59; see also 94-96, 111-113.
23. "Moonshine": *NYT*, 12 Sept. 1933, p. 1.
24. George Wise, "Predictions of the Future of Technoligy: 1890-1940," Ph.D. diss., Boston University, 1976, chap. 6.

第3章　ラジウムは万能薬か？　あるいは毒か？

1. "Old Age": *Salt Lake City Telegraph*, 6 Nov. 1903; "Secret of Life": *Los Angeles Herald*, 6 Oct. 1903. These and more in William Hammer Collection, Museum of American History, Smithsonian Institution, Washington, D.C., boxes 42-44. Robert A. Millikan, *Science and Life* (Boston: Pilgrim, 1924), 27.
2. Frederick Soddy, *The Interpretation of Radium*, 3d ed. (London: Murray, 1912), 250.
3. Matthew P. Shiel, *The Purple Cloud* (London: Chatto & Windus, 1901).
4. "Secret of Sex": *New York Evening Journal*, 28 Jan. 1904, Hammer Collection, box 43. Autry: *The Phantom Empire*, episode 5 (Mascot, 1935).
5. "Penetrating": quoted in Edmund Morris, *The Rise of Theodore Roosevelt* (New York: Ballantine, 1979), 547.
6. Radium tube: Géza Róheim, *Magic and Schizophrenia* (New York: International Universities Press, 1955) 95-96; see also 110-113.
7. Otto Glasser, *Dr. W. C. Röntgen* (Springfield, Ill.: C. Thomas, 1945), 60.
8. *Adventures of Captain Marvel* (Republic, 1941) from *Whiz Comics* (New York: Fawcett Comics, 1940-1941).
9. Garry Wills, *Reagan's America: Innocents at Home* (Garden City, N.Y.: Doubleday, 1987), 361, 447.
10. For this and much following see Barton C. Hacker, *Elements of Controversy: The Atomic Energy Commision and Radiation Safety in Nuclear Weapons Testing*, 1947-1974 (Berkeley: University of California Press, 1994).
11. H. J. Muller, "Artificial Transmutation of the Gene," *Science* 66 (1927): 84-87.
12. *Gehes Codex der Bezeichnungen von Arzneimitteln...*, 5th ed. (Dresden: Schwarzeck, 1929), s.v. "Radi-."
13. Willian D. Sharpe, "The New Jersey Radium Dial Painters: A Classic in Occupational Carcinogenesis," *Bulletin of the History of Medicine* 52 (1979): 560-570.

第4章　秘密・全能者・怪物

1. Ernest Rutherford, "The Transmutation of the Atom," 13th BBC National Lecture (London: British Broadcasting Corporation, 1933), 25. Waldemar Kaempffert, *NYT Magazine*, 24 May 1936, pp. 6ff.
2. Carolyn Merchant, *The Death of Nature: Women, Ecology, and the Scientific Revolution* (San Francisco: Harper & Row, 1980).〔キャロリン・マーチャント，団まりな他訳『自然の死：科学革命と女・エコロジー』工作舎，一九八五年〕"Interrogated nature." Jean-Baptiste Cousin de Grainville, *Le Dernier Homme* (1805; Geneva: Slatkine, 1976), 141. Melanie Klein, "On the Theory of Anxiety

and Guilt," in Klein et al., *Developments in Psychoanalysis*, ed. Joan Riviere (London: Hogarth, 1952), 271-291.

3. "Les propriété les plus intimes de la matière ": Poincaré et al. to Nobel Prize for Physics Committee, Jan. 1903, Protokoll vol. 3, Swedish Academy of Sciences, Stockholm. P, 134; I thank John Heilbron for this quote and for much else. "Satisfaction": Robert Millikan, *Science and the New Ciilization* (New York: Scribner's, 1930), 60.

4. Waldemar Kaempffert, "Science Launches New Attack on the Atom's Citadel," *NYT*, 15 Nov. 1931, sec. 9, p. 4. Kaempffert, "Atomic Energy—In It Nearer?," *Scientific American* 147 (Aug. 1932): 79-81.

5. Autry: *The Phantom Empire* (Mascot, 1935). Corrigan: *The Undersea Kingdom* (Republic, 1936), episode 1. Atom furnace: *Spaceship to the Unknown* (Universsal 1936). See Douglas Menville and R. Reginald, *Things to Come: An Illustrated History of the Science Fiction Film* (New York; New York Times Books, 1977), 68-72.

6. "Penetrate": Mary Shelly, *Frankenstein* (1818; reprint, New York: Bantam, 1981), 33.〔メアリー・シェリー著，芦澤恵訳『フランケンシュタイン』新潮文庫，二〇一五年〕

7. "Docile servent": Michael Mok, "Radium: Life-giving Element Deals Death in Hands of Quacks," *Popular Science Monthly* 121, no. 1 (July 1932): 9ff. Raymond B. Fosdick, *The Old Savage in the New Civilization* (Garden City, N.Y.: Doubleday, 1931), 23-24.

8. *The Master Mystery* (Octagon, 1918), as described in Douglas Menville and R. Reginald, *Things to Come: An Illustrated History of the Science Fiction Film* (New York: New York Times Books, 1977), see 68-72.

9. Karel Čapek, *R. U. R.* (Rossum's Universal Robots), trans. Paul Selver (Garden City, N.Y.: Doubleday, Page, 1923).〔カレル・チャペック著，千野栄一訳『ロボット：R.U.R.』岩波書店，一九八九年〕

10. A brief introduction is Claude Lévi-Strauss, "The Structural Study of Myth," in Thomas A Seboek, ed., Myth: *A Symposium* (Bloomington: Indiana University Press, 1958), 81-106.

11. I am grateful to Canaday for an unpublished essay. See also John Canaday, *The Nuclear Muse: Literature, Physics, and the First Atomic Bombs* (Madison: University of Wisconsin Press, 2000); Shelly Chaiken and Yaacov Trope, eds., *Dual-Process Theories in Social Psychology* (New York: Guilford Press, 1999).

12. *The Invisible Ray* (Universal, 1936). Universal Studios, Advance Publicity (pressbook), 1936, New York Public Library, Theater Collection, Lincoln Center, New York, n.c. 240.

13. Dario De Martis, "Note sui deliri di negazine," *Rivista speromentale di Freniatria* 91 (1967): 1119-1143.

14. Karel Čapek, *An Atomic Phantasy: Krakatit*, trans. Lawrence Hyde (London: Allen & Unwin, 1948), 287.〔カレル・チャペック著，田才益夫訳『クラカチット』青土社，二〇〇七年〕

15. *Madame Curie* (Metro-Goldwyn-Mayer, 1944).

16. For an introduction to the history of nuclear physics see Daniel Kevles, *The Physicists: The History of a Scientific Community in Modern America* (New York: Knopf, 1978).

第５章　世界の破壊者

1. NYT, 3 Feb. 1939, p. 14; *Scientific American* 161 (1939): 2, 214-216.

2. Leo Szilard, *Leo Szilard: His Version of the Facts*, ed. Spencer Weart and Gertud Weiss Szilard (Cambridge, Mass.: MIT Press, 1978), 3.〔レオ・シラード著，S・R・ウィアート，G・W・シラード

編，伏見康治・伏見諭訳『シラードの証言　核開発の回想と資料 一九三〇～一九四五年』みすず書房，一九八二年〕

3．Bruce Bliven, “The World-Shaking Promise of Atomic Research,” *Reader's Digest* (July 1941): 103–106, from *New Republic* (16 June 1941).

4．Robert Heinlein, “Blowups Happen,” *Astounding Science-Fiction* 26, no. 1 (Sept. 1940): 51–85; see John W. Campbell Jr., editorial on pp 5–6.〔ロバート・A・ハインライン著，矢野徹訳「爆発のとき」『デリラと宇宙野郎たち』早川書房，一九八六年〕

5．Angus MacDonald [Robert Heinlein], “Solution Unsatisfactory,” *Astounding Science-Fiction* 27, no. 3 (May 1941): 56–86.

6．“V–3?,” *Time* 44 (27 Nov. 1944): 88. Ken Tachikawa, “San Francisco Keshitobu,” *Shin-Seinen*, July 1944, pp 1944, pp. 52–64, as described by Maika Nakao, “The Image of the Atomic Bomb in Japan before Hiroshima,” *Historia Scientiarum* 19 (2009): 119–131, quotation on 128.〔立川賢「桑港けし飛ぶ」長山靖生編『明治・大正・昭和日米架空戦記集成』中央公論新社，二〇〇三年〕

7．Barton C. Hacker, *The Dragon's Tail: Radiation Safety in the Manhattan Project*, 1942–1946 (Berkeley: University of California Press, 1987).

8．Alice Kimball Smith and Charles Weiner, *Robert Oppenheimer: Letters and Recollections* (Cambridge, Mass.: Harvard University Press, 1980), 250.

9．“Vital war plant”: Interim Committee Minutes, 31 May 1945, reprinted with other useful documents in Robert C. Williams and Philip L. Cantelon, eds., *The American Atom: A Documentary History of Nuclear Policies from the Discovery of Fission to the Present* (Philadelphia: University of Pennsylvania Press, 1984), 62. See Michael J. Hogan, ed., *Hiroshima in History and Memory* (New York: Cambridge University Press, 1996), for discussion of historiography. Historians have reached a consensus that the “Truman administration used it [the bomb] primarily for military reasons but also hoped that an additional result would be increased diplomatic power” (ibid., p. 17). Also J. Samuel Walker, *Prompt and Utter Destruction: President Truman and the Use of Atomic Bombs against Japan* (Chapel Hill: University of North Carolina Press, 1997); Walker, “History, Collective Memory, and the Decision to Use the Bomb,” in *Hiroshima in History and Memory*, ed. Michael. J. Hogan (New York: Cambridge University Press, 1996), 187–199.〔J・サミュエル・ウォーカー，林義勝監訳『原爆投下とトルーマン』彩流社，二〇〇八年〕

10．A. H. Compton to James B. Conant, 15 Aug. 1944; for this and what follows see Alice Kimball Smith, *A Peril and a Hope: The Scientists' Movement in America*, 1945–47, rev. ed. (Cambridge, Mass.: MIT Press, 1970).〔A・K・スミス著，広重徹訳『危険と希望：アメリカの科学者運動一九四五～一九四七』みすず書房，一九六八年〕

11．K. K. Darrow to R. S. Mullikan, 4 June 1945, “Nucleonics” folder, Metallurgical Laboratory records, Argonne National Laboratory, Argonne, Ill.

12．For this and the following see William L. Laurence, oral history interviews by Louis M. Starr, 1956–1957, and by Scott Bruns, 1964, Columbia University Library, New York.

13．William L. Laurence, *Dawn over Zero: The Story of the Atomic Bomb*, 2d ed. (Westport, Conn.: Greenwood, 1972), xiii, 116.〔W・L・ローレンス著，崎川範行訳『0の暁：原子爆弾の発明・製造・決戦の記録』角川書店，一九五五年〕

14．Lansing Lamont, *Day of Trinity* (New York: Atheneum, 1965), 235–236. For another version see Laurence, Dawn over Zero, 191.

15．Farrell's report is in Martin Sherwin, *A World Destroyed: The Atomic Bomb and the Grand Alliance* (New York: Knopf, 1975), app. P, 312–313.〔マーティン・J・シャーウィン著，加藤幹雄訳

『破滅への道程：原爆と第二次世界大戦』TBS ブリタニカ，一九七八年〕

16. W. Laurence, *Men and Atoms: The Discovery, the Uses, and the Future of Atomic Energy* (New York: Simon & Schuster, 1959), 117-120; Bhagaved-Gita, XI.

17. W. Laurence, oral history interview, 319.

18. "Husky": George L. Harrison, quoted in Richard G. Hewlett and Oscar E. Anderson Jr., *A History of the United States Atomic Energy Commission.* Vol. 1, *The New World* 1939/1946 (Washington, D.C.: U.S. Atomic Energy Commision, 1962), 386; Truman Journal, 25 July 1945, reported in *NYT*, 2 June1980, p. A14; Churchill recollected by Harvey H. Bundy, "Remembered Words," *The Atlantic* 199, March 1957, p. 57.

19. Specifically, equivalent destruction would have required 210 sorties, and 120 for Nagasaki: John Mueller, *Atomic Obsession: Nuclear Alarmism from Hiroshima to Al-Qaeda* (New York: Oxford University Press, 2009), 10.

第6章　広島からのニュース

1. Leslie R. Groves, *Now It Can Be Told: The Story of the Manhattan Project* (New York: Harper & Row, 1962), 327-328.〔レスリー・R・グローブス，富永謙吾，実松譲訳『原爆はこうしてつくられた』恒文社，一九八二年〕

2. "Atom Bomb" (Paramount newsreel, Aug. 1945), text courtesy of Public Information Office. Argonne National Laboratory, Argonne, Ill.

3. "Darkening heavens": War Dept. release in Henry D. Smyth, *Atomic Energy for Military Purposes: The Official Report...* (Princeton: Princeton University Press, 1946), app. 6.

4. H. V. Kaltenborn, NBC radio, 6 Aug. 1945, R78:0345, MB.

5. Frank Sullivan, "The Cliché Expert Testifies on the Atom," in Sullivan, *A Rock in Every Snowball* (Boston: Little, Brown, 1946), 28-36.

6. William L. Laurence in "The Quick and the Dead" (NBC radio, 1950), on RCA Victor records, copy at Niels Bohr Library & Archives, American Institute of Physics, College Park, Md. Pea: Sullivan, " Cliché Expert," 31.

7. Edward A. Shils, *The Torment of Secrecy: The Background and Consequences of American Security Policies* (Glencoe, Ill.: Free Press, 1956), 71.

8. See Paul Boyer, *By the Bomb's Early Light: American Thought and Culture at the Dawn of the Atomic Age* (New York: Pantheon, 1985). Norman Cousins, "Modern Man Is Obsolete," *Saturday Review* 28 (18 Aug. 1945): 1; book version (New York: Viking, 1945).

9. Robert Jay Lifton, *Death in Life: Survivors of Hiroshima* (New York: Simon & Schuster, 1967), 486. Comparable experiences elsewhere: Kai T. Erikson, *A New Species of Trouble: Explorations in Disaster, Trauma, and Community* (New York: Norton, 1994), 226-242 and passim.〔ロバート・J・リフトン著，桝井迪夫，湯浅信之，越智道雄，松田誠思訳『ヒロシマを生き抜く：精神史的考察』上下，岩波書店，二〇〇九年〕

10. "Atomic plague": Peter Burchett, *London Daily Express*, 5 Sept. 1945; see Wilfrid Burchett, *Passport: An Autobiography* (Melbourne: T. Nelson, 1969), 120, 162-176.

11. Jessica Stern, *The Ultimate Terrorists* (Cambridge, Mass.: Harvard University Press, 1999), 32, 35-37〔ジェシカ・スターン著，常石敬一訳『核・細菌・毒物戦争：大量破壊兵器の恐怖』講談社，二〇〇二年〕; Eddie Harmon-Jones and Piotr Winkielman, eds., *Social Neuroscience: Integrating Biological and Psychological Explanations* (New York: Guilford Press, 2007).

12. Dan jones, "The Depths of Disgust," *Nature* 447 (2007): 768-771; Paul Rozin et al., "From Oral to

Moral," *Science* 323 (2009): 1179-1180.
13. Hersey, *Hiroshima* (1946; reprint, New York: Bantan, 1959), 89〔ジョン・ハーシー著，石川欣一，谷本清，明田川融訳『ヒロシマ』増補新版，法政大学出版局，二〇一四年〕; Aldous Huxley, *Ape and Essence* (New York: Harper, 1948).〔オルダス・ハックスリイ著，中西秀男訳『猿とエッセンス』サンリオ，一九七九年〕
14. "Supernatural": Harry S. Hall, "Scientists and Politicians," *BAS* (Fab. 1956), reprinted in *The Sociology of Science*, ed. Bernard Barber and Walter Hirsch (New York: Free Press of Glencoe, 1962), 269-287.
15. "Guilty men": *Time* 46 (5 Nov. 1945): 27. "Touched very deeply", J. Robert Oppenheimer, "Atomic physics in civilization," manuscript, box 29, Bulletin of Atomic Scientists Collection, University of Chicago library. "Known sin": Oppenheimer, *The Open Mind* (New York: Simon & Schuster, 1955), 88.
16. "I'm a Frightened Man," *Collier's* 117 (5 Jan. 1946): 18ff.
17. "Action-goading fear": *NYT*, 26 May 1946, p. 7.
18. Kai Bird and Martin Sherwin, *American Prometheus: The Triumph and Tragedy of J. Robert Oppenheimer* (New York: Vintage, 2006), 349.〔カイ・バード，マーティン・シャーウィン著，河邉俊彦訳『オッペンハイマー：「原爆の父」と呼ばれた男の栄光と悲劇』上下，PHP 研究所，二〇〇七年〕
19. Bertrand Russell in British Broadcasting Corp., *Atomic Challenge: A Symposium* (London: Winchester, 1947), 155. Sullivan, "Cliché Expert," 32.
20. "Oppie's plan": Herbert Marks in Daniel Lang, *Early Tales of the Atomic Age* (Garden City, N.Y.: Doubleday, 1948), 102.
21. Fonda: SANE Education Fund, "Shadows of the Nuclear Age: American Culture and the Bomb (WGBH-FM broadcast and cassettes, 1980), cassette 1.
22. Soviet quotes: *Current Digest of the Soviet Press* 2, no. 30 (1950): 27; 2, no. 29 (1950): 39, 2, no. 28 (1950): 465.
23. Joseph Alsop and Stewart Alsop, "Your Fresh *Should* Creep," *Saturday Evening Post* 219 (13 July 1946): 49.
24. Leslie R. Groves, *Now It Can Be Told: The Story of the Manhattan Project* (New York: Harper & Row, 1962), 415, 438-439〔レスリー・R・グローブス著，富永謙吾，実松譲訳『原爆はこうしてつくられた』第二版，恒文社，一九八二年〕; Stephane Groueff, *Manhattan Project: The Untold Story of the Making of the Atomic Bomb* (Boston: Little, Brown, 1967), 3, 31-32.〔ステファーヌ・グルーエフ，中村誠太郎訳『マンハッタン計画：原爆開発グループの記録』早川書房，一九六七年〕
25. *NYT* index, Oct. 1945. Radio: Executive Office of the President, Division of Press Intelligence, "Atomic Energy," 22 April-25 July, 1947, folder "Radio & Press References," box 7, JCAE.
26. Scott Shane, "Cold War Nuclear Fears Now Apply to Terrorists," *NYT*, 15 April 2010, Robert E. Hunter, "Expecting the Unexpected: Nuclear Terrorism in 1950s Hollywood Films," in *The Atomic Bomb and American Society: New Perspectives*, ed. Rosemary B. Mariner and G. Kurt Piehler (Knoxville: University of Tennessee Press, 2009), 211-237.
27. David Caute, *The Great Fear: The Anti-Communist Purge under Truman and Eisenhower* (New York: Simon & Schuster, 1978), chap. 5 and p. 541.
28. *Seven Days to Noon* (British Lion, 1950): Sullivan, "Cliché Expert," 36.
29. Stewart Alsop, introduction to Ralph Lapp, *The New Force: The Story of Atoms and People* (New York: Harper, 1953), ix. Parliament: Margaret M. Gowing with Lorna Arnold, *Independence and*

Deterrence: Britain and Atomic Energy, 1945-1952, 2 vols. (New York: St. Martin's Press, 1974), 1: 52.

30. "Torn from nature": "The Story of Five Bombs" (U.S. Department of Defense, 1946?), text in Public Information Office, Argonne National Laboratory, Argonne, Ill. "Probe": *Congressional Record* 83:1, vol. 1C (1953): 239, as quoted in Gerald J. Ringer, "The Bomb as a Living Symbol: An Interpretation," Ph.D. diss., Florida State University, 1966, 116-117.
31. See Robert Jay Lifton, *The Broken Connection: On Death and the Continuity of Life* (New York: Simon & Schuster, 1979), 354-357.
32. Gary Wills, *Bomb Power: The Modern Presidency and the National Security State* (New York: Penguin, 2010), 1.

第7章　国　防

1. Frank Sullivan, "The Cliché Expert Testifies on the Atom," in Sullivan, *A Rock in Every Snowball* (Boston: Little, Brown, 1946), 34. For a general history 1945-2005 see Dee Gerrison, *Bracing for Armageddon: Why Civil Defense Never Worked* (New York: Oxford University Press, 2006).
2. Philip Wylie, *Tomorrow!* (New York: Rinehart, 1954). "We have taught": Wylie in Reginald Bretnor, ed., *Modern Science Fiction: Its Meaning and Its Future* (New York: Coward-McCann, 1953), 240.
3. "Criminally stupid": Ralph Lapp, "An Interview with Governor Val Peterson," *BAS* 9, no. 7 (Sept. 1953): 241.
4. "Dangerous reductions": Lambie to Sherman Adams, 9 july 1953, folder "Candor (1)," box 12, White House Central Files, Confidential File, DDE.
5. "War games", for example, Munutes of Cabinet Meeting, 10 June 1955, box 5, Ann Whitman Cabinet Files, DDE. See the cabinet minutes for spring and summer of 1956; Wilson quote in 13 July 1956, box 7.
6. *Survival under Atomic Attack* (Washington, D.C.: U.S. Government Printing Office, 1950), 30; film: Castle Films, 1951).
7. "Please don't let them": SANE Education Fund, "Shadows of the Nuclear Age: American Culture and the Bomb" (WGBH-FM broadcast and cassettes, 1980), cassette 4.
8. "Calf crop": "Atomic Bomb-Operation Crossroads" (CBS radio, 28 May 1946), transcript S76:0502, p. 12, MB.
9. Irving L. Janis, *Air War and Emotional Stress: Psychological Studies of Bombing and Civilian Defense* (New York: McGraw-Hill, 1951) 239.
10. "Supernatural...heads in the sand": Runsus Lickert on "You and the Atom" (CBS radio, 30-31 July 1946), R76: 0223-0224, MB.
11. Bernard Brodie, ed., *The Absolute Weapon* (New York: Harcourt, Brace, 1946), 74. On strategy debates (omitted here) see Fred Kaplan, *The Wizards of Armageddon* (New York: Simon & Schuster, 1983); Lawrence Freedman, *The Evolution of Nuclear Strategy*, 3d ed. (New York: Palgrave Macmillan, 2003).
12. Jessica Stern, *The Ultimate Terrorists* (Cambridge, Mass.: Harvard University Press, 1999), 43.〔ジェシカ・スターン著，常石敬一訳『核・細菌・毒物戦争：大量破壊兵器の恐怖』講談社，二〇〇二年〕
13. P. M. S. Blackett, *Fear, War, and the Bomb* (New York: McGraw-Hill, 1949).〔P・M・S・ブラッケット著，田中慎次郎訳『恐怖・戦争・爆弾：原子力の軍事的・政治的意義』法政大学出版局，一

九五一年〕“Blow a hole”, “not a military weapon”: David E. Lilienthal, *The Journals of David Lilienthal*, 4 vols. (New York: Harper & Row, 1964-1969) 2: 473-474, 391.〔末田守，今井隆吉訳『リリエンソール日記３　原子力の時代』みすず書房，一九六九年〕

14．“Really delightful”: Stanley A. Blumberg and Gwinn Owens, *Energy and Conflict: The Life and Times of Edward Teller* (New York: Putnam's 1976), 119.

15．Enrico Fermi and I. I. Rabi, in Herbert F. York, *The Advisors: Oppenheimer, Teller and the Superbomb* (San Francisco: W. H. Freeman, 1976), app.

16．“Frankenstein”: Lilienthal, *Journals*, 2: 581.〔前掲『リリエンソール日記３』〕

第８章　平和のための原子力

1．Drew Person, ABC radio, 1 Jan. 1950, in folder “Broadcasts-Pearson,” box 106. JCAE.

2．C. D. Jackson to Walter B. Smith, 10 Nov. 1953, folder “OCB-Misc. Memos (2),” box 1, Jackson Records, DDE.

3．“Score the country”, probably a paraphrase of Jackson's recollection, John Lear, “Ike and the Peaceful Atom,” *The Reporter* 14, no. 1 (12 Jan. 1956): 11. “Bang-bang”: Jackson to Lewis Strauss, folder “Atoms for Peace,” box 5, Ann Whitman Administration Files, DDE.

4．William Laurence, “Paradise or Doomsday?” *Woman's Home Companion* 75 (May 1948): 33.

5．David E. Lilienthal, *The Journals of David Lilienthal*, 4 vols. (New York: Harper & Row, 1964-1969), 2: 16-17, 635〔末田守，今井隆吉訳『リリエンソール日記３　原子力の時代』みすず書房，一九六九年〕; Lilienthal, *Change, Hope, and the Bomb* (Princeton: Princeton University Press, 1963), 23.〔D・E・リリエンソール著，鹿島守之助訳『原爆から生き残る道』鹿島研究所出版会，一九六五年〕

6．Richard G. Hewlett and Francis Duncan, *Atomic Shield*. 1947/1952 (University Park: Pennsylvania State University Press, 1969), 435-438.

7．Report by Atomic Energy Commission, 6 March 1953, folder “NSC 145,” box 4, White House Office of the Special Assistant for National Security Affairs, NSC Series, Policy Papers, DDE.

8．“To the general public”: Leonard S. Cottrell Jr. and Sylvia Eberhart, *American Opinion on World Affairs in the Atomic Age* (Princeton: Princeton University Press, 1948), 36. “Restricted to the upper”: Elizabeth Douvan and Stephen Withey, “Public Reaction to Nonmilitary Aspects of Atomic Energy,” *Science* 119 (1954): 1-3.

9．Stephan Possony, “The Atoms for Peace Program,” in F. L. Anderson Panel, “Psychological Aspects of United States Strategy: Source Book...,” Nov. 1955, Folder “Rockefeller (5),” box 61, White House Central Files, Confidential Files, DDE, p. 203.

10．“Aladdins Wunderlampe”: Karl Winnacker, *Nie den Mut verlieren: Erinnerungen...* (Düsseldorf: Econ, 1971), 311-312; “priest”: Laura Fermi, *Atoms for the world: United States Participation in the Conference on the Peaceful Uses of Atomic Energy* (Chicago: University of Chicago Press, 1957), 64.

11．Lilienthal, *Change, Hope*, 111-112.〔前掲『リリエンソール日記３』〕

12．Memo of conference, 14 Jan. 1955, folder “AEC 1955-56 (8),” box 5, Ann Whitman Administration File, DDE.

13．Lewis L. Strauss, *Men and Decisions* (Garden City, N.Y.: Doubleday, 1952), 4, 429. “Beneficent use”: Strauss, remarks at Rockhurt College, MO., 24 May 1955, fiche SPCH-1, AEC speeches, Public Document Room, Nuclear Regulatory Commission, Washington, D.C., p. 30.

14．Strauss, remarks for National Association of Science Writers, New York City, 16 Spt. 1954; my thanks to George Mazuzan for a copy of this AEC press release.

15. Victor Cohn in Sharon Friedman, *Science in the Newspaper*, no. 1 (Washington, D.C.: American Association for the Advancement of Science, 1974), 21.
16. Francis K. McCune, "Atomic Power—Achallenge to U.S. Leadership," *General Electric Review*, Nov. 1955, p. 10.
17. L. W. Cronkhite in Atomic Industrial Forum, *Atomic Energy, a Realistic Appraisal. Proceedings of a Meeting*... (New York: AIF, 1955), 1.
18. James M. Lambie Jr. to Sherman Adams, 6 Oct. 1954, folder "Atomic Industrial Forum," box 11, Lambie Papers, DDE.
19. *Our Friend the Atom* (Walt Disney, 1956). Heinz Haber, *The Walt Disney Story of Our Friend the Atom* (New York: Simon & Schuster, 1956).
20. "Good Atoms": George L. Glasheen, "What Schools Are Doing in Atomic Energy Education," *School Life* 35 suppl. (Sept. 1953): 153.

第９章　良い原子力，悪い原子力

1. William Laurence, *Dawn over Zero: The Story of the Atomic Bomb*, 2d ed. (1946; reprint, Westport, Conn.: Greenwood, 1972), 254.〔W・L・ローレンス著，崎川範行訳『０の暁：原子爆弾の発明・製造・決戦の記録』角川書店，一九五五年〕
2. Ruth Ashton, "The Sunny Side of the Atom" (CBS radio, 30 June 1947), transcript in box 22, Federation of Atomic Scientists Collection, University of Chicago Library.
3. *The Atom Comes to Town* (U.S. Chamber of Commerce, 1957).
4. Piston rings: AEC Press Release no. 153, 28 Jan. 1949, Records of the AEC, Germantown, Md.
5. Claude Lévi-Strauss, "The Structural Study of Myth," in *Myth; A Symposium*, ed. Thomas A. Seboek (Bloomington: Indiana University Press, 1958), 81-106. "Good & Bad Atoms," *Time* 49 (31 March 1947): 81.
6. "Hard core": Lebaron Foster, "Public Thinking on the Peacetime Atom," in Atomic Industrial Forum, *Public Relations for the Atomic industry: Proceedings of a Meeting*... (New York: AIF, 1956), 85.
7. "Humanité de plus en plus mécanisé": Charles-Noël Martin, *Promesses et menaces de l'énergie nucléaire* (Paris: Presses universitaires de France, 1960), 250.
8. Eisenhower's message to 1955 Geneve Atoms for Peace Conference, repeated by Richard Nixon at the 1971 conference, in International Conference on the Peaceful Uses of Atomic Energy, Fourth, *Peaceful Uses of Atomic Energy; Proceedings*, 3 vols. (New York: United Nations, 1972), 1: 86.
9. "Dangerous to touch": Burton R. Fisher, C. A. Metzner, and B. J. Darsky, *Peacetime Uses of Atomic Energy*, 2 vols. (Ann Arbor: Survey Research Center, University of Michigan, 1951), 2: 12-16; see also 25-28. Workers: Joseph Blank, "Atomic Tragedy in Texax," *Look* 21 (3 Sept. 1957): 25-29; George T. Mazuzan and J. Samuel Walker, *Controlling the Atom: The Beginnings of Nuclear Regulation, 1946-1962* (Berkeley: University of California Press, 1984), 327-332. Mazuzan and Walker generously shared the drafts of this book with me. Glowing man: for example, *The Atomic Kid* (Mickey Rooney Productions, 1954).
10. Wouter Poortinga and Nick F. Pidgeon, "Exploring the Dimensionality of Trust in Risk Regulation," *Risk Analysis* 23 (2003): 961-972; William R. Freudenberg, "Rinkey Thinking: Facts, Values and Blind Spots in Societal Decisions About Risks," *Reliability Engineering and System Safety* 72 (2001): 125-130.
11. Heinar Kipphardt, *In the Matter of J. Robert Oppenheimer*, trans. Ruth Speirs (1964; reprint, New

York; Hill and Wang, 1968), 127.

第10章　新たな冒涜

1．Here and the Following see Robert A Divine, *Blowing on the Wind: The Nuclear Test Ban Debate, 1954-1960* (New York: Oxford University Press, 1978).

2．Great Britain, Commons, *Debates* 315 (1 March 1955): 1895.

3．"The U.N. in Action" (CBS-TV, 17 March 1953), T77:0329, MB.

4．*Asahi*, 17 March 1954, trans. In folder "Weapons Tests 1954," box 712, JCAE.

5．Estes Kefauver, *NYT*, 17 Oct. 1956, p. 1; Nikita Khrushchev, *NYT*, 31 May 1957, p. 8. *The Day the Earth Caught Fire* (British Lion; scripted 1954, produced 1961).

6．Mary Douglas and Aaron Wildavsky, *Risk and Culture: An Essay on the Selection of Technical and Environmental Dangers* (Berkeley: University of California Press, 1982).

7．A handy compendium in Paul R. Baker, ed., *The Atomic Bomb: The Great Decision*, rev. ed. (Hinsdale, Ill.: Dryden, 1976). See Robert Lifton and Greg Mitchell, *Hiroshima in America: A Half Century of Denial* (New York: Avon, 1996); J. Samuel Walker, "History, Collective Memory, and the Decision to Use the Bomb," in *Hiroshima in History and Memory*, ed. Michael J. Hogan (New York: Cambridge University Press, 1966), 187-199.

8．Joseph Alsop and Stewart Alsop, 18 Jan. 1950, quoted in Norman Moss, *Men Who Play God: The Story of the H-Bomb and How and How the World Came to Live with It* (New York: Harper & Row, 1968), 33. William Randolph Hearst, *Los Angeles Herald Express*, 16 March 1954. Pius XII in *NYT*, 19 April 1954, p. 12.

9．Robert Jay Lifton, *Death in Life: Survivors of Hiroshima* (New York Simon & Schuster, 1967), 110 and passim.〔ロバート・リフトン著，桝井迪夫ほか訳『ヒロシマを生き抜く』上下，岩波現代文庫，二〇〇九年〕

10．Stuart Galbraith IV, *Monsters Are Attacking Tokyo: The Incredible World of Japanese Fantasy Films* (Venice, Calf.: Feral House, 1998), 45-50.

11．"Guard dog": Lawrence R. Tancredi, *Hardwired Behavior: What Neuroscience Reveals about Morality* (New York: Cambridge University Press, 2005), 34.

12．Antonio R. Damasio, *Descartes' Error: Emotion, Reason, and the Human Brain* (New York: Avon, 1994).〔アントニオ・ダマシオ著，田中三彦訳『デカルトの誤り』ちくま学芸文庫，二〇一〇年〕

13．Paul Slovik, *The Perception of Risk* (London: Earthscan, 2000), xxxii, see also chap. 26.

14．Greg J. Stephan et al., "Speaker-Listener Neural Coupling Underlies Successful Communication," *Proceedings of the National Academy of Sciences* 107 (2010): 14425-14430.

15．Karl K. Szpunar et al., "Neural Substrates of Envisioning the Future," *Proceedings of the National Academy of Sciences* 104 (2007): 642-647.

16．Eliezer Yudkowsky, "Cognitive Biases Potentially Affecting Judgement of Global Risks," in *Global Catastrophic Risks*, ed. Nick Bostrom and Milan M. Cirkovic (New York: Oxford University Press, 2008), 91-119, quotation on 103. Reading: Deborah A. Prentice and Richard J. Gerring, "Exploring the Boundary between Fiction and Reality," in *Dual-Process Theories in Social Psychology*, ed. Shelly Chaiken and Yaacov Trope (New York: Guilford Press, 1999), 529-546.

17．嘘だと思う者はフロイトの『日常生活の精神病理学』（フロイト著作集第４，人文書院，一九七〇年）を一度読むべきだ。A recent review of the experiments is Ruud Custers and Henk Aarts, "The Unconscious Will: How the Pursuit of Goals Operates Outside of Conscious Awareness,"

Science 239 (2010): 47-50; for a popularization see Dan Ariely, *Predictably Irrational: The Hidden Forces That Shape Our Decisions*, rev. ed. (New York: Harper, 2009), esp. chap. 1.

18. Susan Sontag, "The Imagination of Disaster," in Sontag, *Against Interpretation and Other Essays* (New York: Delta, 1966), 208-225.〔スーザン・ソンタグ著，高橋康也他訳『反解釈』ちくま学芸文庫，一九九六年〕
19. Yuki Tanaka, "Godzilla and the Bravo Shot: Who Created and Killed the Monster?," *Japan Focus* (2005), online at http://www.japanfocus.org/products/topdf/1652.
20. John Brosnan, *Future Tense: The Cinema of Science Fiction* (New York: St. Martin's Press, 1978), 95.
21. "Prone to terror": review of *The Magnetic Monster, New York Herald Tribune*, 14 May 1953; like other reviews I found this in the New York Public Library, Theater Collection, Lincoln Center, New York. "It's radioactive!" : for example, *The Crawling Eye*, alternate title *The Trollenberg Terror* (Eros, 1958).

第11章　死の灰

1. Robert Gilpin, *American Scientists and Nuclear Weapons Policy* (Princeton: Princeton University Press, 1962).
2. James J. Orr, *The Victim as Hero: Ideologies of Peace and National Identity in Postwar Japan* (Honolulu: University of Hawaii Press, 2001). "Guinea pigs": Robert Jay Lifton, *Death in Life: Survivors of Hiroshima* (New York: Simon & Schuster, 1967), 512.〔ロバート・リフトン著，桝井迪夫ほか訳『ヒロシマを生き抜く』上下，岩波現代文庫，二〇〇九年〕
3. See George T. Mazuzan and J. Samuel Walker, *Controlling the Atom: The Beginnings of Nuclear Regulation 1946-1962* (Berkeley: University of California Press, 1984), chap. 2.
4. *U.S. News & World Report* 38 (25 March 1955): 21-26.
5. "Face the Nation" (CBS-TV and radio, 19 June 1955), transcript in folder "Broadcasts-general," box 106, JCAE.
6. Paul Slovik, *The Perception of Risk* (London: Earthscan, 2000); Jonathan Haidt, "The New Synthesis in Moral Psychology," *Science* 316 (2007): 998-1002; Dan M. Kahan et al., "Cultural Cognition of Scientific Consensus," *Journal of Risk Research* 14 (2011): 147-174. See also Chapter 19.
7. John B. Martin, *Adlai Stevenson and the World* (Garden City, N.Y.: Doubleday, 1977), 373.
8. Letters in folders "155-B Spt. 1956 (1,2)," box 1215, White House Central Files, General File, DDE.
9. David Lilienthal to Carroll L. Wilson, 26 May 1958, folder "Lilienthal," Wilson Papers, Massachusetts Institute of Technology Archives, Cambridge, Mass.
10. *NYT*, 18 May 1957, p. 2.
11. Paul Slovik, "Perception of Risk," *Science* 236 (1987): 280-285, reprinted in Slovik, *Perception of Risk*, chap. 13; Jon Palfreman, "A Tale of Two Fears: Exploring Media Depictions of Nuclear Power and Global Warming," *Review of Policy Research* 23 (2006): 23-43.
12. Slovik, *Perception of Risk*, 323, referring to J. Lichtenberg and D. MacLean (1992), "Is Good News No News?," *Geneva Papers on Risk and Insurance* 17: 362-365.
13. For a summary of this and similar public relations matters see J. Flynn, "Nuclear Stigma," in *The Social Amplification of Risk*, ed. Nick Pidgeon et al. (Cambridge: Cambridge University Press, 2003), 326-354. On reactions to testing into the 1970s see A. Constandina Titus, *Bombs in the Backyard: Atomic Testing and American Policitics*, 2d ed. (Reno: University of Nevada Press, 2001); Barton C. Hacker, *Elements of Controversy: The Atomic Energy Commission and Radiation Safety in Nuclear*

Weapons Testing, 1947-1974 (Berkeley: University of California Press, 1994).

14. Edward Teller with Allen Brown, *The Legacy of Hiroshima* (Garden Cisy, N.T.: Doubleday, 1962), 81-91〔E・テラー，A・ブラウン著，木下秀夫他訳『広島の遺産』時事通信社，一九六二年〕, Teller, "We're Going to Work Miracles," *Popular Mechanics* 113 (March 1960): 97ff.

15. Teller and Brown, *Legacy of Hiroshima* 56. *Crack on the World* (Security-Paramount, 1965). "Digging too deep": C. M. Kornbluth, "Gomez," in *A Treasury of Great Science Fiction*, 2 vols., ed. Anthony Boucher (Garden City, N.Y. Doubleday, 1959), 1: 305.

16. Walter R. Guild in John M. Fowler, ed., *Fallout: A Study of Superbombs, Strontium-90, and Survival* (New York: Basic Books, 1960), 91.

17. John Bowlby, *Attachment and Loss*, vol. 3: *Loss: Sadness and Depression* (New York: Basic Books, 1980), chap. 4; Paul Kline, *Fact and Fantasy in Freudian Theory* (London: Methuen, 1972), 181-182, 355.

18. "The Contaminators," *Playboy* 6, no. 10 (Oct. 1959): 38. See advertisements in *NYT*, 5 July 1962, p. 54; 18 April 1962, p. 26.

19. Herblock [Herbert Block], *Washington Post*, 24 Oct. 1961. P. A14. Snow: Benjamin Spock, "Do Your Children Worry about War?," *Ladies' Home Journal* 79, no. 8 (Sept. 1962): 48.

第12章　生存の想像力

1. *Public Papers of the Presidents of the United States: John F. Kennedy, 1961* (Washington, D.C.: Government Printing Office, 1962), 625.

2. "Vienna appeal" quoted in Committee for the Compilation of Materials on Damage Caused by the Atomic Bombs, *Hiroshima and Nagasaki: The Physical, Medical, and Social Effects of the Atomic Bombings*, trans, Eisei Ishikawa and David L. Swan (New York: Basic Books, 1981), 577.

3. "Ten tons": White House press release, 21 Jan. 1964.

4. Nevil Shute [Nevil Shute Norway], *On the Beach* (New York: William Morrow, 1957).〔ネヴィル・シュート著，佐藤龍雄訳『渚にて：人類最後の日』東京創元社，二〇〇九年〕

5. Edward Teller with Allen Brown, *The Legacy of Hiroshima* (Garden City, N.Y.: Doubleday, 1962), 239.

6. Ibid., 241.

7. James J. Hughes, "Millennial Tendencies in Response to Apocalyptic Treats," in *Global Catastrophic Risks*, ed. Nick Bostrom and Milan M. Cirkovic (New York: Oxford University Press 2008), 73, 84; Eliezer Yudkowsky, "Cognitive Biases Potentially Affecting Judgement of Global Risks," ibid., 114.

8. John M. McCullough, *Atomic Energy: Utopia or Oblivion?* (Philadelphia: The Inquirer, 1947), 27.

9. "Good habits": quoted in Mikiso Hane, *Peasants, Rabels, and Outcastes: The Underside of Modern Japan* (New York: Pantheon, 1982), 72; see also 36.

10. Richard Rafael in *Astounding Science-Fiction* 27 (May 1941), quoted in Paul A. Carter, *The Creation of Tomorrow: Fifty Years of Magazine Science Fiction* (New York: Colombia University Press, 1977), 242, see also 231-233, 241-244.

11. Anna Freud, *The Ego and the Mechanisms of Defense*, rev. ed., in *The Writings of Anna Freud*, vol. 2 (New York: International Universities Press, 1966), 170-171.

12. *You Can Beat the A Bomb* (RKO, 1950).

13. Pat Frank, *Alas, Babylon* (1959; reprint, New York: Bantam, 1980).

14. Walter M. Miller Jr., *A Canticle for Leibowitz* (Philadelphia: Lippincott, 1959).

15. Michael Ortiz Hill, *Dreaming the End of the World: Apocalypse as a Rite of Passage* (Dallas: Spring Publications, 1994).
16. Mick Broderick, “Rebels *with* a Cause: Children versus the Military Industrial Complex,” in *Youth Culture in Global Cinema*, ed. Timothy Shary and Alexandra Seibel (Austin: University of Texas Press, 2006), chap. 4; Hill, *Dreaming*, 59. On all these matters see also Jerome F. Shapiro, *Atomic Bomb Cinema: The Apocalyptic Imagination on Film* (New York: Routledge, 2002).
17. Karl Menninger, *Man against Himself* (1938; reprint, New York: Harcurt Brace Jovanich, 1966), 180; see also pt. 2, passim.
18. Donald N. Michael, “The Psychopathology of Nuclear War,” *BAS* 18, no. 5 (May 1962): 28-29.
19. Philip Wylie, *Tomorrow!* (New York: Rinehart, 1954); Wylie, *Triumph* (Garden City, N.Y.: Doubleday, 1963).
20. Philip Wylie, “Blunder: A Story of the End of the World,” *Collier's* 117 (12 Jan. 1946): 11-12, 63-64.
21. Truman F. Keefer, *Philip Wylie* (Boston: Twayne, 1977), 19, 127, and passim.
22. SANE Education Fund, “Shadows of the Nuclear Age: American Culture and the Bomb” (WGBH-FM broadcast and cassettes), 1980, cassette 8.
23. Steohen B. Withey, *4th Survey of Public Knowledge and Attitudes Concerning Civil Defense* (Ann Arbor: Survey Research Center, University of Michigan, 1954), 72.
24. SANE Education Fund, “Shadows.”

第13章　生存の政治学

1. Christopher Driver, *The Disarmers: A Study in Protest* (London: Hodder & Stoughton, 1964); Lawrence S. Wittner, *Rebels against War: The American Peace Movement, 1941-1960* (New York: Columbia University Press, 1969).
2. Campaign for Nuclear Disarmament, *The Bomb and You*, pamphlet, n.d. “Act Now or Perish!” quoted in Norman Moss, *Men Who Play God: The Story of the H-Bomb and How the World Came to Live with It* (New York: Harper & Row, 1968), 182. See David Boulton, ed., *Voices from the Crowd: Against the H-Bomb* (Philadelphia: Dufour, 1964).
3. Bertrand Russell, *The Autobiography of Bertrand Russell: 1872-1914* (Boston: Little, Brown, 1967), 3-4, 220-221, and passim; Ronald W. Clark, *The Life of Bertrand Russell* (New York: Knopf, 1976), 84-86, 264.〔バートランド・ラッセル著，日高一輝訳『ラッセル自叙伝』理想社，一九六八—七三年〕
4. Frank Parkin, *Middle Class Radicalism: The Social Bases of the British Campaign for Nuclear Disarmament* (Manchester: Manchester University Press, 1968).
5. Midge Decter, “The Peace Ladies,” *Harper*'s 226 (March 1963): 48-53. Whether women are inherently more fearful than men is moot, but their greater social tendency to display fearfulness is well documented.
6. Parkin, *Middle Class Radicalism*, 58-59.
7. J. B. Priestley, *Instead of the Tress* (London: Heinemann, 1977), 85-87.
8. George Clark, quoted in Driver, *Disarmers*, 126; see also 128.
9. One entry to this large and important topic is Frederic J. Baumgartner, *Longing for the End: A History of Millennialism in Western Civilization* (New York: At Martin's Press, 1999).
10. See Gerald J. Ringer, “The Bomb as a Living Symbol: An Interpretation,” Ph, D. diss., Florida State University, 1966.

11．本書の旧版を出版した後，歴史家が知らなかったことを国際関係論の専門家が発見していたと知った。See Spencer Weart, *Never at War: Why Democracies Will Not Fight One Another* (New Heaven: Yale University Press, 1998).

12．Herman Kahn, *On Thermonuclear War*, 2d ed. (Princeton: Princeton University Press, 1961); see 145ff.

13．Moss, *Men Who Play God*, 198. Susan T. Fiske, Felicia Pratto, and Mark A. Pavelchak, "Citizens' Images of Nuclear War: Content and Consequences," *Journal of Social Issues* 19 (1983): 41-65.

14．J. B. Priestley, "Sir Nuclear Fission," *BAS* 11, no. 8 (Oct. 1955): 293-294. Priestley, *The Doomsday Men: An Adventure* (London: Heinemann, 1938).

15．Robert Wallance, "A Deluge of Honors for an Exasperating Admiral," *Life* 45 (8 Sept. 1958), 104ff.; "Talk of sex": J Robert Moskin, "Polaris," *Look* 25 (29 Aug. 1961): 17-31.

16．"More machine than man": W. B. Huise, "A-Bomb General of Our Air Force," *Coronet* 28 (Oct. 1950): 89. "Irrefutable logic": Ernest Havemann, "Toughest Cop of the Western World," *Life* 36 (14 June 1954): 136.

17．Margot W. Henriksen, *Dr. Strangelove's America: Society and Culture in the Atomic Age* (Berkeley: University Of California, 1997).

18．Richard B. Stolley, "How It Feels to Hold the Nuclear Trigger," *Life* 57 (6 Nov. 1964): 34-41. Max Born, "What Is Left to Hope For?," *BAS* 20 (April 1964): 4.

第14章　シェルターを求めて

1．"Discussion...footing": Guy Oakes, *The Imaginary War: Civil Defense and American Cold War Culture* (New York: Oxford University Press, 1994), 160. "Awaken...business": Charles Haskins to McGeorge Bundy, 21 Feb. 1961, folder "Civil Defense," box 295, National Security Files, John F. Kennedy Library, Boston (hereafter JFK). In general see Kenneth D. Rose, *One Nation Underground: The Fallout Shelter in American Culture* (New York: New York University Press, 2001).

2．Drafts, 24-25-July 1961, folder "Berlin Speech," Box 60, Theodore Sorenson Papers, JFK.

3．Copy of bank advertisement in folder "ND 2-3, 9-10/61," box 598, Central Subject Files, JFK.

4．On the shelter debate see Arthur I. Waskow and Stanley L. Newman, *America in Hiding* (New York: Ballantine, 1962).

5．Twilight Zone, "The Shelter" (CBS-TV, 29 Sept. 1961). Every man for himself ("*Sauve-qui-peut*"): Arthur Schlesinger Jr., "Reflections on Civil Defense," folder "Civil Defense 12/61," box 295, National Security Files, JFK.

6．*Time* 78 (20 Oct. 1961): 25.

7．Alice L. George, *Awaiting Armageddon: How Americans Faced the Cuban Missile Crisis* (Chapel Hill: University of North Carolina Press, 2003), 153.

8．Robert F. Kennedy, *Thirteen Days* (New York: W. W. Norton, 1969), 79, 87-90, 98, 180. 〔ロバート・ケネディ著，毎日新聞社外信部訳『13日間』中公文庫，二〇〇一年〕

9．McNamara in *The Fog of War: Eleven Lessons from the Life of Robert S. McNamara* (film directed by Errol Morris, 2003).

10．George, *Awaiting Armageddon*, 160-165.

11．Michael Scheibach, *Atomic Narratives and American Youth: Coming of Age with the Atom, 1945-1955* (Jefferson, N.C.: McFarland, 2003).

12．Sibylle K. Escalona, "Growing Up with the Threat of Nuclear War: Some Indirect Effects of

Personality Development," *American Journal of Orthopsychiatry* 52 (1982): 600–607; see John Mack, "The Perception of US-Soviet Intentions and Other Psychological Dimensions of the Nuclear Arms Race," pp. 590–599 of the same issue.

13. Robert Liebert, *Radical and Militant Youth: A Psychoanalytic Inquiry* (New York: Praeger, 1971), 234.
14. "The face of the Future," *Look* 29, no. 1 (12 Jan. 1965): 73.
15. William Abbott Scott, "The Avoidance of Threatening Material in Imaginative Behaivior," in *Motives in Fantasy, Action, and Society*, ed. John W. Atkinson (Princeton: Van Nostrand, 1958), 572–585. Robert Jay Lifton and Richard Falk, *Indefensible Weapons: The Political and Psychological Case against Nuclearism* (New York: Basic Books, 1982).
16. B. Ashem, "The Treatment of a Disaster Phobia by Systematic Desensitization," *Behavior Research and Therapy* 1 (1963): 81–84.
17. Bertrand Russel, "My View of the Cold War," reprinted in David Boulton, ed., *Voices from the Crowd: Against the H-Bomb* (Philadelphia: Dufour, 1964), 142–145, quote on p. 143.

第15章　フェイル・セイフ

1. On all these matters see Paul Bracken, *The Command and Control of Nuclear Forces* (New Heaven: Yale University Press, 1983).
2. Charles Yulish to Arthur Sylvester, 4 Feb. 1968, folder "Airplane Crash in Spain (Correspondence)," JCAE.
3. Eugene Burdick and Harvey Wheeler, *Fail-Safe* (New York: McGraw-Hill, 1962).〔ユージン・バーディック，ハーヴィー・ウィーラー著，橋口稔訳『未確認原爆投下指令：フェイル・セイフ』東京創元社，一九八〇年〕
4. Peter Bryant [Peter Bryan George], *Two Hours to Doom* (London: Clark Boardman, 1957), published in the United States as *Red Alert* (New York: Ace, 1958).
5. Robert Brustein, *New York Review of Books*, 6 Feb. 1964, pp. 3–4.
6. Michael Ortiz Hill, *Dreaming the End of the World: Apocalypse as a Rite of Passage* (1994; reprint, Putnam, Conn.: Spring Publications, 2004).
7. "Toy": John Brosnan, *Future Tense: The Cinema of Science Fiction* (New York: St. Martin's Press, 1978), 163.
8. Vannevar Bush, *Endless Horizons* (Washington, D.C.: Public Affairs Press, 1946), 105.
9. G. Rogers McCullough, Mark M. Mills, and Edward Teller, "The Safety of Nuclear Reactors," International Conference on the Peaceful Uses of Nuclear Energy A/CONE.8/P/853, July 1955; *NYT*, 11 Aug. 1955, p. 11.
10. Edward Teller, "Reactor Hazards Predictable," Nucleonics 11, no. 11 (Nov. 1953): 80.
11. Interview with Henry Hurwitz, 1980.
12. Westinghouse Company, *Infinite Energy*, pamphlet, quoted in Stephen Hilgartner, Richard C. Bell, and Rory O'Connor, *Nukespeak: Nuclear Language, Visions, and Mindset* (San Francisco: Sierra Club, 1982), 190.
13. Steven. L. Del Sesto, *Science, Politics, and Controversy: Civilian Nuclear Power in the United States, 1946–1974* (Boulder, Colo.: Westview, 1979), 122–135.
14. Atomic Industrial Forum statement, 14 Nov. 1955, in U.S. Congress, 842, Joint Committee on Atomic Energy, *Peaceful Uses of Atomic Energy: Background Material for the Report of the Panel on the Impact of the Peaceful Uses...*, vol. 2 of McKinney Panel report (Washington, D.C.:

Government Printing Office, 1956), 599.

15. Edward Teller to Clifford Beck, 9 Jan. 1957, "Reactor Safety Project-AEC," Leland Haworth Papers, Brookhaven National Laboratory, microfilm in Niels Bohr Library, American Institute of Physics, College Park, Md.

16. "Fallible": David Lilienthal, *Change, Hope, and the Bomb* (Princeton; Princeton University Press, 1963), 101-103, 106-107. Lilienthal, *the Journals of David E. Lilienthal*, 4 vols. (New York: Harper & Row, 1964-1969), 3: 21; "orgasms": 4 : 165, 491.

17. David E. Lilienthal, Atomic Energy: *A New Start* (New York: Harper & Row, 1980), 39.〔ディビッド・E・リリエンソール著, 古川和男訳, 西堀栄三郎監訳『岐路にたつ原子力：平和利用と安全性をめざして』日本生産性本部, 一九八一年〕

第16章　原子炉の恩恵と弊害

1. Rodney Southwick to Joseph Fouchard, 10 March 1962, folder "IR&A6, Reg. PG&E-Bodega Bay," box 8330, AEC Secretariat files, Nuclear Regulatory Commission archives, Washington, D.C.

2. Jessie V. Coles to the Dairymen of Sonoma and Marin Counties, 25 March 1963, folder "IR&A6, Reg. PG&E-Bodega Bay," box 8330, AEC Secretariat files, NRC archives.

3. For all this see George T. Mazuzan and J. Samuel Walker, *Controlling the Atom: The Beginnings of Nuclear Regulation, 1946-1962* (Berkeley: University of California Press, 1984), 358.

4. Pare Lorentz, "The Fight for Survival," *McCall's* 84, no. 4 (Jan. 1957): 29, 73-74. Robert Rienow and Leona Train Rienow, *Our New Life with the Atom* (New York: Crowell, 1958), 35-36, 100-102, 142, 160. *The Giant Behemoth* (Allied Artists, 1959). *Providence Journal*, 19 July 1959, as quoted in Mazuzan and Walker, *Controlling the Atom*, 358.

5. "Crapped up": Paul Leob, *Nuclear Culture: Living and Working in the World's Largest Atomic Complex* (New York: Coward, McCann & Geoghegan, 1982), 12. Association test on *déchets* ("wastes"): Christine Blanchet in *Colloque sur les implications psycho-sociologiques du développement de l'industire nucléaire*, ed. M. Tubiana (Paris: Société Française de Radio-protection, 1977), 225.

6. Melanie Klein, *The Psycho-Analysis of Children*, trans. Alix Strachey, rev. with H. A. Thorner (New York: Dell, 1975), 129, 145, 239. For anality and aggression see Seymour Fisher and Roger P. Greenberg, *The Scientific Credibility of Freud's Theories and Therapy* (New York: Basic Books, 1977), 154-158. Leo Szilard, *Leo Szilard: His Version of the Facts*, ed. Spencer Weart and Gertrud Weiss Szilard (Cambridge, Mass.: MIT Press, 1978), 185.

7. World Health Organization, "Mental Health Aspects of the Peaceful Uses of Atomic Energy: Report of a Study Group," Technical Report Series no. 151 (Geneva: WHO, 1958), 14.

8. Rep. Craig Hosmer, 17 Feb. 1969, in David Okrent, "On the History of the Evolution of Light Water Reactor Safety in the United States" (ca. 1979), copy at Niels Bohr Library, American Institute of Physics, College Park, Md., p. 2-411.

9. David E. Lilienthal, *Atomic Energy: A New Start* (New Yotk: Harper & Row, 1980), 73.〔ディビッド・E・リリエンソール著, 古川和男訳, 西堀栄三郎監訳『岐路にたつ原子力：平和利用と安全性をめざして』日本生産性本部, 一九八一年〕Alvin M. Weinberg, "Social Institutions and Nuclear Energy," Science 177 (1972): 27-34.

10. Glenn T. Seaborg, "Large-Scale Alchemy: Twenty-fifth Anniversary at Hanford-Richland" (1968), in Seaborg, *Nuclear Milestones: A Collection of Speeches* (San Francisco: W. H. Freeman, 1972), 166.

11. Peter Bradford, 7 Oct. 1982, speech to Environmental Defense Fund Associates, New York, as

quoted by John Byrne and Steven M. Hoffman, ed., *Governing the Atom: The Politics of Risk* (New Brunswick, N.J.: Transaction, 1996), 53.

第17章　過熱する論争

1. See Ernest J. Yanarella, *The Missile Defense Controversy: Strategy, Technology, and Politics, 1955-1972* (Lexington: University Press of Kentucky, 1977); Anne Hessing Cahn, *Eggheads and Warheads: Scientists and the ABM* (Cambridge, Mass.: MIT Science and Public Policy Program, 1971).
2. "Anywhere except": quoted in Joel Primack and Frank von Hippel, *Advice and Dissent: Scientists in the Political Arena* (New York: Basic Books, 1974), 194n26.
3. Student quoted by Edwin S. Shneidman, *Death of Man* (New York: Quadrangle, 1973), 185. *NYT*, 24 March 1969, p. 12.
4. McNamara address, 18 Sept. 1967, in Ralph E. Lapp, *The Weapons Culture* (New York: W. W. Norton, 1968), app. 12. Volker R. Berghahn, *Militarism: The History of an International Debate, 1861-1979* (Cambridge: Cambridge University Press, 1984), chap. 5.
5. Ernest J. Sternglass, "The Death of All Children," *Esquire*, Sept. 1969, 1a-1d.
6. Ralph E. Lapp, *The Radiation Controversy* (Greenwich, Conn.: Reddy, 1979).
7. Leslie J. Freeman, *Neclear Witnesses: Insiders Speak Out* (New York: W. W. Norton, 1981), 76.〔レスリー・J・フリーマン著，中川保雄・中川慶子訳『核の目撃者たち：内部からの原子力批判』筑摩書房，一九八三年〕
8. Ibid., 114.
9. John Gofman and Arthur Tamplin, *"Population Control" through Nuclear Pollution* (Chicago: Nelson-Hall, 1970).〔ジョン・W・ゴフマン，アーサー・R・タンプリン著，河宮信郎訳『原子力公害：人類の未来を脅かす核汚染と科学者の倫理・社会的責任』新版，明石書店，二〇一六年〕
10. "Power That Be" (KNBC-TV, 18 May 1971), transcript and other materials in folder "TV," box 7809, AEC Secretariat Files, Nuclear Regulatory Commission archives, Washington, D.C.
11. Ronnie D. Lipschutz, *Radioactive Waste: Politics, Technology, and Risk* (Cambridge, Mass.: Ballinger, 1980), chap. 4.
12. "Tas de merde," quoted in Colette Guedeney and Gérard Mendel, *L'Angoisse atomique et les centrales nucléaires* (Paris: Payot, 1973), 234. Dieter Rucht, *Von Wyhl nach Gorlebem: Bürger gegen Atomprogramme und nukleare Entsorgung* (Munich: Beck, 1977), 127.
13. "Infection": William S. Maynard et al., "Public Values Associated with Nuclear Waste Disposal," Report BNWL-1997 (Seattle, Wash.: Battelle Human Affairs Research Centers, 1976), 173. Peter Faulkner, ed., *The Silent Bomb: A Guide to the Nuclear Energy Controversy* (New York: Random House, 1977), ix 118-119, and chap. 9.
14. *Doomwatch* (British Film Productions, 1972); *Empire of the Ants* (AIP, 1977).
15. "The Plutonium Connection," PBS, 9 March 1975.
16. David E. Lilienthal, *Atomic Energy: A New Start* (New York: Harper & Row, 1980), 22-23.〔ディビッド・E・リリエンソール著，古川和男訳，西堀栄三郎監訳『岐路にたつ原子力：平和利用と安全性をめざして』日本生産性本部，一九八一年〕
17. Amitai Etzioni and Clyde Nunn, "The Public Appreciation of Science in Contemporary America," *Daedalus* 130, no. 3 (Summer 1974): 191-205. "Unspoken fear": Hillier Krieghbaum, *Science, the News and the Public* (New York: New York University Press, 1958), 30.
18. Walter A. Rosenbaum, *The Politics of Environmental Concern* (New York: Praeger, 1973), 63-71.

19. Barry Commoner, *The Closing Circle: Nature, Man, and Technology* (New York: Knopf, 1971), 52; see also 65. "Nature was Forever": Frank Graham Jr., *Since Silent Spring* (Boston: Houghton Mifflin, 1970), 13-14. Rachel Carson, *Silent Spring* (New York: Houghton Mifflin, 1962), 14, 18, see also 187-190.〔バリー・コモナー，安部喜也，半谷高久訳『なにが環境の危機を招いたか』講談社，一九七二年〕
20. "Grim flavor": McKinley C. Olson, "Reacting to the Reactors," *The Nation* 220 (11 Jan. 1975): 15-17.

第18章　エネルギーの選択

1. Robert Heinlein, "Let There Be Light," in Heinlein, *The Man Who Sold the Moon* (New York: New American Library, 1951).〔ロバート・A・ハインライン著，井上一夫訳「光あれ」『月を売った男』創元推理文庫，一九六四年〕
2. "Ideally suited": Amory Lovins, "Energy Strategy: The Road Not Taken?" *Foreign Affairs* 55 (Oct. 1976): 89.
3. A Summary of what was understood at the time is Richard Wilson et al., *Health Effects of Fossil Fuel Burning: Assessment and Mitigation* (Cambridge, Mass.: Ballinger, 1980).
4. National Academy of Science, *Hidden Costs of Energy* (Washington, D.C.: National Academies Press, 2009), online at http://www.nap.edu/catalog.php?record_id=12794.
5. U.S. Nuclear Regulatory Commission, "Reactor Safety Study: An Assessment of Accident Risks in U.S. Commercial Nuclear Power Plants" (Rasmussen Report), WASH-1400, NUREG 75/014 (Washington, D.C.: NRC, 1975).
6. See Spencer Weart, *The Discovery of Global Warming*, 2d ed. (Cambridge, Mass.: Harvard University Press, 2008)〔スペンサー・R・ワート著，増田耕一，熊井ひろ美訳『温暖化の〈発見〉とは何か』みすず書房，二〇〇五年〕; and for more details Weart, "The Public and Climate Change," http://www.aip.org/history/climate/public.html.
7. "Far cleaner": Harvery Wasserman, *Energy War: Reports from the Front* (Westport, Conn.: Lawrence Hill, 1979), 225.
8. "Ill est Politique": Alain Touraine et al., *La Prophétie antinucléaire* (Paris: Seuil, 1980), 71; see also 70-79, 153.
9. "Elders...unreliable". Robert K. Musil, "Growing Up Nuclear," *BAS* 38, no. 1 (Jan. 1982): 19. Survey: Sybille K. Escalona, "Children and the Threat of Nuclear War," in *Behaviral Science and Human Survival*, ed. Milton Schwebel (Palo Alto, Calif.: Science and Behavior Books, 1965.) 201-209.
10. Glenn Seaborg in *NYT*, 10 June 1969, p. 63.
11. E. F. Schumacher, *Small Is Beautiful: Economics As If People Mattered* (London: Blond & Briggs, 1973).〔E・F・シューマッハー著，小島慶三，酒井懋訳『スモール イズ ビューティフル：人間中心の経済学』講談社学術文庫，一九八六年〕
12. Amory Lovins, "Energy Strategy: The Road Not Taken?" *Foreign Affairs* 55 (Oct. 1976): 65-96, on 93. Robert Jungk, *The New Tyranny: How Nuclear Power Enslaves Us*, trans. Christopher Trump (New York: Grosset and Dunlap, 1979).
13. "Choice": Wasserman, *Energy War*, xii. On all this see Dorothy Nelkin and Michael Pollak, *The Atom Besieged: Extraparliamentary Dissent in France and Germany* (Cambridge, Mass.: MIT Press, 1981).
14. Dieter Rucht, *Von Wyhl nach Gorleben: Bürger gegen Atomprogramme und nukleare Entsorgung* (Munich: Beck, 1977).

第19章　文明か解放か

1. Roger E. Kasperson, "The Social Amplification of Risk: Progress in Developing an Integrative Framework," in *Social Theories of Risk*, ed. S. Krimsky and D. Golding (Wesport, Conn.: Praeger, 1992), 153-178; Nick Pidgeon et al., eds., *The Social Amplification of Risk* (Cambridge: Cambridge University Press, 2003).
2. Todd R. La Porte and Daniel Metlay, "Technology Observed: Attitudes of a Wary apublic," *Science* 188 (1975): 121-127; Mark P. Lovington and Robert G. Horne, "Project on Public Images of Nuclear Power and Technical Advance," Thesis no. 78Coo51 (Worcester, Mass.: Worcester Polytechnic Institute, 1978); John A. Mayer III, "1986 Nuclear Opinion Study," Thesis no. 122JMW0321 (Worcester, Mass.: Worcester Polytechnic Institute, 1986); and many other polls. Affective response: Paul Slovik, *The Perceotion of Risk* (London: Earthscan, 2000), 405-406.
3. "Revolutionary": Joe Shapiro, "The Anti-nuclear Movement," *Science for the People* 12, no. 4 (July-Aug. 1980): 16-21.
4. "Earth raped": Suzanne Gordon, "From Earth Mother to Expert," *Nuclear Times* 1, no. 7 (May 1983): 13-16. "Patriarchy": Mary Daly, Gyn/Ecology (Boston: Beacon Press, 1978), as quoted in Dorothy Nelkin, "Nuclear Power as a Feminist Issue" Environment 23 (1981): 8.
5. *The Plutonium Incident*, produced by Time-Life (CBS-TV, 1980).
6. Shelly Chaiken and Yaacov Trope, eds., *Dual-Process Theories in Social Psychology* (New York: Guilford Press, 1999).
7. Reuben M. Baron and Stephen J. Misovich, "On the Relationship between Social and Cognitiev Modes of Organization," ibid., 586-605.
8. See Richard Olson, *Science Deified and Science Defied: The Historical Significance of Science in Western Culture*, vol. 1: *From the Bronze Age...to ca. A. D. 1640* (Berkeley: University of California Press, 1982).
9. Alain Touraine et al., *La Prophétie anti-nucléaire* (Paris: Seuil, 1980), 40-41, 66-67, 73, 93-95, 201, 206-207.
10. William R. Freudenberg, "Risk and Recreancy: Weber, the Division of Labor, and the Rationality of Risk Perceptions," *Social Forces* 71 (1993): 909-932.
11. Sarah Lichtenstein et al., "Judged Frequency of Lethal Events, "*Journal of Experimental Psychology: Human Learnig and Memory* 4 (1978): 551-578; Baruch Fischhoff, Paul Slovic, and Sarah Lichtenstein, "'The Public' vs. 'The Experts': Perceived vs. Actual Disagreements about Risks of Nuclear Power," in *The Analysis of Actual versus Perceived Risks*, ed. Vincent T. Covello et al. (New York: Plenum, 1983), 235-249.
12. Steven A. Sloman, "The Empirical Cass for Two Systems of Reasoning," *Psychological Bulletin* 119 (1996): 3-22. A recent summary: Elke U. Weber, "Experience-Based and Descriotion-Based Perceptions of Long-Term Risk: Why Global Warming Does Not Scare Us (Yet)," *Climatic Change* 77 (2006): 103-120.
13. William L. Rankin and Stanly M. Nealey, *The Relationship of Human Values and Energy Beliefs to Nuclear Power Attitudes* (Seattle: Battelle Memorial Institute Human Affairs Research Centers, 1978), 18.
14. Slovik, *Perception of Risk*, xxxiii and chap. 25.
15. Stephen C. Whitfield et al., "The Future of Nuclear Power: Value Orientations and Risk Perception," *Risk Analysis* 29 (2009): 425-437.
16. William R. Freudenberg, "Risky Thinking: Facts, Values and Blind Spots in Sociental Decisions

About Risks," *Reliability Engineering and System Safety* 72 (2001): 125–130. citing Freudenberg, "Risk and Recreancy."

17. Jon D. Miller and Kenneth Prewitt, *A National Survey of the Non-Governmental Leadership of American Science and Technology* (De Kalb: Northern Illinois University Public Opinion Laboratory, 1982), 61–64.
18. On songwriters and nuclear weapons in the 1950s and 1960s see the essays by Richard Aquila and Joseph C. Ruff in Alison M. Scott and Christopher D. Geist, eds., *The Writing on the Cloud: American Culture Confronts the Atomic Bomb* (Lanham, Md.: University Press of America, 1997).
19. Richard Curtis and Elizabeth Hogan, *Perils of the Peaceful Atom: The Myth of Sage Nuclear Power Plants* (Garden City, N.Y.: Doubleday, 1969), xiii.
20. As seen in *NYT Magazine*, 5 July 1981, 2.
21. Hans Heinrich Ziemann, *The Accident* (New York: St. Martin's Press, 1979); Ron Ktyle, *Meltdown* (New York: McKay, 1976); Bett L. Pohnka and Barbara C. Griffin, *The Nuclear Catastrophe* (Port Washington, N.Y.: Ashley, 1977).
22. Lauriston S. Taylor, "Some Nonscientific Influences on Radiation Protection Standards and Practice," *Health Physics* 39 (1980): 868.
23. S. Robert Lichter, Stanley Rothman, and Linda S. Lichter, *The Media Elite* (Bethesda, Md.: Adler & Adler, 1986), 166–167, 178–184, 216–217.
24. Roger E. Kasperson et al., "Public Opposition to Nuclear Energy: Retrospect and Prospect," in *Sociopolitical Effects of Energy Use and Policy*, ed. Charles T. Unseld et al. (Washington, D.C.: National Academy of Sciences/National Research Council, 1979), 261–292. See Slovik, *Perception of Risk*, 397 and chap. 25.
25. *Superman and Spiderman* (New York: Warner, 1981).
26. Christine Blanchart in *Colloque sur les implications psycho-sociologique du développement de l'industire nucléaire*, ed. M. Tubiana (Paris: Société Française de Radioprotection, 1977), 226–227.
27. Philip L. Cantelon and Robert C. Williams, *Crisis Contained: The Department of Energy at Three Mile Island* (Carbondale: Sothern Illinois University Press, 1982), chaps. 3–5, Cronkite quoted on 58.
28. *NYT*, 23 April 1980, p. 1; 19 April 1981, p. 6E.
29. 2008年から2010年にかけて，http://news.google.com/archivesearch，で検索を行った。検索ワードは nuclear reactor あるいは nuclear power である。「犬」や「猫」という言葉で検索した場合，記事数に経年変化はみられないが，「経済」「現象」「技術」「生物学」「危機」という言葉を含む記事は1980年代から増加する傾向があった。

第20章　時代の転換

1. *Hiroshima Nagasaki 1945* (Erik Barnouw, 1970); see Jack Gould, *NYT*, 4 Aug. 1970.
2. "Finite pool": Elke U. Weber, "Experience-based and Description-based Perceotions of Long-Term Risk: Why Global Warming Does Not Scare Us (Yet)," *Climatic Change* 77 (2006): 111. See Patricia W. Linville and Gregory W. Fischer, "Preferences for Separating or Combining Events," *Journal of Personality and Social Psychology* 60 (1991): 5–23; on evidence for individual mental "space" for worries, e.g., Josepth I. Constans et al., "Stability of Worry Content in GAD Patients: A Descriptive Study," *Journal of Anxiety Disorders* 16 (2002): 311–319.
3. Dorothy Nelkin, "Anti-nuclear Connections: Power and Weapons," *BAS* 37, no. 4 (April 1981): 36–40. Helen Caldicott, *Nuclear Madness: What You Can Do!* (New York: Bantam, 1980), 61. For many aspects of the 1980s see Allan M. Winkler, *Life under a Cloud: American Anxiety about the*

Atom (Urbana: University of Illinois Press, 1993), chap. 8.

4. Alistair MacLean, *Goodbye California* (Garden City, N.Y.: Doubleday, 1978)〔アリステア・マクリーン著，矢野徹訳『さらばカリフォルニア』早川書房，一九九一年〕. Larry Collins and Dominique Lapierre, *The Fifth Horseman* (New York: Simon & Schuster, 1980). Robert Ludlum, *The Parsifal Mosaic* (New York: Random House, 1982), 616.
5. Jonathan Schell, *The Fate of the Earth* (New York: Knopf, 1982)〔ジョナサン・シェル著，斎田一路，西俣総平訳『地球の運命』朝日新聞社，一九八二年〕. Dr. Seuss [Theodor Geisel], *The Butter Battle Book* (New York: Random House, 1984).
6. For all events of this period see Lawrence Freedman, *The Evolution of Nuclear Strategy*, 3d ed. (New York: Palgrave Macmillan, 2003).
7. James E. Dougherty and Robert L. Pfaltzgraff Jr., eds., *Shattering Europe's Defense Consensus: The Antinuclear Protest Movement and the Future of NATO* (Washington, D.C.: Pergamon-Brassey's, 1985).
8. Janet Morris, ed., *Afterwar* (New York: Baen, 1985), 8, 12.
9. William Beardslee and John Mack, "The Impact on Children and Adolescents of Nuclear Developments," in *Psychosocial Aspects of Nuclear Developments* (Arlington, Va.: American Psychiatric Association, 1982), 64–93.
10. "The Defense of the United States" (CBS-TV, 14 June 1981); "The Day After" (ABC-TV, 20 Nov. 1983). For more see Kim Newman, *Apocalypse Movies: End of the World Cinema* (New York: St. Martin's Griffin, 2000).
11. On the novels see Paul Brians, *Nuclear Holocausts: Atomic War in Fiction*, 1895–1984 (Kent, Ohio: Kent State University Press, 1987), revised online at http://www.wsu.edu/~brians/nuclear/.
12. Lawrence Badash, *A Nuclear Winter's Tale: Science and Politics in the 1980s* (Cambridge, Mass.: MIT Press, 2009). For current understanding: Alan Robock and Owen Brian Toon, "Local Nuclear War, Global Suffering," *Scientific American* 302 (2010): 74–81.
13. Another example, *Testament* (Paramount, 1983), was frequently compared with *On the Beach* but in fact avoided the latter's shallow, romantic resignation. For the early 1980s see Paul Boyer, *By the Bomb's Early Light: American Thought and Culture at the Dawn of the Atomic Age* (New York: Pantheon, 1985), 361–367.
14. Churchill in Great Britain, Commons, *Debates* 537 (1 March 1955), 1902.
15. "PR splash": Alexander Haig as quoted in E. P. Thomson, ed., *Star Wars* (New York: Pantheon, 1985), 12; see chap. 1 passim.
16. David E. Hoffman, Dead Hand: *The Untold Story of the Cold War Arms Race and Its Dangerous Legacy* (New York: Doublleday, 2009), 90–92 and passim.
17. Interview with Pat Perkins by Orville Butler, 13 Dec. 2005, in Niels Bohr Library and Archives, American Institute of Physics, College Park, Md.; Harrison Brown, "Draw the Line at Star Wars," *BAS* 43, no. 1 (Jane.-Feb. 1987): 3.
18. Edward Tabor Linenthal, *Symbolic Defense: The Cultural Significance of the Strategic Defense Initiative* (Urbana: University of Illinois Press, 1989), 115.
19. Chernobyl Forum, *Chernobyl's Legacy: Health, Environmental and Socio-Economic Impacts*, 2d rev. ed. (Vienna: International Atomic Energy Agency, 2005), online at http: //www. iaea. org/Publications/Booklets/Chernobyl/chernobyl.pdf.
20. *Newsweek* 107, no. 19 (12 May 1986): 40.
21. *New Yorker* 62, no. 12 (12 May 1986): 29 *NYT*, 15 May 1986, p. A10.

22. The Worldwatch Institute *Vital Signs* annual is a good source for reactor statistics.
23. James Mahaffey, *Atomic Awakening: A New Look at the History and Future of Nuclear Power* (New York: Pegasus, 2009). 320.
24. John Lewis Gaddis, *The Long Peace: Inquiries into the History of the Cold War* (New York: Oxford University Press, 1987), 231.〔ジョン・L・ギャディス著，五味俊樹他訳『ロング・ピース：冷戦史の証言「核・緊張・平和」』芦書房，二〇〇二年〕See also Richard Ned Lebow, "The Long Peace, the End of the Cold War, and the Failure of Realism," *International Organization* 48 (1994): 249-277.

第21章　第二の核時代

1. Joseph V. Rees, *Hostages of Each Other: The Transformation of Nuclear Safety since Three Mile Island* (Chicago: University of Chicago Press, 1994), 1. 44. 117.
2. Constance Prin, *Shouldering Risks: The Culture of Control in the Nuclear Power Industry* (Princeton: Princeton University Press, 2005).
3. Statement at 2003 Berlin meeting of World Association of Nuclear Operators, quoted in ibid., x.
4. A 2009 poll found 70 percent of scientists in favor and 27 percent opposed (compared with 42 percent of the public opposed). Pew Research Center for the People & the Press, "Public Praises Science; Scientists Fault Public, Media," 9 July 2009, http://people-press.org/report/?pageid=1550.
5. An estimated 10,000 premature deaths per year in the United Stated alone. National Academy of Sciences, *Hidden Costs of Energy* (Washington, D.C.: National Academies Press, 2009), online at http://www.nap.edu/catalog.php?record_id=12794.
6. World Meteorological Organization, *The Changing Atmosphere: Implications for Global Security, Toronto, Canada, 27-30 June 1988: Conference Proceedings* (Geneva: Secretariat of the World Meteorological Organization, 1989), online at http://www.cmos.ca/ChangingAtmosphere1988.pdf. See Spencer Weart, *The Discovery of Global Warming*, 2d. ed. (Cambridge, Mass.: Harvard University Press, 2008), expanded online at http://www.aip.org/hisroty/climate/Internat.htm.
7. "catastrophe" + "global warming" 11,900 articles; + "nuclear reactor," 859; + "nuclear war," 1,730. Accessed 26 June 2010.
8. James E. Hansen et al., "Dangerous Human-Made Interference with Climate: A GISS Model Study," *ArXiv*, 2006, online at http://arxiv.org/abs/physics/0610115.
9. Google accessed 14 Oct. 2010. Stephen Ansolabehere, "Energy Options: Insights for Nuclear Energy," MIT Center for Advanced Nuclear Energy Systems MIT-NES-TR-008 (June 2007), online at http://web.mit.edu/canes/pdfs/nes-008.pdf.
10. Survey: Paul Slovik, James H. Flynn, and Marl Layman, "Perceived Risk, Trust, and the Politics of Nuclear Waste," *Science* 254 (1991): 1603-1607. Allison M. Macfarlane and Rodney C. Ewing, *Uncertainty Underground: Yucca Mountain and the Nation's High-Level Nuclear Waste* (Cambridge Mass : MIT Press, 2006).
11. News accounts of protests, etc. are readily available on the Web; see also Luther J. Carter, *Nuclear Imperatives and Public Trust: Dealing with Radioactive Waste* (Washington, D.C.: Resources for the Future, 1987), 401-402. Acceptance by nearby residents: e.g., Ann Stouffer Bisconti, "Not in My Back Yard' Is Really 'Yes! In My Back Yard,'" *Natural Gas & Electricity*, 2010, pp. 23-28.
12. Sir John Hill as told to Carter, *Nuclear Imperatives*, 9.
13. *The Economist*, 11 Nov. 2006, 72. For updates see occasional articles in Business Week, *NYT*, etc.

14. Chernobyl Forum, *Chernobyl's Legacy: Health, Environmental and Socio-Economic Impacts*, 2d. ed. (Vienna: International Atomic Energy Agency, 2005), online at http://www.iaea.org/Publications/Booklets/Chernobyl/chernobyl.pdf, 36; see also 14, 20-21, 41.
15. David P, McCaffrey, *The Politics of Nuclear Power* (Boston: Kluwer, 1991); Kenneth F. McCallion, *Shoreham and the Rise and Fall of the Nuclear Power Industry* (Westport, Conn.: Prager, 1995).
16. Unpublished study by Anthony Leiserowitz, who kindly shared his data.
17. Gallup and other polls at http://www.pollingreport.com/energy.htm. Another consistent series found even higher favorables: Ann Bisconti, *Record High 70 Percent Favor Nuclear Energy* (Washington, D.C.: Nuclear Energy Institute, 2005), online at http: //www. nei. org/documents/PublicOpinion_05-07.pdf. The trend toward acceptance continued to 2010; for the latest see http://www.nei.org.
18. University of Maryland Program on International Policy Attitudes, "Current Energy Use Seen to Threaten Environment, Economy, Peace," 2 July 2006, at www.worldpublicopinion.org/pipa/articles/btenvironmentra/227.php?nid=&id=&pnt=227.
19. Mick Broderick, "Releasing the Hounds: The Simpsons as Anti-Nuclear Satire," in *Leaving Springfield: The Simpsons and the Possibility of Oppositional Culture*, ed. John Alberti (Detroit: Wayne State University Press, 2004), 244-272. Episode: "Treehouse of Horror XV," 7 Nov. 2004.
20. Anthony Line, "Life and Death Matters," *New Yorker* 85, no. 48 (8 Feb. 2010): 76-77; Kurt Loder, "'Edge of Darkness': Dad Reckoning," at http://www.mtv.com/movies/news/articles/1630736/story.jhtml.
21. Danny Boyle quoted in Jamie Russell, *The Book of the Dead: The Complete History of Zombie Cinema* (Godalming, Surrey, UK: FAB Press, 2005), 179.
22. James Lovelock, *The Vanishing Face of Gaia: A Final Warming* (New York: Basic Books, 2009), 6 116.
23. "The chances": *The Economist*, 26 March 2011, p. 84. Eric Bellman, "Japan's Farmers Confront Toxins from the Tsunami," *Wall Street Journal*, 6 April 2011, p. A9.
24. Richard K. Lester, "Why Fukushima Won't Kill Nuclear Power," *Wall Street Journal*, 6 April 2011, p. A19.

第22章　核兵器の脱構築

1. T. Milne et al., "An End to UK Nuclear Weapons," British Pugwash Group, n.d., at http://www.pugwash.org/uk/documents/end-to-uk-nuclear-weapons.pdf, on p. 35, drawn from *MORI Public Opinion Newsletter*.
2. Compiled January 2006 from http://brain.gallup.com.
3. First reported by William J. Broad, *NYT*, 8 Oct. 1993. David E. Hoffman, Dead Hand: *The Untold Story of the Cold War Arms Race and Its Dangerous Legacy* (New York: Doubleday, 2009).
4. Respectively 1, 168; 2, 209; 10,319 on 10 Oct. 2010 (but the numbers change greatly from month to month).
5. For "radioactive Rambos" among other matters see Paul Brians, "Nuclear Pop," http://www.wsu.edu/~brians/nukepop/index.html.
6. Mick Broderick, "Is This the Sum of Our Frears? Nuclear Imagery in Post-Cold War Cinema," in *Atomic Culture: How We Learned to Stop Worrying and Love the Bomb*, ed. Scott C. Zeman and Michael A. Amundson (Boulder: University Press of Colorado, 2004), 127-149, at 144; Jerome F. Shapiro, *Atomic Bomb Cinema: The Apocalyptic Imagination on Film* (New York: Routledge, 2002),

14–15.
7. *Terminator 2: Judgment Day* (Tristar, 1991), *Terminator 3: Rise of the Machines* (Warner Brothers, 2003), *Terminator Salvation* (Warner Brothers, 2009), plus a television series, *The Sarah Connor Chronicles* (Fox, 2007–2009).
8. *The West Wing* (Warner Brothers-NBC), "Galileo," first aired 29 Nov. 2000; *Jericho* (CBS-Paramount, 2006–2008); 24 (Fox, 6th season, winter-spring 2006–2007); *Heros* (NBC, first season, winter-spring 2006–2007).
9. Robert Coles, *The Moral Life of Children* (Boston: Atlantic Monthly Press, 1986), chap. 7. 〔ロバート・コールズ，森山尚美訳『子どもたちの感じるモラル』パピルス，一九九七年〕
10. Paul S. Boyer, "Sixty Years and Counting: Nuclear Themes in American Culture, 1945 to the Present," in *The Atomic Bomb and American Society: New Perspectives*, ed. Rosemary B. Mariner and G. Kurt Piehler (Knoxville: University of Tennessee Press, 2009), 3–18, at 12, 14.
11. Nuclear War series (New World Computing, 1989), concluding in 1997 with *Ground Zero*, a fan-made remake. Reviews from http://www.thehouseofgames.net/index.php?t=10&id=49 and http://www.the-underdogs.org/hame.php?id=3857, accessed 7 Jan. 2011. Given the mutability of the Web, readers may do better to search for their own references for these topics.
12. Atomic toys in Oak Ridge museum, http://www.orau.org/ptp/collection/atmictoys/atomictoys.htm, accessed 15 Sept. 2006.
13. Noi Sawaragi, "On the Battlefield of 'Superflat': Subculture and Art in Postwar Japan," in *Little Boy: The Arts of Japan's Exploding Subculture*, ed. Takashi Murakami (New York: Japan Society; New Haven: Yale University Press, 2005), 187–207, at 204; see 203–205; also Alexandra Munroe, "Introducing Little Boy," ibid., 240–261, at 247. 〔村上隆著『リトルボーイ：爆発する日本のサブカルチャー・アート』ジャパン・ソサエティー・イェール大学出版，二〇〇五年〕
14. Jacques Derrida, "No Apocalypse, Not Now: Full Speed Ahead, Seven Missiles, Seven Missives," *Diactritics* 14 (1984): 20–31, as quoted by J. Fisher Solomon, *Discourse and Reference in the Nuclear Age* (Norman: University of Oklahoma Press, 1988), 22–23.

第23章　暴君とテロリスト

1. Tom Clancy, *The Sum of All Fears* (New York: Putnam, 1991). 〔トム・クランシー著，井坂清訳『恐怖の総和』上下，文藝春秋，一九九三年〕
2. Among the few who notice two separate post-Cold War periods without specifying the 9/11/2001 events as a crucial division is William J. Kinsella, "One Hundred Years of Nuclear Discourse: Four Master Themes and Their Implications for Environmental Communication," in *The Environmental Communication Yearbook*, vol. 2, ed. Susan L. Senecah (Mahwah, N.J.: Lawrence Erlbaum Associates, 2005), 49–72. For novels 1960s-early 1980s featuring terrorist attempts at bombing or extortion see Paul Brians, *Nuclear Holocausts: Atomic War in Fiction, 1895–1984* (Kent, Ohio: Kent State University Press, 1987), 37–38, 151, 178, 189, 201, 267, 275, 293; online version at http://www.wsu.edu/~brians/nuclear/.
3. John Mueller, *Atomic Obsession: Nuclear Alarmism from Hiroshima to Al-Qaeda* (New York: Oxford University Press, 2009), 95; see 90–95.
4. Pew Research Center for the People & the Press, search of data on the terms "nuclear," "atomic," "weapon," "reactor." http://people-press.org/nii/bydate.php.
5. 1996 poll: Pew Research Center for the People & the Press, "Public Apathetic about Nuclear Terrorism," 11 April 1996, http://people-press.org/reports/display.php3?ReportID=128, accessed 8

Jan. 2007. 1998 poll: Keating Holland/CNN, "Poll: Many Americans Worry about Nuclear Terrorism," http://www.cnn.com/ALLPOLITICS/1998/06/16/poll/, accessed 3 Jan. 2007. Jessica Stern, *The Ultimate Terrorists* (Cambridge, Mass.: Harvard University Press, 1999); Gray Ackerman and William C. Potter, "Catastrophic Nuclear Terrorism: A Preventable Peril," in *Global Catastrophic Risks*, ed. Nick Bostrom and Milan M. Cirkovic (New York: Oxford University Press, 2008), 402–449; see 404–406. Madine Gurr and Benjamin Cole, *The New Face of Nuclear Terrorism: Threats from Weapons of Mass Destruction* (London: I. B. Tauris, 2002), 3–8.

6. Gallop polls from http://brain.gallup.com. Pew Research Center for People & the Press, "Two Years Later, the Fear Lingers," 4 Sept. 2003, people-press.org/reports/print.php3PageID=735. World suevey: http://www.globescan.com/rf_gi_first_01.htm. Further polls can be readily be turned up with Web searches.

7. J. F. O. McAlister, "The Spy Who Knew Too Much," *Time* 168, no. 25 (18 Dec. 2006): 32; Walter Litvinenko, quoted in *New Scientist* 192 no. 2581 (9 Dec. 2006): 9.

8. The large literature on these issues is itself a sign of their prominence. One good summary is Stern, *The Ultimate Terrorists*. Another example: Graham T. Allison, *Nuclear Terrorism: The Ultimate Preventable Catastrophe* (New York: Henry Holt-Times Books, 2004).

9. The Google News Archive, http://news.google.com/archivesearch/, finds a rapid rise for the terms "child molester" and "drug criminal," both starting around 1985 and leveling off in the 1900s.

10. Joseph Conrad, *The Secret Agent* (1907)〔ジョセフ・コンラッド著，土岐恒二訳『密偵』岩波文庫，一九九〇年〕, a masterpiece; Emile Zola, Paris (1898)〔エミール・ゾラ著，竹中のぞみ訳『パリ』上下，白水社，二〇一〇年〕, a failure; more recently, e.g., Doris Lessing, *The Good Terrorist* (1985); John Updike, *Terrorist* (2006).

11. Paul Forman, "(Re) Cognizing Postmodernity: Helps for Historians-of Science Especially," *Berichte zur Wissenschaftagechichte* 33 (2010): 157–175.

12. Noah Feldman, "Islam, Terror and the Second Nuclear Age," *NYT Magazine*, 29 Oct. 2006, p. 53.

13. Muhammad el-Baradei (Director-General of the International Atomic Energy Agency), quoted in John Tagliabue, "A Nation Challenged: Atomic Anxiety. Threat of Nuclear Terror Has Increased, Official Says," *NYT*, 2 Nov. 2001. "Traumatizing": James Carroll on "Morning Edition," National Public Radio, 30 May 2006.

14. Tom Engelhardt, "9/11 in a Movie-Made World," *The Nation*, 25 Sept. 2006, online at http://www.thenation.com/doc/20060925/engelhardt/2, gives these quotes from *NYT*.

15. *The Los Angeles Times* used the term on September 12; by the weekend it was universally used for what some had called, e.g., the "collapse site." My thanks to Bo Jacobs and Los Alamos archivist Roger Meade for clarifying the origins of the term.

16. Google News Archive; see John Mueller, *Atomic Obsession*, 11.

17. Allison, *Nuclear Terrorism*, 129. Similarly see Ron Suskind, *The One Percent Doctrine: Deep Inside America's Pursuit of Its Enemies since 9/11* (New York: Simon & Schuster, 2006), 62. Speech rewrite: Timothy Noah, "Moderation equals suicide," Slate.com, 21 May 2009, http://www.slate.com/id/2218837/.

18. 2006年9月11日にグーグル検索を行った結果である。ここでの方法は，検索結果の重複を避けるために複数の異なる言葉を組み合わせて検索したため，やや複雑である。第一の集団は，「テロリスト」という言葉と結びついた集団だが（グーグルは便利なことに「テロリズム」という言葉も合わせて検索する），この集団は「核兵器」（それ自体で280万件），「核爆弾」「原子爆弾」「汚い爆弾」という言葉を含んでいる。第二の集団は，「炭疽菌」（100万件），「天然痘」「生物兵器」「病原菌」「ウ

イルス」という言葉が連結して９万件ヒットしたが，それらのなかには「コンピュータ・ウィルス」の意味で使われているものがかなり存在した。「化学兵器」と「毒ガス」はそれぞれ73万件だった。さらに，「テロリスト」と「爆弾」と「核」（あるいは「原子」）で検索すると1220万ページで，これは，「テロリスト」と「爆弾」（「核」と「原子」は除く）で検索したときの1380万ページという結果と同じ程度だった。2004年から2009年までの期間で検索した限りでは，「汚い爆弾」という言葉での検索結果が，「生物兵器」を上回った。なお，作業には，http://www.google.com/insights/search/を使用した。

19．Stern, *The Ultimate Terrorists*, 3.

20．For these and more quotes: Mueller, *Atomic Obsession*, 19–21.

21．Richard C. Leone and Greg Anrig Jr., eds., *The War on Out Freedoms: Civil Liberties in an Age of Terrorism* (New York: Public Affairs, 2003).

22．Bush: Allison, *Nuclear Terrorism*, 38; Cheney: Noah, “Moderation Equals Suicide,” see also Suskind, *The One Percent Doctrine*.

23．Frank Rich, *The Greatest Story Ever Sold: The Decline and Fall of Truth from 9/11 to Katrina* (New York: Penguin, 2006).

24．Paul Wolfowitz (deputy secretary of defense), interview by San Tanenhaus, *Vanity Fair*, July 2003, as cited by Allison, *Nuclear Terrorism*, 123. “Not substantively”: Commission on the Intelligence Capabilities of the United States Regarding Weapons of Mass Destruction, *Report to the President of the United States* (Washington, D.C., 2005), 75, online at http://www.gpoaccess.gov/wmd/index.html.

第24章　現代の秘薬

1．Fred Kirby quoted by Charles Wolfe, notes to the recording *Atomic Café* (Archives Project, 1981). See Michael J. Yavendetti, “American Reactions to the Use of Atomic Bombs on Japan, 1945–1947,” Ph.D. diss., University of California, Berkeley, 1970, 255–256.

2．“Basic power”: for example, John Cockcroft in British Broadcasting Corporation, *Atomic Challenge: A Symposium* (London: Winchester, 1947), 2.

3．Gerald J. Ringer, “The Bomb as a Living Symbol: An Interpretation,” Ph.D. diss., Florida State University, 1966. 116–117.

4．Lowell Blanchard, “Jesus Hits Like an Atom Bomb” (1949–1950), on recording *Atomic Café*. Prophecy: Revelation 6–16.

5．Hal Lindsey with C. C. Carlson, *The Late Great Planet Earth* (Grand Rapids, Mich.: Zondervan, 1970). Tim LaHaye and Jerry B. Jenlins, *Left Behind: A Novel of the Earth's Last Days* (Wheaton, Ill.: Tyndale House, 1996).

6．Arthur C. Clarke, “If I Forget Three, O Earth...,” reprinted in Clark, *Across the Sea of Stars* (New York: Harcourt, Brace & World, 1959), 63–67.〔アーサー・C・クラーク著，「おお地球よ」，小隅黎ほか訳『前哨』ハヤカワ文庫，一九八五年〕

7．Arthur C. Clarke, *Childhood's End* (New York: Ballantine, 1953); see also Clarke, 2001: *A Space Odyssey* (New York: New American Library, 1968), which also sold millions of copies.〔アーサー・C・クラーク著，福島正実訳『幼年期の終り』ハヤカワ文庫，一九七九年〕

8．C. G. Jung, *Flying Saucers: A Modern Myth of Things Seen in the Skies*, trans. R. F. C. Hull (1964; reprint, Princeton: Princeton University Press, 1978), 14, 22–33, 55–62.

9．Michael J. Carey, “Psychological Fallout,” *BAS* 38, no. 1 (Jan. 1982): 23. *Pravda*, 7 Aug. 1964, p. 3, in *Current Digest of the Soviet Press* 16, no. 32 (1964), p. 17.

10. Here as elsewhere for more detailed references see Weart, *Nuclear Fear* (Cambridge, Mass.: Harvard University Press, 1988); a new reference (Japanese) is Masuji Ibuse, *Black Rain* (Tokyo: Kodansha International, 1969), 54.〔井伏鱒二『黒い雨』新潮文庫，一九七〇年〕
11. Robert G. Wasson and V. P. Wasson, *Mushrooms, Russia and History*, 2 vols. (New York: Pantheon, 1957).
12. Robert G. Wasson, *Soma, Divine Mushroom of Immortality* (New York: Harcourt Brace Jovanocitch, 1971). Richard Evans Schultes and Albert Hofmann, *Plants of the Gods: Origins of Hallucinogenic Use* (New York: McGraw-Hill, 1979).
13. Anatole France, *Penguin Island*, trans. A. W. Evans (New York: Dodd, Mead, 1909), 336.
14. Americo Favale to Roland Anderson, 1 Aug. 1956. My Thanks to Richard Hewlett and Roger Anders for digging this letter out of the AEC Patent Branch records, Department of Energy, Germantown, Md.
15. Carl G. Jung, *Mandala Symbolism*, trans. R. F. C. Hull (Princeton: Princeton University Press, 1972). Heinrich Zimmer, *Myths and Symbols in Indian Art and Civilization* (New York: Harper & Brothers, 1962), 139-148.〔C・G・ユング著，林道義訳「マンダラ・シンボルについて」『個性化とマンダラ』新装版，みすず書房，二〇一六年〕
16. Carl C. Jung, *Mysterium Coniunctionis: An Inquiry into the Separation of Psychic Opposites in Alchemy*, trans. R. F. C. Hull, 2d ed. (Princeton: Princeton University Press, 1970), 463.〔C・G・ユング著，池田紘一訳『結合の神秘』Ⅰ・Ⅱ，人文書院，一九九五／二〇〇〇年〕
17. Clarence P. Hornung, *Hornung's Handbook of Designs and Devices*, 2d rev. ed. (New York: Dover Publications, 1946), 39, fig. 349, as discussed by Bill Geerhart, "An Indelible Cold War Symbol: The Complete History of the Fallout Shelter Sign," at http://knol.google.com/k/bill-geerhart/an-indelible-cold-war-symbol/1uefuvb7s5ifz/12# (accessed 6 May 2010).
18. See also Ira Chenus, *Dr. Strangegod: On the Symbolic Meaning of Nuclear Weapons* (Columbia: University of South Carolina Press, 1986).

第25章　美的な元素転換

1. W. H. Auden, *The Age of Anxiety: A Baroque Eclogue* (New York: Random House, 1947).
2. Robert Jay Liften, *The Broken Connection: On Death and the Continuity of Life* (New York: Simon & Schuster, 1979). A good collection is Jum Schley, ed., *Writing in a Nuclear Age* (Hanover, N. H.: University Press of New England, 1984).
3. Kurt Vonnegut, *Palm Sunday: An Autobiographical Collage* (New York: Laurel, 1984), 69.〔カート・ヴォネガット・ジュニア著，飛田茂雄訳『パームサンデー』ハヤカワ文庫，一九八九年〕
4. John Braine, "People Kill People," in *Voices from the Crowd: Against the H-Bomb*, ed. David Boulton (Philadelphia: Dufour, 1964), 181. Directors: *Show* (June 1962): 78-81.
5. Pat Frank, "Hiroshima: Point of No Return," *Saturday Review*, 24 Dec. 1960, p. 25. Modecai Roshwald, *Level 7* (New York: McGraw, 1960).〔モルデカイ・ロシュワルト著，小野寺健訳『レベル・セブン』サンリオ SF 文庫，一九七八年〕
6. Lifton, *Broken Connection*, Lifton and Greg Mitchell, *Hiroshima in America: A Half Century of Denial* (New York: Avon, 1996).〔R・J・リフトン，G・ミッチェル著，大塚隆訳『アメリカの中のヒロシマ』岩波書店，一九九五年〕
7. Paul Brians, *Nuclear Holocausts: Atomic War in Fiction, 1895-1984* (Kent, Ohio: Kent State University Press, 1987) (updated online at http://www.wsu.edu/~brains/nuclear/), 22.
8. Richard Martin, "Detonating on Canvas: The Abstract Bomb in American Art," in *The Writing*

on the Cloud: American Culture Confronts the Atomic Bomb, ed. Alison M. Scott and Christopher D. Geist (Lanham, Md.: University Press of America, 1997), 73.

9. Salvador Dali with André Parinaud, *The Unspealable Confessions of Salvador Dali* (New York: William Morrow, 1976), 202. Klein quoted by Stephen Petersen, "Explosive Proposition: Artists React to the Atomic Age," *Science in Context* 17 (2004): 579–609〔サルバドール・ダリ著，足立康訳『わが秘められた生涯』新潮社，一九八一年〕, q.v. for all 1950s art. Jean Tinguely, *Hommage à New York* (1960); see Harold Rosenberg, *The De-Definition of Art: Action Art to Pop to Earthworks* (New York: Horizon, 1972), 156–166.

10. Albert E, Stone, *Literary Aftershocks: American Writers, Readers, and the Bomb* (New York: Twayne; Maxwell Macmillan, 1994), 128–129.

11. Cai Guo-Qiang, *The Century with Mushroom Clouds: Project for the Twentieth Century* (1995–1996), partly replicated in solo retrospective, Guggenheim Museum, New York (2008), from which the quote is taken. Gathering artifacts: James Acord. Reproducing: Gregory Green, Jim Sanborn. For some artifacts: James Acord. Reproducing: Gregory Green, Jim Sanborn. For some other works 1945–2000 see Jonathan Jones, "Magic Mushrooms" *The Guardian*, 6 Aug. 2002, at http://www/guardian.co.uk/artanddesign/2002/aug/06/art.artsfeatures.

12. See Paul Fussell, *The Great War and Modern Memory* (London: Oxford University Press, 1975), 8, 34–35, 203. Kurt Vonnegut, *Cat's Cradle* (New York: Holt, Reinhart & Winston, 1965)〔カート・ヴォネガット・ジュニア，伊藤典夫訳『猫のゆりかご』早川書房，一九七九年〕; Joseph Heller, *Catch-22*, (New York: Simon & Schuster, 1961)〔ジョーゼフ・ヘラー，飛田茂雄訳『キャッチ＝22』新版，上下，早川書房，二〇一六年〕. "I wrote it" quoted in Lawrence H. Suid, *Guts and Glory: Great American War Movies* (Reading, Mass.: Addison-Wesley, 1978), 271.

13. Takahashi Murakami painting Time Bokan (2001). Murakami, ed., *Little Boy: The Arts of Japan's Exploding Subculture* (New York: Japan Society; New Haven: Yale University Press, 2005).〔村上隆著『リトルボーイ：爆発する日本のサブカルチャー・アート』ジャパン・ソサエティー・イェール大学出版，二〇〇五年〕

14. Kurt Vonnegut, *Slaughterhouse-5: or the Children's Crusade* (New York: Delta, 1969), 17〔カート・ヴォネガット・ジュニア，伊藤典夫訳『スローターハウス５』早川書房，一九七八年〕. See also Paul Boyer, *By the Bomb's Early Light: American Thought and Culture at the Dawn of the Atomic Age* (New York: Pantheon, 1985), chap. 20.

15. For Brecht's Galileo see Gerhard Szczesny, *Das Leben des Galilei and der Fall Bertolt Brecht* (*Frankfurt: Ullstein*, 1966).

16. Heinar Kipphardt, *In the Matter of J. Robert Oppenheimer*, trans. Ruth Speirs (New York: Hill and Wang, 1968), 146–164. Cf. Robert O. Butler, *Countrymen of Bones* (New York: Horizon, 1983); Thomas McMahon, *Principles of American Nuclear Chemistry: A Novel* (Boston: Little, Brown, 1981).

17. *Dr. Atomic* Libretto by Peter Sellars. John Joseph Adams, *Hallelujah Junction: Composing an American Life* (New York: Farrar, Straus and Giroux, 2008), 271 ff.

18. Michael Frayn, *Copenhagen* (1998; reprint, New York: Anchor, 2000). Broadway run of 326 performances in 2000; BBC film adaptation, 2002.

19. William Golding, *Lord of the Flies* (London: Faber & Faber, 1954)〔ウィリアム・ゴールディング，平井正穂訳『蠅の王』集英社，二〇〇九年〕. See Bernard S. Oldsey and Stanley Weintraub, *The Art of William Golding* (New York: Harcourt, Brace & World, 1965), chap. 2.

20. Carl G. Jung, "On the Nature of the Psyche" (1947), in Jung, *Collected Works*, vol. 8, trans. R. F. C.

Hull (New York: Pantheon, 1960), 159-234; see 218, 222.

21. Frank Sullivan, "The Cliché Expert Testifies on the Atom," in Sullivan, *A Rock in Every Snowball* (Boston: Little, Brown, 1946), 31. Kael Čapek, *An Atomic Phantasy: Krakatit*, trans. Lawrence Hyde (1924; reprint, London: Allen & Unwin, 1948), 287.

22. Russel Hoban, *Riddley Warlker* (New York: Summit, 1980); Denis Johnson, *Fiskadoro* (New York: Knopf, 1985).

23. Cormac McCarthy, *The Road* (New York: Knopf, 2006)〔コーマック・マッカーシー著，黒原敏行訳『ザ ロード』早川書房，二〇一〇年〕.

24. E.g., Denise Levertov, *The Poet in the World* (New York: New Directions, 1973), 121-122; Levertov, *Candles in Babylon* (New York: New York: New Directions, 1982), 73; Gray Snyder, "LMFBR," in *The Postmoderns: The New American Poetry Revised*, ed. Donald Allen and George F. Butterick (New York: Grove, 1982), 281.

25. For this and the following see Spencer Weart, *The Discovery of Global Warming*, 2d ed. (Cambridge, Mass.: Harvard University Press, 2008); and the expanded website of the same name at http://www/aip.org/history/climate/.

26. Ian McEwan, *Solar* (New York: Doubleday, 2010), 15-16〔イアン・マキューアン著，村松潔訳『ソーラー』新潮社，二〇一一年〕.

27. "More compelling": Richard Hamblyn, "Message in the Wilderness," *Times Literary Supplement* no. 5389 (14 July 2006): 18.

28. Interview with Nicholas Wroe, "Ian McEwan: 'It's Good to Get Your Hands Dirty a Bit," *The Guardian*, 6 March 2010, at http://www.guardian.co.uk/books/2010/mar/06/ian-mcewan-solar.

29. E. g., Bill Mckibben, *Earth: Making a Life on a Tough New Planet* (New York: Henry Holt, 2010).

30. James Hansen, "Is There Still Time to Avoid 'Dangerous Authropogenic Interference' with Global Climate?," address to American Geophysical Union, San Francisco, 6. Dec. 2005, at http://www.columbia.edu/~jeh1/2005/Keeling_20051206.pdf.

著者の個人的ノート

1. David Lilienthal, *Change, Hope, and the Bomb* (Princeton: Princeton University Press, 1963), 20〔D・E・リリエンソール著，鹿島守之助訳『原爆から生き残る道』鹿島研究所出版会，一九六五年〕; Lilienthal, *Atomic Energy: A New Start* (New York: Harper & Row, 1980).〔ディビッド・E・リリエンソール著，古川和男訳，西堀栄三郎監訳『岐路にたつ原子力：平和利用と安全性をめざして』日本生産性本部，一九八一年〕

2. Spencer Weart, *Never at War: Why Democracies Won't Fight One Another* (New Heaven: Yale University Press, 1998).

著者略歴

スペンサー・R・ワート（Spencer R. Weart）
1942年生れ。科学史家，元アメリカ物理学協会（AIP）物理学史センター長。訳書に，『シラードの証言　核開発の回想と資料 1930-1945年』（共編著，伏見康治，伏見諭訳，みすず書房，1982年），『歴史をつくった科学者たち１・２』（共編著，西尾成子，今野宏之訳，丸善，1989年），『温暖化の〈発見〉とは何か』（増田耕一，熊井ひろ美訳，みすず書房，2005年）がある。

訳者略歴

山本昭宏（やまもと　あきひろ）
1984年，奈良県生れ。京都大学大学院文学研究科博士後期課程修了。現在，神戸市外国語大学総合文化コース准教授。著書に，『核エネルギー言説の戦後史 1945～1960 「被爆の記憶」と「原子力の夢」』（人文書院，2012年），『核と日本人　ヒロシマ・ゴジラ・フクシマ』（中公新書，2015年），『教養としての戦後〈平和論〉』（イースト・プレス，2016年）がある。

核の恐怖全史
——核イメージは現実政治にいかなる影響を与えたか

2017年7月20日　初版第1刷印刷
2017年7月30日　初版第1刷発行

著　者　スペンサー・R・ワート
訳　者　山本昭宏
発行者　渡辺博史
発行所　人文書院
〒612-8447 京都市伏見区竹田西内畑町9
電話 075-603-1344　振替 01000-8-1103
装　幀　間村俊一
印刷所　㈱冨山房インターナショナル

落丁・乱丁本は小社送料負担にてお取替えいたします

ISBN 978-4-409-24114-1 C1036

http://www.jimbunshoin.co.jp/